国家科学技术学术著作出版基金资助出版

土壤生态学
——土壤食物网及其生态功能

傅声雷　张卫信　邵元虎　时雷雷　刘占锋　等　著

科学出版社
北京

内 容 简 介

本书共分为 6 章。第一章介绍土壤的本质与特性和土壤生态学的发展历程；第二章阐述土壤食物网的结构、维持机制及生态功能；第三章阐述土壤食物网的能量流动与模型模拟；第四章阐述土壤食物网对全球变化的响应与反馈；第五章阐述土壤食物网与生态系统管理；第六章讨论了土壤生态学研究新视角。

本书适合从事土壤生态学、农业生态学、恢复生态学、自然地理和可持续发展等研究及教学的老师、博士后与研究生阅读，也适合对土壤食物网中各个生物类群及其生态功能感兴趣的广大读者阅读。

审图号：GS（2019）160 号

图书在版编目（CIP）数据

土壤生态学：土壤食物网及其生态功能/傅声雷等著. —北京：科学出版社，2019.11
ISBN 978-7-03-059209-5

Ⅰ. ①土… Ⅱ.①傅… Ⅲ. ①土壤生态学 Ⅳ. ①S154.1

中国版本图书馆 CIP 数据核字(2018)第 245866 号

责任编辑：王海光　王　好　郝晨扬 / 责任校对：郑金红
责任印制：吴兆东 / 封面设计：刘新新

科学出版社 出版
北京东黄城根北街 16 号
邮政编码：100717
http://www.sciencep.com

北京九州迅驰传媒文化有限公司印刷
科学出版社发行　各地新华书店经销

*

2019 年 11 月第 一 版　　开本：787×1092 1/16
2025 年 1 月第三次印刷　　印张：18 1/2
字数：430 000

定价：198.00 元
（如有印装质量问题，我社负责调换）

著者名单

河南大学
　　傅声雷　张卫信　邵元虎　时雷雷
　　张　晓　史楠楠　赵灿灿　张晨露

中国科学院华南植物园
　　刘占锋　毛　鹏　林永标　余世钦
　　曹建波　孙　锋

广州大学
　　徐国良

中国科学院亚热带农业生态研究所
　　赵　杰

云南大学
　　吴建平

中国科学院西双版纳热带植物园
　　刘胜杰

青海大学
　　王晓丽

中国科学院南海海洋研究所
　　孙毓鑫

中国科学院沈阳应用生态研究所
　　方运霆

江西农业大学
　　万松泽

序

土壤是地球系统中具有高度时空异质性和复杂性的圈层，是一个多维度的"黑箱"；土壤食物网及其生态功能是生态学和全球变化研究领域的核心与前沿。由不同土壤生物类群组成的土壤食物网是驱动关键土壤生态过程的"引擎"，深刻地影响着生态系统服务及人类健康。因此，探究土壤食物网的特征及其对关键生态过程的调控机制，是全球变化背景下维持生态系统可持续性的必然要求。

土壤食物网及其生态功能研究，需要综合运用土壤学、生物学、生态学、地学及农学等相关学科的理论和方法，具有鲜明的学科交叉特点。作者从整体和动态的视角看待整个土壤食物网及其在生态系统中的功能和地位，以期从无序中看到有序，从差别中找出规律。为此，作者特别强调了研究"关键生态过程的时空格局"的重要性，以期揭示普适性的土壤食物网的结构和功能特征，赋予土壤生态地理学研究新的内涵。同时，作者详尽阐述了土壤食物网中各个生物类群相关的室内和野外控制实验平台的建设现状，并对综合运用同位素示踪、脂肪酸分析及高通量测序等技术，以逐步实现"整体"地揭示生态系统过程进行了有益的探索。

该书系统梳理了土壤生态学研究的发展脉络及土壤食物网的结构和功能的最新研究进展，结合作者多年的研究和实践，重点阐述了土壤食物网的类型和模型模拟，土壤食物网在调控生态系统物质循环和指示生态系统健康等方面的重要功能，以及其在生态恢复和可持续农林业中的应用。

全球变化背景下的土壤生态学研究，既是研究前沿，时刻充满机遇，又是研究瓶颈，面临重重挑战。该书提出了土壤食物网及其生态功能研究的最新框架，建立了较为完整的体系，梳理了诸多科学问题及解决思路。虽然我国在土壤食物网及其生态功能方面的研究起步较晚，研究群体较小，但提升空间很大。相信该书的出版，对充分发挥土壤食物网在可持续农林业中的作用和促进我国土壤生态学的跨越式发展具有重要意义。

傅伯杰

2019 年 7 月

前　言

　　复杂的气候条件、地质事件和多样的岩石类型造就了多种多样的土壤类型，而土壤类型的多样性、土壤内部空间结构的异质性和外部资源输入的多源性导致土壤生物多样性和土壤食物网的复杂性。土壤食物网的影响无处不在，其物种多样性非常丰富且无法用同一种标准方法进行检测，以致于难以准确量化它们在生态系统物质循环、能量流动过程中的贡献。土壤食物网中的不同生物类群由于对资源的利用方式和捕食策略不同而互相牵制，形成了错综复杂的食物链和食物网。土壤食物网就像一个超级生物体，各个生物类群就像是这个超级生物体的各个器官。各种生物通过多种机制的协作或拮抗影响着生态系统的结构和功能。

　　因为土壤食物网中不同生物类群此消彼长，随时间和空间的不同而演变，所以阐述不同土壤生物类群的生态功能应运用整体论及整体中各组成成分间存在普遍联系的方法论，将所有土壤生物类群置于整个食物网中去考量其地位和作用。本书没有寻求全面总结土壤生物对所有地上和地下过程的作用及其机制，而是结合文献报道和我们的研究实践，重点阐述土壤生物的几种主要功能，同时指出土壤生态学研究面临的问题及可能的解决思路。我们强调：探究土壤生物在生态系统中的贡献，既离不开对土壤食物网各主要类群之间直接和间接关系的探索，也离不开土壤食物网本身所处的外部环境，如植被、土壤和水热条件；任何外部条件在时间和空间上的改变，都可能使土壤食物网的结构发生变化，而其在生态系统中的地位和功能也随之改变。因为生态系统本身是不断演变的，生态系统的外部环境也在不断演变，所以土壤中不同生物类群及其构成的网络在生态系统中的地位和功能自然是变化的。尽可能全面深刻地把握这些变化规律，是真正理解和评价土壤食物网中不同生物类群及其生态功能的关键。但是，以动态的观点开展土壤生态学的研究目前非常有限，因为现有的工作都有意无意地假定实验系统处于"静态"。基于土壤食物网的概念，从整体和动态的视角开展土壤食物网的生态功能研究将是土壤生态学的重要前沿领域。另外，以往的研究结果多基于某一研究团队在特定区域的工作，缺乏普适性的应用前景；因此由多个团队在不同时间和空间上开展相似的土壤生态学实验，以期揭示具有普适性的土壤生态过程与机制，是"土壤生态地理学"研究的核心内容。土壤生态地理学是土壤生态学研究中新的前沿领域。

　　本书共分为6章：第一章主要介绍土壤的本质与特性和土壤生态学的发展历程，撰写人为时雷雷和傅声雷，由时雷雷统稿；第二章主要阐述土壤食物网的结构、维持机制及生态功能，撰写人为邵元虎、张卫信、张晓、赵杰、徐国良、孙毓鑫、毛鹏、吴建平、时雷雷、赵灿灿、张晨露、余世钦、曹建波、刘胜杰和万松泽，由邵元虎统稿；第三章主要阐述土壤食物网的能量流动与模型模拟，撰写人为傅声雷、王晓丽、邵元虎和刘胜杰，由傅声雷统稿；第四章主要阐述土壤食物网对全球变化的响应与反馈，撰写人为刘占锋、张卫信、徐国良、方运霆、赵杰、孙毓鑫和孙锋，由刘占锋统稿；第五章主要阐述土壤食物网与生态系统管理，撰写人为张卫信、邵元虎、时雷雷、徐国良、史楠楠、赵杰、刘胜杰、林永标和刘占锋，由张卫信统稿；第六章主要介绍土壤生态学的新领域——土壤生态地理学的概念和经典案例、新技术在土壤生态学中的应用及国内外相关的野外控制实验新平台，撰写人为傅声雷、时雷雷、张晓、赵灿灿和方运霆，由傅声雷统稿。本书的出版获得了国家科学技术学术著作出版基金和河南省地理学优势特色学科建设专项经费的资助，此外还得到"河南省创新型科技人才队伍建设工程"的资助。承蒙波多黎各大学邹晓明教授对本书提出宝贵意见，河南大学宋宏权博士帮助绘制部分大型野外实验平台分布图或采样示意图，不胜感激。

由于作者水平有限，本书不足之处在所难免，敬请读者批评指正。

傅声雷

2019年5月

目 录

第一章 土壤生态学及其发展历程 ··· 1
第一节 土壤的本质与特性 ··· 1
一、土壤的生命属性和生物多样性 ··· 1
二、土壤的空间异质性和自组织属性 ··· 3
三、土壤：陆地生态系统的基础 ··· 4
第二节 土壤生态学的发展历程 ··· 5
一、土壤生态学定性研究时期 ··· 5
二、土壤生态学定量研究时期 ·· 10
三、土壤生态学系统研究时期 ·· 12
第三节 展望 ·· 17
参考文献 ·· 18

第二章 土壤食物网的结构与功能 ·· 25
第一节 土壤食物网的结构及维持机制 ·· 25
一、土壤食物网结构的复杂性 ·· 25
二、土壤食物网结构的时空变化 ·· 30
三、土壤食物网的维持机制 ·· 45
第二节 土壤食物网的主要生态功能 ·· 66
一、土壤食物网在碳和养分循环中的作用 ······································ 67
二、土壤食物网对环境健康的指示作用 ·· 74
三、土壤食物网对植物生长和多样性的影响 ···································· 79
四、土壤食物网对生态系统功能影响的途径与因素 ······························ 82
第三节 难点与展望 ·· 87
一、难点 ·· 87
二、展望 ·· 88
参考文献 ·· 92

第三章 土壤食物网的能量流动与模型模拟 ···································· 116
第一节 土壤食物网的能量流动 ··· 116
一、真菌能流通道与细菌能流通道的特征 ····································· 117
二、真菌能流通道与细菌能流通道的量化 ····································· 120

第二节 土壤食物网的定量模型与模拟 … 123
一、土壤食物网模型与模拟类型 … 124
二、土壤食物网定量模型与模拟方法 … 126
第三节 展望 … 134
参考文献 … 134

第四章 土壤食物网对全球变化的响应与反馈 … 140
第一节 土壤食物网对全球变化的响应 … 141
一、土地利用变化对土壤食物网的影响 … 141
二、气候变化对土壤食物网的影响 … 144
三、大气氮沉降对土壤食物网的影响 … 148
第二节 土壤食物网主要类群对全球变化的反馈 … 154
一、蚯蚓对温室气体排放的贡献 … 154
二、土壤生物入侵对生态系统的影响 … 159
第三节 展望 … 167
一、土壤生物多样性与生态功能耦合新技术及新方法的开发 … 168
二、土壤温室气体产生和转化的土壤生物驱动机制 … 168
三、地上-地下食物网在生态系统水平上的联系 … 168
四、全球变化背景下土壤生物入侵的生态学效应 … 168
五、多方合作的全球尺度研究 … 169
六、全球变化敏感区域土壤生物群落结构和功能研究 … 169
参考文献 … 169

第五章 土壤食物网与生态系统管理 … 185
第一节 土壤生物与生态文明 … 185
一、可持续农业的发展历史 … 185
二、土壤生物与可持续农业的学科发展 … 186
第二节 农林业经营模式对土壤食物网的影响 … 189
一、农林业管理强度对土壤食物网的影响 … 189
二、农林业管理技术对土壤食物网的影响 … 193
第三节 土壤生物在可持续农业中的应用 … 198
一、土壤生物的肥力调节功能 … 198
二、土壤生物的病虫害防治功能 … 201
第四节 土壤生物在生态恢复中的作用 … 203
一、土壤食物网主要类群的土壤改良效应 … 203
二、土壤生物的水分调节功能 … 211

第五节 难点与展望···212
 一、难点···212
 二、展望···213
参考文献···215

第六章 土壤生态学研究新视角···225
第一节 新领域：土壤生态地理学···225
 一、生态地理学的概念···225
 二、生态地理学与相关学科的区别···226
 三、土壤生态地理学的研究现状与发展方向···227
第二节 新技术：同位素与生物化学和分子生物学等技术的应用·······················232
 一、同位素技术在土壤生态学研究中的应用··232
 二、生物化学和分子生物学技术在土壤生态学研究中的应用·······················240
第三节 新平台：土壤生态学研究野外控制实验平台······································250
 一、国际野外控制实验平台··250
 二、国内野外控制实验平台··256
第四节 展望··269
参考文献···270

第一章 土壤生态学及其发展历程

第一节 土壤的本质与特性

一、土壤的生命属性和生物多样性

美国著名土壤生态学家 David C. Coleman 在其《土壤生态学基础》(*Fundamentals of Soil Ecology*) 一书的前言中着重强调了生物与土壤之间的密切关系,他明确提出生命是土壤最重要的特征,没有生命过程也就不存在土壤(Coleman et al., 2016)。早期的土壤学家也明确提出生物是五大成土因素之一,在土壤的发生和演化过程中,尤其在土壤有机质的积累和分解、养分的循环和周转方面起着不可替代的作用(Jenny, 1941; Lavelle and Spain, 2001; Bardgett, 2005)。Rachel Carson 在《寂静的春天》(*Silent Spring*) 一书中,精彩地论述了生命与土壤的关系,她写道:土壤依赖于生命,生命创造了土壤,而异常丰富多彩的生命物质也生存于土壤之中;否则,土壤就会成为一种死亡和贫瘠的东西。正是土壤中无数有机体的存在和活动,才使土壤能给大地披上绿色的外衣(Carson, 1962)。

20 世纪 90 年代初,分子生物学技术的使用让学术界充分认识到了土壤是地球上生物多样性最丰富的生境(Torsvik et al., 1990; Wall et al., 2001; 傅声雷, 2007; Wurst et al., 2012; 时雷雷和傅声雷, 2014)。不计其数的微生物和节肢动物居住在土壤中(图 1-1)。1 g 土壤中可能含有数以百万计的微生物个体,分属于数千个不同的物种(Torsvik and Øvreås, 2002)。在全球尺度上,土壤中原核微生物(包括细菌和古生菌)多样性据估计要比其他所有生境原核生物多样性之和还要高 3 个数量级(Curtis et al., 2002; Kemp and Aller, 2004)。土壤中的其他生物类群,包括真菌、小型土壤动物(如原生动物和线虫)、中型土壤动物(如螨类、跳虫和线蚓)和大型土壤动物(如蚯蚓、马陆、蚂蚁和白蚁),其生物多样性也异常丰富,并且远高于植物和大型脊椎动物多样性(Wurst et al., 2012)。例如,目前已经描述的土壤真菌、原生动物和线虫就分别多达 72 000 种(Hawksworth, 2001)、40 000 种(Finlay, 2002)和 25 000 种(Boag and Yeates, 1998; Wurst et al., 2012),而大型土壤动物马陆也有 12 000 种以上(图 1-2)(Sierwald and Bond, 2007)。土壤中还存在大量的未知物种。例如,利用 18S rRNA 序列分析的研究方法,Wu 等(2009)仅在极地苔原的几个采样点就发现 2010 个运算分类单元(operational taxonomic unit, OTU),大部分无法确认是何物种。

土壤中如此丰富的生物多样性驱动着复杂的生态过程,在发挥土壤生态系统功能和提供生态系统服务方面起着决定性的作用(Nielsen et al., 2011; Brussaard, 2012; Wagg et al., 2014)。土壤生物是有机质分解和转化、养分循环至关重要的驱动者,同时在土

图 1-1　土壤中生活的各种生物类群（Bardgett and van der Putten，2014）

a. 外生菌根；b. 真菌；c. 细菌；d. 线虫；e. 水熊虫；f. 跳虫；g. 螨；h. 线蚓；i. 马陆；j. 蜈蚣；
k. 蚯蚓；l. 蚂蚁；m. 等足目；n. 扁虫；o. 鼹鼠

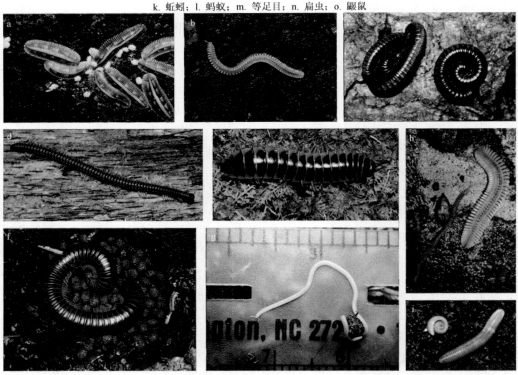

图 1-2　形态各异的大型土壤动物马陆（Sierwald and Bond，2007）

a. 扁带马陆目物种 *Platydesmus* sp.；b. 扁带马陆目物种 *Gosodesmus claremontus*；c. 异蚊目马陆物种 *Choctella cumminsi*；d. 异蚊目马陆物种 *Cambala* sp.；e. 带马陆目物种 *Falloria apheloriodes*；f. 山蚊目马陆物种 *Nacrceus* sp.；g. 管马陆目物种 *Illacme plenipes*；h. 扁带马陆目物种 *Andrognathus corticarius*（左）和 *Brachycybe lecontii*（右）；i. 多板马陆目物种 *Petaserpes* sp.

壤结构形成和维持、污染物降解及农作物病虫害的生物防治方面也极其重要。它们的存在和活动使土壤在植物生产、水质及大气温室气体调控方面提供重要的生态系统服务。正是由于研究人员认识到土壤生物多样性及土壤生物活动在生态系统功能方面的重要作用，土壤生态学在最近的 30 年内快速发展，并且成为全球变化和生态恢复研究的核心领域（Bardgett and Wardle，2010；Pritchard，2011）。

二、土壤的空间异质性和自组织属性

土壤基质是由固体、气体和液体三相组成的复杂系统，在垂直和水平结构上都存在着不同尺度的空间异质性（Ettema and Wardle，2002）（图 1-3），个体大小不同的各种生物类群在土壤空隙和液相中活动（Crawford et al.，2005；Ritz et al.，2011）。土壤的空间异质性除了成土母质的差异之外，主要是由植物和土壤生物的活动引起的（Beare et al.，1995）。这些生物的活动与物理环境之间相互作用，使土壤生态系统在空间上成为一个复杂层级结构，形成许多尺度大小不一的圈层（Beare et al.，1995；Young and Crawford，2004；Lavelle et al.，2006；Crawford et al.，2011）。植物根系通过分泌小分子有机质而成为一个资源丰富的区域，吸引大量微生物和小型土壤动物在根系周围活动，形成一个生物活性很高的根际圈（rhizosphere）（Berendsen et al.，2012）。植物凋落物在土壤界面上形成一个复杂的碎屑圈（detritusphere），各种营腐生生活的节肢动物和捕食者在此形成一个碎屑食物网（Moore et al.，2004；Ayres et al.，2009）。而土壤微生物和其他土壤生物分泌的有机物，如菌根真菌分泌的球囊霉素，可使分散的土壤颗粒结合成矿物-有机质复合体，继而形成团聚体圈（aggregatusphere）（Six et al.，2004），微生物在团聚体圈的内部和表面活动，形成一个微生物生物膜（microbial biofilm）系统（Lavelle et al.，2006）。大型土壤动物，特别是被称为生态系统工程师的蚯蚓和白蚁，可以通过掘穴和搬运活动，构建特殊的土壤结构，如蚓触圈（drilosphere），这些大型土壤动物建造的结构不但能增加土壤的孔隙度和渗透性，还为微生物和小型土壤动物提供了生存空间，因此形成了土壤生物活性的又一个热点区域（Lavelle et al.，2006；Andriuzzi et al.，2013）。

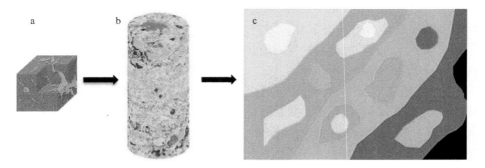

图 1-3 不同尺度上的土壤空间异质性（Crawford et al.，2005；Yan et al.，2016；Ettema and Wardle，2002）
a. 边长 0.8 mm 的土粒（绿色为孔隙，红色为固态）；b. 直径 4 cm、高 10 cm 的土柱（蓝色为固态，红色为孔隙，中间过渡色表示不同程度的固体、孔隙混合）；c. 样地尺度的土壤异质性斑块

土壤生态系统就是由上述的各种"圈"镶嵌组合而成的一个复杂系统（Beare et al.，1995；Young and Crawford，2004；Lavelle et al.，2006；Ponge，2015）。土壤生物与环境之间密切相关，相互影响，共同维持土壤生态系统的功能和可持续发展。基于此，土壤被认为是一个自组织系统（Young and Crawford，2004；Lavelle et al.，2006）。土壤自组织系统理论认为土壤生物的活动能改变其生存的环境结构，而其环境结构的改变又反过来影响土壤生物的活动，两者相互促进，从而形成了一个自组织系统（Young and Crawford，2004；Lavelle et al.，2006）。在这个自组织系统内，土壤生物与其环境形成了一个密不可分的结构组织，在不同的空间尺度上各自独立而又相互作用（Lavelle et al.，2006）。例如，在团聚体和根际内，微生物驱动养分循环，促进植物的初级生产，为土壤生态系统工程师（如蚯蚓）提供资源（Bonkowski，2004）；而土壤生态系统工程师也为微生物提供合适的生境（Andriuzzi et al.，2013）。生物之间通过对物理环境的调控而彼此促进对方对环境的适应，共同决定其在土壤中的生态功能（Crawford et al.，2005）。土壤自组织系统的概念从整体论的角度来看待土壤生态系统，这个概念充分体现了土壤生物与环境过程之间的本质联系，而且考虑了不同空间尺度的作用。土壤生物过程与环境结构之间的自组织特性是土壤维持其生态功能的基础。在全球变化日益成为生态学研究核心领域的今天，充分认识到土壤的这个特征，以及把土壤自组织系统理念应用到具体的研究之中，可以让我们从机制上了解土壤生物及其生态过程对全球变化的响应和适应。

三、土壤：陆地生态系统的基础

近几年来，随着土壤生物多样性逐渐成为生态学研究的热点，土壤也越来越被认为是一个独立的生态系统，而不仅是植物生长的介质（Jenny，1980）。著名生态学家 E. P. Odum 在其经典著作《生态学基础》（*Fundamentals of Ecology*）第五版中明确提出土壤是陆地生态系统的调控中心（Odum and Barrett，2005）。土壤本身处在一个复杂的大系统中，研究也证明土壤在植物群落构建和提高生产力（Bardgett and Wardle，2010）、水体质量（Carpenter，2005）和大气成分调控（特别是温室气体）（Luo and Zhou，2006）方面起着非常重要的作用。陆地生态系统中最重要的过程之一——有机质分解就是在土壤生物的驱动下进行的（Swift et al.，1979）。分解作用使光合作用固定的 C 以 CO_2 的形式归还到大气中，与此同时使各种生命所必需的养分（如 N、P）释放出来，供植物吸收利用（Berg and McClaugherty，2014）。

二十多年以来，生态学领域最为重要的进步之一就是认识到陆地生态系统地上和地下生物之间的反馈作用及其在生态系统功能方面的重要作用（Bardgett and Wardle，2010）。土壤生物及其驱动的过程对地上植被和其他生物的调控也得到充分的认识（Bardgett and Wardle，2010）。土壤生物通过驱动养分矿化释放，特别是限制性养分 N 等，为植物生长提供重要的养分资源，提高植物生产力（Wardle et al.，2004）。土壤生物在维持植物多样性和群落构建方面也起着重要的作用（de Deyn et al.，2003）。研究表明植物病原生物会在特定的植物根系周围聚集，导致同种植物的幼苗很难在母树周围建立种群，间接促进其他植物幼苗种群的建立，从而维持较高的植物多样性（Bever，2003）。

土壤是陆地生态系统最大的碳库（Lal et al.，2004）。土壤微生物和动物在土壤 C 转化方面起着重要的作用（Coleman et al.，2004）。在有机质分解过程中，CO_2 通过土壤的呼吸作用被排放进入大气，同时土壤生物能促使有机质在土壤团聚体中暂时固存（Zhang et al.，2013）。因此，土壤中发生的生物过程在调控大气 CO_2 浓度方面起着至关重要的作用。与此同时，土壤也能调控其他大气温室气体的浓度，如 N_2O 和 CH_4（Yan et al.，2014）。土壤对水体质量和生产力也有重要的调控作用。通过土壤径流和渗透，过量的 N、P 养分进入水体，会造成严重的富营养化，污染水质。而在森林中的寡营养湖泊和溪流，土壤有机质的输入又是维持水体食物网的重要资源（Tanentzap et al.，2014）。

综上所述，土壤是重要的生命维持系统，处在各个生态系统的交界面上（Coleman et al.，2004）。土壤中发生的过程不仅影响土壤生态系统本身的结构和功能，还强烈地影响着植物群落结构、大气温室气体组成和水体生态系统的功能（Bardgett and Wardle，2010）。人类活动对土壤及其中生活的生物的干扰势必会对整个地球系统造成重要的影响。因此，在全球变化的背景下，我们应该从整体论的角度充分认识到土壤生态系统在地球系统中的中心地位，深入考察土壤生物及其驱动的过程，帮助我们深入理解陆地生态系统如何响应全球变化的内在机制。

第二节　土壤生态学的发展历程

基于土壤生物研究的土壤生态学（概念框 1）起源于 19 世纪中叶前后，经历早期缓慢的发展阶段，至 20 世纪 60 年代由于国际生物学计划（International Biological Programme，IBP）的开展及其对土壤生物学研究的重视，土壤生态学在 20 世纪后半期快速发展。尤其在 20 世纪 80 年代，土壤生物之间的相互关系成为土壤生态学研究的核心问题，土壤食物网的构建及其有机质分解和养分循环贡献方面的定量研究也在 20 世纪 80 年代中期出现，并且成为之后土壤生态学研究的核心课题，大大促进了科学界对土壤生态系统及其重要性的认识，使土壤生态学受到广泛的关注。如今，各种新技术（如分子生物学技术、同位素示踪技术等）和新观念（如整体论、植物-土壤反馈等）的广泛应用，使土壤生态学成为国际生态学界空前繁荣的主流研究领域（Wall et al.，2012）。土壤生态学本身也形成了一个多学科交叉的综合性学科，并且呈现百家争鸣的新景象。纵观过去的一个半世纪，土壤生态学的发展可以分为 4 个阶段，本章介绍前 3 个阶段，未来发展在第六章中介绍（图 1-4）。

一、土壤生态学定性研究时期

19 世纪 40 年代至 20 世纪 50 年代是土壤生态学研究的定性时期。在这个时期，分布在不同领域的学者，通过对土壤动物和土壤微生物及其功能的初步描述及研究，逐渐建立了土壤动物生态学和土壤微生物生态学的基本方法及概念，为之后定量研究等更深入的研究奠定了基础。

> **概念框 1：土壤生态学的定义**
>
> 生态学最初的定义是研究生物与其环境之间相互关系的科学（Haeckel，1866）。20 世纪，随着 Elton（1927）营养级概念、Tansley（1935）生态系统概念和 Lindeman（1942）能量流动概念的提出及发展，生态学逐渐演变为一门研究生态系统结构与功能的学科（Odum and Barrett，2005），特别强调生物之间的相互作用，以及能量流动和物质循环。土壤生态学就是把生态学理念和方法应用于土壤生态系统。在广义上，土壤生态学的研究范围非常广，包括土壤理化性质、土壤各种养分的循环周转、土壤与植物的关系等方面。但是土壤生态学的核心是土壤生态系统及生活在该系统中的各种生物（Coleman et al.，2004）。最近国际上的土壤生态学研究主要关注土壤生物多样性和复杂的土壤食物网在生态系统功能方面所起的重要作用（Moore and de Ruiter，2012）。
>
> 目前，国际上有限的几本土壤生态学著作都没有明确地给出土壤生态学的定义（Lavelle and Spain，2001；Coleman et al.，2004；Wall et al.，2012）。但是这些著作一致强调土壤生物及其驱动的生态过程。土壤生物之间由于营养关系而形成的复杂食物网更是研究的热点，这些研究尤其考虑土壤食物网在能量流动和养分矿化方面的贡献、土壤食物网结构与土壤生态系统稳定性之间的关系。目前，土壤生态学的另一个研究热点问题集中在人类引起的全球变化现象（如气候变化、土地利用变化和氮沉降）对土壤生物及其驱动过程的影响（Bardgett and Wardle，2010；Pritchard，2011）。结合以上几点，我们给出土壤生态学的定义：土壤生态学是研究土壤生物在不同时空尺度上的分布格局和多度，影响土壤生物分布和多度的自然及人为因素，土壤生物之间的相互作用，以及土壤生物之间的相互作用如何驱动土壤生态过程的学科。
>
> 研究土壤生态学，必须强调的是要从整体论的角度来看待土壤生态系统、土壤生物之间的相互关系及其驱动的生态过程。自 Auerbach（1958）首次提出土壤生态系统概念以来，土壤生态系统已被认为是一个结构复杂、由众多子系统有机镶嵌而构成的自组织系统（Ponge，2015）。生活在土壤中的各种生物有机体在不同的空间尺度上相互作用，维持土壤生态系统的结构和功能。同时，土壤生态系统和生活在其中的生物群落并不是处在静态的平稳状态，而是随着时间和外界因素的变化而不停变化。人类活动对土壤生态系统的群落结构及其驱动的过程都会产生重要的影响。在全球变化的背景下，研究土壤生态学，尤其要考虑土壤生态系统在时空尺度上的动态变化。

（一）土壤动物学的建立和初步发展

土壤动物学研究的建立始于 1840 年达尔文发表蚯蚓与腐殖土形成关系的论文。达尔文首次指出了土壤动物在土壤肥力方面的重要作用（Darwin，1840）。1881 年，经过 40 多年的实验观察，达尔文撰写了一本内容更为详尽的蚯蚓著作 *The Formation of Vegetable Mould, Through the Action of Worms*（图 1-5）。除了达尔文之外，在 19 世纪后期 Hensen（1877）、Wollny（1890）、Djemil（1896）和 Bretscher（1901）也开展了许多

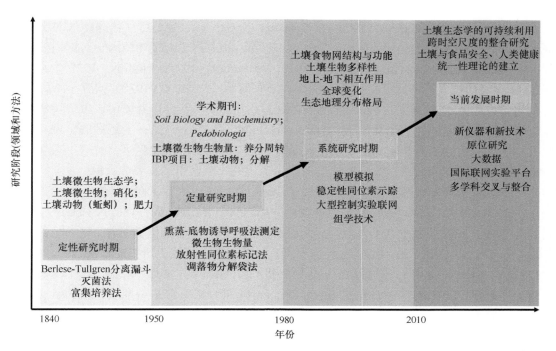

图 1-4　土壤生态学发展简史：主要阶段及其研究成果和方法

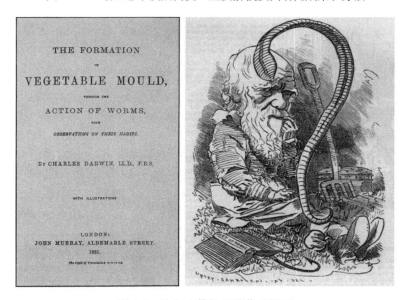

图 1-5　达尔文的蚯蚓著作及漫画

达尔文 *The Formation of Vegetable Mould, Through the Action of Worms* 一书的封面（左图）及该书出版后不久 *Punch* 杂志上关于达尔文研究蚯蚓的漫画（右图）

有关蚯蚓与土壤肥力关系的研究工作。这些研究激发了学者对蚯蚓的极大兴趣，在 20 世纪前半叶，对蚯蚓及其与土壤环境和肥力关系的研究异常活跃，研究人员包括 Parker 和 Metcalf（1906）、Hurwitz（1910）、Russell（1910）、Beddard（1912）、Wieler（1914）、

Arrhenius（1921）、Phillips（1923）和 Driedax（1931）等，他们除了考察蚯蚓对土壤肥力的影响（Russell，1910；Beauge，1912）之外，还考察了土壤环境因子对蚯蚓的影响（Parker and Metcalf，1906；Hurwitz，1910；Arrhenius，1921；Phillips，1923）。此外，Beddard（1912）还考察了蚯蚓的生物地理分布问题，Driedax（1931）研究了蚯蚓在植物生长方面的重要作用。第二次世界大战之后，Evans 与其合作者 Guild 进一步研究了蚯蚓与土壤环境之间的相互作用（Evans and Guild，1947）。这些关于蚯蚓的早期卓越研究，为之后蚯蚓生态学研究奠定了坚实基础，使 20 世纪后半叶至今，蚯蚓生态学研究成为土壤生态学的活跃领域，为推动土壤生态学的发展做出了重要的贡献。

在达尔文研究蚯蚓前后，研究人员对其他土壤动物也进行了研究，并且做出了重要的贡献。1854 年，Ehrenberg 编写了土壤原生动物的图册。Diesing（1861）、Eberth（1863）和 de Man（1876）等在土壤自由生活线虫的研究方面也做了杰出的工作。之后，美国线虫学家 Cobb（1918）对土壤线虫种群的研究，奠定了土壤线虫研究的坚实基础。此外，Lubbock（1873）编写了土壤跳虫方面的专著。而 Michael（1888）对土壤螨类的研究也奠定了对这一类土壤动物研究的基础。Drummond（1887）对热带地区白蚁的研究尤为杰出，他指出白蚁在土壤肥力和土壤结构方面的重要作用，是土壤动物生态功能研究的先驱。

除了对单个类群土壤动物的研究之外，19 世纪后期和 20 世纪前半叶研究人员对土壤动物群落也做了许多重要的研究工作。Müller（1878）在达尔文时代就指出除了蚯蚓之外，其他土壤动物类群在土壤肥力方面的重要作用。之后，Keller（1889）也研究了整个土壤动物群落在凋落物粉碎和腐殖质形成方面的重要作用。特别值得指出的就是 Keller 的学生 Diem（1903）在其博士论文中详细地研究了土壤和凋落物中的土壤动物群落，包括线虫、跳虫、线蚓、甲虫和蝇的幼虫、蚯蚓、多足动物、腹足动物等，并且首次给出土壤动物（bodenfauna）的定义：土壤动物是永久或部分时期在土壤和凋落物层居住及活动的各个动物类群。该定义一直沿用至今。这个时期，在土壤动物群落方面最杰出的研究者是丹麦的 Bornebusch（1930）和美国的 Jacot（1936，1940）。前者研究了丹麦森林土壤动物的群落结构，并且分析了各类土壤动物的多度；后者从土壤生物学的角度，详细地研究、综述了森林土壤和凋落物群落结构及其在凋落物分解方面的作用。在 20 世纪 40 年代末和 50 年代初，一些综合性的土壤生物学著作开始出现（Gilyarov，1949；Franz，1950；Kuhnelt，1950），系统地总结了之前的土壤动物学研究成果。在此背景下，1955 年 4 月 1~7 日，第一次国际土壤动物学会议在英国诺丁汉大学举行，并且编写了一本内容系统、全面的土壤动物学论文集（Kevan，1955）。在次年的第六次国际土壤学大会上，成立了国际土壤动物学委员会。这两个事件标志着土壤动物学学科的成立。

20 世纪前半叶，土壤动物学研究方法与设备的发展及改进对之后的研究工作尤为重要。1905 年，Berlese 发明了漏斗型土壤动物提取装置（Berlese funnel）来有效地提取土壤和凋落物中的节肢动物。这个装置后来经过 Tullgren（1917）和 Haarløv（1947）的改进，成为到目前为止土壤动物群落学研究的重要设备。1917 年，Baermann 发明了专用于提取线虫的湿漏斗装置，有效地促进了对土壤线虫群落结构的研究。此后 Morris

(1922)和 Ladell（1936）等分别提出了提取土壤小型节肢动物的"湿法"和"漂浮法"，这些方法也被后来的研究所采用。方法的改进大大提高了土壤动物的提取效率，研究人员可以更高效和更精确地研究土壤动物群落，对土壤动物学的发展贡献很大。后来土壤生态学的发展也一再证明，新方法的建立和应用是促进土壤生态学理论发展的重要驱动力。

（二）土壤微生物学的建立和初步发展

在土壤动物学发展的同时，土壤微生物学在巴斯德发酵理论和科赫培养基方法的基础上开始出现，并且在 19 世纪末和 20 世纪前半叶，土壤微生物生态学迎来其发展史上的第一个黄金时代。俄罗斯的 Sergei Winogradsky（1856—1953）（图 1-6a）、荷兰的 Martinus Willem Beijerinck（1851—1931）和美国的 Selman A. Waksman（1888—1973）（图 1-6b）是土壤微生物生态学创建者，也是杰出的土壤生态学家，他们的研究确定了土壤微生物在自然界氮循环、腐殖质形成、土壤有机质周转方面的重要作用，并且发现了土壤微生物驱动的重要生物地球化学过程。19 世纪八九十年代，Winogradsky 通过对自养细菌的研究，发现了微生物代谢的新途径和化能合成作用，而他在土壤微生物生态学领域最大的贡献就是阐明了氮循环中硝化作用（nitrification）是由微生物驱动的，并且分离出纯培养的硝化细菌（*Nitrosomonas* sp.）（Dworkin and Gutnick，2012）。与此同时，荷兰的 Beijerinck 研究了植物的共生固氮问题，分离出了一株根瘤菌菌株 *Bacillus rudicicola*，阐明了植物共生固氮的本质，随后他继续研究自由生活的细菌在固氮方面的重要作用，并且还发现氮循环的另一个重要过程——反硝化作用（denitrification）也是由微生物驱动的，同时分离出驱动反硝化过程的细菌 *Bacillus sphaerosporus* 和 *Bacillus nitrous*（Kluyver et al.，1947）。这些杰出的研究，深刻地揭示了微生物在生命元素氮循环中的作用，使土壤微生物生态学在创建阶段就与其驱动的生态功能密切地结合起来。

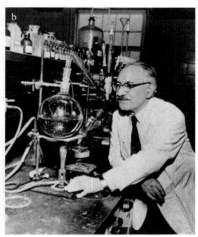

图 1-6　土壤微生物生态学的两位重要奠基人

a. 俄罗斯的 Sergei Winogradsky（1856—1953）；b. 美国的 Selman A. Waksman（1888—1973）

Waksman 在土壤微生物研究方面的贡献尤其突出，他主要研究土壤微生物在土壤碳循环中的重要作用，尤其是微生物在木质素分解中的作用（Waksman and Gerretsen，1931）。他还研究了土壤微生物在土壤腐殖质形成方面的重要作用（Waksman，1936），提出了有机质 C/N 值对分解速率的影响（Waksman，1924），极大地影响了之后对凋落物分解过程及调控因素的研究。Waksman 对土壤放线菌的研究，使他发现了微生物分泌的抗生素在医学上的重要应用价值，因此获得诺贝尔生理学或医学奖，向人们证明了土壤生物在人类社会发展中的重要作用。自 20 世纪 20 年代以来，Waksman 除了在各种学术期刊上发表大量关于土壤微生物的学术论文之外，还编写了多部土壤微生物学专著，尤其是 1952 年出版的 *Soil Microbiology* 一书，系统地总结了 20 世纪 50 年代之前土壤微生物学的进展，使土壤微生物学成为一门真正的学科。

土壤微生物学的研究方法是限制其发展的重要障碍。19 世纪后期，Winogradsky 在科赫培养基的基础上发明了富集培养法，使他可以很好地分离和纯培养一些重要的细菌。另外，显微镜技术和染色技术的发展，使土壤微生物学家能更精确地对土壤微生物进行计数，并且推测生物量。灭菌（sterilization）法是那个时代研究土壤微生物与土壤肥力关系的重要方法。20 世纪上半叶，局限于培养计数等比较原始的方法，对土壤微生物的研究还存在许多缺陷，如对土壤微生物的多样性及其生物量和群落结构的研究并没有实质性的进展。

二、土壤生态学定量研究时期

自 20 世纪 50 年代以来，以生态系统为核心的生态学快速发展，研究人员尤其注重研究生态系统的生产力和能量流动，对水体和森林生态系统的能流分析是 60 年代和 70 年代的核心问题。国际生物学计划（IBP，1964~1974 年）的开展，极大地提高了人们对土壤生物的认识，土壤和土壤生物成为生态系统研究不可或缺的重要环节（Coleman，2010）。

在生态系统能量流动和物质循环研究的大背景下，定量研究土壤动物在生态系统能量流动和凋落物分解中的贡献是 20 世纪 60 年代和 70 年代的重要领域（Swift et al.，1979）。英国土壤动物学家 MacFadyen 在 20 世纪 60 年代初就系统地分析了草地生态系统土壤动物在能量流动和土壤代谢（soil metabolism）中的重要作用（MacFadyen，1963）。他的研究指出植物光合作用固定的能量，其中 4/7 以凋落物的形式进入分解者系统被土壤生物分解和代谢。MacFadyen 的工作极大地推动了 IBP 项目对土壤生物的定量研究（Phillipson，1971）。20 世纪 70 年代，关于土壤动物生物量及其在凋落物分解方面的研究成果大量发表。这些资料的积累使 Petersen 和 Luxton（1982）可以系统地总结从北极苔原至热带森林各个主要生态系统不同土壤动物类群的生物量，第一次在全球尺度上展现了各类土壤动物生物量的分布格局。同时他们也定量分析了土壤动物对输入土壤的凋落物的消耗量。这些研究强调了土壤动物在生态系统物质循环和能量流动中的重要作用，使生态学家对土壤生态学更加重视。

土壤微生物的研究在 20 世纪 60 年代和 70 年代也有重要的突破。60 年代，对土壤微生物活性的研究主要集中在土壤酶活性方面，许多定量测定土壤酶活性的底物诱导法被提出并广泛应用在土壤生态学的研究中,提高了我们对土壤生物过程的认识,使土壤生物化学成为土壤生态学和土壤微生物学的核心研究领域(Burns,1978)。这个时期土壤生态学最重要的进展就是英国洛桑实验站的 Jenkinson 研究组提出的定量测定土壤微生物生物量的熏蒸法(Jenkinson and Powlson,1976)。该方法经过 Brookes 和 Powlson 等的改进(Vance et al.,1987),成为研究土壤微生物生物量 C、N、P 含量的重要常规方法,在全世界各个土壤生物学实验室得到普及,大大提高了我们对土壤微生物在土壤 C、N 和 P 循环周转方面作用的认识。70 年代末,德国的 Anderson 和 Domsch(1978)又提出了定量测定土壤微生物活性和生物量的底物诱导呼吸法(substrate induced respiration)。底物诱导呼吸法和熏蒸法配合使用,相得益彰,使土壤微生物生态学的研究向前迈进了一大步。采用相同的方法,定量地研究土壤微生物生物量,使全世界各地的研究者可以比较他们的研究结果,也为在全球尺度上考察土壤微生物生物量的分布格局提供了重要资料。美国的 White 等(1979)把磷脂脂肪酸(PLFA)分析法引入土壤微生物生态学领域,使得定量研究土壤微生物群落结构成为可能。PLFA 分析法是研究土壤微生物生物群落结构的重要方法,极大地促进了我们对土壤微生物群落结构中真菌与细菌比例的认识;土壤食物网的真菌能流通道和细菌能流通道理论框架就是基于 PLFA 的研究提出的(Hendrix et al.,1986)。

土壤生物之间相互作用关系和简单的土壤食物网研究也在这个时期被提上研究日程,并且研究者开展了许多重要的工作,为之后的研究奠定了基础。1963 年出版的一本土壤生物学著作中就专门论述了土壤动物和土壤微生物之间的关系,主要涉及蚯蚓活动对土壤微生物数量的影响(Went,1963),土壤原生动物与土壤真菌之间的营养关系(Heal,1963)。在这个时期,研究土壤生物之间关系的主要有 3 个团队,美国科罗拉多州立大学 Coleman 研究组、美国橡树岭国家实验室的 Witkamp 研究组和英国埃克塞特大学 Anderson 研究组,他们的工作为 20 世纪 80 年代和 90 年代的土壤食物网研究打下了坚实的基础。Coleman 于 60 年代开始,在英国土壤动物学家 MacFadyen 的指导下通过放射性同位素标记法,开展了对简单食物网的研究,尤其注重土壤节肢动物与土壤真菌之间关系的研究(Coleman and MacFadyen,1966)。70 年代,Coleman 在美国科罗拉多州立大学建立研究组,并通过微宇宙(microcosm)培养实验等方法开展了关于土壤生物之间营养关系的系列工作,他们的研究尤其注重土壤动物对微生物的捕食作用及其在土壤能量流动和养分动态方面的意义(Coleman et al.,1977)。美国橡树岭国家实验室的研究主要集中在凋落物分解过程中节肢动物与微生物之间的相互作用(Witkamp,1966),他们亦采用放射性同位素标记法来研究物质和能量在土壤食物链中的传递过程(Reichle and Crossley,1965);基于这些研究工作,美国橡树岭国家实验室的学者率先于 1974 年建立了一个简单的、包括 4 个营养级的土壤碎屑食物网模型(McBrayer et al.,1974)。英国埃克塞特大学 Anderson 研究组的研究也集中在凋落物分解过程中节肢动物的捕食行为对微生物活性的影响方面(Anderson,1975a;Hanlon and Anderson,1979);但是该研究组最有特色的研究是关注大型土壤动物的肠道微生物群落,他们研究白蚁肠道细菌的分布和多度(Bignell et al.,1979),也对比研究了马陆肠道、食物和粪球中细菌的数量及组成(Anderson and Bignell,1980)。除此之外,Anderson(1975b,1977,1978)

还关注土壤动物群落结构的物种共存机制和组织模式,并且研究了生境异质性与土壤动物多样性的关系,对现代土壤生态学研究有深远的影响。

20世纪60年代和70年代的土壤生物学研究是土壤生态学承前启后的重要转折点,土壤生物的作用被广为关注,许多重要的问题被提出并开展了初步的研究。土壤及土壤生物也明确成为陆地生态系统研究不可或缺的部分。1976年,在瑞典乌普萨拉举行的第六次国际土壤动物学会议上,旗帜鲜明地提出了"Soil Organisms as Components of Ecosystems"观点。同时,有关土壤生物学的期刊也相继创办,1961年,Torne在奥地利创办 *Pedobiologia* 期刊;1964年,Deboutteville 在法国创办 *Revue d'Ecologie et de la Biologie du Sol* 期刊,即现在的 *European Journal of Soil Biology*;1969年,在Russell和Waid的努力下,*Soil Biology and Biochemistry* 期刊在英国创办。1979年,Swift等编写了 *Decomposition in Terrestrial Ecosystems* 一书,他们在书中根据体形大小将土壤动物进行系统的排序归类,并且深刻地论述了土壤生物在陆地生态系统分解过程中的作用。他们的总结标志着土壤生态学已经成为生态学研究的重要领域。

三、土壤生态学系统研究时期

(一)土壤生物相互作用研究和土壤食物网的建立时期

从20世纪80年代开始,土壤生态学的研究开始注重土壤生物之间的复杂关系及其在生态功能方面的重要作用。这些研究体现在这个时代出版的重要著作上,如英国生态学会于1985年出版的论文集 *Ecological Interactions in Soil:Plants,Microbes and Animals*;1986年,Mitchell和Nakas主编的 *Microfloral and Faunal Interactions in Natural and Agro-Ecosystems* 一书;1988年Edwards和Stinner主编的会议论文集 *Interactions Between Soil-Inhabiting Invertebrates and Microorganisms in Relation to Plant Growth*。这个时代最富有特色的研究就是建立了结构复杂的土壤食物网,并且与免耕农业措施紧密结合(Hendrix et al.,1986)。同时期,对土壤食物网的研究(概念框2,概念框3)在美国主要集中在科罗拉多州立大学和佐治亚大学(David Coleman此时转到佐治亚大学工作),在欧洲主要集中在荷兰瓦格宁根大学的土肥研究所和瑞典农业大学。这些研究都是基于大型研究项目,进行团队协作,从多方面入手,综合考察土壤食物网在养分循环方面的重要作用。

概念框2:土壤食物网的概念

食物网是生态系统中各种不同生物类群通过一系列捕食和被捕食的营养关系而构成的一个复杂相互关系的网络,是生态系统物质循环和能量流动的驱动者。1880年,意大利动物学家Lorenzo Camerano第一次以生物之间的取食关系为基础绘制了一幅食物网的结构图,揭开了食物网研究的序幕。之后经过Forbes(1880)、Elton(1927)、Lindeman(1942)、Paine(1966,1980)、Cohen(1978)、Pimm(1982)的经典研究，目前食物网已经成为生态学的核心研究领域。2014年，美国肯塔基大学的 James D. Harwood 创建了学术期刊 *Food Webs*。而基于能量学（energetics）的食物网研究被认为是整合群落生态学和生态系统生态学的桥梁（Moore and de Ruiter, 2012）。

土壤食物网以土壤生态系统和居住在其中的土壤生物为研究对象，研究各种土壤生物功能群之间复杂的直接捕食关系与间接调控关系，以及这种复杂关系在凋落物分解、有机质和养分循环、土壤生物群落结构稳定性方面的作用（Coleman et al., 2004; Moore and de Ruiter, 2012）。由于土壤的高度时空异质性和物种的极端多样性，土壤食物网的研究要比水生生态系统和陆地生态系统地上部分（简称地上生态系统）复杂得多。1923年，Summerhayes 和 Elton 在研究北欧苔原生态系统食物网时，首次纳入土壤生物。但是直到1987年，Hunt 等才基于对科罗拉多东北部矮草草原的研究绘制了第一份较完整的土壤食物网，从而使土壤食物网的研究成为土壤生态学的核心领域。

土壤生物的极端多样性使土壤食物网结构异常复杂。首先表现在土壤生物的营养级归属不统一，同一种土壤生物往往处在多条食物链上，并且占据多个营养级。同时杂食性的土壤生物类群很多，使得土壤食物网结构错综复杂，很难基于如此复杂的食物网来研究土壤生态过程（Moore and Hunt, 1988）。基于此，Moore 和 de Ruiter（2012）等提出了土壤生物功能群（functional group）和营养位（trophic position）的概念。根据土壤生物的食物源、取食方式、生活史策略及其在土壤中的分布模式进行归类，组成土壤食物网的生物被划归4个大类：①腐食者（detritivore）和植食者（root feeder），包括细菌、真菌、植食性线虫等；②食微动物（microbivore），即取食土壤细菌和真菌的中小型土壤动物，包括食细菌和真菌的原生动物、线虫、跳虫和螨类；③中间捕食者，包括捕食性的线虫、螨类等；④顶级捕食者，包括捕食性的螨类、蜈蚣等。功能群概念的提出及其在土壤食物网研究中的应用，使土壤食物网结构更为明晰，基于土壤食物网结构的能量流动和群落稳定性分析也变得更为可行（de Ruiter et al., 1998）。

概念框3：土壤食物网的分类

土壤食物网的结构是动态变化的，许多调控机制被提出用于解释土壤食物网的结构动态。这些理论主要包括上行效应（bottom-up effect）、下行效应（top-down effect）（Power, 1992; Scheu and Schaefer, 1998; Jaffee and Strong, 2005）和营养级联效应（trophic cascade）等（Pace et al., 1999; Wardle et al., 2005）。上行效应指的是食物资源对高营养级生物的调节，尤其关注食物链最底层的可利用资源（植物活体或碎屑）如何限制更高营养级的生产力。下行效应指捕食者对低营养级生物的调节，捕食者可以通过取食关系调控被捕食者的数量和种类（Hanley and La Pierre, 2015）。而营养级联效应指的是土壤生物之间的间接相互作用和反馈过程，如土壤捕食性动物通过对食微动物的捕食而间接地影响土壤微生物群落的生产力和群落结构（Wardle et al.，2005）。

由于土壤生态系统空间结构的镶嵌模式，在不同的空间尺度上存在不同的食物网结构。比较重要的有两个：一个是根际食物网；另一个是以凋落物为基础的碎屑食物网（Wardle，2002；Coleman et al.，2004）。根际食物网是以根系和根系分泌物为基础资源，以微生物和中小型食微动物为核心的一类微型土壤食物网。根际食物网通过动物和微生物之间的相互关系形成一个微生物环（microbial loop），在植物矿质养分有效性方面起着至关重要的作用（Bonkowski，2004）。土壤碎屑食物网一般都位于土壤和凋落物的交界面上，以凋落物为食物的中小型节肢动物在这个界面上生活，吸引捕食者，同时也调控凋落物层微生物的活动，对土壤腐殖质的形成及养分循环和周转起着重要的作用（Wardle，2002）。

目前，基于研究思路和关注焦点的不同，一般把土壤食物网分为3类（Moore and de Ruiter，2012）：①连通性食物网（connectedness food web），即简单的描述性食物网，根据土壤生物的功能群，构建它们之间的捕食和被捕食关系网络，是研究土壤食物网功能的基础，由于土壤生物类群众多，关系复杂，而我们对土壤生物的认识很有限，因此，目前的连通性食物网大都关注一些常见的类群，并没有包含所有的土壤生物类群；②能流食物网（energy flow food web），这是基于连通性食物网，通过分析各个类群土壤生物种群特征、捕食和同化效率等参数，来估算各个土壤生物类群在能量流动和养分循环周转方面的贡献（de Ruiter et al.，1998）；③功能食物网（functional food web），其核心概念是生物之间的相互作用强度（interaction strength），这类食物网把土壤生物之间的相互作用和土壤生物群落结构的稳定性结合在一起，对其进行研究有助于了解土壤生态系统的抗干扰能力（Neutel et al.，2002）。

1987年，科罗拉多州立大学Hunt等一批土壤生态学家基于对科罗拉多一个矮草草原生态系统土壤生物类群的系统研究，第一次建立了一个结构比较完整的土壤食物网。该食物网包括以根系和植物碎屑为基础资源的多条食物链，并在第三营养级食微动物（microbivore）环节彼此联系。同时，他们基于食物网中各个生物类群的实测生物量和生理参数，以及不同生物类群之间的相互作用，计算了土壤微生物和土壤动物在氮矿化方面的贡献，指出细菌和土壤动物（尤其是食细菌线虫和原生动物）是氮矿化的重要驱动者。这个土壤食物网的建立意义非常重大，它为之后不同生态系统下土壤食物网的框架建立和模型模拟提供了范式，并且提供了一套基于土壤食物网而计算各个土壤生物类群对生态系统养分矿化相对贡献的研究方法（Moore and de Ruiter，2012），因此土壤食物网的结构和功能研究成为土壤生态学的重要领域。在Hunt建立食物网的同一时期，美国的佐治亚大学Hendrix等土壤生态学家基于对Horseshoe Bend实验站传统农业和免耕农业样地的土壤生物群落研究，分别建立了两个土壤食物网（Hendrix et al.，1986）。通过对食物网各个功能群的分析，Hendrix等（1986）指出免耕（no-tillage）农业措施下土壤食物网以真菌和食真菌土壤动物为主，而传统耕作（conventional tillage）将使土壤食物网结构倾向于以细菌为基础，从而导致不同耕作制度下生态系统的养分循环产生较大差异。

在美国土壤食物网研究的影响下，20世纪80年代在欧洲也开展了两个基于农业生态系统的土壤生态学项目，并且建立了比较完善的土壤食物网。一个是Andrén等（1990）领导的瑞典"耕地生态学"项目。另一个是Brussaard（1994）领导的"荷兰农业生态系统土壤生态学"项目。前者基于瑞典Kjettslinge农业站大麦实验田的施肥和对照样地，分别建立了施肥和对照条件下的土壤食物网，并且基于食物网结构，详细地研究了食物网中各个生物类群在土壤碳和氮循环中的贡献（Andrén et al., 1990）。后者基于荷兰Lovinkhoeve冬小麦农业站实验田，分别设置综合管理和传统管理的样地，系统研究了土壤微生物和各个土壤动物类群的动态变化。在此基础上，de Ruiter和Moore精诚合作，建立了不同生态系统的土壤食物网框架，他们不但分析了不同食物网中各类群在养分循环方面的贡献（de Ruiter et al., 1994），还基于土壤食物网的结构估算了物种之间的相互作用强度，建立了土壤食物网结构和土壤生态系统稳定性的关系（de Ruiter et al., 1998）。他们的合作一直持续到现在，为土壤食物网的理论和模型模拟做出了重要贡献，在他们最近合作编写的一本食物网专著中，强调了功能食物网（functional food web）的意义及食物网动态变化研究的重要性。

该时期，美国新墨西哥大学Whifford等在Chihuahuan荒漠系统的土壤生态学研究也值得关注，他们系统地研究了土壤动物在凋落物分解和碳、氮动态中的作用（Santos et al., 1981），并且强调了非生物环境对土壤食物网结构和功能的调控作用（Whitford, 1989）。此外，Swift主持的"热带土壤生物学和土壤肥力"项目系统地研究了热带农业生态系统各类土壤生物类群及其对热带土壤养分循环的贡献，也促进了土壤生态学的发展（Anderson and Ingram, 1989）。20世纪80年代所建立的各类土壤食物网框架，核心是基于土壤食物网的结构来计算各类土壤生物对碳、氮养分循环的贡献，实质上把土壤生物群落的结构及其驱动的生态功能密切联系起来。尤为可贵的是，这些研究对比了不同干扰条件下土壤食物网结构的改变如何在生态系统水平上影响碳、氮的循环速率，这对目前全球变化如何影响土壤生物类群及其生态功能的研究具有重要参考价值。

（二）土壤生物多样性研究时期

20世纪90年代至今，土壤生态学的研究进入百家争鸣的黄金时代。在这个时期，土壤生态学的研究在世界范围内快速扩张，土壤生态学实验室和研究团队遍布全球各个大学和研究所。21世纪初，人类在盘点以往认识、规划未来重点研究方向时，发现土壤生物及其驱动的功能和人工智能、外太空探索等领域，是我们了解最少的主题。2004年，当今最有影响力的科学杂志之一 Science 把土壤作为最后的科学前沿之一，呼吁科学界加大对土壤生物及其生态功能的研究。与此同时，陆地生态系统生态学的研究也尤其重视土壤生态过程。土壤生态学在这个时代呈现多个研究主题齐驱并进且相互整合的趋势。其中最重要的3个研究主题是土壤生物多样性、地上-地下相互作用、全球变化背景下土壤生态系统的结构和功能。这3个主题都是从整体论的角度出发来探讨土壤生态系统在自然界中的地位（Coleman et al.，2014）。与此相对应，从20世纪90年代开始，关于土壤生态学的综合性著作也开始大量出现（Killham，1994；Lavelle and Spain，2001；Coleman et al.，2004），这些著作充分强调了土壤生态系统本身的复杂性及其在地球系统中的中心地位。

　　土壤生物多样性的研究始于分子生物学技术在土壤微生物学领域的应用。1990年，挪威土壤微生物学家Torsvik从土壤中提取DNA，并用分子杂交的方法发现仅1 g森林土壤中就有将近10 000种细菌的存在，极大地震撼了学术界。加之1992年《生物多样性公约》的签订，使土壤生物多样性成为土壤生态学研究的核心领域。从20世纪90年代开始，关于土壤生物多样性的学术研讨会和跨区域、多团队合作的土壤生物多样性项目层出不穷。例如，1997~2002年，在国际环境问题科学委员会的资助下，Wall（2004）组织领导了土壤和水体沉积物生物多样性与生态系统功能委员会，主持了4次大型的国际学术研讨会，从各个方面讨论土壤生物多样性的研究。2014年年底，在法国的第戎（Dijon）举行了第一届全球土壤生物多样性会议，会议的主题是评估土壤生物多样性在生态系统服务方面的重要作用，紧接着于2017年在中国南京举行了内容更为广泛的第二届大会。1997~2002年，英国自然环境研究理事会资助的大型土壤生物多样性与生态系统功能项目（NERC Thematic Programme：Biological Diversity and Ecosystem Function in Soils）对土壤生态学的发展尤为重要，该项目吸引了英国27个研究小组参与，综合利用分子生物学、同位素示踪技术和野外控制实验，精确追踪碳在食物网中的传递，发现光合作用固定的碳在数小时内就可以传递到土壤生物体内（Fitter et al.，2005）。该项目确定了现代土壤生物学研究的合作模式，随后欧盟资助的EcoFINDERS（Ecological Function and Biodiversity Indicators in European Soils）项目更是吸引了10个欧洲国家参与，并且中国也加入了该项目的研究（Lemanceau，2011）。这些研究使土壤生物多样性研究取得了多方面的进展，使人们认识到土壤生物多样性在生态系统服务方面起着非常重要的作用（Wall et al.，2012），也认识到大尺度上土壤生物多样性的分布格局（Wu et al.，2011；Fierer et al.，2012）。例如，蚯蚓和线虫的多样性并不是在低纬度热带地区最大，而是在温带地区达到高峰（Wall et al.，2012）。

（三）地上-地下相互作用和全球变化研究时期

　　在土壤生物多样性快速发展的同时，关于陆地生态系统地上-地下部分联系的研究也在快速发展。地上-地下生物相互关系的研究充分体现了目前土壤生态学的整体论观点。这一研究主题源于20世纪90年代初van der Putten等（1993）和Bever（1994）建立的植物-土壤反馈实验。该实验最初用来研究植物和土壤生物之间的相互作用如何调控植物群落的演替和多样性，之后又被用来解释植物的入侵机制（Callaway et al.，2004）、植物对土壤食物网的调控机制等（de Deyn et al.，2004）。最近，Bardgett和Wardle（2010）系统地总结了地上-地下生态学的研究进展，他们论述了土壤食物网调控植物群落结构和生产力的可能机制，也阐述了植物对土壤食物网结构和功能的调控。地上-地下生态学充分考虑了生产者和分解者之间的相互依赖关系，两者之间到底谁起主导作用是随着空间格局和外界因素的变化而变化的。地上-地下联系的研究目前依旧是土壤生态学研究的热点领域，对于加深对生物多样性和陆地生态系统功能方面的认识有重要的意义（Wardle et al.，2004）。

随着人类活动对自然界干扰的加剧，全球变化研究成为目前生态学界的主流方向之一，也是土壤生态学研究的热点领域。全球变化研究把土壤生态学各个领域紧密结合起来，大大加快了土壤生态学的发展。正如 IBP 时代发现土壤生物在生态系统能量流动方面的重要作用一样，全球变化研究使学术界发现土壤生物在生态系统功能方面更为复杂的作用。Coleman 等（1992）在 20 世纪 90 年代初就论述了土壤生物学、土壤生态学与全球变化之间的关系。之后，世界各地都相继开展了各种基于室内和野外的控制实验来探讨各种全球变化因素（如氮沉降、CO_2 浓度增加等）对土壤生物群落及其驱动过程的影响。由于发现土壤是陆地生态系统最大的碳库，土壤生物驱动的土壤呼吸及其他温室气体（如 N_2O 和 CH_4）排放对全球气候变化影响很大，土壤生态系统和全球变化之间呈现非线性的复杂反馈关系，因此，尽管已经开展了许多设计精密的控制实验，如英国伦敦的帝国理工学院的 Ecotron 实验（Bradford et al.，2002）和美国的明尼苏达大学的 BioCON 实验（He et al.，2010），但是这些实验都关注单个或少数几个全球变化因素对某个类群土壤生物和生态学过程的影响，而土壤生态系统响应和适应全球变化的内在机制及其对全球变化的反馈过程都还在研究之中。

第三节 展　　望

全球变化和环境污染等导致生物多样性锐减，正严重威胁着人类的生存环境和社会的可持续发展，不仅学术界对此特别关注，政界和公众也非常关注生态学的研究进展。土壤作为人类赖以生存的不可再生资源，是全球关注的焦点。土壤生物及其驱动的过程不但可以维持土壤的健康发展，还为人类社会提供各种生态产品和功能（Wall et al.，2012）。因此，土壤生态系统的健康与可持续利用在很大程度上与人类社会福祉密切相关。土壤生态学的研究和发展可为人类认识自然界的运行模式提供重要的知识储备，同时这些知识也是人类制定自然环境管理策略的基础。这就需要未来人类对土壤生态系统更深入的研究和理解。

土壤生态学的未来发展需要与土壤可持续利用和社会可持续发展密切联系。尽管经过一个多世纪的发展，人类对土壤生态系统（尤其是土壤食物网结构的复杂性和功能）的认识依旧非常有限。人类目前只能利用少有的几种土壤生物来解决实际问题，如利用根瘤菌、菌根真菌等微生物来提升粮食作物的养分获取能力和抗逆性，利用蚯蚓来处理有机废物和改良土壤结构。如何利用土壤食物网的原理，通过调控更多土壤生物类群来有效提升土壤质量，解决土壤面临的污染、退化等威胁，以维持土壤的可持续利用，依旧是土壤生态学面临的重要挑战。

在目前土壤生态学研究百家争鸣的背景下，深入探讨土壤食物网的结构与功能，是未来利用土壤食物网原理解决土壤退化、环境污染和人类社会赖以生存的粮食安全问题的基础。以土壤食物网结构和功能为核心，开展跨时空尺度的整合研究，建立土壤生态学统一的理论框架，是未来土壤生态学发展的重要趋势。在土壤生态学备受关注的今天，越来越多的学者加入土壤生物学的研究行列，充分体现了多学科的综合和交叉，与此同时各种新仪器和新技术正在被广泛地引入土壤生态学研究领域，许多大型的国际联网实验平台已经或正在建立，这些理念和技术的革新必然使未来土壤生态学的发展日新月异。

参 考 文 献

傅声雷. 2007. 土壤生物多样性的研究概况与发展趋势[J]. 生物多样性, 15: 109-115.
时雷雷, 傅声雷. 2014. 土壤生物多样性研究: 历史、现状与挑战[J]. 科学通报, 59: 493-509.
Anderson JM. 1975a. Succession, diversity and trophic relationships of some soil animals in decomposing leaf litter[J]. Journal of Animal Ecology, 44: 475-495.
Anderson JM. 1975b. The Enigma of Soil Animal Species Diversity[M]. *In*: Vanek J. Progress in Soil Zoology. Berlin: Springer: 51-58.
Anderson JM. 1977. The organization of soil animal communities[J]. Ecological Bulletins, 25: 15-23.
Anderson JM. 1978. Inter- and intra-habitat relationships between woodland Cryptostigmata species diversity and the diversity of soil and litter microhabitats[J]. Oecologia, 32: 341-348.
Anderson JM, Bignell DE. 1980. Bacteria in the food, gut contents and faeces of the litter-feeding millipede *Glomeris marginata* (Villers)[J]. Soil Biology and Biochemistry, 12: 251-254.
Anderson JM, Ingram JSI. 1989. Tropical Soil Biology and Fertility: A Handbook of Methods[M]. Wallingford: CAB international.
Anderson JPE, Domsch KH. 1978. A physiological method for the quantitative measurement of microbial biomass in soils[J]. Soil Biology and Biochemistry, 10: 215-221.
Andrén O, Lindberg T, Paustian K, et al. 1990. Ecology of arable land- organisms, carbon and nitrogen cycling[J]. Biological Conservation, 56: 243-244.
Andriuzzi WS, Bolger T, Schmidt O. 2013. The drilosphere concept: fine-scale incorporation of surface residue-derived N and C around natural *Lumbricus terrestris* burrows[J]. Soil Biology and Biochemistry, 64: 136-138.
Arrhenius O. 1921. Influence of soil reaction on earthworms[J]. Ecology, 2: 255-257.
Auerbach SI. 1958. The soil ecosystem and radioactive waste disposal to the ground[J]. Ecology, 39: 522-529.
Ayres E, Steltzer H, Simmons BL, et al. 2009. Home-field advantage accelerates leaf litter decomposition in forests[J]. Soil Biology and Biochemistry, 41: 606-610.
Baermann G. 1917. Eine einfache Methode zur Auffindung von Ancylostomum (Nematoden) Larven in Erdproben[J]. Geneeskd Tijdschr Ned Indie, 57: 131-137.
Bardgett RD. 2005. The biology of soil: a community and ecosystem approach[J]. Soil Use and Management, 22: 323.
Bardgett RD, van der Putten WH. 2014. Belowground biodiversity and ecosystem functioning[J]. Nature, 515: 505-511.
Bardgett RD, Wardle DA. 2010. Aboveground-Belowground Linkages: Biotic Interactions, Ecosystem Processes, and Global Change[M]. Oxford: Oxford University Press.
Beare MH, Coleman DC, Crossley Jr DA, et al. 1995. A hierarchical approach to evaluating the significance of soil biodiversity to biogeochemical cycling[J]. Plant and Soil, 170: 5-22.
Beauge A. 1912. Les vers de terre et la fertilite du sol[J]. Journal of Agriculture Practice-Paris, 23: 506-507.
Beddard FE. 1912. Earthworms and Their Allies[M]. Cambridge: Cambridge University Press.
Berendsen RL, Pieterse CM, Bakker PA. 2012. The rhizosphere microbiome and plant health[J]. Trends in Plant Science, 17: 478-486.
Berg B, McClaugherty C. 2014. Plant Litter: Decomposition, Humus Formation, Carbon Sequestration[M]. Berlin: Springer-Verlag.
Berlese A. 1905. Apparecchio per raccogliere presto ed in gran numero piccoli artropodi[J]. Redia, 2: 85-89.

Bever JD. 1994. Feedback between plants and their soil communities in an old field community[J]. Ecology, 75: 1965-1977.

Bever JD. 2003. Soil community feedback and the coexistence of competitors: conceptual frameworks and empirical tests[J]. New Phytologist, 157: 465-473.

Bignell DE, Oskarsson H, Anderson JM. 1979. Association of actinomycete-like bacteria with soil-feeding termites (Termitidae, Termitinae)[J]. Applied and Environmental Microbiology, 37: 339-342.

Boag B, Yeates GW. 1998. Soil nematode biodiversity in terrestrial ecosystems[J]. Biodiversity and Conservation, 7: 617-630.

Bonkowski M. 2004. Protozoa and plant growth: the microbial loop in soil revisited[J]. New Phytologist, 162: 617-631.

Bornebusch CH. 1930. The fauna of forest soils[J]. Forske Forsagsv Danm, 11: 1-224.

Bradford MA, Jones TH, Bardgett RD, et al. 2002. Impacts of soil faunal community composition on model grassland ecosystems[J]. Science, 298: 615-618.

Bretscher K. 1901. Zur Biologie der Regenwürmer[J]. Biologisches Zentralblatt, 21: 538-550.

Brussaard L. 1994. An appraisal of the Dutch programme on soil ecology of arable farming systems (1985-1992)[J]. Agriculture Ecosystems and Environment, 51: 1-6.

Brussaard L. 2012. Ecosystem Services Provided by The Soil Biota[M]. *In*: Wall DH, Bardgett RD, Behanpelleter V, et al. Soil Ecology and Ecosystem Services. Oxford: Oxford University Press: 45-58.

Burns RG. 1978. Soil Enzymes[M]. Cambridge: Academic Press.

Callaway RM, Thelen GC, Rodriguez A, et al. 2004. Soil biota and exotic plant invasion[J]. Nature, 427: 731-733.

Camerano L. 1880. Dell'equilibrio dei viventi merce la reciproca distruzione (on the equilibrium of living beings by means of reciprocaldestruction)[J]. Atti Della Reale Accademia Delle Scienze Di Torino, 15: 393-414.

Carpenter SR. 2005. Eutrophication of aquatic ecosystems: bistability and soil phosphorus[J]. Proceedings of the National Academy of Sciences of the United States of America, 102: 10002-10005.

Carson R. 1962. Silent Spring[M]. Boston: Houghton Mifflin Harcourt.

Cobb NA. 1918. Estimating the Nema population of soil[J]. Agricultural Technology Circular, 1: 48.

Cohen JE. 1978. Food Webs and Niche Space (No. 11)[M]. Princeton: Princeton University Press.

Coleman DC. 2010. Big Ecology: The Emergence of Ecosystem Science[M]. Oakland: University of California Press.

Coleman DC, Anderson RV, Cole CV. 1977. Trophic interactions in soils as they affect energy and nutrient dynamics. IV. Flows of metabolic and biomass carbon[J]. Microbial Ecology, 4: 373-380.

Coleman DC, Callaham MA, Crossley DA. 2016. Fundamentals of Soil Ecology[M]. 3rd edition. Cambridge: Academic Press.

Coleman DC, Crossley DA, Hendrix PF. 2004. Fundamentals of Soil Ecology[M]. 2nd edition. Cambridge: Academic Press.

Coleman DC, MacFadyen A. 1966. The recolonization of gamma-irradiated soil by small arthropods. A preliminary study[J]. Oikos, 17: 62-70.

Coleman DC, Odum EP, Crossley Jr DA. 1992. Soil biology, soil ecology, and global change[J]. Biology and Fertility of Soils, 14: 104-111.

Coleman DC, Zhang WX, Fu SL. 2014. Toward a Holistic Approach to Soils and Plant Growth[M]. *In*: Dighton J, Krumins JA. Interactions in Soil: Promoting Plant Growth. Beilin: Springer: 211-223.

Crawford JW, Deacon L, Grinev D, et al. 2011. Microbial diversity affects self-organization of the soil-microbe system with consequences for function[J]. Journal of the Royal Society Interface, 9: 1302-1310.

Crawford JW, Harris JA, Ritz K, et al. 2005. Towards an evolutionary ecology of life in soil[J]. Trends in Ecology and Evolution, 20: 81-87.

Curtis TP, Sloan WT, Scannell JW. 2002. Estimating prokaryotic diversity and its limits[J]. Proceedings of the National Academy of Sciences of the United States of America, 99: 10494-10499.

Darwin CR. 1840. On the formation of mould[J]. Transactions of Geological Society of London, 5: 505-509.

Darwin CR. 1881. The formation of vegetable mould, through the action of worms, with observations on their habits[J]. Palaios, 1: 431.

de Deyn GB, Raaijmakers CE, van Ruijven J, et al. 2004. Plant species identity and diversity effects on different trophic levels of nematodes in the soil food web[J]. Oikos, 106: 576-586.

de Deyn GB, Raaijmakers CE, Zoomer HR, et al. 2003. Soil invertebrate fauna enhances grassland succession and diversity[J]. Nature, 422: 711-713.

de Man JG. 1876. Onderzoekingen over vrij in de aarde levende nematoden[J]. Tijdschrift der Nederlandsche Dierkundige Vereeniging, 2: 78-196.

de Ruiter PC, Bloem J, Bouwman LA, et al. 1994. Simulation of dynamics in nitrogen mineralisation in the belowground food webs of two arable farming systems[J]. Agriculture, Ecosystems and Environment, 51: 199-208.

de Ruiter PC, Neutel AM, Moore JC. 1998. Biodiversity in soil ecosystems: the role of energy flow and community stability[J]. Applied Soil Ecology, 10: 217-228.

Diem K. 1903. Untersuchungen über die Bodenfauna in den Alpen[D]. Doctoral dissertation, Zollikofer'sche Buchdruckerei.

Diesing KM. 1861. Revision der Nematoden[J]. Sitzungsber Kaiser Akad Wissensch Wien, Mathematisch-naturwissenschaftliche Klasse, 42: 595-736.

Djemil M. 1896. Untersuchungen über den Einfluss der Regenwürmer auf die Entwicklung der Planzen[D]. Dissertation, University of Halle: 26.

Driedax L. 1931. Untersuchungen über die Bedeutung der Regenwurmer für den pflanzenbau[J]. Wissenschaftliches Archiv für Landwirtschaft. Abteilung A, 7: 413-467.

Drummond H. 1887. On the termite as the tropical analogue of earth-worm[J]. Proceedings of the Royal Society of Edinburgh, 13: 137-146.

Dworkin M, Gutnick D. 2012. Sergei Winogradsky: a founder of modern microbiology and the first microbial ecologist[J]. FEMS Microbiology Reviews, 36: 364-379.

Eberth CJ. 1863. Untersuchung über Nematoden[M]. Leipzig: Nabu Press.

Elton CS. 1927. Animal Ecology[M]. Chicago: University of Chicago Press.

Ettema CH, Wardle DA. 2002. Spatial soil ecology[J]. Trends in Ecology and Evolution, 17: 177-183.

Evans AC, Guild WJ. 1947. Studies on the relationships between earthworms and soil fertility: Ⅰ. Biological studies in the field[J]. Annals of Applied Biology, 34: 307-330.

Fierer N, Leff JW, Adams BJ, et al. 2012. Cross-biome metagenomic analyses of soil microbial communities and their functional attributes[J]. Proceedings of the National Academy of Sciences of the United States of America, 109: 21390-21395.

Finlay BJ. 2002. Global dispersal of free-living microbial eukaryote species[J]. Science, 296: 1061-1063.

Fitter AH, Gilligan CA, Hollingworth K, et al. 2005. Biodiversity and ecosystem function in soil[J]. Functional Ecology, 19: 369-377.

Forbes SA. 1880. On some interactions of organisms[J]. Illinois Laboratory of Natural History Bulletin, 1: 3-17.

Franz H. 1950. Bodenzoologie als Grundlage der Bodenpflege[J]. Soil Science, 71: 155.

Gilyarov MS. 1949. The Peculiarities of the Soil as an Environment and Its Significance in the Evolution of Insects[M]. Moscow: Nauka.

Haarløv N. 1947. A new modification of the Tullgren apparatus[J]. The Journal of Animal Ecology, 16: 115-121.

Haeckel EHPA. 1866. Generelle Morphologie der Organismen[M]. Berlin: Georg Reimer.

Hanley TC, La Pierre KJ. 2015. Trophic Ecology: Bottom-Up and Top-Down Interactions Across Aquatic and Terrestrial Systems[M]. Cambridge: Cambridge University Press.

Hanlon RDG, Anderson JM. 1979. The effects of Collembola grazing on microbial activity in decomposing leaf litter[J]. Oecologia, 38: 93-99.

Hawksworth DL. 2001. The magnitude of fungal diversity: the 1.5 million species estimate revisited[J].

Mycological Research, 105: 1422-1432.
He Z, Xu M, Deng Y, et al. 2010. Metagenomic analysis reveals a marked divergence in the structure of belowground microbial communities at elevated CO_2[J]. Ecology Letters, 13: 564-575.
Heal OW. 1963. Soil Fungi as Food for Amoebae[M]. *In*: Doeksen J. Soil Organisms. Amsterdam: North-Holland Publishing Company: 289-297.
Hendrix PF, Parmelee RW, Crossley DA, et al. 1986. Detritus food webs in conventional and no-tillage agroecosystems[J]. Bioscience, 36: 374-380.
Hensen V. 1877. Die thätigkeit des regenwurms (*Lumbricus terrestris* L.) für die fruchtbarkeit des erdboden[J]. Zeitschrift für Wissenschaftliche Zoologie, 28: 354-364.
Hunt HW, Coleman DC, Ingham ER, et al. 1987. The detrital food web in a shortgrass prairie[J]. Biology and Fertility of Soils, 3: 57-68.
Hurwitz SH. 1910. The reactions of earthworms to acids[J]. Proceedings of the American Academy of Arts and Sciences, 46: 67-81.
Jacot AP. 1936. Soil structure and soil biology[J]. Ecology, 17: 359-379.
Jacot AP. 1940. The fauna of the soil[J]. Quarterly Review Biology, 15: 28-58.
Jaffee BA, Strong DR. 2005. Strong bottom-up and weak top-down effects in soil: nematode-parasitized insects and nematode-trapping fungi[J]. Soil Biology and Biochemistry, 37: 1011-1021.
Jenkinson DS, Powlson DS. 1976. The effects of biocidal treatments on metabolism in soil. V. A method for measuring soil biomass[J]. Soil Biology and Biochemistry, 8: 209-213.
Jenny H. 1941. Factors of Soil Formation[M]. New York: McGraw-Hill Publication.
Jenny H. 1980. The Soil Resource: Origin and Behavior[M]. Berlin: Springer Science and Business Media.
Keller C. 1889. Formation de la terre vegetale par l'activite de certains animaux[J]. Archive Science Nature, 18: 429.
Kemp PF, Aller JY. 2004. Bacterial diversity in aquatic and other environments: what 16S rDNA libraries can tell us[J]. FEMS Microbiology Ecology, 47: 161-177.
Killham K. 1994. Soil Ecology[M]. Cambridge: Cambridge University Press.
Kluyver AJ. 1947. Three decades progress in microbiology[J]. Antonie van Leeuwenhoek, 13: 1-20.
Kuhnelt W. 1950. Bodenbiologie: mit besonderer Berucksichtigung der Tierwelt[M]. Vienna: Verlag Herold.
Ladell WRS. 1936. A new apparatus for separating insects and other arthropods from soil[J]. Annals of Applied Biology, 23: 862-879.
Lal R. 2004. Soil carbon sequestration impacts on global climate change and food security[J]. Science, 304: 1623-1627.
Lavelle P, Decaëns T, Aubert M, et al. 2006. Soil invertebrates and ecosystem services[J]. European Journal of Soil Biology, 42: 3-15.
Lavelle P, Spain AV. 2001. Soil Ecology[M]. Berlin: Springer Science and Business Media.
Lemanceau P. 2011. EcoFINDERS: characterize biodiversity and the function of soils in Europe. 23 partners in 10 European countries and China[J]. BioFuture, (326): 56-58.
Lindeman RL. 1942. The trophic-dynamic aspect of ecology[J]. Ecology, 23: 399-417.
Lubbock SJ. 1873. Monograph of the Collembola and Thysanura[M]. London: The Ray Society.
Luo YQ, Zhou X. 2006. Soil Respiration and the Environment[M]. Burlington and San Diego: Academic Press.
MacFadyen A. 1963. The contribution of the microfauna to total soil metabolism[J]. Soil Organisms, 3: 18.
McBrayer JF, Reichle DE, Witkamp M. 1974. Energy Flow and Nutrient Cycling in a Cryptozoan Food-Web[M]. Oak Ridge: Environmental Sciences Division, Oak Ridge National Laboratory.
Mckevan DKE. 1955. Soil Zoology[M]. London: Academic Press.
Michael AD. 1888. British Oribatidae[M]. London: Ray Society.
Moore JC, Berlow EL, Coleman DC, et al. 2004. Detritus, trophic dynamics and biodiversity[J]. Ecology Letters, 7: 584-600.
Moore JC, de Ruiter PC. 2012. Energetic Food Webs: an Analysis of Real and Model Ecosystems[M]. Oxford: Oxford University Press.

Moore JC, Hunt WH. 1988. Resource compartmentation and the stability of real ecosystems[J]. Nature, 333: 261-263.

Morris HM. 1922. On a method of separating insects and other arthropods from the soil[J]. Bulletin of Entomological Research, 13: 197-200.

Müller PE. 1878. Nogle Undersøgelser af Skovjord[J]. Tidsskrift for Landøkonomi, 12: 259-283.

Neutel AM, Heesterbeek JA, de Ruiter PC. 2002. Stability in real food webs: weak links in long loops[J]. Science, 296: 1120-1123.

Nielsen UN, Ayres E, Wall DH, et al. 2011. Soil biodiversity and carbon cycling: a review and synthesis of studies examining diversity-function relationships[J]. European Journal of Soil Science, 62: 105-116.

Odum EP, Barrett GW. 2005. Fundamentals of Ecology[M]. Belmont: Thomson Brooks/Cole.

Pace ML, Cole JJ, Carpenter SR, et al. 1999. Trophic cascades revealed in diverse ecosystems[J]. Trends in Ecology and Evolution, 14: 483-488.

Paine RT. 1966. Food web complexity and species diversity[J]. American Naturalist, 100: 65-75.

Paine RT. 1980. Food webs: linkage, interaction strength and community infrastructure[J]. The Journal of Animal Ecology, 49: 667-685.

Parker GH, Metcalf CR. 1906. The reactions of earthworms to salts: a study in protoplasmic stimulation as a basis of interpreting the sense of taste[J]. American Journal of Physiology-Legacy, 17: 55-74.

Petersen H, Luxton M. 1982. A comparative analysis of soil fauna populations and their role in decomposition processes[J]. Oikos, 39: 288-388.

Phillips EF. 1923. Earthworms, plants and soil reactions[J]. Ecology, 4: 89-90.

Phillipson J. 1971. Methods of Study in Soil Ecology[M]. Paris: UNESCO.

Pimm SL. 1982. Food Webs[M]. Berlin: Springer Netherlands.

Ponge JF. 2015. The soil as an ecosystem[J]. Biology and Fertility of Soils, 51: 645-648.

Power ME. 1992. Top-down and bottom-up forces in food webs: do plants have primacy[J]. Ecology, 73: 733-746.

Pritchard SG. 2011. Soil organisms and global climate change[J]. Plant Pathology, 60: 82-99.

Reichle DE, Crossley Jr DA. 1965. Radiocesium dispersion in a cryptozoan food web[J]. Health Physics, 11: 1375-1384.

Ritz K, Young I, Ritz K, et al. 2011. The architecture and biology of soils: life in inner space[J]. European Journal of Soil Science, 63: 533.

Russell EJ. 1910. The effect of earthworms on soil productiveness[J]. Journal of Agricultural Science, 2: 245-257.

Santos PF, Phillips J, Whitford WG. 1981. The role of mites and nematodes in early stages of buried litter decomposition in a desert[J]. Ecology, 62: 664-669.

Scheu S, Schaefer M. 1998. Bottom-up control of the soil macrofauna community in a beechwood on limestone: manipulation of food resources[J]. Ecology, 79: 1573-1585.

Sierwald P, Bond JE. 2007. Current status of the myriapod class Diplopoda (millipedes): taxonomic diversity and phylogeny[J]. Annual Review of Entomology, 52: 401-420.

Six J, Bossuyt H, Degryze S, et al. 2004. A history of research on the link between (micro) aggregates, soil biota, and soil organic matter dynamics[J]. Soil and Tillage Research, 79: 7-31.

Summerhayes VS, Elton CS. 1923. Contributions to Ecology of Spitsbergen and Bear Island[J]. Journal of Ecology, 11: 216-233.

Swift MJ, Heal OW, Anderson JM. 1979. Decomposition in terrestrial ecosystems[J]. Studies in Ecology, 5: 2772-2774.

Tanentzap AJ, Szkokan-Emilson EJ, Kielstra BW, et al. 2014. Forests fuel fish growth in freshwater deltas[J]. Nature Communications, 5: 4077.

Tansley AG. 1935. The use and abuse of vegetational concepts and terms[J]. Ecology, 16: 284-307.

Torsvik V, Goksoyr J, Daae FL. 1990. High diversity in DNA of soil bacteria[J]. Applied and Environmental Microbiology, 56: 782-787.

Torsvik V, Øvreås L. 2002. Microbial diversity and function in soil: from genes to ecosystems[J]. Current

Opinion in Microbiology, 5: 240-245.

Tullgren A. 1917. Ein sehr einfacher Auslese apparat für terricole Tierformen[J]. Zeitschrift für Angewandte Entomologie, 4: 149-150.

van der Putten WH, Dijk CV, Peters BAM, et al. 1993. Plant-specific soil-borne diseases contribute to succession in foredune vegetation[J]. Nature, 362: 53-56.

Vance ED, Brookes PC, Jenkinson DS. 1987. An extraction method for measuring soil microbial biomass C[J]. Soil Biology and Biochemistry, 19: 703-707.

Wagg C, Bender SF, Widmer F, et al. 2014. Soil biodiversity and soil community composition determine ecosystem multifunctionality[J]. Proceedings of the National Academy of Sciences of the United States of America, 111: 5266-5270.

Waksman SA. 1924. Influence of microorganisms upon the carbon-nitrogen ratio in the soil[J]. The Journal of Agricultural Science, 14: 555-562.

Waksman SA. 1936. Humus origin, chemical composition, and importance in nature[J]. Soil Science, 41: 395.

Waksman SA, Gerretsen FC. 1931. Influence of temperature and moisture upon the nature and extent of decomposition of plant residues by microorganisms[J]. Ecology, 12: 33-60.

Wall DH. 2004. Sustaining Biodiversity and Ecosystem Services in Soils and Sediments[M]. Washington D. C.: Island Press.

Wall DH, Adams G, Parsons AN. 2001. Soil Biodiversity [M]. *In*: Chapin FS, Sala OE, Huber-Sannwald E. Global Biodiversity in a Changing Environment: Scenarios for the 21st Century. New York: Springer: 47-82.

Wall DH, Bardgett RD, Behan-Pelletier V, et al. 2012. Soil Ecology and Ecosystem Services[M]. Oxford: Oxford University Press.

Wardle DA. 2002. Communities and Ecosystems: Linking the Aboveground and Belowground Components[M]. Princeton: Princeton University Press.

Wardle DA, Bardgett RD, Klironomos JN, et al. 2004. Ecological linkages between aboveground and belowground biota[J]. Science, 304: 1629-1633.

Wardle DA, Williamson WM, Yeates GW, et al. 2005. Trickle-down effects of aboveground trophic cascades on the soil food web[J]. Oikos, 111: 348-358.

Went JC. 1963. Influence of Earthworms on the Number of Bacteria in the Soil[M]. *In*: Doeksen J. Soil Organisms. Amsterdam: North-Holland Publishing Company: 260-265.

White DC, Davis WM, Nickels JS, et al. 1979. Determination of the sedimentary microbial biomass by extractible lipid phosphate[J]. Oecologia, 40: 51-62.

Whitford WG. 1989. Abiotic controls on the functional structure of soil food webs[J]. Biology and Fertility of Soils, 8: 1-6.

Wieler A. 1914. Regenwürmer und Bodenbeschaffenheit[J]. Bonn Selbstverlag des Naturhistorischen Vereins, 1913 (D): 10-14.

Witkamp M. 1966. Decomposition of leaf litter in relation to environment, microflora, and microbial respiration[J]. Ecology, 47: 194-201.

Wollny E. 1890. Untersuchungen über die Beeinflussung der Fruchtbarkeit der Ackerkrumedurch die Tätigkeit der Regenwürmer[J]. Forschungen auf demGebiete der Agrikultur-Physik, 13: 381-395.

Wu T, Ayres E, Bardgett RD, et al. 2011. Molecular study of worldwide distribution and diversity of soil animals[J]. Proceedings of the National Academy of Sciences of the United States of America, 108: 17720-17725.

Wu T, Ayres E, Li G, et al. 2009. Molecular profiling of soil animal diversity in natural ecosystems: incongruence of molecular and morphological results[J]. Soil Biology and Biochemistry, 41: 849-857.

Wurst S, Deyn GBD, Orwin K. 2012. Soil Biodiversity and Functions[M]. *In*: Wall DH, Bardgett RD, Behan-Pelletier V, et al. Soil Ecology and Ecosystem Services. Oxford: Oxford University Press: 28-44.

Yan J, Zhang W, Wang K, et al. 2014. Responses of CO_2, N_2O and CH_4 fluxes between atmosphere and forest soil to changes in multiple environmental conditions[J]. Global Change Biology, 20: 300-312.

Yan Z, Liu C, Todd-Brown KE, et al. 2016. Pore-scale investigation on the response of heterotrophic respiration to moisture conditions in heterogeneous soils[J]. Biogeochemistry, 131: 121-134.

Young IM, Crawford JW. 2004. Interactions and self-organization in the soil-microbe complex[J]. Science, 304: 1634-1637.

Zhang WX, Hendrix PF, Dame LE, et al. 2013. Earthworms facilitate carbon sequestration through unequal amplification of carbon stabilization compared with mineralization[J]. Nature Communications, 4: 2576.

第二章 土壤食物网的结构与功能

第一节 土壤食物网的结构及维持机制

对于几乎任何生活在陆地上的生命而言，土壤都是非常关键的生存保障，土壤生态系统包含着我们所想象不到的生物多样性，土壤食物网也表现出超出海洋、淡水及地上生态系统的复杂性（Bardgett and Wardle，2010；Decaëns，2010；Bardgett and van der Putten，2014；Powell et al.，2014）。土壤中高度异质的空间结构和化学组成复杂多样的底物为体形大小不同、行为和生理特征迥异的各类生物群体提供了各种各样的栖息场所（Ferris and Tuomisto，2015）。土壤食物网是土壤中一个复杂的生命系统，1 g 土壤中可以有数以百万计的细菌、放线菌和真菌，上万个原生动物，几十到上百条线虫，除此之外，土壤中还有数量众多的螨类、弹尾类、白蚁和蚯蚓等。它们不仅数量众多，种类也十分丰富，以线虫为例，已描述过的种类大概有 25 000 种，但据估计仍有 97%以上的线虫种类是未知的（Abebe et al.，2008），它们形态各异，对于土壤线虫研究者来说，分类鉴定工作是一个难点（图 2-1）。这些不同生物类群也构成了不同的营养级，不同营养级之间，以及同一营养级内部复杂的直接与间接关系构成了土壤食物网，而土壤食物网是土壤中异常丰富的生物多样性得以维系的基础，食物网中不同营养级对物质和能量的需求是相互依赖的（Phillips et al.，2003）。

关于食物网研究最基本的问题是"食物网是如何构成的"，以及"食物网的结构是如何影响种群动态和生态系统过程的"（Winemiller and Layman，2005）。本质上这两个基本问题反映的是食物网的结构和功能，而准确理解食物网结构是研究食物网功能的基础。

一、土壤食物网结构的复杂性

最初土壤生态学家主要按照营养级的方式对土壤食物网结构进行阐述，即首先碳以植物凋落物和根系分泌物的形式进入食物网（Coleman et al.，2004），构成了土壤食物网中的第一营养级；细菌、真菌和土壤中的植食者（取食植物的线虫和节肢动物等）则是土壤食物网的第二营养级，这是因为细菌和真菌分解源自植物的复杂碳水化合物并促进其中养分的矿化，用于自身生长和生命的维持，而植食者可以直接取食植物的不同器官和组织。第三营养级主要是初级消费者小型土壤动物（如原生动物和一些取食微生物的线虫）和中型土壤动物（一些小型节肢动物），而它们当中的一些动物又被中型土壤动物中一些专性的和广食性的捕食者（一些捕食性线虫和节肢动物）取食。由于土壤生态系统空间结构为镶嵌模式，在不同的空间尺度上存在不同的食物网结构，而在营养级的基础上推动土壤食物网结构研究的代表性的观点是能流通道的分化。比较重要的能流通道有两个。一个是以凋落物为基础的碎屑食物网（Wardle，2002；Coleman et al.，2004），

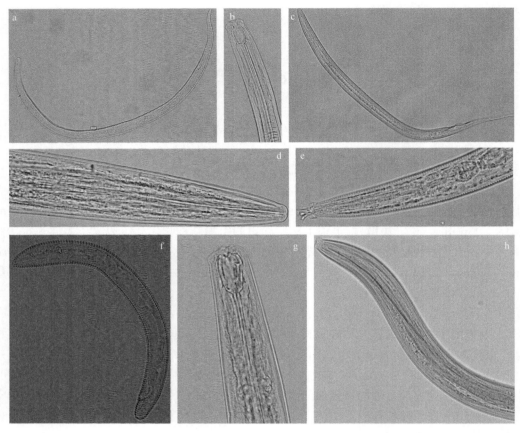

图 2-1　形态各异的土壤线虫（邵元虎提供）

a. *Aphanolaimus*；b. *Cobbonchus*；c. *Malenchus*；d. *Xiphinema*；e. *Acrobeles*；f. *Criconema*；g. *Prionchulus*；h. *Longidorus*

碎屑食物网又可以分成细菌能流通道和真菌能流通道。具体来说，细菌、取食细菌的土壤动物（如原生动物和取食细菌的线虫），以及它们的捕食者往往形成了土壤食物网中一个主要的能流通道，即细菌能流通道（Moore et al.，1988）。腐生真菌、取食真菌的土壤动物（如食真菌的线虫、跳虫和甲螨等）和这些食真菌动物的捕食者形成了土壤食物网中另外一个主要的能流通道，即真菌能流通道（Moore et al.，1988；de Ruiter et al.，2002）。值得注意的是，最近有学者提出了"根际-腐生生态位"（sapro-rhizosphere niche）的概念，基本观点是根系来源的易分解的有机复合物一部分被食根细菌（初级消费者，取食根系分泌物）取食，另一部分首先被腐生真菌（初级消费者，取食根系分泌物）取食，这些腐生真菌再被食真菌的细菌（次级消费者）取食，该观点挑战了传统上简单的划分细菌能流通道和真菌能流通道的观点（Ballhausen and de Boer，2016）。另一个是根际食物网，也就是说除细菌能流通道和真菌能流通道以外，土壤食物网中还有一些动物（如植食性的线虫或节肢动物）可直接取食活的植物组织（如植物根系），它们也可以被更高营养级的捕食者取食，这种由植物活组织、植食者和捕食者构成的能量流动通道称为根际能流通道（Moore et al.，1988；de Ruiter et al.，2002）。能量经过这些分化的通道被传递到更高营养级的捕食者，这对维持土壤食物网的稳定是非常重要的（Moore and

Hunt，1988；de Ruiter et al.，1995）。上面这些观点的证据在早期的研究中很少，但 Pimm 发现栖息地结构似乎驱动了这种能流通道的分化（Pimm and Lawton，1980）。还有研究表明植物根系分泌物来源的能量流动相对于凋落物碎屑来源的能量流动往往更加快速，这些根系分泌物更多地被细菌利用后进入下一个营养级，即取食细菌的原生动物或线虫等动物，这 3 个营养级之间可以形成一个"微生物环路"（microbial loop）（Clarholm，1994），其中的原生动物和取食细菌的线虫很少会受到更高营养级捕食者的控制（Scheu and Setälä，2002；Wardle，2002；Scheu et al.，2005）。值得注意的是，由细菌、真菌、取食细菌和真菌的土壤动物组成的简单的食物网常称为"土壤微食物网"（soil micro-food web）。因为土壤微食物网内的取食关系相对比较简单明确，并且应用也较为广泛，所以近年来土壤微食物网的研究得到了越来越多的关注。

事实上，上述对土壤食物网的描述仅仅是为了研究食物网而建立的一个简化的框架，真正的土壤食物网结构很复杂（Digel et al.，2014）。土壤食物网结构显著不同于地上生态系统和水生生态系统的食物网结构，表现出以下特点：①杂食动物（omnivore）数量较高；②同类相食（cannibalism）现象很普遍；③专食性类群（specialist）很少，广食性类群（generalist）很多；④物种之间的相互联系很丰富；⑤营养级数量较多（Digel et al.，2014）。形成上述特点的主要原因如下。

1）土壤生境的环境因子特殊。土壤生态系统中的物理空间十分有限，内部都是一些狭小的孔隙。这些狭小的孔隙为小型土壤动物提供了躲避天敌的天然场所，从而改变了捕食者和猎物之间的相互作用强度（Kalinkat et al.，2013）。与此同时，这个孔隙结构也限制了捕食者的体形向大型方向的演化与进化。因此，土壤生态系统中的大多数捕食者身形细长。另外，土壤中的光线条件很差，大多数捕食者采用的捕食策略是等待型（sit-and-wait），如捕食性螨类利用触觉器官搜索猎物。同时等待型捕食者会捕获随机遇到的任何可食猎物，对猎物的选择性不强，是广义捕食者。等待型策略+广义捕食者导致了土壤生态系统中有较高比例的杂食性物种和同类相食现象。

2）土壤养分的异质性高。土壤生态系统中的基本养分来源是凋落物，而其他生态系统是植物鲜叶或者活着的其他生物。凋落物中的养分含量显著低于植物鲜叶或者其他生物，导致其消化吸收效率很低（Ott et al.，2014）。很多土壤节肢动物无法直接取食凋落物，只能依靠细菌和真菌先将凋落物进行初步分解，然后一些节肢动物再进一步取食分解凋落物，或者直接取食真菌或者细菌（Klarner et al.，2013）。这样就增加了食物网中的营养级数量。

除上述特点之外，土壤生态系统中还存在很多类群食性不明确或者食性会发生转变的现象。以土壤中的线虫为例，同一个属的线虫一般来说食性是相同的，但也有例外的情况，如滑刃线虫属（*Aphelenchoides*）和茎线虫属（*Ditylenchus*），这两个属一般被认为是取食真菌的（Yeates et al.，1993），然而菊花滑刃线虫（*Aphelenchoides ritzemabosi*）和鳞球茎茎线虫（*Ditylenchus dispaci*）两个物种却是重要的植物病原线虫。此外，一些线虫在不同的发育阶段取食习惯也不同，常见的是捕食性的单齿类线虫（mononchids）在幼虫阶段常以细菌为食，成虫阶段发生食性转变（Bongers and Bongers，1998）。土壤中的弹尾目（Collembola）（别称跳虫）种类也十分丰富（图 2-2），其生态环境和食性的

图 2-2　形态各异的土壤跳虫（Janssens，2007）
a. 长角跳科（Entomobryidae）；b. 球角跳科（Hypogastruridae）；c. 等跳科（Isotomidae）；
d. 疣跳科（Neanuridae）；e. 棘跳科（Onychiuridae）；f. 圆跳科（Sminthuridae）

多样化决定了跳虫丰富的物种多样性和复杂的食物网结构。传统上跳虫一般被认为是食真菌动物（Seastedt，1984；Coleman et al.，2004），然而近年来的研究认为跳虫食性复杂，能以细菌、真菌、藻类、植物残体及其他土壤动物（如原生动物、线虫、轮虫和线蚓）为食（Chahartaghi et al.，2005）。因此，对于跳虫的食物来源及其在食物网中的营养级还没有权威而统一的结论。目前，可以将跳虫分为细菌食性类群、真菌食性类群、藻食性类群和肉食性类群（Jørgensen et al.，2003；Haubert et al.，2006；Endlweber et al.，2009）。正因为其食性的差异很大，所以不同种类跳虫所处的营养级不同，可以作为植食者、初级分解者、次级分解者和捕食者等。随着同位素技术的发展，Chahartaghi 等（2005）调查了来自 3 个落叶林的 20 种跳虫及其所有可能食物的 $\delta^{15}N$，评价了跳虫的食性功能团和营养关系。最终将跳虫分为 3 个食性功能团：①噬菌体/食草者，主要以地衣、藻类和植物组织为食；②初级分解者，主要以凋落物或碎屑为食；③次级分解者，主要以微生物（尤其是真菌）为食。同时发现同样的跳虫物种在不同的栖息地可以有不同的 $\delta^{15}N$ 信号，说明跳虫的食物来源不同，其营养级也有很大的区别，如果有更多的资源选择，它们可以改变食性以获取更多种类的食物。Ruess 等（2005）为取自 3 个落叶林的跳虫提供了 4 种食物（细菌、真菌、以真菌为食的线虫、树叶），结果表明，跳虫能归为不同的食性功能团（食真菌者、食细菌者、食草者及捕食者）。同时 Ruess 等（2007）还调查了 3 个落叶林中跳虫及其可能的食物来源的脂肪酸含量，结果表明大部分跳虫要么取食植物凋落物，要么取食真菌，并且存在着一定的转变。在不同的落叶林中，不同土壤深度下脂肪酸的分布不同，而且跳虫体内的脂肪酸分布受样地的影响很大，这表明跳虫的食性转变取决于其所能获得的食物资源。因此，真实的土壤食物网结构可能远比我们想象的要复杂得多。类似的，入侵北美的环毛类蚯蚓 *Amynthas agrestis* 在食物不足时，可以由取食土壤有机质转而大量取食地表凋落物，表现出很强的食性可塑性，并帮助自身成功入侵和定居（Zhang et al.，2010）。大型土壤动物所处的营养级很不统一，如蚯蚓和马陆通常被认为是腐食者，但也可能直接取食植物根系；蜘蛛则多为捕食者，但也有少数种类为植食者。

尽管不同的食物网模型具有一定的抽象性，但仍有一些重要的食物网结构参数可供整理，如食物网中总物种的多度或者数量及总的物种数（食物网组分）、物种之间的连接（直接或间接的相互作用）水平、平均营养级水平、物种之间的关联度等。进一步整理则发现这些参数表征了食物链的长度或食物网的复杂度，物种之间相互作用的强弱，在食物网中驱动关键生态系统过程（如分解）的物种组合，如由细菌、取食细菌的土壤动物等共同形成的细菌分解通道。食物网中资源和消费者之间的捕食和被捕食关系包含了3个层面：①营养级（Riede et al.，2011）；②互作关系的类型（Petchey et al.，2008）；③互作关系的数量（Otto et al.，2007；Digel et al.，2011）。而食物网中除了取食关系或者"营养关系"之外，还有非取食关系或者"非营养关系"，如土壤食物网中的大型土壤动物的掘穴给其他中小型土壤动物带来的生物扰动。而这类非营养关系可能会影响土壤养分的有效性（Eisenhauer，2010），调节小型土壤动物的多样性（Wardle，2006；Ferlian et al.，2018），改变土壤中生物之间的关系从而提高对植食者的抵抗力（Shao et al.，2017），进而促进植物生长（van Groenigen，2014；Xiao et al.，2018）等，可以清楚地看到，非营养关系对上面我们提到的食物网结构参数有着不同程度的直接或间接的影响。

综上所述，在自然生态系统中受各种条件的限制，土壤食物网中的很多动物实际的食物来源经常是不清楚的（Scheu and Setälä，2002）。土壤食物网中有更加密集的食物链和更多的营养级，土壤独特的结构使土壤中的很多动物具备杂食或者同类相食的特点（Digel et al.，2014），并且越来越多的研究认识到了在真实的土壤食物网中，网状通道或者多通道的杂食者也是最常见的消费者类型（Wolkovich，2016）。土壤食物网中食物链的长度可以达到地上食物网的两倍以上，对于理解土壤食物网和土壤生物多样性如何影响关键的生态系统过程来说，时空异质性的信息是很重要的。然而，土壤群落和食物网中关于时间和空间的变异信息非常少（Ettema and Wardle，2002；Wardle，2002）。例如，Moore 和 de Ruiter（1991）在农田土壤食物网中使用了功能群的时间变异信息判别主要的能流通道。Wardle（2002）讨论了植物和植食者如何影响食物网结构的时空变异，但也指出关于土壤食物网在时间和空间上的变异的研究很少。在时间尺度和空间尺度上，土壤食物网结构不是固定的和定量的，而是动态变化的。这表明看似稳定和同质的环境中食物网的变化比目前在实验和模型研究中所观察到的要多（Berg and Bengtsson，2007）。除此之外，不同生态系统或者同一生态系统不同的管理方式都会对食物网结构造成影响，如土壤食物网中的功能群数量、连接度、食物链的长度等（Moore，1994）（表2-1）。农业生态系统中的耕作方式，如免耕和传统耕作也可能会对土壤食物网结构及其时空特性产生影响（Moore，1994）（表2-2）。总之，土壤食物网中的很多生物类群的属性都不是一成不变的，它们也会随着时间和空间上的变化而转变，许多同一类群不同物种的土壤生物分布于不同的营养级，而且同一物种也可能跨越多个营养级或在不同营养级间转变，但这些变化的因素很难放在一个食物网的框架下进行量化。虽然食物网结构很复杂，但是分子技术与同位素示踪技术的快速发展和应用对于揭示复杂的土壤食物网结构将会起到很大的推动作用（Morriën，2016）。

表 2-1 管理方式对土壤食物网结构的影响（Moore，1994）

生态系统	管理方式	功能群数量（个）	连接度	食物链长度（营养级数）	
				最大	平均
美国 Colorado 矮草原实验场	适度放牧/禁牧，不耕作	17	0.29	7	4.22
美国 Akron 冬小麦农业站	休耕轮作，小麦残茬保存完好，使用除草剂防除杂草；休耕，但土壤表层保持完整，多数小麦残茬仍在地表，少部分已被耕作混入土中；杂草通过耕作控制，需要时施除草剂	15	0.22	4	2.92
荷兰 Lovinkhoeve 冬小麦农业站	少耕：施有机肥，最小限度地依靠耕作和使用除草剂控制杂草；集约耕作：O 层和 A 层混合，大量施用无机肥，依靠耕作控制杂草	19	0.23	6	3.72
美国 Horseshoe Bend 生态实验研究站	免耕：种子播撒在土壤表面的小缝隙里，土壤表面保持完整，使用除草剂防除杂草；常规耕作：翻土，O 层和 A 层混合，通过耕作和使用除草剂控制杂草	14	0.21	3	2.27
瑞典 Kjettslinge 农业站	少耕，O 层和 A 层混合，通过耕作和使用除草剂控制杂草，不添加无机氮或者大量施用无机肥	18	0.28	5	3.12

表 2-2 耕作方式对土壤食物网结构及其时空特性的影响（Moore，1994）

项目	耕作方式与食物网结构	参考文献
改变能流通道	免耕条件下真菌能流通道占优势，传统耕作下细菌能流通道占优势	Hendrix et al.，1986
	真菌能流通道在整合管理（少耕）条件下比常规管理条件下更为活跃	Moore and de Ruiter，1991
空间分化	免耕（土壤表层保持完整，多数小麦残茬仍在地表，少部分已被耕作混入土中）条件下，表层活跃的跳虫和线虫密度更高	Moore，1986
	真菌活性在免耕时更高，细菌活性在秸秆还田、常规耕作时更高	Holland and Coleman，1987
时间分化	免耕条件下，取食真菌和细菌的土壤动物有明显的时间动态变化；小麦残茬留在地表或部分混入土中时，取食真菌和细菌的土壤动物无明显的时间动态变化	Moore，1986
	整合管理条件下，真菌能流通道内的生物表现出相似的时间动态，而细菌能流通道内的生物表现出独特的时间动态；传统耕作条件下，真菌能流通道和细菌能流通道的时间动态表现类似	Moore and de Ruiter，1991
	真菌能流通道和细菌能流通道的时间动态在整合管理和常规管理条件下不同	Didden et al.，1994；Zwart et al.，1994

二、土壤食物网结构的时空变化

无论是土壤微生物还是土壤动物，它们的分布在空间上受各种环境条件制约，存在一定的分布格局，而在时间上（几小时到几千年）也具有演替规律。接下来我们将以土壤微生物及几类主要的土壤动物为例，阐述它们的生物地理分布，以及在不同空间和时间尺度上的变异规律。

（一）土壤微生物群落结构的时空变化

传统上，土壤微生物生物地理学是研究土壤微生物的空间分布格局及其驱动机制的科学，是土壤学、微生物学、地理学及生态学领域最为重要的交叉学科之一。长期以来，生态学者对动物和植物空间分布格局进行深入观测和研究，不仅发现植物和脊椎动物都呈现明显的地带性和区域分布特征，而且提出了许多解释这种空间分布格局形成和维持机制的假说与理论，推进和完善了生物地理学的发展（Drakare et al.，2006）。土壤微生物作为陆地生态系统的重要组成部分，直接或间接参与了几乎所有的土壤生态过程，在物质循环和能量转换等过程中都发挥着重要作用，但因其个体微小及研究手段的局限性，其研究进展远不及植物和脊椎动物（Prosser，2002）。深入研究微生物地理分布格局和维持机制对于全面认识其在生态系统中所发挥的功能及正确预测生态系统结构和功能对全球变化的响应尤为重要（曹鹏和贺纪正，2015）。

由于研究手段的局限性，历史上土壤微生物的分布格局被认为是一种全球性的随机分布（Losos and Ricklefs，1967；Finlay，2002）。近十几年来，高通量测序、生物信息等技术的革命性突破给土壤微生物生物地理学带来了前所未有的机遇，使其成为国际微生物生态学领域的研究热点。现在有越来越多的证据表明土壤微生物群落组成、个体丰度或多样性随某种环境变量（如植被、空间距离、土壤pH等）的变化而在空间上呈现某种规律性分布（Fierer and Jackson，2006；Leibold et al.，2010；褚海燕等，2017），其研究结果逐渐否定了土壤微生物呈全球性随机分布的观点（Martiny et al.，2006）。

目前的研究认为土壤微生物具有一定的时空分布特征，空间分布包括水平空间分布与垂直（沿海拔梯度）空间分布，并在几小时到几千年的时间尺度上具有演替规律。对其分布特征驱动机制的研究表明，许多宏观生物群落的构建机制同样适用于微生物群落构建。开展土壤微生物生物地理学研究及其在不同时间尺度上的演变规律研究对于深刻理解土壤中微生物多样性的产生和维持机制、深入挖掘土壤中未知的生物资源，以及正确预测陆地生态系统功能的演变方向有重要意义。从基础层面考虑，在对比宏观生态学基础理论和模型的基础上，建立对于动植物和微生物都适用的理论架构是生态学未来发展的必然方向。

1. 土壤微生物分布格局

（1）土壤微生物的纬度地带性分布

在陆地生态系统中，动植物群落组成和多样性均有明显的纬度地带性分布规律，且生物多样性由低纬度向高纬度呈明显递减的变化趋势。一项全球性研究分析表明，土壤真菌具有明显的纬度地带性分布（图2-3），大部分真菌门类和功能群的多样性与动植物的全球分布格局类似，在赤道地区最为丰富（Tedersoo et al.，2014）。Arnold和Lutzoni（2007）的研究发现从极地苔原（加拿大）到赤道热带雨林（巴拿马）的凋落物中的真菌多样性逐渐增加。在我国东北农田生态系统的研究同样发现土壤真菌多样性从高纬度到低纬度呈上升的趋势（Liu et al.，2015）。气候、植物、土壤和空间因子是影响全球自然生态系统中土壤真菌多样性的主要因素，但不同的尺度下或针对不同的真菌类群其主要影响因子有明显不同。在全球尺度下，气候因子是影响全球自然生态系统中土壤真菌多样性的主要因素（Tedersoo et al.，2014），在区域尺度上（我国东北），环境因子尤其是土壤有机碳水平是影响真菌多样性的主要因子（Liu et al.，2015）。中国科学院生态环境研究中心贺纪正研究组的一项研究表明,在中国纬度梯度上,森林土壤原核微生物的多样性与灌草多样性耦合(Wang et al., 2016)。另外,一项针对我国东部 9 个典型稻田土壤产甲烷古菌分布格局的研究发现,土壤碳、氮含量和空间距离是驱动产甲烷古菌变化的重要因子(Zu et al., 2016)。

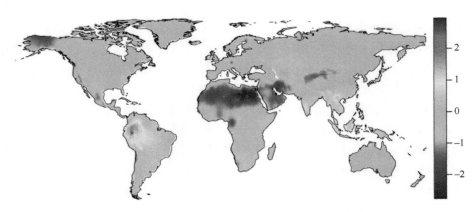

图 2-3 全球土壤真菌丰富度分布格局示意图(Tedersoo et al., 2014)
不同的颜色表示真菌丰富度的差异,红色代表高丰富度,蓝色代表低丰富度

土壤细菌的纬度地带性则没有呈现出与全球动植物类似的分布格局。目前,关于全球尺度土壤细菌分布格局的研究较少,对其地带性分布及多样性变化规律尚没有达成统一的认识。关于全球细菌多样性的研究发现土壤细菌并没有纬度地带性分布规律,其分布格局与盐度密切相关(图 2-4)(Lozupone and Knight, 2007)。然而这与许多研究结果并不一致,更多的研究表明在大空间尺度格局下土壤 pH 是影响细菌分布的关键因子(Fierer and Jackson, 2006; Lauber et al., 2009; Griffiths et al., 2011; Kaiser et al., 2016),纬度、土壤性质和气候因子对土壤细菌的大尺度生态地理分布的影响要相对微弱很多。

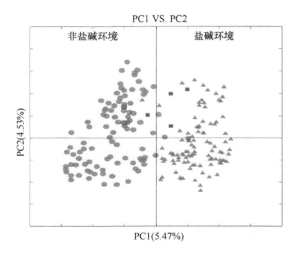

图 2-4 基于 Unifrac 距离的来自全球 202 个环境样品的主坐标分析(PCoA)
结果(Lozupone and Knight, 2007)
红色圆圈表示非盐碱环境样品,绿色三角形表示盐碱环境样品,蓝色正方形表示混合环境样品

（2）土壤微生物的垂直空间分布格局

近年来，物种多样性的垂直分布格局与维持机制得到了生物地理学家和生态学家的重视。物种丰富度的垂直分布格局存在多种类型，其中随海拔增加而物种数减少的单调递减模型和中海拔物种丰富度最高的单峰模型最为常见（McCain，2005）。土壤微生物同样也存在垂直空间分布格局，即沿海拔梯度的分布规律。研究发现日本富士山土壤细菌多样性随海拔增加呈现先升高后降低的单峰模式（Singh et al.，2012）。Fierer 等（2011）与 Shen 等（2013）对秘鲁安第斯山和中国长白山土壤微生物的研究均发现，土壤细菌和真菌多样性与海拔梯度没有明显的相关关系。对于土壤细菌和真菌某些门类的研究表明它们的垂直地带分布格局不尽相同。Bryant 等（2008）与 Singh 等（2012）对美国落基山和日本富士山土壤酸杆菌的多样性进行沿海拔梯度的分布规律的研究表明，土壤酸杆菌的多样性随海拔上升而递减。Schmidt 等（2008）在美国落基山和秘鲁安第斯山的研究发现，土壤丛枝菌根真菌不具有垂直地带分布，这与在欧洲地区关于随海拔升高丛枝菌根真菌丰度减少的研究结果不同。由此可见，土壤微生物沿海拔梯度的变化规律还没有明确的结论，随研究地点、生境和研究尺度的变化而变化。因此，在多地点同时开展土壤微生物与海拔关系的研究将有助于揭示其普适性规律。

（3）土壤微生物的时间演替规律

土壤微生物群落演替的时间尺度可以为小时、天、季节、年乃至上千年（Bardgett and van der Putten，2014）。在小的时间尺度上，影响微生物群落动态的因子往往是间歇性脉冲式的，从而引发微生物的快速响应。而在稍长的时间内，土壤微生物群落具有明显的季节性差异，其分类单元和功能特征在冬季和夏季之间呈现一个完整的周转（Schadt et al.，2003）。由于大的历史时间具有不可重复性，因此从生态学的角度看，无法直接研究土壤微生物群落在大的时间尺度上的演变规律。土壤是由特定地形的成土母质，经过气候和生物长时间的作用而形成的（Krumbein，1994），而微生物是土壤发育初始阶段的主要生物驱动力。因此，可以用空间代替时间的方法，通过对不同土壤年代序列（chronosequence）中微生物群落的分析来反映其在大时间尺度上的演替规律。例如，利用空间代替时间的方法研究南亚热带山地季节性雨林皆伐后形成的灌草、次生林和原始林代表森林生态系统发育过程的 3 个阶段，发现土壤微生物群落结构的变化在森林演替过程中具有规律且可预测（Zhang et al.，2016）。此外，古老冰芯由于与外界环境之间缺乏基因交流，是反映微生物进化的比较理想的模式，也是反映微生物群落在地质历史时期演变特征的有效途径。例如，可以以冰川退缩后暴露出来的母质作为土壤发育初始过程的起点，通过对不同发育程度的土壤中微生物群落的分析来揭示微生物群落在大的时间尺度上的演替规律与机制（Price，2000）。

（4）微生物功能性状的生物地理分布格局

随着对土壤微生物群落分布和多样性特征的逐步掌握，微生物功能性状（microbial functional trait）的生物地理分布格局备受关注。这是由于针对微生物物种丰富度的微生物生物地理学研究方法无法量化物种在资源获取、环境耐受等生态功能方面的差异，而且缺少生物多样性应包含的其他重要信息（Hillebrand and Matthiessen，2009）。微生物的功能性状指的是直接或者间接影响其存活、生长、繁殖和分化的微生物属性，可以反映微生物与其他生物间的相互作用关系（如微生物对病毒的抗性）及其对环境的适应性（如基因组的大小和突变率）（Green et al.，2008）。然而，由于绝大部分微生物具有不可培养性，从个体水平鉴定微生物功能性状面临着极大的挑战。

随着 GeoChip 芯片和宏基因组技术的发展，许多研究开始从基因组角度解析微生物群落水平的功能性状（表 2-3）（Green et al.，2008；Martiny et al.，2013；Zhang et al.，2014），即用功能基因（如参与土壤有机质分解、固氮、氨氧化等的基因）的分布和相对丰度表征微生物功能性状的变化（Green et al.，2008），用于反映微生物与环境间的相互作用，揭示微生物对生态系统功能的影响及其作用机制。例如，DeLong 等（2006）基于宏基因组方法研究了微生物性状（编码各种蛋白质的基因）沿太平洋断面深度的变化特征（图 2-5）。Rossello-Mora 等（2008）对地中海、秘鲁安第斯山脉和加那利群岛 3 个地区的嗜盐细菌 *Salinibacter ruber* 菌株的研究发现，用遗传方法没有揭示其生物地理格局之间的分离；而当采用高分辨率质谱识别和量化代谢物等功能特征时，其生物地理格局是明显区分开的。这表明基于功能性状的生物地理格局可能比基于物种丰富度的方法更加灵敏。Yang 等（2014）利用基因芯片技术对我国青藏高原东北部祁连山的土壤微生物功能基因多样性沿海拔梯度的分布规律进行了研究，结果发现参与土壤反硝化作用的 *nirS* 和 *nosZ* 基因与土壤甲烷产生菌 *mcrA* 基因和甲烷氧化菌 *mmoX* 基因在高海拔更多，而参与土壤硝化作用的 *amoA* 基因的趋势正好相反，这些功能基因的变化可能在调控土壤生态过程中起重要作用。可见，微生物功能性状多样性和生物地理学的方法为量化功能性状变异与生态系统过程之间的联系提供了理论基础。

表 2-3 基于宏基因组分析的功能性状

选择的数据库	微生物功能性状
SEED（Martiny et al.，2013）	参与土壤物质循环的微生物功能基因：包括参与或者调控固氮作用、硝化作用、反硝化作用、甲烷氧化、产甲烷过程、硫氧化作用和尿素利用等生态过程
COG（DeLong et al.，2006；Green et al.，2008）	提供蛋白质编码基因可能的功能信息：包括编码糖基转移酶、脱氢酶、硫氧还蛋白还原酶、乙酰鸟氨酸脱酰胺、组氨酸激酶及 ABC 转运蛋白等
KEGG（DeLong et al.，2006；Green et al.，2008）	整合代谢途径，包括碳水化合物、核苷、氨基酸等的代谢及有机物的生物降解，不仅提供了所有可能的代谢途径，而且对催化各步反应的酶进行了全面的注解

2. 土壤微生物分布的生态学机制

生物多样性的分布格局和维持机制是理解物种共存和多样性变化的核心问题，体现了生态系统应对环境条件变化的能力，同时反映出其自身与生态系统过程、功能、恢复力和稳定性的联系（Götzenberger et al.，2012）。只有全面认识和理解驱动土壤微生物群落空间分布格局的内在机制，才有可能从对现象的描述发展到揭示现象的本质，从而指导人们对生态系统的管理和功能调控。

区域物种库中的不同物种经过环境过滤和生物作用进入局域群落的选择过程，就是群落构建，影响生物地理分布特征的生态学过程称为群落构建机制（community assembly mechanism），主要存在两类不同的观点：生态位理论和中性理论（牛克昌等，2009）。生态位理论侧重生态策略差异对生态学过程的影响，主要包括环境、资源对物种的筛选

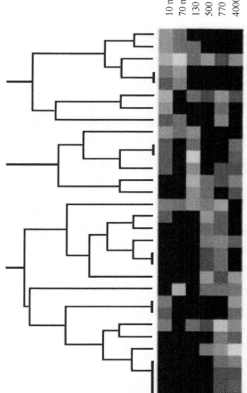

图 2-5　微生物性状（编码各种功能蛋白的 DNA 序列）沿太平洋断面深度的变化
（改自 DeLong et al., 2006）

作用及生物间的竞争和促进作用；中性理论侧重物种适合度的中性过程，主要为随机扩散过程。长期以来，人们认为微生物是呈随机分布的（Baas-Becking，1934），从而不自觉地将微生物地理学研究从生物地理学研究中排除出去。然而近年来的研究表明，微生物类群的分布特征与所处生境的空间异质性密切相关（Bell et al.，2005），说明物种分化受到环境筛选作用的影响。目前越来越多的研究表明中性理论和生态位理论可同时影响同一群落的物种共存，且其影响大小随环境胁迫强弱而变化（Stegen et al.，2012）。例如，Dumbrell 等（2010）研究发现，沿土壤 pH 梯度，丛枝菌根真菌群落的构建可以被生态位理论和中性理论共同解释，但生态位分化是影响群落物种组成和多样性的主要机制。中国科学院南京土壤研究所褚海燕研究组的一项最新研究表明，华北平原不同空间尺度下土壤细菌群落的构建过程具有明显的尺度依赖性，在空间距离大于 900 km 时以确定性过程为主，而 150～900 km 以随机性过程为主（Shi et al.，2018）。Zhang 等（2016）也基于谱系结构研究了南亚热带森林土壤微生物群落构建机制，发现森林皆伐导致微生物谱系聚集，增强群落构建中的生态位作用。可见，当前的研究重点已经不再是探究哪个机制决定群落物种组成，而是分析这些机制如何共同维持群落的分布格局，以及探究中性理论和生态位理论的相对贡献随环境改变的变化趋势（Zhang et al.，2015a；贺纪正和王军涛，2015）。

在研究群落构建的过程中，物种丰富度和多样性数据能够定量地描述群落的组成结构及其变化，基于该数据矩阵，通过计算共存指数验证中性理论中扩散限制对物种多样性的影响。群落内现有物种组成是进化过程和生态过程共同作用的结果，通过分析物种间亲缘关系可以从进化角度深入地分析群落物种组成现状和原因。通过利用 DNA 序列构建高分辨率的系统发育树，可以更加准确地反映微生物群落的系统发育关系，从进化的角度检验影响物种共存的生态学过程（Stegen et al.，2012）。近年来，已有研究基于物种多样性和谱系结构探讨土壤微生物群落构建机制过程中确定性因子和随机作用的相对重要性（Stegen et al.，2012；Ferrenberg et al.，2013）。然而，这些方法无法量化微生物功能特征的地理空间变化趋势，也不能厘清环境对微生物功能的筛选作用（Hillebrand and Matthiessen，2009）。因此，基于功能性状的研究方法已成为近年来探索物种共存与群落构建的一个新的突破口，涉及的生物类群不仅包括动植物群落（Litchman and Klausmeier，2008），还包括微生物（Green et al.，2008）。基于功能性状的群落构建机制主要包括基于生态位的环境筛选、生物间相互作用和随机过程等（Kraft and Ackerly，2010）。虽然这些建群机制可同时作用于同一群落，但它们对共存种的生态策略及功能往往产生不同的效应。一方面，环境筛选会导致在一定空间尺度下共存物种出现某些功能性状的趋同性（Cornwell et al.，2006）；另一方面，生物间的竞争会导致共存物种性状出现一定的差异（Kraft et al.，2008）。基于中性理论的扩散限制、基于生态位的环境过滤和竞争排斥等多个过程可能同时影响群落的构建。微生物谱系和功能性状都可以用来检测群落构建机制，两者相互补充。前者可以利用物种的系统发育状况推测历史因素对物种分布格局的影响；后者可以从资源获取、环境耐受等功能角度检测多个生态过程对物种共存的影响。

目前，所有微生物生物地理分布的研究都还处于发展的初期阶段，至于土壤、气候等环境因子如何影响微生物群落分布格局和多样性特征，通过哪些机制调控微生物群落构建等问题需要大量实验的验证。综合多个环境因子，结合性状和群落谱系结构的研究方法是阐明生态位作用和随机过程如何耦合从而共同形成与维持微生物分布格局及物种多样性的必经之路。只有充分解析土壤微生物生物地理分布格局形成的内在机制，才能通过调控微生物组成和多样性来维持和改善生态系统功能的完整性服务。

（二）土壤动物群落结构的时空变化

土壤动物种类组成丰富，在不同的生态系统中土壤动物种类组成不同，优势类群也存在很大差异。它们在区域和全球尺度上具有大尺度地理分布格局特征，但是这种格局并不一定与大尺度的地理学特征（经纬度和海拔等）及气候特征（温度和降水等）具有显著的相关性。例如，Wu 等（2011a）利用分子生物学手段（18S rRNA）研究了土壤生物种类多样性的全球分布特征，结果发现土壤生物多样性与经纬度之间没有显著的相关关系，它们与温度和降水的相关性也不大。殷秀琴等（2010）总结了我国典型生态系统中土壤动物多样性的研究结果（1979~2008 年），发现自高纬度的针阔叶混交林到热带山地雨林的土壤动物 Shannon-Wiener 多样性指数呈现先降低后升高的趋势。对荷兰农田土壤生物的调查研究发现，土壤动物密度与土壤 pH 的相关性较大，线虫和节肢动物对温度及经纬度的响应存在差异（Mulder et al.，2005）。土壤动物地理学的研究目前主要关注某一类群的土壤动物，还没有研究能将土壤动物类群全部囊括，主要原因是土壤动物个体、形态、生活史特征等很多方面差异很大，而且不同土壤动物类群之间存在错综复杂的关系，以致很难从整个土壤动物群落的角度梳理出有规律的时空特性。下面我们将以土壤线虫、土壤节肢动物和蚯蚓为例分别阐述它们在空间和时间尺度上的变异规律。

1. 土壤线虫

土壤线虫具有大尺度生物地理分布格局特征，这与大尺度上的气候因子、土壤因子和植被/生态系统等的分异有关，但是由于研究尺度的差异及线虫分类水平的差异等，研究结果不尽相同。Ferris 等（1976）的研究是第一个关于土壤中自由生活线虫的大尺度生物地理分布格局的研究，他们基于线虫解剖形态并综合已知的土壤线虫研究数据，从大陆板块构造学说的角度分析了细齿总科（Leptonchoidea）线虫的分布格局。他们认为细齿总科中线虫的分布与历史上的重大地理变迁事件有关，即该总科的线虫可能是在侏罗纪之前起源，随后某些属通过西冈瓦纳古大陆（west Gondwanaland）向外辐射，另外一些属通过劳亚古大陆（Laurasia）向外辐射，从而形成了现今该总科在各大陆的分布格局。由于 20 世纪 70 年代前发表的土壤线虫数据较为有限，Ferris 等的研究更加类似于定性或者半定量的研究。之后，一些定量分析区域尺度和全球尺度的土壤线虫生物地理分布的研究逐步展开。Sohlenius（1980）比较了不同生态系统中土壤线虫的密度，结果表明土壤线虫密度在沙漠最低，在温带草原最高，不同生态系统每平方米土壤中线虫数量由少至多排序依次为沙漠半沙漠（7.6×10^5 条）＜沼泽和欧石楠地（1.66×10^6 条）＜热带森林（1.7×10^6 条）＜针叶林（3.33×10^6 条）＜苔原（3.49×10^6 条）＜桉树林（5.47×10^6 条）＜落叶阔叶林（6.27×10^6 条）＜温带草原（9.19×10^6 条）。从这组数据不难看出，低纬度热带森林的土壤线虫密度较低。Procter（1984）的数据综合分析结果更进一步表明土壤中自由生活的线虫密度及多样性在温带地区最高，而低纬度热带地区和高纬度极地地区较低，这可能与热带地区存在更多的竞争物种而极地地区环境恶劣有关，因此从北极到赤道再到南极土壤线虫密度和多样性呈现双峰曲线（"M"形）的变化格局。此外，Procter 的分析还发现北极地区比南极地区的土壤线虫密度和多样性高，这可能是由于南极环境更加恶劣，不利于动植物的扩散。另一项基于更多数据资料的分析研究有类似的发现，该研究更详细地分析了不同纬度带上土壤线虫丰富度的分布特征（图 2-6a），结果表明土壤线虫丰富度在 30°N～40°N 处最高，平均每个样品有线虫 93.9 种，赤道附近（0°～10°N）平均每个样品有线虫 80.6 种，而在高于 70°N 最低（Boag and Yeates，1998）。此外，该研究还发现土壤线虫多样性在温带阔叶林最高，其次依次为耕作土壤、草原、热带雨林、温带针叶林和极地生态系统。最近的一项全球尺度土壤线虫属水平上的数据整合结果与以上发现不尽相同（Song et al.，2017），该研究发现土壤线虫丰富度在 30°N～55°N 处最高，且线虫丰富度最高的生态系统是温带针叶林，这与上面提到的两个研究中关于线虫丰富度的纬度地带性分布结果不同；该研究还报道了线虫丰富度的纬度地带性,表现为从低纬度到高纬度呈现波谷曲线,在 40°N 附近最低(图 2-6b)。Nielsen 等(2014)研究了全球从 68°N 到 72°S 的 12 个研究点跨 6 块大陆的土壤线虫在科水平上的丰富度(图 2-6c),表现为低纬度热带地区最高,向两极逐渐递减。此外,某些种类的土壤线虫在全球和区域尺度上的分布也存在差别。例如,同为小杆科的线虫 Oscheius tipulae 比秀丽隐杆线虫(Caenorhabditis elegans)具有更高的遗传多样性,且 O. tipulae 在大尺度上(>100 km)与纬度具有正相关关系(Baïlle et al.,2008)。

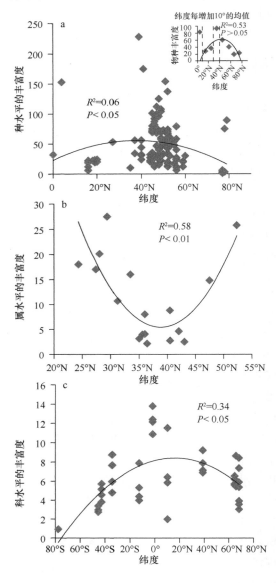

图 2-6 土壤线虫纬度地带性分布

a. 种水平的纬度地带性(Boag and Yeates,1998);b. 属水平的纬度地带性(Song et al.,2017);c. 科水平的纬度地带性(Nielsen et al.,2014)。a 图和 b 图所示均为原文的实际值,c 图所示为利用 Origin 85 软件从原图中提取的数据

综上所述，关于在全球或区域尺度上土壤线虫分布的研究多是整合不同研究人员的数据，较少的科研人员集中一段时间进行系统的大规模采样并分析。而土壤线虫群落分布可能会受到时间（如生长季和非生长季）、地域（如不同生态系统类型）和其他环境条件等的限制，同时，采样的样本量大小、土层深度、采样频度及鉴定分辨率等都会对研究结果产生一定影响。因此，这些关于大尺度上土壤线虫地理分布格局的研究仍存在一定的局限性和不确定性。

土壤线虫沿海拔梯度的垂直地带分布的研究十分有限，结果也有较大差异。云南省高黎贡山土壤线虫在海拔 2021 m 的中山湿性常绿阔叶林中类群和个体数最丰富，然后向高、低海拔逐渐递减，但是在不同海拔有一定的波动变化（凌斌等，2008）。对浙江省西天目山柳杉根际土壤线虫的群落结构和多样性分析结果显示，在海拔 500 m 处的土壤线虫多样性高于海拔 1000 m（杜小引等，2010）。Tong 等（2010）在我国长白山海拔 762～2200 m 的研究发现，海拔梯度对土壤线虫食性多样性和属水平上的多样性并没有显著影响。我国台湾省中部地区土壤线虫多样性随海拔升高呈现显著增加的趋势，而土壤线虫密度随海拔变化没有明显的变化趋势（何姿颖，2012）。Ruess 等（2001）调查了瑞典 Paddustieva 山的一个海拔 450 m 的亚高山灌丛和 Slåttatjåkka 山的一个海拔 1150 m 的荒原（包含灌木、苔藓和地衣等）的土壤线虫群落，结果表明低海拔地点的土壤线虫密度和多样性均高于高海拔地点。

土壤线虫沿海拔梯度的垂直分布规律的相关研究中还有一部分关注特定种类的植物寄生性线虫。对夏威夷的甜菜寄生线虫的垂直地带分布研究结果表明，香蕉穿孔线虫（*Radopholus similis*）的密度随海拔梯度上升逐渐降低，而南方根结线虫（*Meloidogyne incognita*）的密度随海拔升高而升高（Jensen et al.，1959）。Hutchinson 和 Vythilingam（1963）对植物寄生性线虫——卢斯短体线虫（*Pratylenchus loosi*）在海拔 61～2134 m 的 5 个茶园的分布进行了调查，结果显示该种线虫沿海拔梯度上升呈现先增加后略有降低的趋势，在海拔高于 1219 m 时种群数量最高，在海拔接近 2134 m 时种群数量处于中等水平，在海拔 304 m 以下种群数量迅速降低。我国云南省水稻潜根线虫（*Hirschmanniella*）的组成受海拔的影响，伊玛姆潜根线虫（*H. imamuri*）集中分布于高海拔冷凉地区；分离潜根线虫（*H. diversa*）主要分布于低纬度炎热地区；纤细潜根线虫（*H. gracilis*）、小结潜根线虫（*H. microtyla*）和贝氏潜根线虫（*H. belli*）仅分布于个别地区和田块，在海拔超过 2500 m 的地区很少有水稻潜根线虫存在（胡先奇，2004）。

影响土壤线虫生物地理分布格局的因素众多。陆地生态系统中土壤线虫密度与初级生产力（资源）呈正相关并受到土壤湿度、温度和土壤养分等因素的影响（Yeates，1979）。成土时间长短也对土壤线虫有极显著的影响，这种影响可能主要是在成土过程中由植被及土壤有机质的改变引起的，而与气候的关系不大（Laliberté et al.，2017）。全球尺度上，年均降水量和温度与土壤线虫在科水平上的组成有显著的相关性（Nielsen et al.，2014），可能是线虫纬度地带分布格局的主要影响因素。与此发现类似，在我国内蒙古草原一条约 2000 km 的样带上的取样结果也表明降水量是影响土壤线虫食性组成及食细菌线虫与食真菌线虫数量比最重要的因素，随降水量增加土壤线虫各食性组分密度增加而食细菌线虫与食真菌线虫数量比降低（Chen et al.，2014）。在区域尺度上，Stone 等（2016）

对欧洲不同国家、不同生物地理区、不同生态系统的研究发现，生物地理区的差异更加准确地预测了土壤线虫群落结构在欧洲地区的分异，其次是土地利用方式和土壤有机碳含量，土壤线虫群落结构还受到土壤 pH 和土壤结构等的影响；但是，该研究没有发现土壤线虫多样性在该地区的明确分布格局。

2. 土壤节肢动物

节肢动物门是全球最多样化的一个动物类群。一般认为土壤节肢动物多样性在全球尺度上随纬度增加而降低。这在很大程度上是基于一个简单的事实得出的简单结论，即高纬度南极地区土壤节肢动物多样性比低纬度地区要低很多（Convey，2001）。在区域尺度上，土壤节肢动物也可能具有纬度地带分布特征。在 51°S、61°S 和 67°S 的 3 个采样点的调查数据显示，土壤节肢动物多样性也随纬度增加而降低，但是该地区弹尾目的数量随纬度升高显著增加而蜱螨亚纲的数量随纬度升高变化不大（Bokhorst et al.，2008）。Huhta 和 Koskenniemi（1975）对芬兰位于 61°N 和 66°N 两个地点的土壤节肢动物的研究发现，高纬度地区土壤节肢动物密度低于低纬度地区。Wu 等（2011a）的研究报道了全球范围内森林生态系统中小型土壤动物以节肢动物占优势，尤其是在低 pH、高 C/N、高根系生物量和凋落物量、低土壤容重和高土壤湿度的土壤中。Yin（1997）对中国亚热带地区的土壤生物多样性的调查也发现土壤节肢动物是该地区的优势土壤动物类群。殷秀琴等（2010）发现土壤节肢动物几乎在我国典型生态系统中均占有明显优势，但是不同节肢动物类群（如弹尾类、蜱螨类、蚁类、等足类和鞘翅类等）在不同生态系统中的优势程度不同。例如，中温带地区森林生态系统中节肢动物优势类群主要包括弹尾类、蜱螨类，草地生态系统中包括蚁类、鞘翅类、蓟马类、甲螨，沙漠生态系统中包括鞘翅类、蚁类，暖温带森林生态系统中包括弹尾类、蜱螨类，农田中包括等足类、蚁类，亚热带地区森林生态系统中主要包括蜱螨类、弹尾类。另外，在区域和全球尺度上，人类活动强度是影响土壤节肢动物多样性的主要因素，人类活动强度/土地利用强度越高，则土壤节肢动物多样性越低（Dauber et al.，2005；Attwood et al.，2008）。就某些门类的土壤节肢动物而言，它们的纬度地带分布格局与节肢动物的总体分布格局有一定差异。例如，甲螨多样性从寒带地区到温带地区逐渐升高，但是这种趋势并没有向热带地区延伸（Maraun et al.，2007）（图 2-7）。尹文英比较了我国东北长白山、浙江天目山和湖南衡山的土壤小型节肢动物的密度，结果发现随纬度升高，螨虫密度降低而跳虫密度升高（Yin，1997）。白蚁作为一类重要的"生态系统工程师"，其多样性具有明显的全球纬度地带分布格局，自低纬度赤道地区向高纬度地区快速降低；但是白蚁多样性在南北半球并不对称，同纬度南半球地区高于北半球；另一个不对称性表现为非洲热带区＞新热带区＞东洋热带区（Eggleton et al.，1994；Eggleton，2000；Jones and Eggleton，2011）。在区域尺度上，白蚁多样性受到生境、海拔和气候因子的影响，白蚁多样性在潮湿的低地热带雨林生态系统最高（图 2-8）。

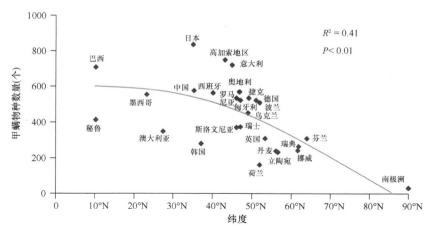

图 2-7　甲螨的纬度地带性分布（Maraun et al.，2007）

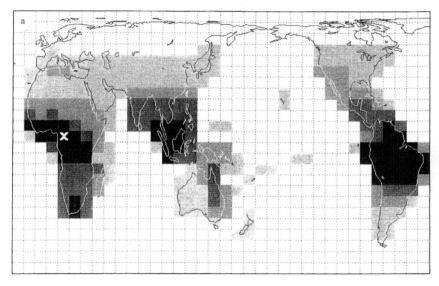

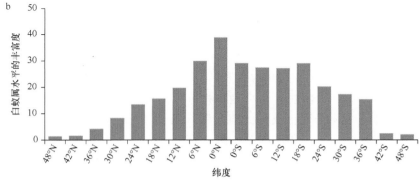

图 2-8　白蚁的纬度地带性分布

a. 白蚁属水平丰富度的全球纬度地带性分布网格图，每个网格的面积为 611 000 km²，颜色越深表示丰富度越高，白色格子表示没有白蚁或者缺乏数据，白色"×"代表白蚁丰富度最高的地区（在喀麦隆南部有 65 属）（Eggleton et al.，1994）；
b. 白蚁属水平的丰富度与纬度的关系图，数据利用 Orgin85 软件从文献（Eggleton，2000）中提取；图的左侧代表北半球数据，右侧代表南半球数据。两个 0° 反映的是不同来源的数据分析得到的结果

土壤节肢动物沿海拔梯度的垂直分布格局方面的研究报道有限，研究结果也不相同。Wang 等（2009）在我国武夷山的调查研究发现小型土壤节肢动物多样性随海拔升高而降低，而 Sadaka 和 Ponge（2003）在摩洛哥大阿特拉斯山的调查发现高海拔地区土壤节肢动物密度和分类单元数量（亚目和科水平的分类）高于低海拔地区。也有研究报道不同门类的土壤节肢动物沿海拔梯度的分布格局不同。例如，在我国西藏色季拉山海拔 3837 m、4105 m 和 5050 m 的 3 个地点不同门类的土壤节肢动物的分布格局不同，中气门螨和甲螨数量随纬度升高而增加，前气门螨和无气门螨数量随纬度升高而降低，跳虫数量则表现为先升高后降低的趋势（Jing et al.，2005）。在我国九华山土壤和凋落物中的螨虫多样性和密度随海拔升高而降低，跳虫沿海拔梯度的分布规律与螨虫截然相反（王宗英和王慧芙，1996；王宗英等，2001）。

在景观尺度上，土壤节肢动物种类不同，其分布格局的主控因素不同（Nielsen et al.，2010），可能是造成土壤节肢动物在区域和全球尺度上生物地理分布格局差异的重要原因。

需要指出的是土壤节肢动物因为种类繁多、数量庞大，而且同一类群内部或不同类群之间相互影响，以致在门水平上研究土壤节肢动物的分布规律存在较大的不确定性。更细致的分类和深入了解不同类群之间的互作关系可能会对揭示土壤节肢动物在空间和时间尺度上的变异规律有很大帮助。

3. 蚯蚓

关于蚯蚓在大尺度上的生物地理分布格局的研究很零散，急需加强这方面的研究和数据整合（Fierer et al.，2009）。基于现有的研究资料，我们对蚯蚓在大尺度上的生物地理分布格局进行了简单的梳理。不同于以上土壤生物种类（微生物、线虫和节肢动物），蚯蚓并非在全球任何生态系统中都存在，在干旱地区和长期冻土地区无法生存，它们主要分布在温带和热带地区（Lavelle，1983）。Lavelle（1988）发现在温带地区表栖类（epigeic species）和深栖类（anecic species）蚯蚓占优势，在湿润的热带地区内栖类（endogeic species）蚯蚓占有绝对优势。Lavelle 等（1995）根据较早的数据绘制了蚯蚓多样性的纬度地带性分布图，表现为蚯蚓多样性在暖温带最高，在热带地区稍低而在寒温带地区最低（图 2-9）。后来的调查研究发现，赤道附近地区尤其是墨西哥及其他中南美洲国家与地区，是蚯蚓多样性的热点地区（hotspot），很多蚯蚓新物种在该地区被发现（Reynolds，1994）。因此，蚯蚓多样性在热带地区可能并不比暖温带地区低，而可能随纬度降低而升高（图 2-9，虚线）；但是，因为还缺少这方面的数据整合，该假设还有待验证。蚯蚓沿海拔梯度也有垂直地带性分布规律。在法国和波多黎各的研究均发现，随海拔上升蚯蚓物种数目或物种丰富度降低（Decaëns，2010）。蚯蚓的生物地理分布受到很多因素的影响，如法国的蚯蚓丰富度与土壤碳的有效性存在负相关关系，但这也可能是由土壤水文与碳有效性的协同作用造成的（Bouché，1972；Dahmouche，2007；Decaëns，2010）；另外，人类活动强度、历史进化因素、生态系统和植被组成、土壤湿度和其他理化性质等均会对蚯蚓的生物地理分布产生影响（Decaëns，2010；Ayuke et al.，2011）。

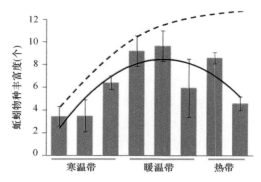

图 2-9　蚯蚓物种丰富度随纬度的变化（改自 Lavelle et al., 1995）
实线表示根据 Lavelle（1983）的数据绘制的曲线，虚线表示作者预测的趋势

4. 土壤动物的时间动态

土壤动物活性（activity）、密度（density）及多样性（diversity）等都会随时间的变化而发生改变，它们在时间尺度上的变异可以以小时、天、季节、年、世纪甚至更长的时间跨度进行度量，从而表现出不同的时间动态。在较小的时间尺度上，如随昼夜交替的温度和水分差异，以及植物生理活动差异等会造成土壤动物群落组成和活动能力的改变。在极端环境下这一现象尤其明显，如在南极和新墨西哥州的沙漠中土壤线虫和节肢动物的昼夜变化显著（Whitford et al., 1981; Treonis et al., 2000）。土壤动物时间动态格局研究中起步较早和研究较为透彻的是土壤动物的季节变化趋势。朱永恒等（2005）总结了我国土壤动物的季节动态研究结果，认为在中温带和寒温带地区土壤动物群落的种类和数量一般在 7～9 月达到最高，这与降水和温度的变化基本吻合，而在亚热带地区一般在秋末冬初（11 月）达到最高；但是，不同土壤动物类群的季节动态格局不尽相同。在哥斯达黎加的一处低地原生林和人工林的调查均发现土壤节肢动物主要类群的密度均在 4～5 月达到最高，正处于当地雨季开始的时间，但与降水量季节动态并不完全一致（Lieberman and Dock, 1982）。对新西兰 13 个牧场的土壤线虫多样性的调查研究发现土壤线虫多样性在春季（10～11 月）最高，但是在不同月份呈现波动变化（Yeates, 1984）。这些研究结果都说明土壤动物的季节动态与降水和温度的季节动态密切相关，同时也与植被的生理和生长动态有一定的关系。

现阶段关于土壤动物时间动态的研究更多地着眼于更长的时间尺度，尤其是随生态系统演替的长时间序列动态格局研究。由于真正开展长时间序列的研究并不现实，现阶段多采用"空间代替时间"的方法开展相关研究（Pickett, 1989; Walker et al., 2010）。虽然这种方法也存在很大的争议，但是目前还没有更好的研究方法。因此，在研究中必须谨慎地选择生态系统演替序列，才能更加准确和真实地反映土壤生物的演替情况（Johnson and Miyanishi, 2008; Walker et al., 2010）。

生态系统正向演替往往伴随着植物生产力提高和多样性增加，同时土壤有机质不断积累而土壤磷不断降低，其他土壤养分及土壤结构发生巨大改变。土壤资源底物的增加导致土壤微生物生物量增加，但是随着时间推移这些底物的质量逐渐下降而不利于土壤细菌的利用，因此土壤分解者通道将从演替初期的细菌能流通道向演替后期的真菌能流通道转变，从而使以真菌为食的土壤动物在生态系统演替过程中逐渐占优势（Bardgett，2005）。但是近年来一些关于土壤动物在长时间演替过程中的研究结果并不总是支持这一假设，土壤动物在演替过程中的变化比预期的更复杂。对澳大利亚西南部4个地点沿海沙丘的长时间序列演替的研究发现，食真菌线虫密度增加而食细菌线虫密度有所降低，且两者之比不断增加，但是食真菌的跳虫和螨虫并没有这样的规律（Laliberté et al.，2017）。另外，该研究发现土壤有机质含量及细菌生物量、真菌生物量的演变规律总体呈现先增加后降低的趋势，而真菌细菌生物量比具有地点差异性。虽然不同营养级在演替过程中的变化规律不同，但是两者之间仍然有显著的相关性（Laliberté et al.，2017）。另一项对澳大利亚东海岸的库鲁拉（Cooloola）沙丘演替系列及新西兰南部弗朗兹约瑟夫冰川（Franz Josef glacier）退化后的演替系列的研究也发现土壤微生物、线虫、跳虫和螨虫的生物量、密度及多样性在生态系统演替过程中的变化规律不一致；在库鲁拉沙丘演替过程中真菌细菌生物量比的变化规律与食真菌线虫与食细菌线虫的数量比的变化规律不同，而在弗朗兹约瑟夫的生态系统演替过程中真菌细菌生物量比的变化规律，与食真菌线虫与食细菌线虫的数量比的变化规律基本相同（图2-10）（Bokhorst et al.，2017）。虽然土壤食物网不同种类土壤生物或不同营养级在生态系统演替过程中的时间动态规律不同，但是在生态系统演替过程中的土壤肥力水平和植被变化是驱动土壤生物的主要因子（Wall et al.，2002；Bokhorst et al.，2017；Laliberté et al.，2017）。反之，土壤生物对植被及土壤物理化学特性也会产生反馈效应，植被与土壤的相互作用驱动了生态系统演替的方向（de Deyn et al.，2003；Kardol et al.，2006）。

在生态系统长时间序列演替过程中，不同种类和不同营养级的土壤动物的变化规律存在差异，可能与土壤食物网不同组分间的相互关系有关。另外，在长时间序列演替过程中，生态系统会出现不同程度的逆向演替（retrogression），这也可能是造成上述现象的原因。与这些原生演替的长时间序列不同，还有很多研究关注次生演替过程中土壤动物群落的变化，一般来说这些次生演替的时间比原生演替的时间短很多，大多是几十年的时间跨度。很多次生演替起始于人类高强度活动造成的退化或半退化生态系统，如农田、长期采伐的森林、牧场等，这些演替多为正向演替。土壤生物密度和多样性会随着正向演替的进行而不断升高，当达到一定水平后趋于稳定；高营养级生物数量增加，土壤食物网结构更加成熟和复杂（廖崇惠和陈茂乾，1990；de Goede and van Dijk，1998；Hánĕl，2003；李志鹏等，2016）。在特殊条件下，生态系统演替后期也可能出现土壤生物的退化现象（Zhang et al.，2015b）。与正向演替相反，当自然生态系统受到人类活动的持续干扰时，土壤动物群落和土壤食物网就会呈现相反的变化趋势（Neher et al.，2003；肖玖金等，2008；Chen et al.，2013；Zhao et al.，2015；Shao et al.，2016）。生态系统演替过程中，不同种类或者营养级的土壤动物的变化趋势会存在差异。土壤线虫的 r 策略者和 K 策略者对干扰及环境因子改变的响应不同，不同食性的土壤生物对环境因子改变的响应也不同（de Goede and van Dijk，1998；Chen et al.，2013；李志鹏等，2016）。不管是正向演替还是逆向演替，土壤生物往往与演替过程中资源可利用性的改变有着十分密切的关系，也与土壤物理化学性质的改变有关（Neher et al.，2003；Chen et al.，2013；Zhao et al.，2014；Zhang et al.，2015b）。

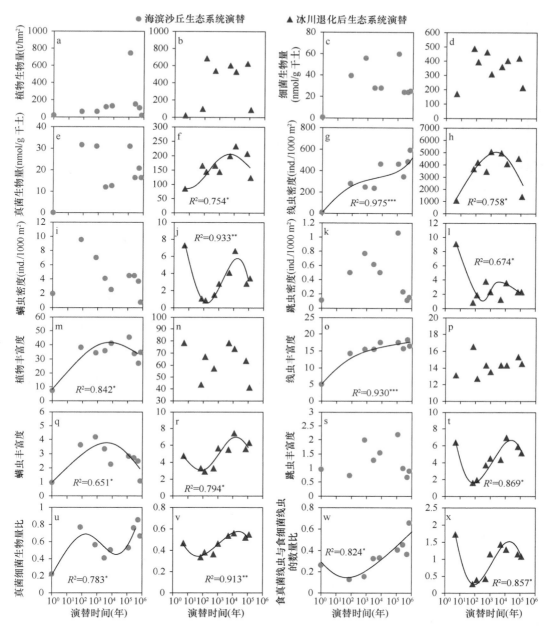

图 2-10 澳大利亚东海岸库鲁拉沙丘原生演替序列和新西兰南部弗朗兹约瑟夫冰川退化后原生演替序列的植物及土壤生物状况（Bokhorst et al.，2017）

*，**，***分别表示 $P<0.05$，$P<0.01$，$P<0.001$

三、土壤食物网的维持机制

在 1975 年，英国土壤生态学家 Anderson 提出了"土壤动物多样性之谜"，从生物多样性的角度开始探讨为何土壤中有如此多的物种可以共存（Anderson，1975），事实上，这也是较早的对土壤食物网维持机制的关注。后来的相关研究对土壤食物网维持机制给出了很多解释（Ghilarov，1977；Wardle et al.，2011a；Bardgett et al.，2005a；Bardgett，2017）。

（一）植物是土壤食物网的能量和物质来源

植物是土壤食物网的能量和物质来源，在食物网中通过上行效应（bottom-up effect）影响土壤食物网结构；很多研究表明植物资源的多样性促进了土壤生物的生态位分化（Anderson，1975；Ghilarov，1977；Bardgett et al.，2005a）。然而，植物除了可以为土壤食物网提供物质和能量之外，还可以通过植物根系改变土壤结构、孔隙度、pH 等。因此，植物直接或间接地在土壤食物网的维持方面起到重要作用（图 2-11）。

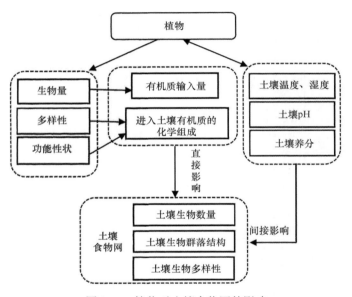

图 2-11 植物对土壤食物网的影响

1. 植物对土壤食物网的直接影响

植物生产力决定了流向土壤食物网中碎屑食物网和根际食物网的能量上限（Chapin et al.，2011），因此植物在驱动生态系统功能方面起着重要的作用（Bardgett and Wardle，2010；Wardle et al.，2011b），是影响土壤生物结构和功能的关键因子。植物可以通过多种方式（包括输入土壤的有机质总量和不同化合物等）影响土壤生物群落，最终影响养分循环（Wardle et al.，2004）。植物来源的凋落物、死根及根际分泌物与土壤生物的食物获取和资源有效利用紧密相关（de Deyn et al.，2008；Bardgett，2017；Laliberté et al.，2017）。

植物凋落物和根系分泌物为土壤生物提供碳源和矿质营养（Högberg et al.，2001；Wardle，2002），并营造适宜其生长的微环境（Sayer，2006）。树种也会通过影响森林的土壤理化性状如 pH、有机质、土壤结构和微环境（土壤温度、湿度）进而影响土壤微生物群落（Lejon et al.，2005；Iovieno et al.，2010；Lynch et al.，2012）。另外，凋落物作为土壤微生物最主要的碳源，其输入的数量和质量的变化也可能改变土壤碳库的累积或流失（Boone，1998）。通过实验手段控制地上地下有机物输入是研究植物凋落物和根系分泌物对土壤生物影响的有效手段。较为著名的是在美国 Harvard Forest 进行的凋落物添加、移除和转移（detritus input, removal and transfer, DIRT）实验，包括地上凋落物加倍、地上凋落物去除、根系去除、地上凋落物和根系去除、O/A 层移除 5 个处理和对照（Bowden et al.，1993）。国内目前也在进行类似的控制实验，如傅声雷等于 2007 年在广东鹤山森林生态系统国家野外科学观测研究站建立的有机物输入控制实验，设置了凋落物去除、根系去除、凋落物互换等处理和对照（王晓丽，2015；Yu et al.，2017）。另外，对乔木树干进行环割从而截去树皮也是研究植物通过根系向土壤输入有机物对土壤生物影响的一种有效手段（Högberg et al.，2001）。

有机物输入对土壤微生物生物量的影响没有一致的结论。一般而言，随着有机物输入的增加，土壤微生物潜在的能源和营养都会增加，因而可能会增加土壤生物的生物量，反之亦然（Wang et al.，2013；Pisani et al.，2016；Wu et al.，2017）。但有的研究发现增加有机物输入对土壤微生物生物量没有影响（Brant et al.，2006；Yarwood et al.，2013），甚至反而会减少土壤微生物生物量（Wang et al.，2017a）。可能的原因有以下几点。首先，土壤微生物对于有机物输入变化的响应可能通过群落结构的变化来完成（Brant et al.，2006）。其次，有机物输入的改变会引起土壤微环境的变化（Fekete et al.，2016），从而变得不适宜原有土壤微生物的生长，如在对照处理中，微生物分解过程释放的热量显著高于凋落物去除处理（Khvorostyanov et al.，2008），说明凋落物层具有隔热效应。Xu 等（2013）研究表明，在整个生态系统中，凋落物去除处理可使矿质土壤的温度升高 4%。凋落物输入除对土壤温度、土壤含水量有影响之外，对土壤 pH 也有一定的影响。研究表明，凋落物对土壤 pH 的调控主要受土壤初始 pH、土壤质地和植被类型影响（Sayer，2006）。根系去除以后由于缺少蒸腾作用，导致土壤含水量比其他处理高（Fekete et al.，2012）。在经典的 DIRT 实验样地中，匈牙利 Síkfőkút 样地根系去除处理较对照处理的含水量高 86%，美国 Andrews 样地高 9.3%，Bousson 样地高 17.5%。最后，凋落物和根系分泌物中可能存在影响土壤生物生存的难分解的次级代谢产物，输入量的增加反而会抑制整个微生物群落的生长。

有机物输入量的变化能够改变土壤有机碳和养分循环，进而引起土壤微生物群落结构的变化。例如，去除凋落物会减少真菌生物量（Nadelhoffer et al.，2004），在瑞典挪威云杉林中会降低菌根根尖数量（Siira-Pietikäinen et al.，2001）。Brant 等（2006）发现去除根系后，细菌、真菌和放线菌生物量增加，而真菌细菌生物量比和革兰氏阴性菌与革兰氏阳性菌的生物量比降低；而 Sanaullah 等（2016）发现添加根系凋落物后，土壤微生物 16S rDNA 和 18S rDNA 多样性都发生了变化。微生物群落结构如何响应有机物输入的变化可能与有机物的质量有关。例如，环割阻断了易分解的光合产物向根系的运输，直接导致了菌根真菌的减少（Högberg and Högberg，2002；Högberg et al.，2007）。而剔除根系或地上凋落物会使易分解有机物的输入减少，土壤中难分解有机物的比例会相应提高，从而使土壤中腐生真菌与细菌生物量比增大（Wang et al.，2013，2017a；Wu et al.，2017），有时也会导致放线菌生物量的增加（Pisani et al.，2016）。而随着易分解有机物输入的增加，如增加叶片凋落物等，则会促进土壤细菌，特别是革兰氏阴性菌的生长（Sun et al.，2016；Zhao et al.，2017）。需要指出的是，在研究土壤微生物群落时，无论是提取土壤的微生物生物量碳、磷脂脂肪酸（PLFA）还是 rDNA，都包含了处于休眠状态的微生物。这一部分微生物占比大，对短时期环境的变化不敏感（Lennon and Jones，2011；Buerger et al.，2012），因此，通过这些方法得到的微生物群落结构很大的可能性是微生物对目前和过去一段时间环境和资源变化响应的总结果。随着分子生物学技术的进步，测定土壤微生物 mRNA 是分析土壤活性微生物群落的一种有效方法，但目前用于分析凋落物输入对 mRNA 影响的报道还比较少（Yarwood et al.，2013），我们无法获知这种新方法是否能够更好地揭示有机物与土壤微生物之间的关系。

土壤动物的种类极其丰富，在有机物输入控制实验中，研究较多的为线虫、螨类和跳虫。现有的研究表明，植物凋落物和根系分泌物输入的量对土壤动物群落的大小和结构都会产生影响。例如，剔除地上凋落物显著降低了土壤甲螨和跳虫的个体数（Reynolds et al.，2003）。而随着地上凋落物层的变化，螨类中不同类群的响应不一样，从而使群落结构发生了变化（Osler et al.，2006）。凋落物质量不同也会改变土壤线虫和其他土壤动物的群落结构（Fu et al.，2017；Sauvadet et al.，2017）。但这些研究都比较零散，难以得出清晰和可靠的结论。

当把土壤动物置于土壤食物网中进行研究时，有机物输入的变化对土壤动物的影响变得更为复杂，这也是研究土壤动物生态功能的一个难点。首先，土壤动物占据了土壤食物网的不同营养级，有机物输入的改变需沿着食物链的方向进行，不同营养级的响应强度不一致。例如，树木环割造成了食真菌线虫个体数的增加，但对更高营养级的捕食性和杂食性线虫却没有影响（Li et al.，2009）。其次，高营养级对低营养级的捕食作用使低营养级的土壤动物对有机物输入变化的响应受到干扰。例如，在巴拿马一个热带雨林中，研究人员发现，随着凋落物的减少，土壤节肢动物显著减少，但是当增加地上凋落物时，由于节肢动物群落大小主要由捕食者控制，因此节肢动物的个体数并没有增加（Ashford et al.，2013）。最后，不同类群的土壤动物可能占据同一营养级，它们之间存在的竞争关系会使同一营养级的不同类群动物对有机物输入的改变产生不同的响应。

需要指出的是，植物多样性和功能性状也可能对土壤食物网产生直接影响。不同植物地下分配的有机物的数量和质量差异或是植物资源输入土壤食物网的时间差异都可能影响土壤食物网的结构和功能。植物种类可能通过输入土壤食物网有机质的数量和质量来选择有利于其自身或其他物种的土壤生物组成（Wardle et al.，2004；Vivanco and Austin，2008；Bardgett and Wardle，2010）。较早的研究表明植物群落组成不同的生态系统有明显不同的土壤微生物群落（Bauhus et al.，1998；Myers et al.，2001；Hackl et al.，2005；Habekost et al.，2008）。Eisenhauer 等（2011a）发现草地植物丰富度的改变会导致土壤线虫群落功能性转变。高的植物多样性可能意味着更加多样化的资源输入，进而有利于土壤生物在生态位上产生更多的分化。通过清除林下植被以减少养分竞争的林业管理措施则通常因为植物多样性和生物量的降低而导致土壤生物类群密度下降和土壤食物网的稳定性变差（Wu et al.，2011b；Zhao et al.，2012；Shao et al.，2016）；但是在人工林林下添加豆科植物可以增加土壤食物网的复杂度（Zhao et al.，2014）。另外，也有研究者认为植物的功能性状与土壤食物网的关系比植物多样性更为密切。研究表明主要的植物功能性状如固氮作用在解释土壤生物动态中具有重要作用（Spehn et al.，2002；Salamon et al.，2004；Milcu et al.，2008）。相比植物多样性，植物性状更能决定分解者群落组成（Salamon et al.，2004；Wardle et al.，2006；Freschet et al.，2012）。例如，植物功能性状影响土壤节肢动物的群落结构（Gorman et al.，2013），植物功能群（木本或草本等）与跳虫集合的动态联系比物种多样性更紧密（Perez et al.，2013）。植被类型（阔叶林或者针叶林等）也是影响土壤微生物群落的主要因素之一（Prescott and Grayston，2013）。

2. 植物对土壤食物网的间接影响

不同种类植物除了通过为食物网输入可利用植物资源的差异直接影响土壤食物网外，植物对土壤特性或土壤环境产生不同影响也可以间接影响土壤食物网。例如，菌根真菌因为与植物具有特定关系，其多样性与植物多样性的直接相互作用更为明显（Thoms et al.，2010）。C/N 值通常作为凋落物质量的指标，与凋落物分解速率呈负相关（Taylor et al.，1989）。中国南方亚热带地区的林下植被芒萁被移除后增加了土壤温度，降低了土壤湿度，从而影响了土壤食物网的结构组成（微生物群落、线虫和微小节肢动物的密度）（Zhao et al.，2012）。另外，林下植被去除还会改变土壤温度和硝态氮的可利用性从而间接降低了真菌生物量、真菌细菌生物量比及凋落物分解速率（Wu et al.，2011b）。植物群落组成对微生物活动和群落结构、分解者生物量、丰富度和多样性都会产生影响（Eisenhauer and Reich，2012；Prescott and Grayston，2013）。

植物可以通过改变土壤 pH 从而影响土壤食物网的结构和功能。植物改变土壤 pH 有以下几种主要方式。①植物根系分泌物的作用。植物根系对于连接地上和地下部分具有重要作用，根系会分泌多种有机化合物，包括糖类、酶类、氨基酸类、脂肪酸、有机酸、酚酸类、甾醇类、核苷酸和黄酮类等（Badri and Vivanco，2009；Baetz and Martinoia，2014；Massaccesi et al.，2015），其中氨基酸、有机酸、酚酸类均可导致土壤酸化。另外，根系分泌的质子和无机离子（如 H^+、NH_4^+、Na^+、K^+、Ca^{2+}、Mg^{2+}、NO_3^-、Cl^-、SO_4^{2-}、HPO_4^{2-} 等）对土壤 pH 及氧化还原电位也具有重要的调节作用（Chen et al.，2002；吴彩霞和傅华，2009）。②豆科植物的固氮作用。豆科植物根瘤从空气中获得 N_2，碳同化产生 H^+，为了保持平衡，H^+ 与植物必需的阳离子交换，将其释放到土壤中。从理论上讲，豆科植物每固定 1 mol N_2，土壤可以增加 1 mol H^+，相当于植物多吸收阳离子的量（Bolan et al.，1991；汪吉东等，2015）。笔者对广东鹤山森林生态系统国家野外科学观测研究站的几个不同人工林类型进行了调查，发现无论在干季还是湿季，豆科植物马占相思林型土壤 pH 显著低于乡土树种木荷（图 2-12）。③阴阳离子吸收不平衡。植物在生长过程中，从土壤溶液中主动或被动吸收氮和盐基阳离子，导致土壤中阳离子的损失和酸化，该过程分泌的 H^+ 量与植物吸收的阳离子量呈显著正相关（Noble et al.，1996）。随着人类活动的日益增强，森林砍伐、草原过度放牧及农产品移除等过程从生态系统中人为带走了大量碱性物质，使得土壤酸化加速。④植物根系的呼吸作用。根系的呼吸作用释放 CO_2，使得土壤中气相 CO_2 浓度是大气浓度的数十倍以上。当 CO_2 溶于水并发生解离时，产生的 H^+ 会使土壤酸化。土壤酸化过程中 CO_2 对土壤 pH 具有潜在的重要作用，不能忽视（David and Vance，1989；Hinsinger et al.，2003）。

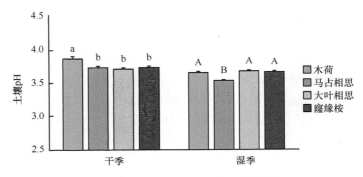

图 2-12　不同树种对土壤 pH 的影响

小写字母不同表示干季不同林型之间 pH 有显著差异（$P<0.05$）；大写字母不同表示湿季不同林型之间 pH 有显著差异（$P<0.05$）

土壤 pH 作为土壤重要的理化性质之一，不仅直接决定了土壤生物的生境，对土壤生物结构组成和活性有直接影响，还间接地通过影响营养元素的可利用性和土壤酶活性来调控土壤食物网（Raty and Huhta，2003；Salamun et al.，2014）。笔者对不同类型人工林进行了土壤采样，并调查了土壤线虫营养类群组成（图 2-13）。结果发现相思属（豆科）林型土壤食细菌线虫的数量显著高于对照木荷，而干季植物寄生线虫和食真菌线虫与食细菌线虫的数量比显著低于对照木荷。研究发现植物寄生线虫的数量与土壤 pH 呈正相关关系，意味着土壤 pH 对植物寄生线虫数量起着决定作用（图 2-14），这与一些文献报道的结果一致（Rogovska et al.，2009；Wiggs and Tylka，2011）。笔者的这一发现表明土壤 pH 可能在调节土壤线虫食物网组成中起重要作用。

欧洲温带森林中优势种山毛榉具有低质量的凋落物，分解后导致土壤 pH 下降，从而影响土壤生物群落（Guckland et al.，2009）。在这种情况下，树种主要通过影响土壤 pH 的季节变化从而间接影响土壤微生物群落结构，即由于山毛榉秋季产生的凋落叶在初夏分解的酸性化学物质强烈影响了土壤的 pH，从而间接对土壤微生物群落造成影响，以致土壤微生物群落结构在初夏的差异显著大于秋季。因此，在分析树种多样性和物种差异对土壤微生物群落结构影响时应考虑凋落物的分解特性和根系活动的季节差异（Thoms and Gleixner，2013）。

植物也可以通过叶片、凋落物和根系释放的某些化学物质对土壤生物产生影响，即化感作用（Vokou et al.，2006；Zhang and Fu，2009；Jabran，2017）。植物可以通过化感物质的抑制或促进作用影响周围生境中植物或微生物群落的分布（Cheng and Cheng，2016）。化感物质包括一系列化合物如酚酸、奎宁、香豆素、类黄酮、单宁酸、倍半萜烯和内酯类等，这些化合物在土壤生态系统中具有很重要的作用（Lohmann et al.，2009），如进行植物防御、养分螯合及通过调节土壤生物的方式影响土壤分解和土壤肥力。化感物质在土壤生态系统中的直接化感作用可能会通过土壤生物的参与被增强、减弱、修饰或者抵消（Siemens et al.，2002）。植物释放的次生代谢产物（化感物质）与植物自身、土壤生物之间的关系非常复杂（Hättenschwiler et al.，2011）。因此，植物化感作用对植物生长、土壤生物有直接影响，另外，土壤生物也可以调控或修饰植物化感物质，从而间接影响植物生长（Mishra et al.，2013）。

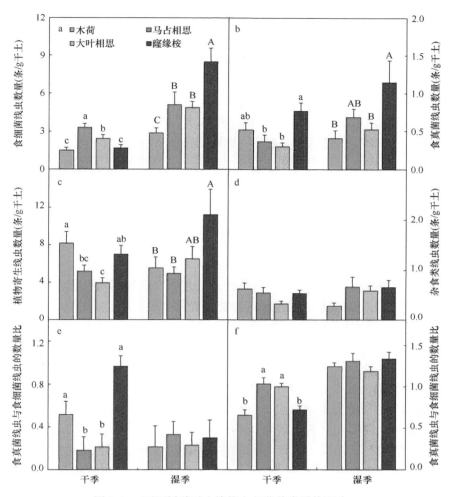

图 2-13 不同树种对土壤线虫各营养类群的影响

图注标字母表示 4 种林型之间无差异。相同字母表示林型之间无显著差异，不同字母表示林型之间有显著差异

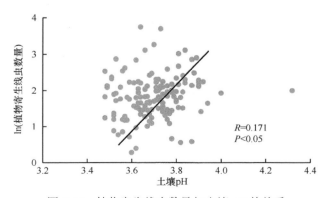

图 2-14 植物寄生线虫数量与土壤 pH 的关系

虽然目前已有不少研究证实从植物根系分泌物、凋落物浸提液及叶片挥发性物质中分离的特殊化感物质对其他植物具有直接的化感抑制作用，但是在许多情况下，化感物

质与植物、环境、土壤生物之间的复杂关系使得在野外研究植物化感作用与土壤生态系统关系的难度增加。土壤生态系统中不同的根系分泌物与土壤生物、根系交互作用产生化感作用，土壤群落对化感物质数量和质量具有重要的影响。研究表明土壤病原菌、地下分解者可能会改变植物组织释放化感物质的浓度或者促进植物产生新的化感物质（Lohmann et al., 2009）。例如，有研究表明由一种植物根系分泌物产生的次生代谢物间酪氨酸在室内生物测试中具有很强的化感效应，然而这种化感物质的化感作用仅在室内无菌土壤中存在，而在野外具备土壤生物群落的条件下迅速消失了（Bertin et al., 2009）。还有研究表明植物根系分泌物中的酚酸类化合物与土壤生物相互作用，直接抑制根系的生长，进而抑制土壤微生物呼吸（Meier and Bowman, 2008）。但也有研究表明化感物质烯丙基异硫氰酸酯在与土壤生物共生之前就对菌根真菌和植物幼苗有直接的抑制作用（Barto et al., 2010）。

　　植物化感作用与植物生长和土壤微生物之间存在显著的关系（图 2-15）（Cheng and Cheng, 2016）。研究表明化感作用作为植物之间相互作用调控者的间接作用比其作为抑制者的直接作用重要得多（Zeng, 2014）。土壤微生物在植物与化感物质的相互作用中起到非常重要的作用。土壤中化感物质会受到微生物降解和转移的影响（Mishra et al., 2013）。一方面，土壤微生物化学专一性的改变能对植物生长和土壤病害产生负反馈，同时，根际土壤微生物通过正反馈引起植物的化感作用。土壤微生物可以改变化感物质组成，增加化感物质的毒性（Macías et al., 2003）。例如，植物释放的非糖基化合物可能被土壤生物修饰而变得更具有毒性（Macías et al., 2005）。另一方面，土壤微生物通过改变化感物质的组成以提高它们在生态系统中植物与植物相互作用关系中的重要性。例如，细菌会通过降低杂草的化感抑制作用而提高对化感作用敏感的植物对杂草的忍耐性。另外，研究表明土壤根际区细菌生物膜能够保护根际区免于植物毒性化感物质的影响，并且降解这些植物毒性化感物质以降低它们的毒性（Mishra and Nautiyal, 2012）。植物可以通过与微生物相互作用来调控化感物质的有效性，进而抑制或者促进植物生长以影响植被组成并控制生物多样性（Fernández et al., 2013）。

　　化感作用是植物与土壤生物通过化感物质进行信息传递并相互作用、相互影响的途径之一（Bais et al., 2006）。值得注意的是，植物化感作用的研究是生态学领域极具争议、充满挑战的方向（Mishra et al., 2013），当前对于化感物质的提取，以及化感物质对土壤生物影响的相关研究大多在实验室条件下模拟完成，这些结论在野外条件下是否成立仍需要更多野外原位条件下的研究。利用化感物质对相关土壤生物的抑制作用，可以研发杀虫剂、灭菌剂和生物除草剂等替代化学农药（Cheng and Cheng, 2016），能够显著减少化学农药的使用量并减轻对生态环境的破坏，有利于农业和林业的可持续发展，在农业和林业生产上具有重要的实践价值。

　　无论是凋落物还是根系分泌物，植物化感物质首先进入土壤，不可避免地会与土壤生物相互作用。一方面，化感物质会对土壤生物产生诸多影响；另一方面土壤生物也是化感物质发挥化感效应的重要决定者。它们之间的相互作用极其复杂，也为未来进一步深入研究、揭开这一土壤"黑箱"提供了广阔空间。总之，通过控制植物凋落物和根系分泌物的量，有机物输入控制实验已经揭示了许多植物与土壤生物之间由能量和物质耦

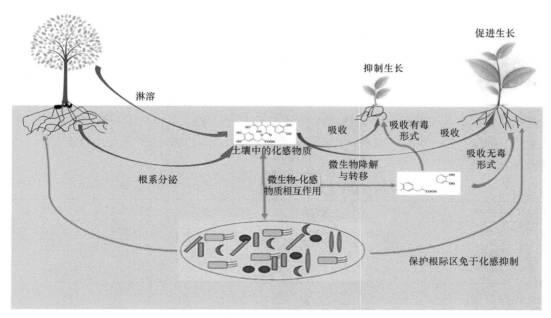

图 2-15　植物化感作用与土壤微生物、植物生长互作关系图（改自 Cheng and Cheng，2016）

合在一起而形成的关系。但有机物输入控制实验长期以来都停留在量的控制上，虽然有些实验开始将凋落物按植物器官划分进行控制（Eisenhauer and Reich，2012；Fu et al.，2017），但是，总体而言，凋落物的性质（营养元素比、机械组成和形态等）（Dias et al.，2017）及凋落物物种多样性（Chapman et al.，2013）对土壤生物的影响仍被低估了。

3. 植物多样性与土壤生物多样性的关系

徐国良等（2002）在南亚热带地带性植被季风常绿阔叶林，以及植被恢复过程中不同演替阶段的次生林中，对地表无脊椎动物多样性与植物多样性的关系进行了长期观察研究。结果表明，地表无脊椎动物多样性与植物多样性存在密切关系。由于马尾松林处于演替早期，生境比较简单，只有少数地表无脊椎动物类群，而且由于缺少竞争，无脊椎动物群落形成了极显著的优势性和较低的多样性与均匀性；而针阔叶混交林和季风常绿阔叶林的生境比较复杂，适于多类生态位不同的无脊椎动物发展，因此无脊椎动物群落的多样性较高。季风常绿阔叶林树种多样性高，林内水热条件好，因此地表无脊椎动物群落物种丰富，多样性和均匀性都最高；针阔叶混交林虽然乔木层比阔叶林简单，但由于灌木层、草本层比较茂盛，其生境的多样性程度也比较高，地表无脊椎动物群落的物种多样性和均匀性也较高（表 2-4）。

表 2-4　鼎湖山代表林型地表无脊椎动物的多样性（徐国良等，2002）

指数	季风常绿阔叶林	针阔叶混交林	马尾松林
多样性指数 H'	2.1200	1.9403	0.4232
均匀度指数 E	0.5306	0.5260	0.1200
优势度指数 C	0.2532	0.2804	0.8731

在广东鹤山森林生态系统国家野外科学观测研究站，研究了近 20 年不同造林措施对土壤动物群落的影响及其动态特征，样地包括草坡、湿地松（*Pinus elliottii*）林、马占相思（*Acacia mangium*）林、木荷（*Schima superba*）林和豆科混交林，以深入了解植被恢复和重建过程中的树种生物学效应，为人工林优化和构建提供土壤动物学依据。结果表明，混交林体现了一定的"混交优势"，土壤动物群落的各项指标特征都显示豆科混交林显著优于其他林分。由于混交林中乔木层、灌木层和草本层植物物种多样性显著，营造了更丰富的生境条件，结果显著提高了土壤动物的多样性和丰富度（表 2-5；未发表数据）。

表 2-5 鹤山不同植被类型下土壤动物群落特征（表中数据为历年的平均值）

群落特征参数	草坡	湿地松林	木荷林	马占相思林	豆科混交林
个体数量	69.22d	85.6c	87.37c	136.78b	178.05a
类群数	13.33c	12.98c	12.82c	16.42b	19.8a
DG 指数	0.3c	0.35c	0.33c	0.54b	0.93a

注：DG 指数指密度-类群指数；同一行中不同字母表示差异显著（$P < 0.05$）

虽然地下土壤生物多样性与植物多样性存在密切的正相关关系，但也有研究发现这种关系并非简单的正比关系，地上与地下生物多样性的发展并非同步进行。例如，在南亚热带植被恢复早期，植物的优势度高而多样性小，但土壤动物多样性增加。在广东鹤山森林生态系统国家野外科学观测研究站，从 2005 年始开展了一个大型的野外生态恢复实验，该项目占地面积约 50 hm^2，其中设有 14 个不同的植被恢复类型，每个类型设置 3 个重复样地，每个样地面积约 1 hm^2。该实验开展 6 年后，对其中 5 种不同植被，包括灌丛草坡（自然恢复对照）、厚荚相思、尾叶桉、红锥纯林和乡土树种混种林中的土壤动物群落进行了研究，意外地发现：在此生态重建阶段，对照灌丛草坡样地的土壤动物群落的丰富度更高（表 2-6；未发表数据）。经过进一步的分析表明，一种蕨类植物芒萁（*Dicranopteris dichotoma*）是导致该结果的主要原因。具体影响机制如下：芒萁在实验区域占有极大的优势，在地表形成非常茂密的地被层，最大高度可达 1.5 m。同时，芒萁的根系在土壤表层纵横交错，层层叠置，形成一个厚 20 cm、孔隙结构极其复杂且有机质非常丰富的根系层。这个厚实的地表根系层使土壤温度显著降低了 2～3℃（Liu et al., 2012）。同时，由于地表根系层覆盖致密，地表水分蒸发较少，土壤湿度较高，而土壤湿度是影响土壤动物群落的重要环境因子（Xu et al., 2012）。另外，在芒萁最丰富的对照灌丛草坡样地，土壤 pH 也显著较高，这在酸性土壤区域具有显著的积极意义。丰富的根系分泌物也为土壤动物提供了多样化的食物来源。因为植物细根和根系分泌物是土壤生物的重要食物及能量来源，很多土壤生物的活动都发生在植物根系周边（Fitter et al., 2005；Pollierer et al., 2007）。

总之，植物从提供资源和影响土壤环境两方面初步解释了土壤食物网的维持机制。时雷雷和傅声雷（2014）的综述文章中提到：一方面，较高的植物多样性能够产生更多种类的植物凋落物和植物根系分泌物，这些更为多样的植物资源能够维持较高的土壤生物多样性（Orwin et al., 2006）；另一方面，植物多样性越高，植物越可能对环境产生多

表 2-6　鹤山不同植被恢复样地地表覆盖及土壤性质

项目	灌丛草坡	厚荚相思纯林	尾叶桉纯林	红锥纯林	10个乡土树种混交林
蕨类盖度（%）	86.70（2.38）a	28.00（5.10）d	70.46（5.13）bc	59.26（2.81）c	71.74（4.97）bc
乔木盖度（%）	7.09（2.49）d	124.20（22.58）a	120.58（29.22）abc	70.97（7.84）ab	53.52（5.68）c
pH	4.14（0.06）a	3.95（0.06）b	3.98（0.07）b	3.98（0.04）b	3.96（0.04）b
土壤水分（%）	23（1）ab	22（1）bc	23（1）abc	25（1）a	21（1）c
土壤有机碳（%）	21.60（0.63）a	23.87（1.03）a	24.78（2.08）a	24.86（2.21）a	23.00（3.29）a
全氮（mg/g）	1.24（0.04）a	1.38（0.10）a	1.31（0.11）a	1.41（0.13）a	1.47（0.18）a

注：表中数据为平均值，括号内为标准误；同一行中不同字母表示差异显著（$P < 0.05$）

样化的影响，对应土壤的生境异质性越复杂，而生境异质性能提高土壤生物多样性（Anderson，1978；Barker and Mayhill，1999；Dickie et al.，2002）；另外，植物多样性越高，越能提高生态系统的生产力，从而使进入土壤生态系统的资源越多。有研究表明，资源越丰富，土壤生物多样性可能越高（Degens et al.，2000；Wardle，2002，2005）。上述几个机制均在一定程度上解释了植物在土壤食物网维持方面的重要作用（时雷雷和傅声雷，2014）。

（二）捕食者维持土壤食物网的动态平衡

土壤生态系统中的捕食者类群也具有较高的物种丰富度和多样性，其中体形较大的捕食者有蜘蛛、蠼螋、蜈蚣、肉食性的甲虫、蚂蚁、伪蝎，体形较小的捕食者包括螨虫和线虫。研究相对较多的是地表的蜘蛛和甲虫等体形较大的捕食者，捕食者在土壤生态系统中主要通过下行效应（top-down effect）影响营养级较低的类群进而影响土壤食物网结构，最终影响凋落物分解和养分循环等生态系统过程（Lawrence and Wise，2000，2004；Miyashita and Niwa，2006；Lensing and Wise，2006；Wu et al.，2011a；Liu et al.，2014）。捕食者可以通过取食碎屑食物网中的土壤动物，改变土壤动物群落的物种组成，从而间接地影响生态系统过程（Lawrence and Wise，2000，2004；Lensing and Wise，2006；Miyashita and Niwa，2006；Liu et al.，2014）。捕食者与被捕食者之间的相互作用主要有两种方式。第一种是致死效应（lethal effect），即捕食者直接取食被捕食者，从而抑制被捕食者种群数量的增长，也称为密度调节作用。在土壤食物网中，一般认为单个捕食者对被捕食者的影响可能很小（Hunt and Wall，2002），但是所有捕食者的聚合效应对食物网动态有较大影响（Neutel et al.，2007）。第二种作用方式为非致死效应（non-lethal effect），即捕食者的出现不会直接降低被捕食者种群的数量，但是它们会改变被捕食者的行为、身体外部形态、生理机能及生活史等，而这些改变都会对食物网中其他营养级产生明显的级联效应，这种作用方式也称为性状调节作用（Schmitz，2009；Schmitz and Barton，2014）。捕食者对被捕食者的致死效应和非致死效应在维持土壤食物网结构的相对贡献如何，值得进一步深入研究。Buchkowski（2016）认为在土壤食物网模型中考虑具体的密度调节（致死效应）和性状调节（非致死效应），即包括非线性的取食关系及捕食者对被捕食者的生理、身体外部形态和行为等的改变会影响土壤食物网的模型构建与模拟，提高模型预测食物网结构变化和生态系统过程改变的能力。

除此之外，研究发现较低营养级的土壤微生物被线虫取食之后会生长得更快，这种补偿性的生长使微生物生物量不会受到食微生物——线虫的影响（Mikola and Setälä，1998a）。这种捕食者刺激被捕食者生长的现象经常存在于土壤生态系统中，只不过发生在捕食强度适中的情景下（Fu et al.，2005）。处于中间营养级的生物可能同时受资源和捕食者控制（Fu et al.，2000），但是两者的相对贡献很难厘清。线虫是典型的中间营养级生物类群，在土壤食物网中却占据了几个关键的营养级（Barker and Koenning，1998）。土壤线虫与微生物可以构成一个看似简单实际复杂的食物网，上行效应和下行效应如何调控线虫之间及其与微生物的关系很不明确（Wardle and Yeates，1993）。Wardle（2002，2006）指出土壤生物之间的资源竞争、大型土壤动物的取食作用和非取食作用对小型土壤生物的扩散等控制着局域尺度上的土壤生物多样性。Pace 等（1999）认为捕食作用会通过级联效应对不止一个营养级的生物丰度产生影响。Fretwell 认为营养级的数量如果是奇数则将减少食草动物的生物量而导致"绿色世界"，但如果是偶数则情况正好相反（Fretwell，1977；Chapin et al.，2011）。

另外，不少学者认为土壤食物网中杂食性是普遍存在的（Moore et al.，1988；Walter et al.，1991），并且捕食者也经常取食它们同一营养级的生物。杂食者的普遍性及它们所处的高度异质化的环境导致了土壤食物网产生更多的食物链和更多的营养级，这些特点可能是土壤动物为了适应土壤生态系统中高度异质化的生境同时又不需要大范围地寻找食物资源而形成的最优取食策略（Digel et al.，2014），这在一定程度上也允许很多类群有相似的取食喜好，加强了竞争作用，并进一步增加了食物网的复杂性，这对解释土壤食物网中的营养结构和功能冗余来说是非常重要的（Setälä et al.，2005；Scheu et al.，2005）。很多分类地位明显不同的类群具有相似的营养位置，支持了土壤动物之间存在高度的功能冗余的假说（Wardle et al.，1997；Setälä et al.，1998）。功能冗余又进一步揭示了分解者种群在时间上的稳定性和抗干扰的能力（Scheu et al.，2005）。

食物网中不同营养级的控制者究竟是资源还是捕食者是生态学家讨论的一个热点问题。较早关于这方面的研究始于由植物、草食动物和肉食动物构成的三营养级水平实验。最初的认识是两种极端的观点，即捕食者调节低营养级（下行效应）和资源调节高营养级（上行效应）（Chapin et al.，2011）。在上行效应和下行效应理论发展过程中，比较有影响的是 HSS 假说（Hairston, Smith, and Slobodkin hypothesis）和 MS 假说（Menge and Sutherland hypothesis）。HSS 假说（Hairston et al.，1960）预测：对于放牧食物链来说，竞争（资源）和捕食的重要性在不同营养级之间是交替的，生产者主要受竞争关系调节，初级消费者受捕食者调节，次级消费者受竞争关系调节。这个理论后来被 Oksanen 等几次调整（Oksanen et al.，1981；Oksanen and Oksanen，2000），他们指出竞争和捕食的相对重要性受初级生产力支配，初级生产力较高的系统与很低的系统相比，次级消费者影响的重要性增加，初级消费者更可能受捕食限制。MS 假说源自海洋系统（Menge and Sutherland，1976），MS 假说预测下行效应对不同营养级生物量的调节在较低的营养级水平上更重要。也有人指出，初级消费者同时受上行效应和下行效应调节，上行效应和下行效应的相对重要性随时间与空间变化（Polis，1999）。支持每一种理论的证据都已经出现，各种理论对真实世界的预测也在持续被讨论（Wardle，2002）。讨论的主要问题是这些调节机制如何调控群落结构，如何随着空间和时间变化，对复杂食物网的组成起到怎样的作用，如何维持复杂食物网的异质性和多样性等（Dyer and Letourneau，2003）。最终，大量关于地上生态系统的研究表明至少在大尺度上地上初级消费者的生产力确实随着净初级生产力（NPP）的增加而增加（McNaughton et al.，1989），食物网中捕食和竞争的相对重要性在地上食物网已被广泛研究。

（三）种群密度制约机制对土壤食物网结构的影响

种群密度制约机制主要包括Allee效应（Allee，1931）和负密度制约效应（Yoda et al.，1963）。Allee效应是指有的种群存在一个足以维持生存的最低密度，当低于这个密度阈值时，物种将会灭绝。自然界中很多种群，如植物、海洋无脊椎动物、蚯蚓、昆虫、哺乳动物等都被报道具有Allee效应（Kent et al.，2003；Brochett and Hassall，2005；Jang and Diamond，2007；Zirbes et al.，2010）。一般认为，种群密度过于稀疏时，个体寻找配偶困难、抵御天敌能力下降、近交衰退风险增加等从而导致出生率下降、死亡率增加，产生Allee效应（McCarthy，1997）。各种环境胁迫都可能导致这些风险，所以不少种群在受到胁迫时都有不同的应对策略以维持最小种群（Habte and Alexander，1975；Fu et al.，2000；Zirbes et al.，2010）。例如，受到胁迫时赤子爱胜蚓（*Eisenia fetida*）通过个体接触传递信息后可向适合的环境集体迁移（Zirbes et al.，2010）。等足目（Isopoda）的平甲鼠妇（*Porcellio scaber*）在密度低于70条/m^{2}时相对生长速率随密度增加而增加，但高于70条/m^{2}时则随密度增加而减少（Brochett and Hassall，2005）。Allee效应所导致的正反馈作用对研究不同尺度上捕食者-猎物相互关系的影响具有重要意义（Brown et al.，2004a；Fu et al.，2005；刘亚峰，2009）。Allee效应在保护生物学中应用非常广泛（秦丽娟，2017）。然而，目前的研究主要集中在局域种群水平上，关于集合种群水平上的Allee效应研究还十分缺乏（Brochett and Hassall，2005；刘亚峰，2009；Zirbes et al.，2010）。

负密度制约效应是指生长于较高密度种群内的生物，由于密度的抑制作用，种群内的个体逐渐死亡，数目减少，直至达到平衡（Yoda et al.，1963；祝燕等，2009）。负密度制约效应首先由Yoda等（1963）提出，其准确含义是：在密集生长的同龄植物种群中，如果没有其他物种的竞争和非密度制约因子（如火灾、干旱、疾病等）的胁迫，个体的死亡是由种内竞争引起的（对同一资源竞争激烈及排泄物毒害严重），而且在此过程中平均个体质量与种群密度之间存在幂指数关系，即 $W = kd^{-3/2}$。其中 W 是个体的平均质量，d 是密度，k 是经验常数。目前已经有大量的室内及野外实验数据证实了负密度制约效应的存在及其在植物群落中的普适性；在苔藓、蕨类、裸子植物和被子植物中普遍存在这样的幂指数关系（祝燕等，2009）。表栖类蚯蚓也表现出了负密度制约效应，而且空间竞争的作用大于食物竞争的作用；但食物竞争导致的负密度制约效应对深栖类蚯蚓影响更大（Uvarov，2017）。负密度制约效应在其他土壤生物类群、种群和群落维持中的作用报道较少，值得进一步研究。

（四）水热等环境条件对土壤食物网结构的影响

土壤生物形态各异，种类和数量巨大，不同的类群或个体对水热等环境条件的依赖和敏感程度不同。

在大尺度上，温度和降水的改变是全球气候变化的两个重要方面，全球温度变化和降水变化对陆地生态系统结构和功能都产生了深刻的影响。例如，在全球尺度上，有些生物类群可能与水热关系密切，它们的分布也遵循一定的地带性规律，如前面我们曾提到的土壤真菌多样性具有明显的纬度地带性分布规律，从高纬度到低纬度地区多样性逐渐升高（Arnold and Lutzoni，2007；Tedersoo et al.，2014）。关于全球细菌多样性的研究发现土壤细菌并没有纬度地带性分布规律，其分布格局与盐度（Lozupone and Knight，2007）和 pH 密切相关（Fierer and Jackson，2006；Lauber et al.，2009；Griffiths et al.，2011；Kaiser et al.，2016）。而全球尺度上土壤线虫在科水平上的组成与年均降水量和温度也有显著的相关性（Nielsen et al.，2014）。在区域尺度上，有研究表明降水量是影响土壤线虫食性组成及食细菌线虫与食真菌线虫数量比最重要的因素（Chen et al.，2014）。但也有研究没有发现土壤线虫在纬度或经度上的变化规律，研究地点、生境、研究尺度及研究手段（分子生物学与常规形态鉴定）可能对这些结果有不同程度的影响。一般认为土壤节肢动物多样性在全球尺度上随纬度增加而降低。而就某些门类的土壤节肢动物而言，它们的纬度地带分布格局与节肢动物的总体分布格局有一定差异。在景观尺度上，土壤节肢动物种类不同，其分布格局的驱动因素不同（Nielsen et al.，2010）。大型土壤动物（如蚯蚓）并非在任何生态系统中都存在，在干旱地区和长期冻土地区就没有蚯蚓的分布，它们主要分布在暖温带和热带地区（Lavelle，1983），在全球尺度上分布规律的研究比较有限。

一个整合分析（meta-analysis）研究综合了 54 个增温实验和 47 个增雨实验，结果表明增温对土壤生物没有明显影响，增雨显著提高了土壤生物密度（Blankinship et al.，2011）。全球气候变化格局十分复杂，不同纬度地区的温度变化幅度不同，而且年际和日间的增温不对称（Karl et al.，1991；Hansen et al.，2006）。另外，降水格局的变化不仅表现在降水量的变化上，更多的可能是降水的强度和时间分布的变化，进而引起极端干旱和洪涝等灾害，对生态系统产生巨大影响（Beier et al.，2012）。因此，大尺度上的土壤食物网结构与水热等环境因子之间关系的研究仍然充满了挑战。

综上所述，尽管水热条件对土壤食物网结构影响方面的研究已有很多，但多数水热条件与土壤、植被、微环境等因素交织在一起，导致很多情况下得到的结论不尽相同，因此需开展可以区分不同因素（气候、植被及土壤等）的整合研究以区分水热条件与土壤食物网结构的关系。

（五）人类活动对土壤食物网结构的影响

除了前文我们提到的植物可以为土壤食物网提供根系分泌物及凋落物等资源（Coleman et al.，2004）之外，植物也可以作为生态系统工程师改变土壤结构、孔隙度，以及从土壤中吸收水分和养分（Jones et al.，1994，1997）。因此植物对土壤理化环境的改变，同样对土壤食物网结构及其功能会产生重要影响。另外，人类活动特别是一些农林业中的耕作或管理方式，如规定火烧、去除灌草或植物的凋落物、去除非目标植物（阻断根系碳的输入）等，都会对植物与环境条件的互作关系产生极大影响，从而对土壤食物网结构产生不同程度的影响。

1. 规定火烧对土壤生物的影响

规定火烧（prescribed burning，以下简称火烧）作为一种经营管理模式被广泛应用于森林生态系统中播种前的立地准备、控制病虫害、减少森林层的燃料负荷等。一定频率和一定强度的火烧能够改善生态系统的结构和功能，在维持生物多样性和保护生态平衡方面起着重要的作用；与此同时火烧也会影响土壤的物理、化学和生物学性质。火烧对土壤微生物的影响主要表现在两个方面：一是通过加热作用使土壤温度升高，直接影响微生物的群落结构；二是通过土壤物理化学性质和植被再生的变化间接影响土壤微生物（Neary et al., 1999），而且这种间接作用会产生长时间持续的影响（Hart et al., 2005）。土壤中的微生物受火烧影响的主要是土壤表层微生物。火烧引起的高温直接作用于表层土壤微生物，造成其物理性的死亡（DeBano et al., 1998）。Prieto-Fernández 等（1998）研究发现火烧后 0～5 cm 土壤层的微生物生物量几乎为零，5～10 cm 的土壤层微生物生物量减少了 50%。基于我们在广东鹤山桉树人工林及灌草坡生态系统的一项研究表明：桉树人工林和灌草坡火烧后微生物生物量有不同程度的下降，同时造成土壤微生物群落结构的改变，火烧对真菌的影响更大（图 2-16，图 2-17）。但桉树人工林土壤微生物群落结构在火烧 2 年后基本得到恢复。灌草坡火烧迹地土壤 PLFA 总量在火烧 3 年后与未火烧地几乎相同，即火烧 3 年后灌草坡土壤微生物群落结构基本恢复，土壤有机质和养分的减少是造成细菌和真菌 PLFA 减少，以及土壤微生物群落结构改变的重要因素（孙毓鑫等，2009；Sun et al., 2011）。类似的发现也曾在以前的文献中有过报道（Bååth et al., 1995；Jiménez Esquilín et al., 2007；Campbell et al., 2008）。Staddon 等（1998）研究火烧对松林土壤微生物多样性和群落结构的影响发现，火烧引起土壤微生物群落结构的变化可能持续 5 年，而 Fritze 等（1993）研究欧洲赤松（*Pinus sylvestris*）林火烧后土壤生物生物量和活性的恢复情况，认为在火烧后植被演替过程中土壤微生物生物量需要 12 年才能恢复到火烧前的水平。火烧后土壤理化性质的改变及不同微生物的养分利用效率可以部分解释土壤微生物群落结构的这种变化（Bååth et al., 1995；Pietikäinen et al., 2000；Jiménez Esquilín et al., 2007）。例如，细菌主要分布在养分充足的碱性土壤中且养分利用率低（Joergensen and Wichern, 2008）。土壤真菌主要分布在森林的腐殖质层和凋落物层的高碳氮比土壤中，能够利用不易分解的有机质。Jiménez Esquilín 等（2007）报道火烧后 15 个月边缘和中心土壤层微生物群落结构相似，但不同于未火烧地。微生物群落结构的变化可能与火烧后地上植被的改变及土壤碳和养分的可利用性有关。火烧后地上植被群落结构的改变是影响土壤微生物的重要因素（Hart et al., 2005）。火烧后植被生产力和群落组成发生改变，减少土壤有机质的输入，从而改变土壤微生物群落结构（Kaye and Hart, 1998；Boyle et al., 2005）。Fernández 等（1997）发现火烧迹地碳含量显著低于未火烧地，剩余的有机质含有较多的胡敏素，因而提供给微生物生长的基质较差。Campbell 等（2008）发现火烧处理后有机碳显著减少，进而影响微生物群落结构。

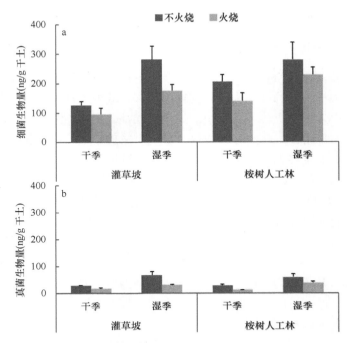

图 2-16　火烧迹地土壤细菌生物量和真菌生物量（Sun et al.，2011）

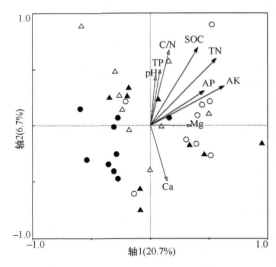

图 2-17　火烧迹地土壤微生物群落结构与理化性质的关系（Sun et al.，2011）
TP. 总磷；AP. 活性磷；AK. 活性钾；TN. 总氮；SOC. 土壤有机碳；
△. 未火烧的灌草坡；▲. 火烧的灌草坡；○. 未火烧的桉树人工林；●. 火烧的桉树人工林

类似的，除土壤微生物群落以外，火烧对土壤线虫的群落结构也有影响，一项在俄罗斯的欧洲部分开展的研究工作表明食细菌线虫多度增加，食真菌及与植物相关的、植食性的线虫多度下降（Butenko et al.，2017），而这些转变与土壤微生物群落结构及土壤理化性质的转变密切相关。

2. 去除灌草改变地表微环境

植物物种或者植物功能群从现实生态系统中被移除/消失对生态系统的性质和功能产生的影响受到生态学家的广泛关注（Hooper et al., 2005; Wardle and Zackrisson, 2005; Cardinale et al., 2012; Hooper et al., 2012）。因为地上和地下的生物群落相互关联（Wardle et al., 2004; Bardgett et al., 2005b; van der Putten et al., 2013），在探讨植物功能群消失对生态系统的影响时，土壤生物所扮演的角色非常重要（Marshall et al., 2011; Wardle et al., 2011a）。土壤生物参与调控了一系列的生态过程和功能（Bardgett and van der Putten, 2014），包括养分循环（Zeller et al., 2008; Wieder et al., 2013）、分解过程（Subke et al., 2004; Carney et al., 2007; Handa et al., 2014）和植物多样性的维持（Wardle et al., 2004; van der Heijden et al., 2008）等方面。以往的研究受技术限制，主要研究地上群落的食物网和营养级关系，关于地下群落营养级之间的关系和食物网研究较少，地上群落和地下群落如何联系、地下群落的多营养级关系（multitrophic interaction）与生态功能方面还需要深入研究（van der Putten et al., 2001; Bardgett and van der Putten, 2014）。

在森林生态系统中，一般认为乔木层生物量远高于灌草层，所以乔木层在生态系统中的作用大于灌草层，在生态系统中起着主导作用，以往的研究也主要关注乔木层（Brown, 1997; Clark et al., 2001; Nilsson and Wardle, 2005）。例如，成熟森林中个体高大的乔木从生态系统中被移除后对生态系统的地上和地下过程产生持续数十年到百年的影响（Wardle et al., 2008）。林下植被的研究最早可以追溯到19世纪，最初主要研究其对立地条件的指示作用，随后，林下植被（主要是在北方针叶林中）在森林群落分类、森林更新演替、竞争关系和生态功能方面的研究逐渐深入（方奇，1987）。近年来，林下植被在林分养分循环及稳定林分生产力方面的作用开始受到重视，研究者更关注林下植被对上层乔木的生长、更新及其对施肥效果所产生的影响（阳含熙，1963; 冯宗炜等, 1985; Chang et al., 1996）。目前已有研究表明，在森林生态系统中林下灌草层可以影响森林树种更新、森林演替、物种多样性组成和林地生产力，还影响根系凋落物分解、土壤养分循环和土壤水资源保护等地下过程，是生态系统的驱动者（Yarie, 1980; Nilsson and Wardle, 2005; Souza et al., 2010）。例如，当林下灌草与乔木树种竞争养分时，林下灌草会影响乔木的生长，尤其是幼苗的生长，但灌草与乔木的竞争效应主要发生在中幼林龄的森林中，长期来看林下灌草有利于保持土壤肥力、提高土壤有机质层及矿质层中的碳、氮含量（Busse et al., 1996; Takahashi et al., 2003; Larpkern et al., 2011）。

在热带和亚热带地区森林生态系统中，由于气候的适宜性，灌草植物在生物量和多样性等方面可能高于温带和寒温带的森林，特别是在林下灌草层比较密集的冠层开放的森林生态系统中，灌草植物在生态系统中的功能也可能更重要（Yuste et al., 2005; Misson et al., 2007）。利用灌草去除实验有利于理解灌草功能群的消失对森林生态系统的影响（Bardgett and Wardle, 2010）。现有研究表明，林下植被在维持地力和改善土壤性质方面的作用主要体现在：①增加表层土壤的养分和有机质含量；②促进微生物数量及生物量的增加和提高土壤酶活性；③林下植被的发育增加了腐殖质全碳量的含量、胡敏酸总碳量及胡敏素的百分含量；④明显影响土壤中水稳性团聚体的数量、拦截和过滤地表径流、影响土壤的孔隙度,在涵养水源、保持水土、保护环境等方面有重要的作用(Bret-Harte et al.,2004;Matsushima and Chang,2007)。

Wu 等(2011b)在广东桉树人工林中,通过灌草去除和乔木环割的实验,研究区分了灌草植物和乔木植物在生态系统中的作用,开展了灌草生态功能的研究(图 2-18)。利用磷脂脂肪酸指示土壤微生物群落结构,运用主响应曲线方法分析第一轴的约束性,其显著性排序表明,在 2 年林中显著($F=4.063$, $P=0.016$)而在 24 年林中不显著($F=1.674$, $P=0.498$)。2 年林中的第一典型约束轴的特征值为 6.8%,24 年林中为 5.0%。结合各磷脂脂肪酸的权重分析,表明去除灌草的处理显著改变了土壤微生物群落结构(图 2-19)。

图 2-18 林龄 2 年(a)和 24 年(b)的桉树林乔木环割和灌草去除样地

去除灌草对土壤微生物和养分可利用性有间接影响;去除灌草显著增加了土壤温度和硝态氮的供应,并限制了真菌的生物量(表 2-7)。Cox 等(2010)的研究结果也证明了增加氮的可利用性会减少真菌的生物量和多样性,进而导致微生物群落的改变。乔木环割作为一种用来研究植物碳分配的改变影响土壤性质和过程的方法,被广泛地应用于森林生态系统的研究中(Högberg et al.,2001;Binkley et al.,2006)。可能是因为桉树的萌发特性,光合作用中的碳水化合物相对持久地供应到根系,为土壤微生物提供

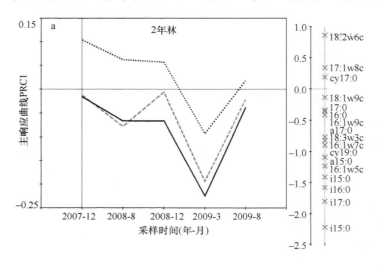

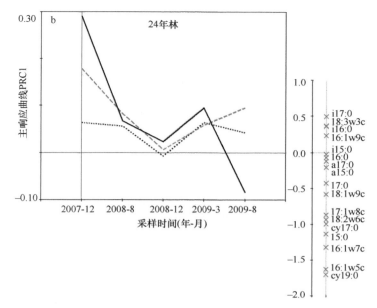

图 2-19 两个林龄桉树林下微生物群落在各处理下的主响应曲线

点线为环割处理，灰色虚线为去除灌草处理，黑线表示环割加去除灌草处理，对照的线和 X 轴重叠。
右边的竖轴表示在采样时间点上各磷脂脂肪酸相对于对照处理的得分值

表 2-7 去除灌草、环割、环割与去除灌草相互作用对土壤微生物特性的影响

林龄（年）	因子	G		UR		G×UR	
		F	P	F	P	F	P
2	Total PLFA	0.60	0.44	1.08	0.30	0.28	0.60
	Bacterial PLFA	0.48	0.49	0.29	0.59	0.11	0.74
	Fungal PLFA	1.63	0.21	12.16	<0.01	0.02	0.89
	F/B	1.41	0.24	18.02	<0.01	0.005	0.94
24	Total PLFA	0.46	0.50	0.30	0.59	1.75	0.19
	Bacterial PLFA	2.00	0.16	0.23	0.64	1.72	0.20
	Fungal PLFA	1.03	0.32	11.15	<0.01	2.40	0.13
	F/B	0.01	0.99	24.62	<0.01	0.36	0.55

注：G 表示环割处理；UR 表示去除灌草处理；G×UR 表示环割和去除灌草相互作用；Total PLFA 表示总磷脂脂肪酸量（nmol/g 干土）；Bacterial PLFA 表示细菌磷脂脂肪酸量（nmol/g 干土）；Fungal PLFA 表示真菌磷脂脂肪酸量（nmol/g 干土）；F/B 表示真菌细菌生物量的比值

养分，使得环割的效应小于去除灌草，这是因为在环割一年后的细根仍保留了 50% 以上的生物量。桉树的萌发效应使得其在环割后仍然能产生新的细根和根系分泌物（Binkley et al.，2006；Chen et al.，2010）。乔木环割的效应在不同生态系统之间表现不同，在温带和寒温带地区，乔木环割后阻断了光合作用产物向地下的输入，可以用来评价乔木根系消失对土壤微生物的影响。有研究表明乔木环割减少了植物地下的碳分配，导致微生物所需要的碳源的质量和可利用性发生改变（Subke et al.，2004；Högberg et al.，2007）。由于环割后土壤中的真菌减少（Högberg and Högberg，2002；Yarwood et al.，2009），北方温带森林中土壤微生物的活性和生物量降低（Weintraub et al.，2007）。

另外,在桉树 4 年人工林中去除灌草处理 3 个季度后总线虫和食真菌线虫密度有降低的趋势且显著降低了食细菌线虫密度,但是对杂食性和捕食性线虫密度没有显著效应(Zhao et al.,2012)。说明去除灌草在一定时期内会改变整个线虫群落的结构(图 2-20)。

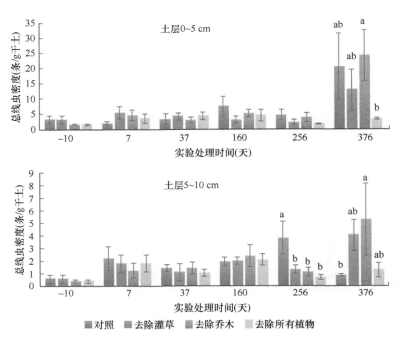

图 2-20 各处理对土壤线虫密度的影响
不同字母表示处理间有显著差异($P < 0.05$);-10 指的是实验处理前的 10 天

在去除灌草处理一年后,样方中的跳虫密度显著降低,但对螨虫和其他小型节肢动物的密度影响很小(图 2-21)。灌草群落的去除可改变土壤生物群落,从而可能影响生态功能和过程,如凋落物的分解过程。在幼林和成熟桉树林中进行环割没有显著减缓凋落物的分解,相对于环割和对照处理,去除灌草处理在 2 年林中显著减少了凋落物损失的量($P=0.02$);在 24 年林中没有达到显著水平($P=0.059$),但在损失量上相对于对照来说很大,环割对凋落物分解的影响明显小于去除灌草对凋落物分解的影响(图 2-22)。Subke 等(2004)报道菌根真菌在环割处理的样地对凋落物分解的影响很小。尾叶桉可以形成外生和内生两种菌根(Dos Santos et al.,2001),而芒萁只可以形成一种内生菌根(Zhang et al.,2004)。在同一菌根系统中,通常内生菌根和外生菌根存在负反馈的关系(Lodge and Wentworth,1990),这就可能出现环割对某一种菌根的影响被另外一种菌根的生长所抵消。但是,芒萁只可以形成一种菌根,补偿效应不存在。同时,去除灌草减少了其他土壤生物的数量、改变了分解者的群落组成。由于土壤微生物、小型土壤动物、中型土壤动物和大型土壤动物都参与了凋落物分解和养分循环过程(Coleman et al.,2004),在桉树人工林中林下灌草的去除改变了土壤生物群落,可能是导致凋落物分解速率下降的主要原因(Wu et al.,2011b;Zhao et al.,2012)。

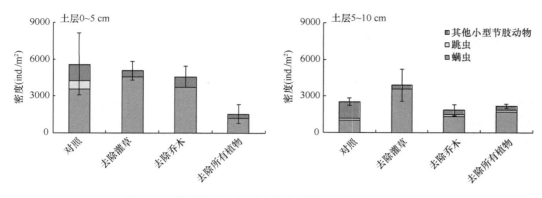

图 2-21　植被处理一年后土壤小型节肢动物的种群密度

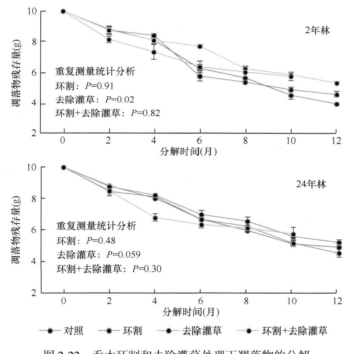

图 2-22　乔木环割和去除灌草处理下凋落物的分解

（六）土壤自组织理论与食物网内部关系强弱对食物网稳定性的影响

从进化生物学的角度来看，土壤被看作一个复杂的自组织系统，是土壤物理环境和土壤生物之间长期相互作用和进化的结果（Young and Crawford, 2004; Crawford et al., 2005; Lavelle et al., 2006）。土壤物理环境与土壤生物的关系、土壤的高度空间异质性造成土壤生物之间的位置隔离（isolation），可能促进物种的分化和形成，同时对于土壤微生物群落，经常发生的水平基因转移（horizontal gene transfer）也能促进物种多样性的形成（Crawford et al., 2005）。总之，土壤环境的极端异质性为土壤生物提供更加多样化的微生境并减少了土壤生物之间的竞争。除此之外，土壤环境的极端异质性还使土壤系统包含了大量的"避难所"，一些个体小的生物可以躲在这些避难所里并有效防止被体形较大的捕食者捕食（Mikola and Setälä，1998b），这在一定程度上提高了土壤生物多样性。随着分子生物学和基因组学在土壤生态学领域应用的深入（van Straalen and Rolofs，2006），进化理论可能为土壤生物多样性维持机制的研究开拓新的思路（时雷雷和傅声雷，2014）。

McCann 等（1998）通过模型模拟的手段发现食物网中物种之间弱的或中等强度的关系有利于促进群落的持续和稳定。之后，从能量和种群动态角度开展的大多数的土壤食物网分析（de Ruiter et al.，1995；Moore et al.，1996；Rooney et al.，2006；Rooney and McCann，2012）认为相对慢速的能流通道（如真菌能流通道）的特点往往是食物网中物种之间的相互关系比较弱，而弱的关系对稳定性来说是至关重要的（Rooney et al.，2006）。这意味着土壤食物网受到外界影响时，其中各种生物的关系可能会发生变化，这种变化可能意味着土壤食物网的结构会发生转变；这种转变可能会恢复也可能难以恢复，土壤食物网的抵抗力和恢复力则是评价土壤食物网稳定性的重要指标。毫无疑问，McCann 等的观点对于我们理解全球变化日益剧烈背景下土壤食物网的维持机制非常重要，特别是受人类干扰明显的农业生态系统或近自然生态系统。

总之，土壤食物网本身是一个异常复杂的生命体，它的复杂性导致了食物网中能量和养分的流动规律也十分复杂。土壤食物网内部土壤生物之间的竞争、互利、捕食与被捕食、土壤生物与植物之间的相互作用、土壤生物与外部土壤环境和水热等气候条件的相互作用、人类活动对土壤生物的影响等都是影响土壤食物网维持机制的因素。理解土壤食物网的维持机制需要综合考虑上述因素。任意外部条件在时间和空间上的改变都可能使土壤食物网的结构和组成发生变化，进而可能使其稳定性和复杂性下降，影响其生态服务功能。全面深刻地把握和运用这些变化规律，认为自然和人类社会的可持续发展服务是土壤生态学家面临的艰巨任务。

第二节　土壤食物网的主要生态功能

关于土壤生物主要类群的生态功能，已有很多总结性的文章（周丽霞和丁明懋，2007；陈建秀等，2007；吴纪华等，2007；李琪等，2007；邵元虎和傅声雷，2007；张卫信等，2007；邵元虎等，2015；Coleman and Wall，2015），这里不再一一阐述。我们将提供一些土壤动物在碳氮循环、凋落物分解和植物生长等方面的最新研究案例，希望读者从整个土壤食物网的角度去理解这些生态功能。这里所说的土壤食物网的生态功能，并不局限于由土壤生物之间复杂的取食关系所调控的地上、地下生态过程，而是基于这种取食关系所形成的复杂网络，从整体上探究主要土壤生物类群的生态功能，取食作用仅仅是它们发挥作用的途径之一（Coleman et al.，2014）。土壤食物网在生态系统中的贡献，不仅取决于其内部成员间的互作过程，同时也受到土壤食物网所处的外部环境如植被、土壤和气候条件等的制约。在较大的时空尺度上，探究土壤食物网内部的互作关系及其受外部环境的制约程度与作用机制，是理解土壤食物网功能变化规律的难点和突破口。同理，土壤食物网中某一特定生物类群的生态功能，也不仅仅由其自身代谢特点决定，还取决于该生物类群与其他成员的互作关系及其在土壤食物网中的相对位置。

土壤生物之间的互作关系又往往因植被、土壤和气候等环境因子的不同而发生变化,所以土壤生物的生态功能具有明显的时空特异性。

一、土壤食物网在碳和养分循环中的作用

(一)对碳循环的影响

因为土壤食物网太过复杂,多数研究只能针对某一类群或者整个地表的无脊椎动物设计控制实验来揭示该类群的生态功能。以跳虫为例,Wang 等(2017b)设计了一个室内微宇宙实验,包括土壤跳虫和微生物两级土壤生物,利用添加的稳定碳同位素标记凋落物,探索了土壤食物网在碳循环中的作用。结果发现,凋落物来源的新碳可以很快地进入土壤食物网。跳虫 $\delta^{13}C$ 原始值为(-9.9 ± 0.1)‰,经过 7 天的培养,跳虫体内的 $\delta^{13}C$ 值即达到 522.7‰,表明跳虫能在短时间内高效同化来自凋落物的新碳;土壤微生物群落也显著地同化了凋落物来源的新碳,添加凋落物后微生物 PLFA $\delta^{13}C$ 值极显著升高,这种效应在实验初期尤其显著;同时,研究发现在添加土壤跳虫的处理中,微生物 $\delta^{13}C$ 值比没有添加跳虫的处理极显著升高,反映跳虫的存在和活动对微生物活性有积极的能动作用,能增加微生物对凋落物来源的新碳的同化效率。另外一个有趣的现象是虽然在土壤生物的作用下,凋落物来源的新碳快速进入土壤生态系统,但添加跳虫的土壤 $\delta^{13}C$ 值却显著低于没有添加跳虫的处理,同时,土壤排放的 CO_2 中 $\delta^{13}C$ 值显著升高,说明跳虫的活动可能促使了更多新碳从土壤中释放,从而降低了土壤的 $\delta^{13}C$ 值。

另外,徐国良等(2002)还研究了地表无脊椎动物与凋落物分解之间的关系。研究发现,鼎湖山 3 种代表林型下地表无脊椎动物与凋落物之间存在着密切关系:年凋落物量越多,动物的群落越丰富,分布越均匀,同时,地表无脊椎动物群落的生物多样性与凋落物的周转期呈显著负相关,即动物群落多样性越高,凋落物的周转期越短,分解越快,反之亦然。然而,凋落物的种类与地表无脊椎动物群落的相关性较差(表 2-8)。研究还发现,地表无脊椎动物对凋落物分解速率的影响主要体现在凋落物分解的前期,因此地表无脊椎动物群落作为凋落物分解矿化的第一道工序,直接关系到整个生态系统物质循环和能量流动的速率,从而对土壤养分状况、植物生长和森林生态系统健康造成影响。该研究结果证明地表无脊椎动物群落的质(类群多样性)与凋落物的量存在显著相关性,但与凋落物的质(种类)无显著相关。这是否可以作为地表无脊椎动物食性专一性不强的证据,地表无脊椎动物的生物量是否也与凋落物量显著相关,仍值得进一步研究。

表 2-8 鼎湖山地表无脊椎动物多样性与凋落物的相关性(徐国良等,2002)

项目	年凋落物量	凋落物种类	分解率	周转期
多样性指数 H'	0.9826*	0.6412	0.9146	−0.9899*
均匀度指数 E	0.9749*	0.6118	0.8987	−0.9838*
优势度指数 C	−0.9809*	−0.6344	−0.9111	0.9886*

*相关性显著(df=2,$R_{0.05}=0.95$)

马陆作为陆地生态系统物种最丰富的大型土壤动物之一，主要以凋落物为食，被认为是陆地生态系统的模式分解者（model detritivore）（Crawford，1992）。它们在凋落物分解过程中起着重要的作用（Hopkin and Read，1992；David，2014），因此对生态系统碳循环和氮循环有重要的影响（David，2015）。马陆对生态系统碳循环的影响目前主要有两种观点。第一种观点认为，马陆加速凋落物的分解，提高微生物活性，从而导致生态系统碳排放的增加（Maraun and Scheu，1995）。支持这一观点的证据主要来源于马陆对凋落物分解作用的研究。马陆通过破碎和取食凋落物，不但可以提高凋落物的分解速率，还可以改变凋落物的物理结构，增加凋落物的比表面积，从而使微生物更容易接触凋落物，提高微生物活性和碳排放速率（Kheirallah，1990）。第二种观点认为，马陆抑制微生物活性，提高土壤有机质的稳定性。支持这一观点的证据主要来源于马陆粪球分解的研究（Rawlins et al.，2006，2007；Suzuki et al.，2013；Joly et al.，2015）。马陆的同化效率较低，取食的大量凋落物都以粪球的形式排放于土壤表面，在这个过程中马陆选择性地吸收可溶性碳水化合物和养分，导致粪球中难分解的化合物（如酚类物质）的比例增加，致使粪球的分解速率低于未被马陆吞食的凋落物的分解速率（Rawlins et al.，2006，2007）。目前有多个研究支持这一观点，如 Rawlins 及其合作者的研究发现欧洲温带森林常见的球马陆（*Glomeris marginata*）取食夏栎（*Quercus robur*）的叶凋落物，转化为粪球之后，导致土壤呼吸速率降低，提高了土壤有机质的稳定性（Rawlins et al.，2006，2007）。马陆是促进有机碳的排放还是提高土壤有机质的稳定性，取决于马陆物种本身的功能性状，也依赖于其取食凋落物的种类（Joly et al.，2015），目前对于这一问题尚无定论（David，2015）。考虑到马陆的同化效率较低，大部分取食的凋落物都转化为质量较低的粪球，加之粪球的结构能使大部分有机质不与微生物接触（Suzuki et al.，2013），马陆可能在土壤有机碳的稳定性方面起着更重要的作用，不过这一观点需要更多研究的支持。

再以陆地生态系统中另外一类大型土壤动物蚯蚓为例，蚯蚓通常被认为促进碳的释放（Lubbers et al.，2013），但长期来看又可能促进碳在土壤中的固存（Lavelle and Martin，1992）。蚯蚓既能促进碳矿化，又能提高土壤碳的稳定性，结果也似乎相互矛盾。由于"碳矿化"更容易被观测到，蚯蚓促进"碳矿化"的观点得到多数实验的支持。Zhang 等（2013）发现，事实上"碳矿化"与"碳稳定"是同一过程的两个方面，只关注任何一方面无法确定蚯蚓是否促进土壤碳的净固存。也就是说，蚯蚓是否促进土壤碳的固存，应该由蚯蚓对"碳矿化-碳稳定"平衡的影响决定。为了量化蚯蚓对碳净固存的贡献，作者提出了碳固存系数（sequestration quotient，SQ）的概念（图 2-23）。结果发现：蚯蚓加快了碳的活化过程，进而同时促进了"碳矿化"和"碳稳定"，但是后者增强的幅度远高于前者，导致一部分本来可被土壤微生物独自矿化的碳被蚯蚓所保护，即蚯蚓可以通过对"碳稳定"和"碳矿化"的不对等促进而有利于土壤碳的净固存。重要的是，蚯蚓对土壤 CO_2 通量及碳净固存的影响都可以通过比较 SQ 在有蚯蚓和无蚯蚓系统中的取值来预测（图 2-24）。

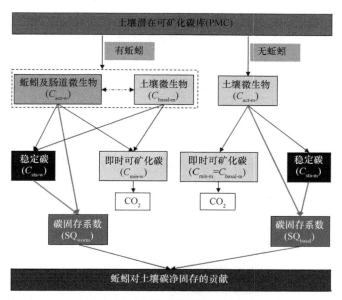

图 2-23 利用碳固存系数（SQ）量化蚯蚓对土壤碳净固存影响的概念模型（改自 Zhang et al.，2013）

w 指蚯蚓；m 指微生物

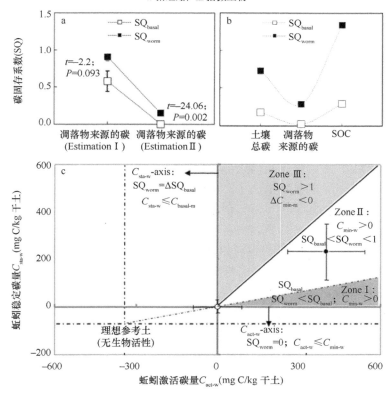

图 2-24 利用碳固存系数量化蚯蚓固碳净效应（Zhang et al.，2013）

$SQ = C_{sta}/C_{act}$，C_{sta} 为蚯蚓活动保护的稳定碳的量，C_{act} 为蚯蚓活动所激活的碳的总量

Zone I、Zone II、Zone III 为蚯蚓对 CO_2 排放及碳净固存影响的 3 种理论上的预测情景。Estimation I：假设所有团聚中包裹的凋落物来源的碳都是稳定碳。Estimation II：假设约 17% 在大团聚体内的微团聚体中包裹的凋落物来源的碳为稳定碳（有蚯蚓土壤），假设 8% 在微团聚体中包裹的凋落物来源的碳为稳定碳（无蚯蚓土壤）

随着时间的延长，蚯蚓活动保护的"稳定碳"持续积累，所以蚯蚓促进土壤碳固存的可能性越大，以至人们认为蚯蚓对碳的固存作用会因时间尺度不同而异（图 2-25）。可见，若同一生态过程受两个甚至多个作用方向不同的因子驱动，对该过程的量化首先要将其包含的子过程分解，分别研究相关土壤生物类群及其互作关系对子过程的影响。

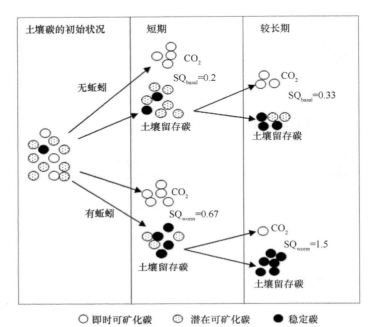

图 2-25　蚯蚓对碳净固存影响的时间尺度效应概念图（Zhang et al.，2013）
SQ_{worm} 和 SQ_{basal} 分别为有蚯蚓和无蚯蚓土壤系统的碳固存系数

需要强调的是，蚯蚓促进凋落物的分解过程，不等于促进凋落物的矿化。有机质分解是比较模糊的提法，凋落物消失了，可能仅仅是以更小的碎片进入土壤，但并没有完全被矿化为 CO_2。有趣的是，虽然该研究涉及的欧洲粉正蚓（*Lumbricus rubellus*）和环毛类蚯蚓 *Amynthas agrestis* 对凋落物的取食程度相差很大，但最终它们对凋落物矿化的贡献并无明显差别。类似的结果也可以从很早以前的文献数据中推断得到（Zhang and Hendrix，1995），这使我们更加相信蚯蚓与土壤微生物具有相近的矿化有机质的能力。然而，这种假设在表面上是与实验结果相悖的。

实际上，碳循环过程可分为光合产物的形成与分配、转化及利用效率等三方面。土壤食物网的复杂结构实际上是土壤生物对光合产物利用的深度分化的反映。需要指出的是，碳的可利用性及最终的碳矿化与碳稳定性之间的平衡十分关键。碳矿化过程是维持生态系统活力的保障，但要注意提高碳的利用效率；碳稳定过程是避免生态系统"过热"和提供储备能量的有效机制，但不能以牺牲生态系统正常活力为代价。从植物叶片凋落、开始分解直至变成土壤有机质，几乎所有主要的土壤生物类群都会参与其中，从这个角度看，土壤形成和发育的任一过程都是整个土壤食物网作用的结果；所以，我们认为土壤食物网结构的完整性是生态系统碳转化和利用效率最重要的保障。但是，已有的研究还远未到达这一层面,主要包括以下两部分:一部分研究专注于某些重要类群或功能群对有机质分解过程的影响;另一部分研究关注生物多样性与生态系统功能的关系(Wurst et al., 2012)。

土壤生物与碳循环研究涉及的重要互作关系如下。①土壤生物通过破碎、取食、接种、改变通气状况、促进团聚体形成进而保护碳和有机质-无机物结合等过程影响"碳矿化"与"碳稳定"平衡。②不同来源的有机质,碳流在土壤食物网中的路径不同。有的有机质主要流向土壤微生物并可能局限于微生物内循环,如细菌—真菌—细菌或真菌—细菌—真菌循环;有的有机质先流向土壤微生物,但随即进入更高营养级,如细菌—食细菌线虫—捕食性线虫—捕食性螨类或真菌—食真菌线虫—捕食性线虫—捕食性螨类或真菌—食真菌跳虫—捕食性螨类或蜘蛛;有的有机质先流向土壤动物,如植物活组织—植食性土壤动物—杂食/捕食性动物或植物凋落物—腐食性动物—杂食/捕食性动物或植物凋落物—腐食性动物—土壤微生物。③碳流的命运各有不同。包括暂存于土壤微生物活体、土壤动物、微生物残体(氨基糖、球囊霉素等),被各种物理化学或生物过程保护和被矿化为 CO_2 等。最终的"矿化碳"与"稳定碳"的比例由植物、菌根真菌、腐生真菌、细菌和土壤动物共同调控;外界水热环境若改变了上述生物之间的关系,也将改变碳的固存比例。需要强调的是,土壤 CO_2 不仅经地表逸散,还可以进入地下水,即土壤有机碳—土壤 CO_2—碳酸盐—地下水;土壤生物的活动可能极大地提高了土壤 CO_2 浓度,进而促进后者以碳酸盐形式随土壤水下渗,由此对整个系统的碳循环产生重要影响。

(二)对养分循环的影响

1. 对氮循环的影响

氮循环包括生物固氮、氮转化和利用效率三方面。实际上,氮素是唯一完全依赖生物过程完成循环的营养元素。氮循环过程影响土壤各氮库的状况,而各氮库的大小又是控制许多氮素循环过程的关键(李香真和陈佐忠,2007)。生物固氮量决定了生态系统氮素的水平,而有机质矿化释放氮的速率、无机氮被微生物和植物吸收同化的效率,以及土壤有机质对无机氮的吸附等决定了氮的利用效率。生物固氮是土壤氮的主要来源,全球年生物固氮量接近 $2×10^6$ t,约占全球植物年需氮量的 3/4(沈世华和荆玉祥,2003)。通过植物和土壤的 ^{15}N 自然丰度的变化,可以大致估算出生物固氮量,但该方法还存在很大的不确定性(苏波等,1999;Gehring and Vlek,2004)。土壤食物网可能从多方面影响生物固氮,如维持固氮菌产氨和产氢的平衡(李佳格和徐继,1997)、调节共生固氮菌的侵染率(Lussenhop,1996),以及保持微生物胞外呼吸过程(马晨等,2011)与生物固氮的潜在关联(如腐殖质和铁锰氧化物作为氮分子潜在的竞争性电子受体)等。另外,生物固氮不仅帮助植物获取氮素,也可能通过促进磷酸酶(一种富氮的酶)的合成而促进植物对磷的获取(Nasto et al., 2014)。土壤食物网在生物固氮过程中的具体贡献和机制有待更深入的研究。

目前,土壤生物对氮循环的影响研究主要关注有机质分解过程中的氮矿化。土壤动物和微生物的种类、数量和活动是氮矿化最直接的决定因素,它们的生物量也是重要的氮库（李贵才等，2001）。不难理解，土壤动物的多样性及巨大的生物量决定了其在氮循环中的重要地位。研究表明土壤生物之间的取食关系是氮矿化的重要途径。土壤中的原生动物和食细菌线虫的碳氮比一般大于细菌的碳氮比，它们通过取食细菌可以释放多余的氮素供给植物生长（Ingham et al.，1985；Chen and Ferris，1999；Eisenbeis，2006；吴纪华等，2007；邵元虎等，2015）。Clarholm（1985）报道，生长在灭菌后接种细菌和原生动物的土壤中的植株比生长在无原生动物的土壤中的植物多75%的氮素。取食细菌的变形虫在植物根端表面极薄的水膜上运动，当它们吞食了细菌后，其中1/3氮素被自身吸收，1/3排出体外，其余1/3则以游离氮的形式释放到根的表面，供植物根吸收。线虫能明显调节氮矿化率（Setälä and Huhta，1991；Heneghan et al.，1999；Heneghan and Bolger，1996）。Ferris等（1998）用沙柱培养的方法比较了不同线虫对氮矿化的影响，认为线虫能显著增加氮的矿化率。将不同种线虫与微生物混合，结果各种处理都提高了土壤NH_4^+的浓度（Mikola and Setälä，1998a）。中、大型土壤动物对氮矿化的促进作用更加显著。例如，Verhoef等（1989）指出，跳虫 *Tomocerus minor* 能够促进氮素从凋落物层回归到土壤。线蚓的生物量则与土壤中铵态氮的数量呈显著正相关（Sulkava et al.，1996）。线蚓科（Enchytraeidae）物种 *Cognettia sphagnetorum* 能明显提高凋落物氮的释放量（Williams and Griffiths，1989；Setälä and Huhta，1991）。关于马陆对氮循环影响的研究也主要集中在土壤氮矿化方面，并指出马陆取食促进了氮矿化（Anderson and Bignell，1982；Anderson et al.，1983；Kaneko，1999；Carcamo et al.，2000；Fujimaki et al.，2010；Toyota and Kaneko，2012；David，2014）。Anderson与其合作者通过^{15}N同位素标记实验发现球马陆对凋落物的取食能促进有机层土壤NH_4^+的淋溶，并且使氮矿化速率增加高达15倍（Anderson and Bignell，1982；Anderson et al.，1983）。Carcamo等（2000）在加拿大的研究发现带马陆能促进土壤有机氮的矿化，增加NH_4^+和NO_3^-的含量。马陆促进氮的矿化主要是通过间接作用。首先，马陆在取食凋落物的同时能促进凋落物中有机氮化合物向无机氮的转化（David，2014）；其次，马陆与微生物的互作也能导致氮矿化的增加，如马陆取食微生物而导致微生物生物量氮的释放。研究表明马陆对氮矿化既有促进作用又有抑制作用，取决于马陆的生长阶段。Toyota和Kaneko（2012）的研究发现马陆 *Parafontaria laminata* 的幼虫促进土壤氮的矿化，而该马陆的成体则抑制氮的矿化，主要原因是马陆从幼体到成体过程中食性发生变化，幼体以土壤为食，而成体以凋落物为食。这个研究也表明马陆对土壤氮矿化的调控作用也受马陆食性的影响。马陆对氮循环其他过程影响的研究很少，Fujimaki等（2010）的研究发现，马陆不但能促进氮矿化，也能促进氮的硝化和N_2O的排放。这说明马陆在生态系统氮循环方面有极其重要的调控作用，未来需要更多的研究来探讨马陆如何影响生态系统氮循环及其机制。在热带和亚热带地区，白蚁类群极为丰富，它们的活动大大加速了有机质的分解和矿化（徐国良等，2003）。据Word（1976）测定，非洲尼日利亚热带疏林中重量仅3.5 g的白蚁每年能消耗168 g的有机质碎屑。白蚁还能通过肠内共生菌固定大气中的氮气或把尿酸转化成NH_3。因而在热带雨林的大片贫瘠土地中，只有白蚁巢形成了富含营养的较肥沃的场所，即形成了植物群落的再生基地。Bengtsson等（1988）构建了一个包括多种小型节肢动物和线蚓的混合土壤生物群落，8个星期后，观察到它们促进了NH_4^+的大量释放；

而包括线虫、线蚓及其他小型节肢动物的群落，与单独的微生物群落相比，在 20 个星期的实验进程中的大部分时间内都提高了 NH_4^+ 含量（Setälä et al.，1988；Huhta，1988）。可见，土壤动物对生态系统中的氮循环有重要影响。

要充分利用氮"蛋糕"，就需要使系统中的可利用氮"供应充足、持留得住、释放适时"。重要的过程有：氮素从豆科植物向非豆科植物的转移过程（Peoples et al.，2015）；有机氮的矿化和土壤生物、植物对氮的利用；无机氮的硝化和反硝化作用；无机氮向有机氮的转变（微生物对氮的同化）；氮在"缓存库"（如氨基糖）、各种机制保护的"稳定氮库"的分配和氮的淋洗等。在氮循环过程中，氮沉降、植物吸收氮及淋溶等过程大多是无机氮形式，但是目前的研究多关注有机氮向无机氮的转变过程，较少的实验关注土壤生物对无机氮命运的影响。事实上，有机氮矿化而来的可利用氮能否被植物有效吸收，对最终氮的利用效率影响很大，而土壤生物在其中扮演着重要角色。以蚯蚓为例，蚯蚓在上述氮循环关键过程中都可能发挥作用（图 2-26）。蚯蚓在大量实验中都被证明能提高土壤氮的矿化率（Haimi and Einbork，1992；Haimi et al.，1992；Robinson et al.，1992；Scheu and Parkinson，1994；He et al.，2018）。我国曾对东北、西北、华北、华东十几个省（自治区、直辖市）的土壤动物进行测定，估计每年由蚯蚓活动归还土壤的氮素在每公顷林地中为 75~128 kg（朱曦，1985）。蚯蚓除对土壤氮素的积累贡献很大外，对生态系统的氮平衡还发挥着重要作用，这表现在当氮素过量时，它能提高土壤的反硝化功能，使氮素以气态形式离开土壤系统。Knight 等（1992）证明，英格兰未施肥的牧场经蚯蚓地表排泄物丧失的氮占总反硝化氮量的 12%，而在施肥的牧场这个比例提高到 26%。蚯蚓等大型土壤动物的活动具有季节性，因此 Anderson 等（1985）指出这有利于保持土壤肥力。因为在植物生长季节，它们积极地活动从而提高土壤养分矿化率供植物吸收，但在植物吸收力减弱的秋季，它们活动的减少降低了土壤养分矿化率，防止土壤养分流失。总之，蚯蚓活动在促进有机质矿化的同时，若植物能及时吸收，则能整体提高氮的利用效率（van Groenigen et al.，2014），否则导致氮的淋洗而丢失（Dominguez et al.，2004；Costello and Lamberti，2008；Ewing et al.，2015）。最新研究表明，只有在菌根存在时，因蚯蚓作用而提高的土壤 NH_4^+ 才能被植物吸收利用（He et al.，2018），体现了土壤食物网生物之间互作在土壤养分循环中的作用。

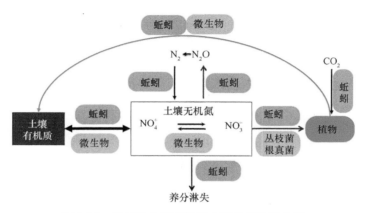

图 2-26　蚯蚓对土壤无机氮命运的影响概念图

因为氮的形态复杂多变,而土壤动物种类繁多,数量庞大,量化自然生态系统的不同土壤动物对氮循环的贡献是十分困难的。室内实验多是单一类群的研究,它有利于区分不同土壤动物的作用。但在野外条件下,不同生物群落之间并非简单的组合,互相制约或促进的作用必然存在;不同的土壤动物组合可能导致不同的结果。Vedder等(1996)通过先清除再导入土壤动物的方法研究了不同土壤动物群落的作用,最后提出与单一微生物群落相比,加入中型土壤动物对氮矿化无明显影响,只有在同时加入中型和大型土壤动物后才提高了氮的矿化率。不同土壤动物类群组合在一起的表现是功能团水平上的作用。不同功能团由于受内部作用及外部各因素的影响,表现出的生态功能存在一定的差异,这比单一类群的作用复杂得多。然而,人们至今只对少数土壤动物类群进行了组合研究,而且对其功能类型的划分也还没有很明确的标准。

2. 对磷循环的影响

磷主要来自土壤矿物,且总量较高;但磷在土壤中很容易被吸附,磷的可利用性很低,所以磷的活化很关键。土壤动物对土壤有机磷库的形成、有机磷的矿化和吸收都有重要影响。蚯蚓(刘德辉等,2005)和跳虫(Ngosong et al.,2014)的活动,常常提高磷的有效性,但具体效应受种群密度及土壤肥力状况等影响。最新研究表明,线虫在提高磷的有效性方面也有不可忽视的作用,长期有机培肥后根际微生物总量和解磷微生物数量显著增加,食细菌线虫的优势属[原杆属(*Protorhabditis*)]通过对生物网络中解磷微生物[中慢生型根瘤菌属(*Mesorhizobium*)]的捕食作用,提高了碱性磷酸酶的活性,最终提高了红壤磷素的有效供应(Jiang et al.,2017)。值得注意的是如果植物吸收不及时,土壤动物的活动也可能造成磷的淋失(Frelich et al.,2006)。土壤食物网中的土壤生物如何通过它们之间的互作关系影响磷的"缓存库",依然是巨大的挑战。

综上所述,土壤碳、氮、磷转化过程及其相关的土壤生物存在复杂的耦合关系。例如,固氮菌不仅为植物供应氮源,也可以促进植物对磷的利用(Nasto et al.,2014);同时,菌根真菌不仅有利于植物对磷的利用,对氮循环也有重要影响(Veresoglou et al.,2012;He et al.,2018)。土壤动物和土壤微生物除了影响碳、氮、磷转化过程外,还可以调控菌根真菌和固氮微生物的侵染及周转过程。总之,土壤食物网中,不同功能群土壤生物之间有着千丝万缕的联系,进而又使碳、氮、磷过程更加紧密地耦合在一起。相对完善的土壤食物网可以明显促进农业生态系统对氮、磷的吸收,同时降低氮、磷的淋失(Bender et al.,2015)。

二、土壤食物网对环境健康的指示作用

土地质量问题是我国现代化进程中面临的最严峻挑战之一,它可能最终导致土地无法收获安全的食用产品。以受污染的土地为例,目前我国受污染的土地面积非常大,镉、砷[①]、铬、铅等重金属污染的耕地面积就达2000万 hm^2,约占总耕地面积的1/5。因此,对这些重金属污染生态系统进行合理诊断和有效恢复非常重要。目前对退化生态系统退

---

① 砷为非金属元素,但化合物具有金属性质,因此将砷作为重金属

化程度的诊断多是定性的（Platt，1977；康乐，1990；Costanza et al.，1992；Hobbs and Norton，1996），尚无通用的量化指标。目前已经建立的方法有敏感植物指示法（如症状法、生长量法、生活力指标法等）、敏感动物指示法（如蚯蚓和线虫指示法等）、敏感微生物诊断法（如微生物群落结构变化法和发光细菌诊断法）和酶学诊断法等（龚月桦等，1998；周启星和孙铁珩，2004）。以往的研究对植被和非生物（如土壤理化性状）诊断指标过分依赖（章家恩和徐琪，1999）。但植被的指示功能有其地方局限性（杜晓军等，2003），而且在对无植被生态系统（如光板地、矿区废弃地等）的退化程度进行评价时受到限制；非生物因素又具有可变性大的缺点（杜晓军等，2003），且不能准确反映生态系统中生物的生长和活性情况等。土壤生物则可能同时反映生态系统的生物和非生物环境状况。澳大利亚学者Pankhurst等提出了表征土壤健康的综合的生物指标体系，包括微生物生物量和活性、微生物功能类群、土壤酶、土壤动物多度和多样性区系、植物生长和多样性等一系列的具体指标（Pankhurst et al.，1997；Layzell，1998；梁文举等，2002）。

　　土壤动物对环境变化的敏感性使之成为土壤、生态质量的重要生物指标之一。1985年的国际环境状况生物监测学术会议，第十届、第十一届国际土壤动物学学术会议，第五届、第六届国际生态学大会和第四届、第五届国际蚯蚓生态学专题讨论会均把土壤动物的指示作用作为大会的专题进行学术交流。具体来说，土壤动物是土壤环境的重要部分，对有机质分解、微生物活动、养分循环等均有影响。通过取食作用，土壤动物各类群，以及与微生物、植物和土壤之间紧密关联。污染物对土壤的干扰会导致土壤动物在数量和质量上的双重改变，从而影响土壤的功能。所以，一些土壤动物可以作为土壤变化的指示生物（Hodkinson and Jackson，2005），甚至可以用来反映某些人类历史活动（Pyatt et al.，2002）。

　　例如，蚯蚓生活于土壤和凋落物层，其分类相对简单，不同的生态类群栖息环境不尽相同，蚯蚓毒理学的研究也相对充分（Cortet et al.，1999），故通常可以根据蚯蚓生物量或数量、蚯蚓的毒理学反应等评估环境胁迫如耕作措施及土壤污染等的状况（Paoletti，1999）。Paoletti等（2007）指出，马陆作为移动性很强的分解者，对环境非常敏感，大部分马陆对湿度要求很高，不能在干旱的环境长期生存，并且对环境的各种干扰因子也非常敏感。因此，在理论上马陆应该是环境健康和环境退化的重要指示生物。目前，在土壤污染方面，马陆被认为是重要的指示物种（Souza et al.，2014；Francisco and Fontanetti，2015；Christofoletti et al.，2016；Coelho et al.，2017）。最近，巴西学者Christofoletti及其合作者在施用污泥和酒糟处理的农田生态系统中发现马陆 *Rhinocricus padbergi* 是土壤污染的理想指示物种，在受到污泥和酒糟污染之后，该物种不再在土壤中掘穴隐藏，甚至死亡，并且马陆组织也发生病变（Christofoletti et al.，2016）。隶属于山蚰目（Spirobolida）的 *Rhinocricus padbergi* 是热带地区常见的马陆，由于该物种对环境的敏感度很高，目前在巴西该物种已经成功地被用作土壤退化的指示物种（Souza and Fontanetti，2011；Nogarol and Fontanetti，2011；Christofoletti et al.，2016）。在自然条件下，马陆对生境退化也很敏感，可以用来作为生境退化和恢复程度的指示物种（Dangerfield and Telford，1992；van Aarde et al.，1996；Redi et al.，2005）。Redi及其合作者在南非海岸带3个采矿废弃地的恢复系列中发现马陆物种丰富度随植被恢复的时间而发生一致的变化，在恢复初期马陆物种丰富度很低，但是有一种或两种马陆物种占据优势,随着恢复程度的增加,马陆物种丰富度增加,而优势物种逐渐消失(Redi et al.,2005)。张洪芝(2012)在青藏高原若尔盖高寒草甸的研究也表明奇马陆科(Paradoxosomatidae)和矛带马陆科(Doratodesmidae)可能是草甸退化的指示生物,因为这两类马陆在未退化草甸上很少出现,但是在退化草甸上这两类马陆大量出现,数量占所有大型土壤动物的64.8%(奇马陆科占34.2%,矛带马陆科占30.6%)。这些研究表明,在一些自然生态系统中,马陆物种丰富度可以指示生境是否退化。由于马陆是继昆虫纲和蛛形纲之后陆地生态系统物种最丰富的节肢动物,并且在森林、草地、农田、城市等生态系统广泛分布(Golovatch and Kime,2009),加之马陆对环境条件的敏感性,其在环境健康方面的指示作用将会越来越受到重视。

螨类和跳虫的某些类群可以比许多耐受重金属的植物生存得更好(Migliorini et al.,2005)。德国科学家发现,城市中心土壤的甲螨种类组成与城市周边的森林土壤不同,而且甲螨种类数量下降;他们还发现苔藓和树皮上的甲螨对大气污染(SO_2)比较敏感(Weigmann and Kratz,1987)。弹尾虫(跳虫)生活在土壤中,活动性弱,密度大($10^4 \sim 10^6$ ind./m^2),对环境变化的敏感性强,是一种优良的环境指示生物。土壤跳虫的群落、个体及分子毒理学等生物学指标均能真实且直观地反映土壤的健康状况,为土壤污染诊断提供重要的科学依据。至今,跳虫已被广泛用于土壤有机物、农药、重金属等污染物的毒性测定和生态风险评估。白符跳(*Folsomia candida*)是代表性的模式类群。因为它易于饲养,世代历期短,繁殖快,在实验室最适环境下,20多天即可完成一个世代(指从卵离开母体到性成熟这个阶段)。欧洲经济合作与发展组织(Organization for Economic Cooperation and Development,OECD)、欧洲经济共同体(European Economic Community,EEC)和国际标准化组织(International Standardization Organization,ISO)已将白符跳选作土壤环境评价国际标准化实验生物;一些发达国家,如美国、英国、法国、德国、荷兰、丹麦、瑞士、瑞典等国的环境保护局(Environmental Protection Agency,EPA)将3种弹尾虫 *Folsomia fimetaria*、微小等跳(*Isotomiella minor*)和 *Onychiurus armatus* 选作环境质量评价国家标准化实验生物。Rusek(1993)发现,在距离炼铜厂区1 km范围内的跳虫种类和种群密度急剧下降,在距厂区4~7 km的土壤中,跳虫明显多于1 km厂区范围;跳虫也被证明是高山草地生态系统、低地亚高山生态系统和森林生态系统污染状况的优异指示物(Rusek,1993)。因为跳虫通常被认为是 r 策略生物,所以能够对环境变化迅速作出反应(Chauvat et al.,2003)。Xu等(2009)在瑞士Alptal一个持续了12年的氮沉降实验中,对跳虫群落进行了研究。总体来说,在0~15 cm土层,氮沉降地的土壤跳虫比对照地的密度低。当地的优势种微小等跳的密度在处理与对照地之间的差异更为明显。绝大多数跳虫类群密度也都在氮沉降条件下趋减:除 *Triacanthella* 外,其他类群的密度在氮处理地都减少。尤其令人惊奇的是,长角跳科(Entomobyridae)、疣跳科(Neanuridae)、圆跳科(Sminthuridae)和短角跳科(Neelidae)跳虫在氮处理地的10~15 cm土层完全消失(表2-9)。该研究表明土壤跳虫密度、类群丰度和生物多样性都明显受到了长期氮沉降的影响。可以认为,Alptal长期的氮沉降已经超过了生态系统中的生物需求,并对土壤生物造成了负面影响。跳虫密度、类群丰度和生物多样性的减少可以作为长期氮增加导致生态系统氮饱和的一个有效指示。此外,跳虫似乎只适于生活在一定的酸碱环境中。例如，白符跳和 Mesaphorura krausbaueri 适于生活在 pH 5.2 的环境中，最大产卵量发生在 pH 5~7 时；在实验室中，pH 3.3 的环境条件下只能产生正常情况下 10% 的卵量，而在 pH 2.5 的条件下不能产卵（Rusek and Marshall，2000）。由于土壤跳虫生物多样性极其丰富，不同物种对环境的响应模式可能存在差异，现在，除了两三种经典的实验种以外，有关土壤跳虫不同物种的生物学习性、污染反应特征都了解甚少；同时，现实环境中的污染往往是多种污染物的综合效应，单一物种的研究结论不能反映全面的信息，今后需要加强现实环境混合污染物存在的情况下跳虫群落不同物种响应模式的综合测试研究。

表 2-9 瑞士 Alptal 氮沉降实验土壤跳虫群落组成变化规律（Xu et al.，2009）

跳虫属	对照样地			模拟氮沉降样地		
	0~5 cm	5~10 cm	10~15 cm	0~5 cm	5~10 cm	10~15 cm
Thalassaphorura	+	+	+	+	+	+
Tullbergia	+	+	+	+	+	+
Onychiurus	+	+	−	+	+	−
Protaphorura	+	+	−	+	+	−
Hymenaphorura	+	−	−	+	+	−
Triacanthella	+	+	+	+	+	+
Isotomiella	+	+	+	+	+	+
Folsomia	+	+	+	+	+	+
Proisotoma	+	+	+	+	−	+
Isotomodes	+	−	−	−	+	−
Parisotoma	+	−	−	+	+	−
Lepidocyrtus	−	+	−	−	−	−
Entomobrya	+	−	−	−	+	−
Tomocerus	−	−	−	−	−	−
Neelides	+	+	+	−	−	−
Arrhopalites	+	−	+	−	−	−
Sminthurus	−	+	−	−	−	−
Neanura	+	+	−	−	−	−
Anurida	+	−	−	−	+	−

注："+"和"−"表示在不同土层（0~5 cm、5~10 cm、10~15 cm）跳虫存在或不存在；氮沉降样地，25 kg N/(hm²·a)；对照样地，有自然沉降，12 kg N/(hm²·a)

类似的，等足类动物能在体内积累重金属，对一些重金属有耐性，其在污染物的生物监测和作为重金属污染的指示生物方面颇有潜力（Paoletti and Hassall，1999）。目前，有关蚂蚁在农田或自然生态系统中的种类组成和活动的研究较多，其在土壤质量的指示方面也有一定的潜力，但蚂蚁要成为有效的土壤质量的指示生物，还需要更多的实验数据的支持（de Bruyn，1999）。

另外，线虫在土壤中数量巨大，食性复杂，无处不在，占据多个营养级，所以相对于上述大中型土壤动物来说，线虫具有作为生物指示物的独特优势（Bongers and Ferris，1999；Schloter et al.，2003）。根据其对食物网丰度和环境干扰的反应，可以分为十几个功能团。对线虫群落的分析可以反映土壤环境和土壤食物网状况的变化（Ferris et al.，

2001）。某些食细菌线虫可以在污染十分严重的铅锌矿废渣场里长期生活，而线虫群落的变化可以很好地反映重金属尾矿的生态恢复情况（Shao et al.，2008）。线虫作为指示生物的专著已经出版（Wilson and Kakouli-Duarte，2009）。近20年来，用线虫作指示生物的相关方面的文章数量持续稳步增长（图2-27）。实际上线虫生态学发展过程中几个突出的贡献极大地推动了线虫作为指示生物的研究。首先是 Bongers（1990）提出成熟指数（maturity index，MI）。Bongers（1990）将陆地和淡水生活的线虫按照生活史的多样性划分成 r 对策者向 K 对策者过渡的5个类群，即不同的 cp（colonizer-persister）类群：cp1，世代时间短，产卵量大，在食物充足的条件下能够快速增长，代谢块，耐污染和环境压力；cp2，世代时间短，产卵量大，较耐污染和环境压力；cp3，世代时间较长，对环境压力较为敏感；cp4，世代时间长，对环境压力敏感；cp5，世代时间很长，产卵量小，对污染和环境压力特别敏感，易受扰动。cp 值的分类使成熟指数概念形成，成熟指数可以提供可能的土壤环境条件方面的信息，直接反映线虫群落在扰动之后的演替状态，反映环境受胁迫的程度。成熟指数的发展代表了在解释土壤线虫群落生态学和土壤功能关系方面的一个巨大的进步（Neher et al.，2005）。其次是 Yeates 等（1993）把334属线虫大体上分成了8个营养类群，即食细菌线虫、食真菌线虫、捕食性线虫、杂食性线虫、取食基质的线虫、取食单细胞真核生物的线虫、动物寄生者生活史中营自由生活的线虫和植物寄生性线虫，后来广为接受的是5个营养类群，即食细菌线虫、食真菌线虫、捕食性线虫、杂食性线虫和植物寄生性线虫。不同营养类群的划分为我们深入研究土壤食物网结构及其功能奠定了基础。线虫生态学发展史上另一个突出的贡献就是 Ferris 等（2001）发现在胁迫条件下最丰富的是 cp2 类群的线虫，而当扰动导致食物网富集时，cp1 类群的线虫数量迅速增加。为了改善线虫的指示能力，Ferris 等（2001）提出基础指数（basal index，BI）、富集指数（enrichment index，EI）、通道指数（channel index，CI）和结构指数（structure index，SI）。这几个指数的优点在于综合考虑了不同营养类群的线虫的产卵力（或生育力及繁殖潜力）及生活史特征。图2-28 的线虫区系分析也可以清晰地表示土壤的养分、扰动及土壤食物网的状况。根据 Web of Science 的检索结果，截至2017年10月10日，Bongers（1990）、Yeates 等（1993）和 Ferris 等（2001）的三篇文章分别被引用了1076次、1280次和564次，可见这几项研究在线虫生态学发展过程中的贡献。

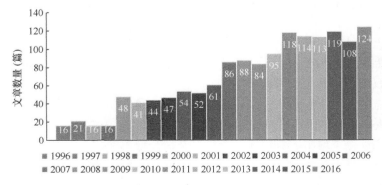

图 2-27　Web of Science 中以 "nematodes" 和 "indicators" 为关键词搜索得到的
1996~2016 年发表的文章数量

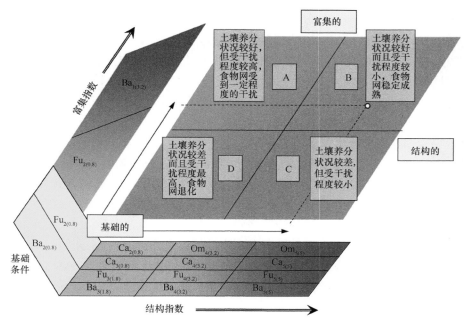

图 2-28　整合了食性和生活史策略的线虫区系分析图（改自 Ferris et al.，2001）

虽然各种不同的指数及研究方法日趋成熟，但它们仍存在一些不足，如各种多样性指数对群落中的物种组成不够敏感。线虫作为一种非常具有潜力的指示生物，在理论和实践方面都已经有了一定的研究基础，深入开展相关研究对探明土壤生态系统过程和机制，以及保持土壤健康状况具有重要意义（李玉娟等，2005）。

需要指出的是，近年来虽然有研究用土壤生物作为评价生态系统退化程度的指标，但却偏重于土壤微生物或土壤动物的某一类群，没有把土壤动物和土壤微生物有机结合起来（Zelles et al.，1992；Kay，1999；李忠武等，1999；梁文举等，2001；Longcore，2003）。例如，土壤无脊椎动物受许多环境因素的影响，故其与某一种环境因素（如重金属）的相关性有时会不明显甚至相悖（Nahmani and Rossi，2003）。因此用任何一类土壤生物来诊断一个生态系统的退化状况都不全面。事实上，土壤微生物对土壤养分状况变化的反应更敏感，但对于重金属污染或其他外部干扰，土壤动物比微生物更敏感（Bongers and Ferris，1999），因此只有同时研究土壤食物网中不同类群、种类及各种群落指数的变化，通过比较，才能找出对评价重金属污染程度既简单又有效的土壤生物指示指标。另外，还需要加强整个食物链对环境污染的响应研究（Paoletti et al.，1991），更需要综合考虑生物富集作用、毒理学和生态学过程，尤其需要加强污染物对土壤生物的影响及其改变的土壤生态学过程的研究（Cortet et al.，1999）。

三、土壤食物网对植物生长和多样性的影响

（一）土壤食物网调控植物生长

显然，土壤食物网与其所处的理化环境是相互作用，不断磨合，协同变化的。土壤

发育过程，既是生态系统有机碳、氮、磷不断积累的过程，也是土壤团粒结构和孔隙度、pH、氧化还原环境、盐基离子组成等不断改变的过程。例如，蚯蚓（Bossuyt et al.，2005）、跳虫和菌根真菌（Siddiky et al.，2012）都有促进土壤团聚体形成的作用，进而影响土壤的通气性、水循环及其他中小型土壤生物的活动。土壤生物对土壤肥力、土壤物理和化学环境的影响，以及对植物的取食作用、与植物的共生/寄生关系等都将影响植物的生长和地上、地下生态系统的联系。

以蚯蚓为例，在多数情况下蚯蚓可以促进植物生长，但也可能没有作用甚至抑制植物生长（表2-10）。一方面，蚯蚓的活动常提高土壤养分的有效性（Chaoui et al.，2003；刘德辉等，2005；刘宾等，2006；van Groenigen et al.，2014；Lv et al.，2016；He et al.，2018），但如果植物因其他原因未能及时吸收养分，则可能造成养分的淋洗丢失，反过来加剧植物的养分不足（Frelich et al.，2006）；当土壤中养分充足，或者植物对养分的需求不旺盛时，蚯蚓对植物生长自然不会有明显的促进作用（Derouard et al.，1997），甚至由于蚯蚓活动而损伤根系，进而不利于植物生长（Brown et al.，2004b）。来自青藏高原草甸的一项研究很好地阐释了蚯蚓对植物生长影响的变化过程（Zhao et al.，2013）。研究人员发现：在没有捕食者（甲虫）时，蚯蚓多在土壤表层活动，并显著地改变了土壤的理化性质，但是并未促进植物生长；同时，甲虫的出现并未显著降低蚯蚓的种群密度，但蚯蚓为了躲避甲虫而向深层土壤移动，结果改善了深层土壤的理化性质，进而促进了植物的生长。最近，还有研究发现欧洲外来种蚯蚓的种群大小随着林龄增加而减小，而且前期蚯蚓的活动有利于后续蚯蚓的生存，说明蚯蚓入侵对森林生态系统的影响可能随时间不断变化（Simmons et al.，2015）。最新研究表明，蚯蚓与菌根真菌互作可以提高植物对氮素的吸收而促进植物生长（He et al.，2018）。

表2-10 蚯蚓对植物生长的影响（引自邵元虎等，2015）

生态系统过程	蚯蚓效应	文献
提高土壤N的有效性	+	van Groenigen et al.，2014
提高土壤P的有效性	+	刘德辉等，2005；刘宾等，2006
提高土壤P、K的有效性，降低盐胁迫	+	Chaoui et al.，2003
增加N、P的淋失，降低植物对养分的吸收	−	Frelich et al.，2006
促进养分供应，但增加或减少土壤孔隙	+	Derouard et al.，1997
类激素效应，刺激对植物生长有利的微生物增加	+	Scheu，2003；Brown et al.，2004b
取食或损伤根系，抑制根系生长	−	Brown et al.，2004b
抑制土传病害	+	胡艳霞等，2002
活动于肥力较好的表土，不影响植物生长	0	Zhao et al.，2013
活动于肥力较差的底土，促进植物生生长	+	Zhao et al.，2013
不影响对氮供应不敏感的植物的生长	0	Derouard et al.，1997

注："+"表示正效应，"−"表示负效应，"0"表示无效应。

（二）土壤食物网对植物多样性的影响

从另一个角度看，生态系统地上、地下普遍相互联系的规律同样在土壤食物网和植物多样性之间适用，一方面植物多样性能影响土壤食物网的结构与功能；另一方面土壤食物网也能对植物群落的物种组成具有调节甚至决定性作用。土壤生物在养分循环中发挥着重要作用，能够影响植物类群的生产力及植物间的竞争并潜在影响植被的演替轨迹（Bradford et al.，2002；Gange and Brown，2002；Laossi et al.，2008；van der Heijden et al.，2008）。土壤食物网中分解者驱动着很多基本的生态系统功能如有机质周转和养分循环，并作为土壤肥力和植物获取养分的决定性因子发挥作用（Bradford et al.，2002；Coleman et al.，2004；Wardle et al. 2004；Bardgett and Wardle，2010）。土壤食物网结构的复杂性和生物多样性促使生态学家按照功能群落来划分和研究土壤生物，以便能够更加明确某一类群或功能群在土壤食物网中的地位和作用及其与植物群落之间的关系。

土壤微生物作为土壤食物网的重要组分，对植物多样性具有重要的调节作用，这在通过植物共生体来获取限制性养分的贫瘠生态系统中表现得尤为明显。菌根真菌和固氮细菌对于特定植物获取氮、磷来说是至关重要的，而自由生活的微生物通过矿化和竞争维持植物生产力的养分来影响植物生产力。包括微生物病原体在内的土壤微生物都是植物群落动态和多样性的重要调节因子，保守估计至少有 20 000 种植物完全依赖植物共生体生存和生长（van der Heijden et al.，2008）。菌根真菌多样性对植物多样性、生态系统变异性（ecosystem variability）和生产力具有重要影响（van der Heijden et al.，1998）；Hartnett 和 Wilson（1999）的研究发现菌根真菌能影响高草草原植物的群落结构和多样性；丛枝菌根真菌能够调节植物的种间竞争和群落结构，并且这种效应与植物的功能性状、丛枝菌根真菌的特征及土壤养分状况密切相关。虽然不同研究结果之间丛枝菌根对植物的影响效应有很大差异，但相同的机制是真菌改变共生植物和相邻植物之间的相对竞争能力从而影响植物种间竞争，进而影响植物多样性和群落结构。未来的研究应该明确植物特征、土壤养分状况及菌根真菌特征等决定菌根真菌对植物种类响应程度和方向的因素，以便更好地理解丛枝菌根对植物物种共存、植物群落动态和生态系统过程的影响（Lin et al.，2015）。

土壤中的无脊椎动物通过某些作用机制影响着植物多样性和生产力。例如，蚯蚓促进根系生长，能增加植物群落的整体生物量，通过平衡植食性线虫对禾本科草本的不利影响和维持植物群落的均匀度来影响草地植物群落结构。而非豆科草本植物的生物量在有线虫存在时增加可能是由于线虫减少了草本植物之间的竞争压力（Wurst et al.，2008）。线虫可能通过改变植物功能群落之间的相互竞争和减弱植物多样性-生产力之间的关系来调节半自然生态系统植物群落的结构和功能（Eisenhauer，2010）。跳虫多样性对根长分布的影响因植物功能群不同而异，可能调节复杂群落植物之间的竞争，进而影响植物群落组配。Eisenhauer 等（2011b）发现豆科植物在下层土壤的根系生物量随跳虫多样性的增加而增加，然而禾本科草本植物在上层和下层土壤中根系生物量却随之下降。

土壤食物网中营养级之间的相互作用也对植物的群落组成和生产力具有重要影响。地下以微生物为食的捕食者（如跳虫）能通过降低土壤微生物周转速率来减慢养分矿化，这会对植物生长造成不利影响。高密度捕食者显著增加了植物的互补效应，表明植物种间竞争减弱。密度制约的捕食者对食碎屑生物和微生物群落的级联效应能够增加养分矿化从而减弱植物的种间竞争（Thakur et al.，2015），这可能有利于物种共存和植物多样性的维持。

深入研究植物多样性与土壤食物网的关系是更好地理解生态系统能量流动和物质循环的一个重要途径，然而地下生物多样性的重要性受到的关注相对较少并且一直存在争议（Bradford et al., 2002; Bardgett and Wardle, 2010）。在未来研究中需要更多地考虑土壤生物多样性与植物多样性的关系，土壤食物网结构和功能对气候变化的响应及其对植物多样性和生产力的影响。

四、土壤食物网对生态系统功能影响的途径与因素

（一）土壤食物网影响生态系统功能的主要途径

1. 作用过程和机制

土壤微生物数量多，周转快，其代谢过程是有机质分解转化的基础。土壤动物之间、土壤动物与微生物之间存在着复杂的相互作用关系，土壤动物的生态功能主要通过取食作用和非取食作用来实现（图2-29）。土壤动物的生物量占土壤生物总生物量的比例常小于10%，故土壤动物（原生动物除外）自身的代谢过程对碳、氮矿化的贡献远低于土壤微生物（de Ruiter et al., 1998; Fierer et al., 2009）。原生动物的生活史特征与细菌类似，其自身的代谢活动对碳、氮矿化的贡献可能接近甚至超过细菌的贡献（Fierer et al., 2009）。蚯蚓、白蚁、蚂蚁和马陆等大型土壤动物一方面可以通过自身的活动改变土壤物理和化学性状（团粒结构、透气性、pH等），进而影响土壤结构、地表径流、养分循环和植物生长；另一方面它们可以通过直接取食和肠道过程等影响其他生物，进而影响生态系统功能。中小型土壤动物（跳虫、螨类和线虫等）对土壤结构的影响较小，主要通过取食过程调控微生物的周转，进而影响养分循环和植物生长。地表的蜘蛛及甲虫等捕食者则可以通过取食和基于取食作用的级联效应来影响生态系统功能。土壤动物的取食作用对碳和养分循环的贡献可以通过其摄食速率、年死亡率、生物量，以及取食者与其食物的化学计量学特征（C∶N∶P）来计算（Osler and Sommerkorn, 2007）。但是，土壤动物的非取食作用对碳、氮循环的贡献则无法直接估算，一般通过比较相应的土壤动物处理与对照系统的差异间接评估。

2. 土壤食物网中的"热点"和关键界面

各种"热点"和关键界面，如大型土壤动物的肠道、粪便、蚓触圈（drilosphere）、蚁巢和根际等，是土壤生物影响生态系统过程的主要场所，值得关注（图2-30）。例如，从蚯蚓肠道肠壁往里，氧分压迅速下降，在肠道内形成厌氧环境，是产生 N_2O 的重要场所（Drake et al., 2006）；白蚁堆则是甲烷的重要源头（韩兴国和王智平, 2003）；蚓粪中碳、氮、磷含量远高于周边土壤，且相对稳定（Lavelle and Martin, 1992），使其成为一个碳和养分的"缓释库"；根际则是各种取食、寄生、共生关系的交汇点和碳、养分和水分的交换点。

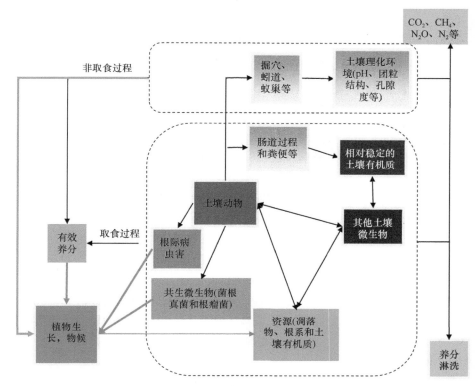

图 2-29 土壤食物网影响生态系统功能的主要途径（改自邵元虎等，2015）

图 2-30 地表和土壤内部的生物"热点"和关键界面
a. 白蚁堆；b. 蚯蚓与凋落物；c. 蚯蚓与根系；d. 地表蚓粪；
e. 土壤内蚓粪；f. 蚓道；图 a 由刘胜杰提供，图 b～f 由张卫信提供

（二）土壤食物网影响生态系统功能的关键因素

如前所述，土壤生物在生态系统中的功能不是一成不变的，它随着土壤食物网内部

各成员间互作关系的变化而变化,也因土壤食物网所处的外部环境的改变而不同。因此需要以整体论和普遍联系的方法论来研究土壤生物生态功能的变化。这里,我们主要以蚯蚓和蜘蛛为例,具体阐述上述方法论对土壤生物生态功能研究的重要意义。

1. 土壤食物网内部互作关系对其生态系统功能的影响

(1) 蚯蚓与微生物互作对有机质转化的影响

不同生态类型的蚯蚓,食性差别很大,但不管是偏好取食凋落物还是土壤有机质,蚯蚓与土壤微生物的关系都是影响有机质转化过程的关键因素(Zhang et al.,2010)。我们在"第三方生境"研究了两个种群大小占绝对优势的蚯蚓外来种[环毛类蚯蚓 *Amynthas agrestis* 和欧洲粉正蚓(*Lumbricus rubellus*)]的相互作用及其对凋落物和土壤有机质分解的影响过程。一般情况下,环毛类蚯蚓以取食土壤为主,而欧洲粉正蚓会直接取食凋落物。但是,环毛类蚯蚓的活动导致欧洲粉正蚓取食凋落物的量明显下降,生物量也明显下降,其效果类似于土壤灭菌处理(图2-31)。由此可见,表面上欧洲粉正蚓并不取食土壤(包括其中的土壤生物),它对凋落物的取食和消化过程需要土壤微生物的参与;若与凋落物分解相关的土壤微生物受到其他因素的影响,欧洲粉正蚓对凋落物分解过程的作用必然发生变化。有趣的是,若土壤微生物被抑制(灭菌处理),环毛类蚯蚓开始大量取食凋落物,即土壤微生物的改变同样导致环毛类蚯蚓对凋落物分解过程作用的变化(图2-32)。

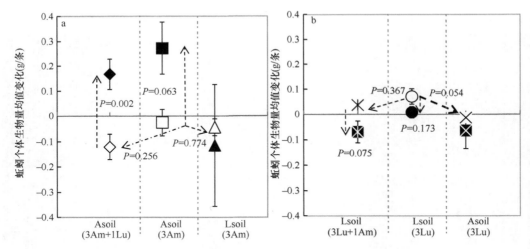

图 2-31 蚯蚓与微生物互作对蚯蚓生物量的影响(Zhang et al.,2010)
a. 环毛类蚯蚓的生物量变化;b. 欧洲粉正蚓的生物量变化;Am. 环毛类蚯蚓;Lu. 欧洲粉正蚓;
Asoil. 环毛类蚯蚓培养过的土壤;Lsoil. 欧洲粉正蚓培养过的土壤。横坐标数据表示蚯蚓数量。
图中实心符号指在灭菌土壤中做培养实验,空心符号指在非灭菌土壤中做培养实验;下同

(2) 捕食者特征对其级联效应的影响

以往多数研究将捕食者简单地归为食物链的某一个营养级或者功能群(Fretwell, 1987),并假定它们具有类似的生态功能,甚至可以相互取代。这种简单化的假设与生态系统中的实际情况并不相符,它既低估了捕食者多样性对生态系统的作用,又忽视了

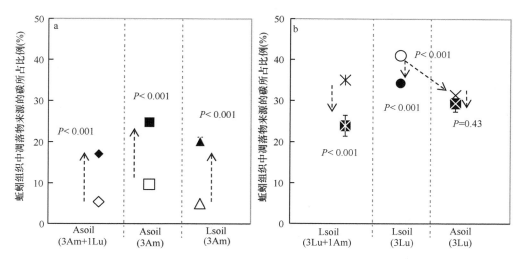

图 2-32 蚯蚓对凋落物碳的利用情况的变化（Zhang et al.，2010）
a. 环毛类蚯蚓碳的来源变化；b. 欧洲粉正蚓碳的来源变化；Am. 环毛类蚯蚓；Lu. 欧洲粉正蚓；
Asoil. 环毛类蚯蚓培养过的土壤；Lsoil. 欧洲粉正蚓培养过的土壤

捕食者之间的相互竞争或协作对生态系统结构和功能的调节作用（Ives et al.，2005；Cardinale et al.，2006；France and Duffy，2006；Duffy et al.，2007）。有证据表明，处于同一营养级的捕食者会对生态系统的结构和功能产生完全不同的影响（Finke and Denno，2004；Cardinale et al.，2006）。例如，Schmitz（2008）发现在草地生态系统中游猎型和等待型的蜘蛛捕食蝗虫导致的生态后果截然不同：游猎型蜘蛛降低了蝗虫的密度，从而提高了优势植物的多度，导致植物整体多样性的降低；而等待型蜘蛛的作用正好相反，它改变了蝗虫对植物的取食偏好，降低了优势植物的多度，从而提高了植物多样性。可见，同一营养级的捕食者，由于捕食策略不同，对生态系统结构和功能的影响迥异，该实验结果有助于理解生态系统中下行效应的本质。

2. 土壤食物网外部环境对其生态功能的影响

（1）资源可利用性与土壤动物对有机质分解贡献的关系

土壤动物对有机质分解的影响，一般在易利用碳、氮资源较贫乏的系统中更明显（Huhta，2007），说明在资源贫乏时，土壤微生物对碳、氮的利用过程更依赖于土壤动物对有机质的预处理。例如，微生物对地表凋落物和土壤有机质的分解利用，或多或少地受到接触面积、碳或养分的限制，而蚯蚓的存在则有助于减弱这些限制。然而，对于微生物可利用性很高的根系分泌物等活性碳源（简称根系碳）来说，微生物对蚯蚓活动的依赖可能大幅降低，即蚯蚓对根系碳的调控作用可能很小。Huang 等（2015）的研究结果基本上证实了上述判断。利用 $^{13}CO_2$ 示踪技术，他们量化研究了 3 种分属于表栖类、内栖类和深栖类的本土环毛类蚯蚓和外来种南美岸蚓（*Pontoscolex corethrurus*，内栖类）对根系碳在土壤中转化过程的影响（图 2-33）。结果发现：所有蚯蚓的存在都促进了光合产物的形成并使其向根系转运，但是，根系碳在土壤中的持留量并没有因为本土蚯蚓的存在而明显增加。说明根系碳在土壤中的转化过程主要由微生物调控，并未受到本土蚯蚓的影响。相反，外来种南美岸蚓却促进了根系碳在相关微生物（革兰氏阴性菌和/或菌根真菌）生物量中的累积，导致土壤中持留的根系碳的量提高了 3 倍以上。不过，这些额外持留的根系碳并不能像蚯蚓活动保护的凋落物和土壤有机碳一样，在较长的时间内保持稳定。可见，蚯蚓对有机质转化过程的影响程度与微生物对蚯蚓的依赖程度有正相关关系（图 2-34）。类似的，云南哀牢山的研究也表明，对于含较难分解物质的凋落物（碳氮比高），土壤动物对其分解过程的贡献反而越大（Yang and Chen，2009）。

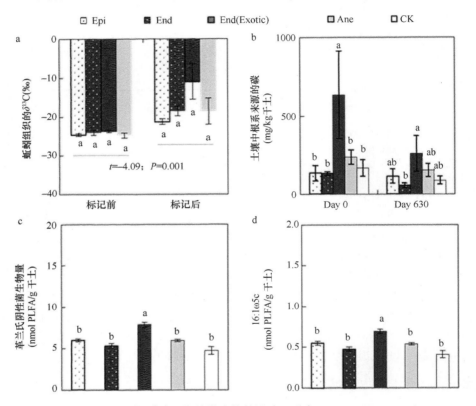

图 2-33　蚯蚓对根系碳及相关微生物的影响（引自 Huang et al.，2015）

Epi. 表栖类蚯蚓；End. 内栖类蚯蚓；End（Exotic）. 内栖类外来种蚯蚓；Ane. 深栖类蚯蚓；CK. 无蚯蚓对照。
Day 0 表示未标记；Day 630 表示标记后 630 天

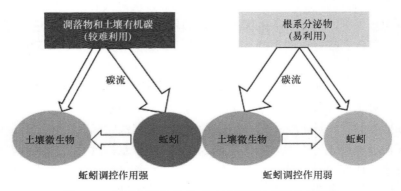

图 2-34　蚯蚓和微生物关系对蚯蚓调控碳转化的影响

(2) 外部环境对捕食者行为级联效应的影响

蜘蛛对凋落物分解和养分循环速率有级联效应，但因环境条件的不同而异（Lensing and Wise，2006；Liu et al.，2014）。在降水丰富的地区，减少水分供应能够加强级联效应；而在降水较少的地区，改变降水量并不会显著影响蜘蛛级联效应的强度。另外，在营养贫乏的地区，顶级捕食者对小型土壤动物的级联效应显著，而在营养丰富的地区则不显著。而且，不同的环境条件下组成土壤食物网的主要生物类群常常不同，级联效应的强度也不一样（Lenoir et al.，2007）。例如，在主要由细菌和取食细菌的动物组成的土壤食物网中，级联反应要明显强于由真菌和取食真菌的动物组成的土壤食物网（Wardle and Yeates，1993）。

第三节　难点与展望

一、难点

（一）所测非真实（量化不准）

土壤生态系统是众多连续的、交织的和随时空变化的过程的集合体，故很难将其分解为独立的过程并量化研究，因为任何"分解"尝试都可能改变系统的本质属性，导致量化失真。虽然，同位素示踪技术在一定程度上弥补了还原论研究方法的缺陷，但"量化不准"依然是土壤生态学研究的重要难题。"量化不准"的原因大致有以下几种：一是背景值太大，如土壤 N_2 通量的测定，野外土壤中总有机碳、氮的短期变化等。二是所研究过程为连续过程的一个短暂的过渡态，如前面所提到的"根系碳"，进入土壤即被微生物迅速利用转化，若脱离土壤进行收集测定，显然与真实环境不符，所测值定有偏颇；导致"根系碳"的量一直未能准确测定，并且在同位素示踪实验中也难以确定"根系碳"的 ^{13}C 丰度，进而影响后续"根系碳"分配的计算。三是所测参数有明显的时空变化，如前述蚯蚓活动对 CO_2 排放的影响，往往在短期内发现蚯蚓的存在明显刺激 CO_2 排放，但事实上，蚯蚓最终可能降低 CO_2 释放的总量；若仅关注了蚯蚓前期的效应，则必然认为蚯蚓不利于碳的固存。又如，前述青藏高原草甸的研究，蚯蚓在表层土和深层土中的活动对植物生长的作用迥异，若仅关注蚯蚓在表层土的效应，则必然不知蚯蚓在深层土的活动可以明显促进植物的生长。四是所测过程与其他过程相互依存，无法分开。例如，蚯蚓肠道微生物与土壤微生物既有竞争又相互补充，蚯蚓存在与否对土壤微生物的群落结构和活性的影响很大，同样，蚯蚓若脱离土壤，其肠道微生物亦受影响，导致两者对碳、氮转化过程的贡献不好独立评估；另外，蚯蚓对养分可利用性的影响与对其他过程的影响（如植物虫害）也很难区分。硝酸盐异化还原成铵与厌氧氨氧化耦合过程也很难与反硝化作用区分开。

（二）"关系"非真实

土壤食物网各组成部分及其与外部环境因子的关系错综复杂，很多"关系"是多个过程的综合作用，根据相关分析或者结构方程模型得到的土壤生物类群之间或土壤生物与其环境因子（如碳、氮资源）之间的"关系"有很大的不确定性。Shao 等（2015）运用结构方程模型分析八角林土壤食物网的特征，发现基于真菌的食物链相对完整，而基于细菌的食物链各成员间关系更加"松散"。这种"松散"可能说明食细菌线虫同时受到其他因子（如捕食者）的调控，或是细菌同时受其他因子（如碳、氮资源）调控，故并不能直接理解为"关系"弱。例如，研究人员发现食细菌线虫数量与细菌生物量没有明显的关联，但并不意味着两者没有关系，因为食细菌线虫必然要取食细菌，两者必然相互影响。另外，很多研究都只有土壤生物各类群的即时数量或生物量数据，完全没有考虑生物的周转效率，结果必然低估周转效率较高的类群的生物量。若土壤生物的"关系"是基于对土壤生物在单位时间和空间内生物量累积量的分析而得到的，则更加接近实际值。但目前对于多数土壤生物，特别是小型土壤动物和微生物来说，其生物量累积量仍不得而知。

（三）"效应"非永恒

在较长的时间尺度（如植被演替）上，土壤食物网结构及其生态功能会发生明显的变化。随着植被和土壤的发育，土壤生物群落组成及各类群的相对比例，甚至是代谢特征和繁殖策略都可能发生明显变化，因此脱离了生态系统所处的发育阶段而讨论土壤生物和食物网的生态功能，意义不大。例如，固氮植物及其根瘤菌在森林演替早期的主要作用在于促进生态系统氮的累积，但在成熟森林中，土壤氮含量较高，它们的主要贡献可能转而利用氮促进植物对磷的获取（Nasto et al.，2014）。

（四）野外状况难模拟

因为土壤生物群落很难人为控制，所以对土壤生物生态功能的研究一直是室内实验多于野外实验。但室内实验极大地简化了土壤食物网成员及其与环境之间的互作关系，所以得到的结果只有参考意义。当然，很多室内实验发现的作用过程和机制，在野外仍然在起作用，但其净效应则可能远不如室内。例如，微宇宙中培养蚯蚓，常常很明显地看到蚯蚓降低土壤微生物生物量，但是在野外则不一定，因为微宇宙的空间一定、资源有限，蚯蚓对土壤微生物的影响被放大，而野外土壤异质性高、空间大，土壤微生物存在大量的"避难所"，故蚯蚓对土壤微生物的净效应可能明显被削弱，但这也并不否定蚯蚓在野外依然调控土壤微生物生物量。

（五）野外过程监测手段少

土壤生物生活在土壤"黑箱"中，用常规的监测手段无法了解土壤生物的动态。目前，对土壤生物群落的调查依然主要依靠直接挖土捡拾，或采集土壤然后用干湿漏斗法分类，或用陷阱法诱捕等传统方法。这些方法费时费力，对样地破坏大，采样效率不高，所以基本上无法做到长期的连续观测。这直接导致我们对多数土壤生物的生活史特征、种群周转等关键信息知之甚少，进而影响了对前述各种"关系"估算的准确性。

二、展望

（一）从差异中找同一性规律

土壤生态学研究，除了需要努力融入重要的生物学、生态学基础理论，如能量守恒、中性理论、生态位理论、生态代谢和化学计量学理论等，还需要对土壤生态学自身的规律有总体的把握。

1. 了解植物-土壤系统中的主要"关系"

我们大体将植物-土壤系统中的"关系"归纳为五类。①某些组分为其他组分或过程提供基础条件，即起"平台"作用。只要"平台"还在，作用就能维持，其作用大小与构成平台的组分自身生长状况关系不大。例如，华南地区桉树人工林地表长满了芒萁，并不像人们认为的那样因为竞争养分而不利于桉树的生长，反而促进了整个系统的养分循环，为土壤食物网营造了一个良好的生境（Wu et al., 2011b；Wan et al., 2014），但是，这种利好作用似乎与芒萁自身生长情况无关。②某些组分对其他组分或过程有明确的正效应或负效应。例如，土壤肥力越高，土壤微生物生物量越大，但周转越慢。③某些组分通过一种途径抑制其他组分或过程，又通过另外一种途径促进该组分或过程。例如，蚯蚓取食过程可能降低了土壤微生物生物量，但蚯蚓的代谢活动又可以为土壤微生物提供可利用的碳源，进而刺激土壤微生物的生长（Zhang et al., 2013）。④某些组分可明显影响其他组分或过程，但这种作用很难被直接观测。由多过程控制的组分的变化（如前述的食细菌线虫与细菌的关系）常常如此，特别是在野外条件下。⑤物质和能量在某些组分内部循环。例如，土壤细菌获得易分解碳、氮资源后，通过生长—死亡—再生长过程将大部分资源限定在细菌群落或少数紧密相关的类群（如病毒）的内循环中。了解上述主要的"关系"，就可以对土壤生态学过程有总体的把握。

2. 了解重要生物或过程的基本量度

从基本的生物学规律出发，提出问题、设计实验、解读数据，可以事半功倍。例如，了解细菌是单细胞原核生物可以帮助理解细菌为何有"响应快、不稳定、对资源的利用能力和效率相对低"等特点；相反，真菌是多细胞真核生物，则有"稳定性强、对资源的利用能力和效率较高"等特点。最近有报道认为，自然生态系统中糖类（单糖、双糖）占土壤有机质的比例约为10%（Gunina and Kuzyakov, 2015）。这个比例可能是生态系统健康的一个关键表征。糖类活性是生态系统即时可利用能量的量度，所以糖类在总有机质中的比例过高或过低都不适宜。土壤中留存的糖类相当于"货币"，比例过高，可能说明生态系统活力不足，周转过慢，类似于"经济过冷"；相反，土壤中留存的糖类比例过低，可能说明生态系统代谢太快，消耗过大，可能难以持久，类似于"经济过热"。土壤生物及土壤食物网对糖类代谢的调控作用应该是未来的一个重要研究方向。另外，真菌细菌生物量比也被认为与有机质分解和养分循环等重要生态学过程紧密关联（Strickland and Rousk, 2010）。类似的重要量度还有土壤微生物生物量碳、氮、磷占土壤总碳、总氮和总磷的比例；主要土壤生物类群的 C/N、N/P、C/N/P 等；细菌、真菌和主要土壤动物类群的生物量周转速率；微生物残体和代谢产物（直接来自植物而不经过微生物代谢的碳的比例很少）对土壤有机质的贡献百分比；根系来源的碳持留于土壤的比例；凋落物来源的碳对土壤有机质的贡献比例；生态系统中"生物固氮"占氮来源的比例；主要土壤生物类群的资源利用效率（生物量与呼吸量比，P/R）；蚯蚓粪便年产量；

土壤孔隙度年际变化及土壤生物的贡献；随着植被演替，纤维素、木质素及植物次生代谢物含量与比例的变化；杂食者与食微者比例及杂食者与植食者比例等随纬度或植被演替的变化等。以上列举的很多量度，目前并不清楚，正是需要深入研究的内容。

3. 了解重要的生物和非生物标志物

特定的生物类群或过程可形成或积累特定的生物和非生物物质，正是某种同一性规律的集中体现。土壤生态学研究受困于土壤"黑箱"，发现并运用生物和非生物标志物以完整地揭示土壤食物网中的物质和能量传递过程，尤为重要。目前已经广泛运用的标志物有生物细胞膜的磷脂脂肪酸（PLFA），可以大致量化活体土壤微生物群落结构及主要类群的生物量（周丽霞和丁明懋，2007）；中性脂肪酸（NLFA），作为细胞的储藏物质，可以帮助确定土壤生物的食物来源（Chamberlain et al., 2006）；氨基糖，微生物残体的重要组分，可以帮助区分真菌和细菌在碳、氮转化过程中的贡献（何红波等，2010）；球囊霉素，菌根真菌的分泌物，可以促进团聚体形成，是菌根真菌影响土壤碳持留的重要途径（郭良栋和田春杰，2013）。每一个新的标志物的发现，都可能极大地推动整个土壤生态学的发展。

（二）关键的实验和分析手段

土壤生态学研究涉及的问题不能在此悉数列举，但以下 5 个方面的内容尤为重要。其中多数问题目前并没有真正有效的研究手段，所以正是整个学科发展的瓶颈所在。

1. 如何确定食性

传统的肠道内容物检测法，只有大型土壤动物才方便实施，而且只能确定哪些物质被土壤动物摄入肠道，但不能确定是否为食物；另外，要判断肠道内容物的成分，需要很长时间的经验积累，所以适用面很窄。测定土壤生物的 ^{13}C 和 ^{15}N 自然丰度，并与其可能的食物的 ^{13}C 和 ^{15}N 丰度作比较，则可以方便地确定土壤生物的食性范围（如植食者、枯食或腐食者、捕食/杂食者等）。但是，要明确区分土壤生物的具体食物来源，则需要借助 ^{13}C 和/或 ^{15}N 示踪实验，最好再比较土壤生物及其可能食物的中性脂肪酸组成和含量。

2. 如何计算取食作用对养分循环的贡献

土壤动物对凋落物和土壤有机质（包括其中的原生动物和微生物）的取食过程，往往可以加快有机质的周转，同时释放出养分。养分释放的多少，大致可以由土壤动物、微生物、凋落物和土壤有机质等的碳、氮、磷比的差异计算而得。但是，非取食过程对养分循环的贡献不能直接算出，只能通过特定的实验处理来间接评估。后者又受限于土壤生物群落结构的调控手段。

3. 土壤生物野外群落结构调控

虽然化学驱离法在室内微宇宙实验中较好地控制了土壤生物群落结构（Xiong et al., 2008），但野外的效果常不能持久，而且对环境不友好。目前，比较成功的案例是应用物理驱除/隔离法控制部分大型土壤动物类群（图 2-35）。例如，电击法驱离蚯蚓（Liu and Zou，2002）并配合魔术贴防止蚯蚓横向迁徙（Lubbers and van Groenigen，2013）；网罩法控制蜘蛛（Liu et al.，2014）；曲面隔离法控制蚂蚁（Wardle et al.，2011a）等。另外，利用不同孔径的网袋可以在一定程度上量化不同大小的土壤动物对凋落物分解的贡献，但网袋改变了水热条件且可能引起土壤生物活性的变化。

图 2-35　物理驱除/隔离法控制大型土壤动物

a. 电击法驱离蚯蚓（张卫信提供）；b. 曲面隔离法控制蚂蚁（引自 Wardle et al.，2011a）；c. 网罩法控制蜘蛛（刘胜杰提供）

4. 如何确定土壤生物群落的主要特征

研究土壤生物群落，一方面可以基于形态和分子生物学特征，将土壤生物分为各种微生物、中小型土壤动物和大型土壤动物，分门别类地研究；另一方面可以将土壤生物按其对生态系统过程的影响分为各种功能群进行研究（Wurst et al.，2012）。目前急需取得突破的研究方向如下。

（1）土壤生物数量、生物量年累积量的确定

因为工作量大，对样地的破坏也大，采样不能太频繁，所以很难准确了解土壤食物网的时空动态。更重要的是，土壤生物即时数量和生物量并不能很好地反映整个土壤食物网的构成。只有结合土壤生物主要类群在野外条件下的周转速率，计算出它们各自的数量和生物量年累积量，才能准确描述食物网各节点的能量和物质流动，进而评估土壤食物网的整体生态功能。

（2）土壤生物生活史和"物候"等的实时长期监测

了解主要土壤生物的生活史、繁殖策略、体形大小等关键特征及其时空变化规律，是从深层次研究土壤食物网内部成员及其与外部环境（包括植物、土壤和水热条件等）之间互作机制的关键。例如，蚯蚓的肠道生物、化学、物理过程及其粪便对蚯蚓的生态功能至关重要，不了解各生态类型蚯蚓粪便的年产量，在土壤中的分布，碳、氮、磷含量及其稳定性等，就无法确切评估蚯蚓在生态系统中的贡献。

5. 土壤食物网与植被演替的协同变化

土壤食物网在大的时空尺度上的变化规律及其对生态系统的效应，是全面理解土壤食物网生态功能的前提。例如，土壤食物网随植被演替的变化，对生态系统能量利用效率、水分利用效率、植物组成和个体大小等的影响等；土壤食物网与植被演替可能互为驱动力。已有的研究集中在处于特定演替阶段的生态系统内部组分的转化过程（如凋落

物分解并最终形成土壤有机质的过程中资源和生境的改变),以及不同纬度带生态系统中土壤生物组成和数量特征等方面,而且多数并未基于整个食物网的变化开展工作(Bastow,2012)。

参 考 文 献

曹鹏, 贺纪正. 2015. 微生物生态学理论框架[J]. 生态学报, 35: 7263-7273.
陈建秀, 麻智春, 严海娟, 等. 2007. 跳虫在土壤生态系统中的作用[J]. 生物多样性, 15: 154-161.
褚海燕, 王艳芬, 时玉, 等. 2017. 土壤微生物生物地理学研究现状与发展态势[J]. 中国科学院院刊, 32: 585-592.
杜小引, 刘奇志, 周海鹰, 等. 2010. 西天目山柳杉根际土壤线虫群落组成与多样性分析[J]. 中国农学通报, 26: 259-264.
杜晓军, 高贤明, 马克平. 2003. 生态系统退化程度诊断: 生态恢复的基础与前提[J]. 植物生态学报, 27: 700-708.
方奇. 1987. 杉木连栽对土壤肥力及其林木生长的影响[J]. 林业科学, (6): 289-397.
冯宗炜, 陈楚莹, 王开平, 等. 1985. 亚热带杉木纯林生态系统中营养元素的积累、分配和循环的研究[J]. 植物生态学与地植物学丛刊, 9: 245-256.
傅声雷. 2007. 土壤生物多样性的研究概况与发展趋势[J]. 生物多样性, 15: 109-115.
龚月桦, 王俊儒, 高俊凤. 1998. 植物修复技术及其在环境保护中的应用[J]. 农业环境保护, 17: 268-270.
郭良栋, 田春杰. 2013. 菌根真菌的碳氮循环功能研究进展[J]. 微生物学通报, 40: 158-171.
韩兴国, 王智平. 2003. 土壤生物多样性与微量气体(CO_2、CH_4、N_2O)代谢[J]. 生物多样性, 11: 322-332.
何红波, 李晓波, 张威, 等. 2010. 葡萄糖和不同数量氮素供给对黑土氨基糖动态的影响[J]. 土壤学报, 47: 760-766.
何姿颖. 2012. 台湾中部土壤线虫丰度和多样性的海拔分布[D]. 台南: 成功大学硕士学位论文.
贺纪正, 王军涛. 2015. 土壤微生物群落构建理论与时空演变特征[J]. 生态学报, 35: 6575-6583.
胡先奇. 2004. 云南水稻潜根线虫种类及生态分布研究[J]. 中国农业科学, 37: 681.
胡艳霞, 孙振钧, 周法永, 等. 2002. 蚯蚓粪对黄瓜苗期土传病害的抑制作用[J]. 生态学报, 22: 1106-1115.
康乐. 1990. 生态系统的恢复与重建[M]//马世骏. 现代生态学透视. 北京: 科学出版社: 300-308.
李贵才, 韩兴国, 黄建辉, 等. 2001. 森林生态系统土壤 N 矿化影响因素研究进展[J]. 生态学报, 21: 1187-1192.
李佳格, 徐继. 1997. 生物固氮作用机理[J]. 植物学通报, 14: 1-13.
李琪, 梁文举, 姜勇. 2007. 农田土壤线虫多样性研究现状及展望[J]. 生物多样性, 15: 134-141.
李香真, 陈佐忠. 1997. 放牧草地生态系统中氮素的损失和管理[J]. 气候与环境研究, 2: 241-250.
李玉娟, 吴纪华, 陈慧丽, 等. 2005. 线虫作为土壤健康指示生物的方法及应用[J]. 应用生态学报, 16: 1541-1546.
李志鹏, 韦祖粉, 杨效东. 2016. 哀牢山常绿阔叶林不同演替阶段土壤线虫群落的季节变化特征[J]. 生态学杂志, 35: 3023-3031.
李忠武, 王振中, 邢协加, 等. 1999. 农药污染对土壤动物群落影响的实验研究[J]. 环境科学研究, 12: 49-53.
梁文举, 武志杰, 闻大中. 2002. 21 世纪初农业生态系统健康研究方向[J]. 应用生态学报, 13: 1022-1026.
梁文举, 张万民, 李维光, 等. 2001. 施用化肥对黑土地区线虫群落组成及多样性产生的影响[J]. 生物多样性, 9: 237-240.
廖崇惠, 陈茂乾. 1990. 热带人工林土壤动物群落的次生演替和发展过程探讨[J]. 应用生态学报, 1:

53-59.

凌斌, 肖启明, 戈峰, 等. 2008. 云南省高黎贡山土壤线虫群落结构及多样性[J]. 湖南农业大学学报, 34: 341-346.

刘宾, 李辉信, 朱玲, 等. 2006. 接种蚯蚓对红壤氮素矿化特征的影响[J]. 生态环境, 15: 1056-1061.

刘德辉, 胡锋, 胡佩, 等. 2005. 蚯蚓活动对红壤磷素主要形态及有效率含量的影响[J]. 应用生态学报, 16: 1898-1902.

刘亚峰. 2009. Allee 效应对不同尺度上捕食者-猎物相互作用的影响[D]. 兰州: 兰州大学博士学位论文.

马晨, 周顺桂, 庄莉, 等. 2011. 微生物胞外呼吸电子传递机制研究进展[J]. 生态学报, 31: 2008-2018.

牛克昌, 刘怿宁, 沈泽昊, 等. 2009. 群落构建的中性理论和生态位理论[J]. 生物多样性, 17: 579-593.

秦丽娟. 2017. Allee 效应、多 Allee 效应及其时空动态[D]. 兰州: 甘肃农业大学博士学位论文.

邵元虎, 傅声雷. 2007. 试论土壤线虫多样性在生态系统中的作用[J]. 生物多样性, 15: 116-123.

邵元虎, 张卫信, 刘胜杰, 等. 2015. 土壤动物多样性及其生态功能[J]. 生态学报, 35: 6614-6625.

沈世华, 荆玉祥. 2003. 中国生物固氮研究现状和展望[J]. 科学通报, 48: 535-540.

时雷雷, 傅声雷. 2014. 土壤生物多样性研究: 历史、现状与挑战[J]. 科学通报, 59: 493-509.

苏波, 韩兴国, 黄建辉. 1999. ^{15}N 自然丰度法在生态系统氮素循环研究中的应用[J]. 生态学报, 19: 408-416.

孙毓鑫, 吴建平, 周丽霞, 等. 2009. 广东鹤山火烧迹地植被恢复后土壤养分含量变化[J]. 应用生态学报, 20: 513-517.

汪吉东, 许仙菊, 宁运旺, 等. 2015. 土壤加速酸化的主要农业驱动因素研究进展[J]. 土壤, 47: 627-633.

王晓丽. 2015. 南亚热带森林土壤微生物及其对不同凋落物资源的响应[D]. 北京: 中国科学院大学博士学位论文.

王宗英, 王慧芙. 1996. 九华山土壤螨类的生态分布[J]. 生态学报, 16: 58-64.

王宗英, 朱永恒, 路有成, 等. 2001. 九华山土壤跳虫的生态分布[J]. 生态学报, 21: 1142-1147.

吴彩霞, 傅华. 2009. 根系分泌物的作用及影响因素[J]. 草业科学, 26: 24-29.

吴纪华, 宋慈玉, 陈家宽. 2007. 食微线虫对植物生长及土壤养分循环的影响[J]. 生物多样性, 15: 124-133.

肖玖金, 张健, 杨万勤, 等. 2008. 巨桉(*Eucalyptus grandis*)人工林土壤动物群落对采伐干扰的初期响应[J]. 生态学报, 28: 4531-4539.

徐国良, 黄忠良, 欧阳学军, 等. 2002. 鼎湖山地表无脊椎动物多样性及其与凋落物的关系[J]. 动物学研究, 23: 477-482.

徐国良, 莫江明, 周国逸, 等. 2003. 土壤动物与 N 素循环及对 N 沉降的响应[J]. 生态学报, 23: 2453-2463.

阳含熙. 1963. 植物与植物的指示意义[J]. 植物生态学与地植物学丛刊, 1: 24-30.

殷秀琴, 宋博, 董炜华, 等. 2010. 我国土壤动物生态地理研究进展[J]. 地理学报, 65: 91-102.

张洪芝. 2012. 若尔盖高寒草甸大型土壤动物群落时空特征[D]. 成都: 西南民族大学硕士学位论文.

张卫信, 陈迪马, 赵灿灿. 2007. 蚯蚓在生态系统中的作用[J]. 生物多样性, 15: 142-153.

章家恩, 徐琪. 1999. 退化生态系统的诊断特征及其评价指标体系[J]. 长江流域资源与环境, 8: 215-220.

周丽霞, 丁明懋. 2007. 土壤微生物学特性对土壤健康的指示作用[J]. 生物多样性, 15: 162-171.

周启星, 孙铁珩. 2004. 土壤-植物系统污染生态学研究与展望[J]. 应用生态学报, 15: 1698-1702.

朱曦. 1985. 森林动物在森林生态系统中的作用[J]. 森林生态系统研究, (4): 46-49.

朱永恒, 赵春雨, 王宗英, 等. 2005. 我国土壤动物群落生态学研究综述[J]. 生态学杂志: 24: 1477-1481.

祝燕, 米湘成, 马克平. 2009. 植物群落物种共存机制: 负密度制约假说[J]. 生物多样性, 17: 594-604.

Abebe E, Decraemer W, de Ley P. 2008. Global diversity of nematodes (Nematoda) in freshwater[J]. Hydrobiologia, 595: 67-78.

Allee WC. 1931. Animal Aggregations: A Study in General Sociology[M]. Chicago: University of Chicago Press.

Anderson JM. 1975. The Enigma of Soil Animal Diversity[M]. *In*: Vanek J. Progress in Soil Zoology. Prague: Academia: 51-58.

Anderson JM. 1978. Inter- and intra-habitat relationships between woodland Cryptostigmata species diversity and the diversity of soil and litter microhabitats[J]. Oecologia, 32: 341-348.

Anderson JM, Bignell DE. 1982. Assimilation of ^{14}C-labelled leaf fibre by the millipede *Glomeris marginata* (Diplopoda, Glomeridae)[J]. Pedobiologia, 23: 120-125.

Anderson JM, Huish SA, Ineson P, et al. 1985. Interactions of Invertebrates, Micro-Organisms and Tree Roots in Nitrogen and Mineral Element Flux in Deciduous Woodlands[M]. *In*: Fitter AH. Ecological Interactions in Soil. London: Blackwell Scientific: 377-392.

Anderson JM, Ineson P, Huish SA. 1983. Nitrogen and cation mobilization by soil fauna feeding on leaf litter and soil organic matter from deciduous woodlands[J]. Soil Biology and Biochemistry, 15: 463-467.

Arnold AE, Lutzoni F. 2007. Diversity and host range of foliar fungal endophytes: are tropical leaves biodiversity hotspots[J]? Ecology, 88: 541-549.

Ashford OS, Foster WA, Turner BL, et al. 2013. Litter manipulation and the soil arthropod community in a lowland tropical rainforest[J]. Soil Biology and Biochemistry, 62: 5-12.

Attwood S, Maron M, House A, et al. 2008. Do arthropod assemblages display globally consistent responses to intensified agricultural land use and management[J]? Global Ecology and Biogeography, 17: 585-599.

Ayuke FO, Pulleman MM, Vanlauwe B, et al. 2011. Agricultural management affects earthworm and termite diversity across humid to semi-arid tropical zones[J]. Agriculture, Ecosystems and Environment, 140: 148-154.

Baas-Becking L. 1934. Geobiologie of inleiding tot de milieukunde[M]. The Hague: W. P. van Stockum & Zoon.

Bååth E, Frostegård Å, Pennanen T, et al. 1995. Microbial community structure and pH response in relation to soil organic matter quality in wood-ash fertilized, clear-cut or burned coniferous forest soils[J]. Soil Biology and Biochemistry, 27: 229-240.

Badri DV, Vivanco JM. 2009. Regulation and function of root exudates[J]. Plant Cell and Environment, 32: 666-681.

Baetz U, Martinoia E. 2014. Root exudates: the hidden part of plant defense[J]. Trends in Plant Science, 19: 90-98.

Baïlle D, Barrière A, Félix MA. 2008. *Oscheius tipulae*, a widespread hermaphroditic soil nematode, displays a higher genetic diversity and geographical structure than *Caenorhabditis elegans*[J]. Molecular Ecology, 17: 1523-1534.

Bais HP, Weir TL, Perry LG, et al. 2006. The role of root exudates in rhizosphere interactions with plants and other organisms[J]. Annual Review of Plant Biology, 57: 233-266.

Ballhausen MB, de Boer W. 2016. The sapro-rhizosphere: carbon flow from saprotrophic fungi into fungus-feeding bacteria[J]. Soil Biology and Biochemistry, 102: 14-17.

Bardgett R. 2005. The Biology of Soil: A Community and Ecosystem Approach[M]. Oxford: Oxford University Press.

Bardgett RD. 2017. Plant trait-based approaches for interrogating belowground function[J]. Biology and Environment Proceedings of the Royal Irish Academy, 117B: 1-13.

Bardgett RD, Bowman WD, Kaufmann R, et al. 2005b. A temporal approach to linking aboveground and belowground ecology[J]. Trends in Ecology and Evolution, 20: 634-641.

Bardgett RD, van der Putten WH. 2014. Belowground biodiversity and ecosystem functioning[J]. Nature, 515: 505-511.

Bardgett RD, Wardle DA. 2010. Aboveground-Belowground Linkages: Biotic Interactions, Ecosystem Processes, and Global Change[M]. Oxford series in ecology and evolution. Oxford: Oxford University Press.

Bardgett RD, Yeates GW, Anderson JM. 2005a. Patterns and Determinants of Soil Biological Diversity[M]. *In*: Bardgett RD, Usher MB, Hopkins DW. Biological Diversity and Function in Soils. Cambridge: Cambridge University Press: 100-118.

Barker GM, Mayhill PC. 1999. Patterns of diversity and habitat relationships in terrestrial mollusc communities of the Pukeamaru Ecological District, northeastern New Zealand[J]. Journal of Biogeography, 26: 215-238.

Barker KR, Koenning SR. 1998. Developing sustainable systems for nematode management[J]. Annual Review of Phytopathology, 36: 165-205.

Barto K, Friese C, Cipollini D. 2010. Arbuscular mycorrhizal fungi protect a native plant from allelopathic effects of an invader[J]. Journal of Chemical Ecology, 36: 351-360.

Bastow J. 2012. Succession, Resource Processing, and Diversity in Detrital Food Webs[M]. *In*: Wall DH, Bardgett RD, Behan-Pelletier V, et al. Soil Ecology and Ecosystem Services. Oxford: Oxford University Press: 117-135.

Bauhus J, Pare D, Cote L. 1998. Effects of tree species, stand age and soil type on soil microbial biomass and its activity in a southern boreal forest[J]. Soil Biology and Biochemistry, 30: 1077-1089.

Beier C, Beierkuhnlein C, Wohlgemuth T, et al. 2012. Precipitation manipulation experiments-challenges and recommendations for the future[J]. Ecology Letters, 15: 899-911.

Bell T, Ager D, Song JI, et al. 2005. Larger islands house more bacterial taxa[J]. Science, 308: 1884.

Bender SF, van der Heijden MGA. 2015. Soil biota enhance agricultural sustainability by improving crop yield, nutrient uptake and reducing nitrogen leaching losses[J]. Journal of Applied Ecology, 52: 228-239.

Bengtsson G, Berden M, Rundgren S. 1988. Influence of soil animals and metals on decomposition processes: a microcosm experiment[J]. Journal of Environmental Quality, 17: 113-119.

Berg MP, Bengtsson J. 2007. Temporal and spatial variability in soil food web structure[J]. Oikos, 116: 1789-1804.

Bertin C, Harmon R, Akaogi M, et al. 2009. Assessment of the phytotoxic potential of *m*-tyrosine in laboratory soil bioassays[J]. Journal of Chemical Ecology, 35: 1288-1294.

Binkley D, Stape JL, Takahashi EN, et al. 2006. Tree-girdling to separate root and heterotrophic respiration in two *Eucalyptus* stands in Brazil[J]. Oecologia, 148: 447-454.

Blankinship JC, Niklaus PA, Hungate BA. 2011. A meta-analysis of responses of soil biota to global change[J]. Oecologia, 165: 553-565.

Boag B, Yeates G. 1998. Soil nematode biodiversity in terrestrial ecosystems[J]. Biodiversity and Conservation, 7: 617-630.

Bokhorst S, Huiskes A, Convey P, et al. 2008. Climate change effects on soil arthropod communities from the Falkland Islands and the Maritime Antarctic[J]. Soil Biology and Biochemistry, 40: 1547-1556.

Bokhorst S, Kardol P, Bellingham PJ, et al. 2017. Responses of communities of soil organisms and plants to soil aging at two contrasting long-term chronosequences[J]. Soil Biology and Biochemistry, 106: 69-79.

Bolan NS, Hedley MJ, White RE. 1991. Processes of soil acidification during nitrogen cycling with emphasis on legume based pastures[J]. Plant and Soil, 34: 53-63.

Bongers T. 1990. The maturity index: an ecological measure of environmental disturbance based on nematode species composition[J]. Oecologia, 83: 14-19.

Bongers T, Bongers M. 1998. Functional diversity of nematodes[J]. Applied Soil Ecology, 10: 239-251.

Bongers T, Ferris H. 1999. Nematode community structure as a bioindicator in environmental monitoring[J]. Trends in Ecology and Evolution, 14: 224-228.

Boone RD, Nadelhoffer KJ, Canary JD, et al. 1998. Roots exert a strong influence on the temperature sensitivity of soil respiration[J]. Nature, 396: 570.

Bossuyt H, Six J, Hendrix PF. 2005. Protection of soil carbon by microaggregates within earthworm casts[J]. Soil Biology and Biochemistry, 37: 251-258.

Bouché MB. 1972. Lombriciens de France, écologie et systématique[M]. Paris: INRA.

Bowden RD, Nadelhoffer KJ, Boone RD, et al. 1993. Contributions of aboveground litter, belowground litter, and root respiration to total soil respiration in a temperature mixed hardwood forest[J]. Canadian Journal of Forest Research, 23: 1402-1407.

Boyle SI, Hart SC, Kaye JP, et al. 2005. Restoration and canopy type influence soil microflora in a ponderosa forest[J]. Soil Science Society of America Journal, 69: 1627-1638.

Bradford MA, Jones TH, Bardgett RD, et al. 2002. Impacts of soil faunal community composition on model grassland ecosystems[J]. Science, 298: 615-618.

Brant JB, Myrold DD, Sulzman EW. 2006. Root controls on soil microbial community structure in forest soils[J]. Oecologia, 148: 650-659.

Bret-Harte M, Garcia E, Sacre V, et al. 2004. Plant and soil responses to neighbour removal and fertilization in Alaskan tussock tundra[J]. Journal of Ecology, 92: 635-647.

Brockett BFT, Hassall M. 2005. The existence of an Allee effect in populations of *Porcellio scaber* (Isopoda: Oniscidea)[J]. European Journal of Soil Biology, 41: 123-127.

Brown DH, Ferris H, Fu S, et al. 2004a. Modeling direct positive feedback between predators and prey[J]. Theoretical Population Biology, 652: 143-152.

Brown GG, Edwards CA, Brussaard L. 2004b. How Earthworms Affect Plant Growth: Burrowing into the Mechanisms[M]. *In*: Edwards CA. Earthworm Ecology. London: CRC Press: 13-49.

Brown S. 1997. Estimating Biomass and Biomass Change of Tropical Forests: A Primer[M]. Rome, Italy: Food and Agriculture Organization.

Bryant JA, Lamanna C, Morlon H, et al. 2008. Microbes on mountainsides: contrasting elevational patterns of bacterial and plant diversity[J]. Proceedings of the National Academy of Sciences of the United States of America, 105: 11505-11511.

Buchkowski RW. 2016. Top-down consumptive and trait-mediated control do affect soil food webs: It's time for a new model[J]. Soil Biology and Biochemistry, 102: 29-32.

Buerger S, Spoering A, Gavrish E, et al. 2012. Microbial scout hypothesis, stochastic exit from dormancy, and the nature of slow growers[J]. Applied and Environmental Microbiology, 78: 3221-3228.

Busse MD, Cochran PH, Barrett JW. 1996. Changes in ponderosa pine site productivity following removal of understory vegetation[J]. Soil Science Society of America Journal, 60: 1614-1621.

Butenko KO, Gongalsky KB, Korobushkin DI, et al. 2017. Forest fires alter the trophic structure of soil nematode communities[J]. Soil Biology and Biochemistry, 109: 107-117.

Campbell CD, Cameron CM, Bastias BA, et al. 2008. Long term repeated burning in a wet sclerophyll forest reduces fungal and bacterial biomass and responses to carbon substrates[J]. Soil Biology and Biochemistry, 40: 2246-2252.

Carcamo HA, Abe TA, Prescott CE, et al. 2000. Influence of millipedes on litter decomposition, N mineralization, and microbial communities in a coastal forest in British Columbia, Canada[J]. Canadian Journal of Forest Research, 30: 817-826.

Cardinale BJ, Duffy JE, Gonzalez A, et al. 2012. Biodiversity loss and its impact on humanity[J]. Nature, 486: 59-67.

Cardinale BJ, Srivastava DS, Duffy JE, et al. 2006. Effects of biodiversity on the functioning of trophic groups and ecosystems[J]. Nature, 443: 989-992.

Carney KM, Hungate BA, Drake BG, et al. 2007. Altered soil microbial community at elevated CO_2 lead to loss of soil carbon[J]. Proceedings of the National Academy of Sciences of the United States of America, 104: 4990-4995.

Chahartaghi M, Langel R, Scheu S, et al. 2005. Feeding guilds in Collembola based on nitrogen stable isotope ratios[J]. Soil Biology and Biochemistry, 37: 1718-1725.

Chamberlain PM, Bull ID, Black HIJ, et al. 2006. Collembolan trophic preferences determined using fatty acid distributions and compound-specific stable carbon isotope values[J]. Soil Biology and Biochemistry, 38: 1275-1281.

Chang SX, Weetman GF, Preston CM. 1996. Understory competition effect on tree growth and biomass allocation on a coastal old-growth forest cutover site in British Columbia[J]. Forest Ecology and Management, 83: 1-11.

Chaoui HI, Zibilske LM, Ohno T. 2003. Effects of earthworm casts and compost on soil microbial activity and plant nutrient availability[J]. Soil Biology and Biochemistry, 35: 295-302.

Chapin FS III, Maston PA, Vitousek PM. 2011. Principles of Terrestrial Ecosystem Ecology[M]. Second edition. New York, Berlin Heidelberg: Springer-Verlag.

Chapman SK, Newman GS, Hart SC, et al. 2013. Leaf litter mixtures alter microbial community development: mechanisms for non-additive effects in litter decomposition[J]. PLoS One, 8: e62671.

Chauvat M, Zaitsev AS, Wolters V. 2003. Successional changes of Collembola and soil microbiota during forest rotation[J]. Oecologia, 137: 269-276.

Chen D, Cheng J, Chu P, et al. 2014. Regional-scale patterns of soil microbes and nematodes across grasslands on the Mongolian plateau: relationships with climate, soil, and plants[J]. Ecography, 38: 622-631.

Chen D, Zhang Y, Lin Y, et al. 2010. Changes in belowground carbon in *Acacia crassicarpa* and *Eucalyptus urophylla* plantations after tree girdling[J]. Plant and Soil, 326: 123-135.

Chen D, Zheng S, Shan Y, et al. 2013. Vertebrate herbivore-induced changes in plants and soils: linkages to ecosystem functioning in a semi-arid steppe[J]. Functional Ecology, 27: 273-281.

Chen J, Ferris H. 1999. The effects of nematode grazing on nitrogen mineralization during fungal decomposition of organic matter[J]. Soil Biology and Biochemistry, 31: 1265-1279.

Chen YL, Han SJ, Zhou YM. 2002. The rhizosphere pH change of Pinus koraiensis seedlings as affected by N sources of different levels and its effect on the availability and uptake of Fe, Mn, Cu and Zn[J]. Journal of Forestry Research, 13: 37-40.

Cheng F, Cheng Z. 2016. Corrigendum: research progress on the use of plant allelopathy in agriculture and the physiological and ecological mechanisms of allelopathy[J]. Frontiers in Plant Science, 7: 1020.

Christofoletti CA, Francisco A, Pedro-Escher J, et al. 2016. Diplopods as soil bioindicators of toxicity after application of residues from sewage treatment plants and ethanol industry[J]. Microscopy and Microanalysis, 22: 1098-1110.

Clarholm M. 1985. Interactions of bacteria, protozoa and plants leading to mineralization of soil nitrogen[J]. Soil Biology and Biochemistry, 17: 181-187.

Clarholm M. 1994. The Microbial Loop[M]. *In*: Ritz K, Dighton J, Giller KE. Beyond the Biomass. New York: Wiley: 221-230.

Clark D, Brown S, Kicklighter D, et al. 2001. Measuring net primary production in forests: concepts and field methods[J]. Ecological Applications, 11: 356-370.

Coelho MPM, Moreira-de-Sousa C, de Souza RB, et al. 2017. Toxicity evaluation of vinasse and biosolid samples in diplopod midgut: heat shock protein *in situ* localization[J]. Environmental Science and Pollution Research, 24: 1-11.

Coleman DC, Crossley Jr DA, Hendrix PF. 2004. Fundamentals of Soil Ecology[M]. Second edition. San Diego: Academic Press.

Coleman DC, Wall DH. 2015. Soil Fauna: Occurrence, Biodiversity, and Roles in Ecosystem Function[M]. *In*: Paul EA. Soil Microbiology, Ecology and Biochemistry. Fourth Edition. Waltham: Academic Press: 111-149.

Coleman DC, Zhang W, Fu S. 2014. Toward a Holistic Approach to Soils and Plant Growth[M]. *In*: Dighton J, Krumins J. Interactions in Soil: Promoting Plant Growth. New York: Springer Science and Business Media: 211-223.

Convey P. 2001. Antarctic Ecosystems[M]. *In*: Levin S. Encyclopedia of Biodiversity. San Diego: Academic Press: 171-184.

Cornwell WK, Schwilk LD, Ackerly DD. 2006. A trait-based test for habitat filtering: convex hull volume[J]. Ecology, 87: 1465-1471.

Cortet J, Vauflery GD, Poinsot-Balaguer N, et al. 1999. The use of invertebrate soil fauna in monitoring pollutant effects[J]. European Journal of Soil Biology, 35: 115-134.

Costanza R, Norton BG, Haskell BD. 1992. Ecosystem Health: New Goal for Environmental Management[M]. Washington D. C. : Island Press.

Costello DM, Lamberti GA. 2008. Non-native earthworms in riparian soils increase nitrogen flux into adjacent aquatic ecosystems[J]. Oecologia, 158: 499-510.

Cox F, Barsoum N, Lilleskov EA, et al. 2010. Nitrogen availability is a primary determinant of conifer mycorrhizas across complex environmental gradients[J]. Ecology Letters, 13: 1103-1113.

Crawford CS. 1992. Millipedes as model detritivores[J]. Berichte des Naturwissenschaftlich-Medizinischen Verein in Innsbruck, 10: 277-288.

Crawford JW, Harris JA, Ritz K, et al. 2005. Towards an evolutionary ecology of life in soil[J]. Trends in Ecology Evolution, 20: 81-87.

Dahmouche S. 2007. Début de biogéographie des vers de terre deFrance[D]. Masters thesis. Paris: University of Paris VI.

Dangerfield JM, Telford SR. 1992. Species diversity of Julid millipedes: between habitat comparisons within the seasonal tropics[J]. Pedobiologia, 36: 321-329.

Dauber J, Purtauf T, Allspach A, et al. 2005. Local vs. landscape controls on diversity: a test using surface-dwelling soil macroinvertebrates of differing mobility[J]. Global Ecology and Biogeography, 14: 213-221.

David JF. 2014. The role of litter-feeding macroarthropods in decomposition processes: a reappraisal of common views[J]. Soil Biology and Biochemistry, 76: 109-118.

David JF. 2015. Diplopoda-ecology[M]. In: Minelli A. Treatise on Zoology-Anatomy, Taxonomy, Biology. The Myriapoda. Leiden: Brill: 303-327.

David MB, Vance GF. 1989. Generation of soil solution acid neutralizing capacity by addition of dissolved inorganic carbon[J]. Environmental Science and Technology, 23: 1021-1024.

de Bruyn LL. 1999. Ants as bioindicators of soil function in rural environments[J]. Agriculture Ecosystems and Environment, 74: 425-441.

de Deyn GB, Cornelissen JHC, Bardgett RD. 2008. Plant functional traits and soil carbon sequestration in contrasting biomes[J]. Ecology Letters, 11: 516-531.

de Deyn GB, Raaijmakers CE, Zoomer HR, et al. 2003. Soil invertebrate fauna enhances grassland succession and diversity[J]. Nature, 422: 711-713.

de Goede RGM, van Dijk TS. 1998. Establishment of carabid beetle and nematode populations in a nature restoration project after the abandonment of arable land[J]. Applied Soil Ecology, 9: 355-360.

de Ruiter PC, Griffiths B, Moore JC. 2002. Biodiversity and Stability in Soil Ecosystems: Patterns, Processes and the Effects of Disturbance[M]. In: Loreau M, Naeem S, Inchausti P. Biodiversity and Ecosystem Functioning: Synthesis and Perspectives. Oxford: Oxford University Press: 102-113.

de Ruiter P C, Neutel AM, Moore JC. 1995. Energetics, patterns of interaction strengths, and stability in real ecosystems[J]. Science, 269: 1257-1260.

de Ruiter PC, Neutel AM, Moore JC. 1998. Biodiversity in soil ecosystems: the role of energy flow and community stability[J]. Applied Soil Ecology, 10: 217-228.

DeBano LF, Neary DG, Ffolliott PF. 1998. Fire Effects on Ecosysterms[M]. New York: Wiley.

Decaëns T. 2010. Macroecological patterns in soil communities[J]. Global Ecology and Biogeography, 19: 287-302.

Degens B, Schipper LA, Sparling GP, et al. 2000. Decreases in organic C reserves in soils can reduce the catabolic diversity of soil microbial communities[J]. Soil Biology and Biochemistry, 32: 189-196.

DeLong EF, Preston CM, Mincer T, et al. 2006. Community genomics among stratified microbial assemblages in the ocean's interior[J]. Science, 311: 496-503.

Derouard L, Tondoh J, Vilcosqui L, et al. 1997. Effects of earthworm introduction on soil processes and plant growth[J]. Soil Biology and Biochemistry, 29: 541-545.

Dias ATC, Cornelissen JHC, Berg MP. 2017. Litter for life: assessing the multifunctional legacy of plant traits[J]. Journal of Ecology, 105: 1163-1168.

Dickie IA, Xu B, Koide RT. 2002. Vertical niche differentiation of ectomycorrhizal hyphae in soil as shown by T-RFLP analysis[J]. New Phytologist, 156: 527-535.

Didden WAM, Marinissen JCY, Vreeken-Buijs MJ, et al. 1994. Soil meso- and macrofauna in two agricultural systems: factors affecting population dynamics and evaluation of their role in carbon and nitrogen dynamics[J]. Agriculture Ecosystems and Environment, 51: 171-186.

Digel C, Curtsdotter A, Riede J, et al. 2014. Unravelling the complex structure of forest soil food webs: higher omnivory and more trophic levels[J]. Oikos, 123: 1157-1172.

Digel C, Riede JO, Brose U. 2011. Body sizes, cumulative and allometric degree distributions across natural food webs[J]. Oikos, 120: 503-509.

Dominguez J, Bohlen PJ, Parmelee RW. 2004. Earthworms increase nitrogen leaching to greater soil depths in row crop agroecosystems[J]. Ecosystems, 7: 672-685.

Dos Santos V, Muchovej R, Borges A, et al. 2001. Vesicular-arbuscular/ectomycorrhiza succession in seedlings of *Eucalyptus* spp. [J]. Brazilian Journal of Microbiology, 32: 81-86.

Drakare S, Lennon JJ, Hillebrand H. 2006. The imprint of the geographical, evolutionary and ecological context on species-area relationships[J]. Ecology Letters, 9: 215-227.

Drake HL, Schramm A, Horn M. 2006. Earthworm Gut Microbial Biomes: Their Importance to Soil Microorganisms, Denitrification, and the Terrestrial Production of the Greenhouse Gas N_2O[M]. *In*: König H, Varma A. Intestinal Microorganisms of Termites and Other Invertebrates. Berlin: Springer-Verlag: 65-87.

Duffy JE, Cardinale BJ, France KE, et al. 2007. The functional role of biodiversity in ecosystems: incorporating trophic complexity[J]. Ecology Letters, 10: 522-538.

Dumbrell AJ, Nelson M, Helgason T, et al. 2010. Relative roles of niche and neutral processes in structuring a soil microbial community[J]. ISME Journal, 4: 337-345.

Dyer LA, Letourneau D. 2003. Top-down and bottom-up diversity cascades in detrital vs. living food webs[J]. Ecology Letters, 6: 60-68.

Eggleton P. 2000. Global Patterns of Termite Diversity[M]. *In*: Abe T, Bignell DE, Higashi M. Termites: Evolution, Sociality, Symbioses, Ecology. Dordrecht: Springer: 25-51.

Eggleton P, Williams PH, Gaston KJ. 1994. Explaining global termite diversity: productivity or history[J]? Biodiversity and Conservation, 3: 318-330.

Eisenbeis G. 2006. Biology of Soil Invertebrates[M]. *In*: König H, Varma A. Intestinal Microorganisms of Termites and Other Invertebrates. Berlin: Springer: 3-53.

Eisenhauer N. 2010. The action of an animal ecosystem engineer: identification of the main mechanisms of earthworm impacts on soil microarthropods[J]. Pedobiologia, 53: 343-352.

Eisenhauer N, Migunova VD, Ackermann M, et al. 2011a. Changes in plant species richness induce functional shifts in soil nematode communities in experimental grassland[J]. PLoS One, 6: e24087.

Eisenhauer N, Reich PB. 2012. Above- and below-ground plant inputs both fuel soil food webs[J]. Soil Biology and Biochemistry, 45: 156-160.

Eisenhauer N, Sabais ACW, Scheu S. 2011b. Collembola species composition and diversity effects on ecosystem functioning vary with plant functional group identity[J]. Soil Biology and Biochemistry, 43: 1697-1704.

Endlweber K, Ruess L, Scheu S. 2009. Collembola switch diet in presence of plant roots thereby functioning as herbivores[J]. Soil Biology and Biochemistry, 41: 1151-1154.

Ettema CH, Wardle DA. 2002. Spatial soil ecology[J]. Trends in Ecology and Evolution, 17: 177-183.

Ewing HA, Tuininga AR, Groffman PM, et al. 2015. Earthworms reduce biotic 15-nitrogen retention in northern Hardwood Forests[J]. Ecosystems, 2: 328-342.

Fekete I, Kotroczo Z, Varga C, et al. 2012. Variability of organic matter inputs affects soil moisture and soil biological parameters in a European detritus manipulation experiment[J]. Ecosystems, 15: 792-803.

Fekete I, Varga C, Biro B, et al. 2016. The effects of litter production and litter depth on soil microclimate in a central European deciduous forest[J]. Plant and Soil, 398: 291-300.

Ferlian O, Eisenhauer N, Aguirrebengoa M, et al. 2018. Invasive earthworms erode soil biodiversity: a meta-analysis[J]. Journal of Animal Ecology, 87: 162-172.

Fernández C, Santonja M, Gros R, et al. 2013. Allelochemicals of *Pinus halepensis* as drivers of biodiversity in mediterranean open mosaic habitats during the colonization stage of secondary succession[J]. Journal of Chemical Ecology, 39: 298-311.

Fernández I, Cabaneiro A, Carballas T. 1997. Organic matter changes immediately after a wildfire in an Atlantic forest soil and comparison with laboratory soil heating[J]. Soil Biology and Biochemistry, 29: 1-11.

Ferrenberg S, O'Neill SP, Knelman JE, et al. 2013. Changes in assembly processes in soil bacterial communities following a wildfire disturbance[J]. ISME Journal, 7: 1102-1111.

Ferris H, Bongers T, de Goede RGM. 2001. A framework for soil food web diagnostics: extension of the nematode faunal analysis concept[J]. Applied Soil Ecology, 18: 13-29.

Ferris H, Tuomisto H. 2015. Unearthing the role of biological diversity in soil health[J]. Soil Biology and Biochemistry, 85: 101-109.

Ferris H, Venette RC, Meulen HR, et al. 1998. Nitrogen mineralization by bacterial-feeding nematodes: verification and measurement[J]. Plant and Soil, 203: 159-171.

Ferris VR, Goseco CG, Ferris JM. 1976. Biogeography of free-living soil nematodes from the perspective of plate tectonics[J]. Science, 193: 508-510.

Fierer N, Jackson RB. 2006. The diversity and biogeography of soil bacterial communities[J]. Proceedings of the National Academy of Sciences of the United States of America, 103: 626-631.

Fierer N, McCain CM, Meir P, et al. 2011. Microbes do not follow the elevational diversity patterns of plants and animals[J]. Ecology, 92: 797-804.

Fierer N, Strickland MS, Liptzin D, et al. 2009. Global patterns in belowground communities[J]. Ecology Letters, 12: 1238-1249.

Finke DL, Denno RF. 2004. Predator diversity dampens trophic cascades[J]. Nature, 429: 407-410.

Finlay BJ. 2002. Global dispersal of free-living microbial eukaryote species[J]. Science, 296: 1061-1063.

Fitter AH, Gilligan CA, Hollingworth K, et al. 2005. Biodiversity and ecosystem function in soil[J]. Functional Ecology, 19: 369-377.

France KE, Duffy JE. 2006. Diversity and dispersal interactively affect predictability of ecosystem function[J]. Nature, 441: 1139-1143.

Francisco A, Fontanetti CS. 2015. Diplopods and agrochemicals—a review[J]. Water, Air and Soil Pollution, 226: 1-12.

Frelich LE, Hale CM, Scheu S, et al. 2006. Earthworm invasion into previously earthworm-free temperate and boreal forests[J]. Biological Invasions, 8: 1235-1245.

Freschet GT, Aerts R, Cornelissen JHC. 2012. Multiple mechanisms for trait effects on litter decomposition: moving beyond home-field advantage with a new hypothesis[J]. Journal of Ecology, 100: 619-630.

Fretwell SD. 1977. The regulation of plant communities by food chains exploiting them[J]. Perspectives in Biology and Medicine, 20: 169-185.

Fretwell SD. 1987. Food chain dynamics: the central theory of ecology[J]. Oikos, 50: 291-301.

Fritze H, Pennanen T, Pietikäinen J. 1993. Recovery of soil microbial biomass and activity from prescribed burning[J]. Canadian Journal of Forest Research, 23: 1286-1290.

Fu S, Ferris H, Brown D, et al. 2005. Does the positive feedback effect of nematodes on the biomass and activity of their bacteria prey vary with nematode species and population size[J]? Soil Biology and Biochemistry, 37: 1979-1987.

Fu SL, Cabrera ML, Coleman DC, et al. 2000. Soil carbon dynamics of conventional tillage and no-till agroecosystems at Georgia Piedmont-HSB-C models[J]. Ecological Modeling, 131: 229-248.

Fu X, Guo D, Wang H, et al. 2017. Differentiating between root- and leaf-litter controls on the structure and stability of soil micro-food webs[J]. Soil Biology and Biochemistry, 113: 192-200.

Fujimaki R, Sato Y, Okai N, et al. 2010. The train millipede (*Parafontaria laminata*) mediates soil aggregation and N dynamics in a Japanese larch forest[J]. Geoderma, 159: 216-220.

Gange AC, Brown VK. 2002. Soil food web components affect plant community structure during early succession[J]. Ecological Research, 17: 217-227.

Gehring C, Vlek PLG. 2004. Limitations of the ^{15}N natural abundance method for estimating biological nitrogen fixation in Amazonian forest legumes[J]. Basic and Applied Ecology, 5: 567-580.

Ghilarov MS. 1977. Why so many species and so many individuals can coexist in the soil[J]. Ecological Bulletins, 25: 593-597.

Golovatch SI, Kime RD. 2009. Millipede (Diplopoda) distributions: a review[J]. Soil Organisms, 81: 565-597.

Gorman CE, Read QD, van Nuland ME, et al. 2013. Species identity influences belowground arthropod assemblages via functional traits[J]. Aob Plants, 5: plt049.

Götzenberger L, De Bello F, Bråthen KA, et al. 2012. Ecological assembly rules in plant communities-approaches, patterns and prospects[J]. Biological Reviews, 87: 111-127.

Green JL, Bohannan BJ, Whitaker RJ. 2008. Microbial biogeography: from taxonomy to traits[J]. Science, 320: 1039-1043.

Griffiths RI, Thomson BC, James P. 2011. The bacterial biogeography of British soils[J]. Environmental Microbiology, 13: 1642-1654.

Guckland A, Jacob M, Flessa H. 2009. Acidity, nutrient stocks, and organic-matter content in soils of a temperate deciduous forest with different abundance of European beech (*Fagus sylvatica* L.) [J]. Journal of Plant Nutrition and Soil Science, 172: 500-511.

Gunina A, Kuzyakov Y. 2015. Sugars in soil and sweets for microorganisms: review of origin, content, composition and fate[J]. Soil Biology and Biochemistry, 90: 87-100.

Habekost M, Eisenhauer N, Scheu S, et al. 2008. Seasonal changes in the soil microbial community in a grassland plant diversity gradient four years after establishment[J]. Soil Biology and Biochemistry, 40: 2588-2595.

Habte M, Alexander M. 1975. Protozoa as agents responsible for the decline of *Xanthomonas campestris* in soil[J]. Appllied Microbiology, 29: 159-164.

Hackl E, Pfeffer M, Donat C, et al. 2005. Composition of the microbial communities in the mineral soil under different types of natural forest[J]. Soil Biology and Biochemistry, 37: 661-671.

Haimi J, Einbork M. 1992. Effects of endogeic earthworms on soil and plant growth in coniferous forest soil[J]. Biology and Fertility of Soils, 13: 6-10.

Haimi J, Huhta V, Boucelham M. 1992. Growth increase of birch seedlings under the influence of earthworms–a laboratory study[J]. Soil Biology and Biochemistry, 24: 1525-1528.

Hairston NG, Smith FE, Slobodkin LB. 1960. Community structure, population control, and competition[J]. American Naturalist, 94: 421-424.

Handa IT, Aerts R, Berendse F, et al. 2014. Consequences of biodiversity loss for litter decomposition across biomes[J]. Nature, 509: 218-221.

Háněl L. 2003. Recovery of soil nematode populations from cropping stress by natural secondary succession to meadow land[J]. Applied Soil Ecology, 22: 255-270.

Hansen J, Sato M, Ruedy R, et al. 2006. Global temperature change[J]. Proceedings of the National Academy of Sciences of the United States of America, 103: 14288-14293.

Hart SC, DeLuca TH, Newman GS, et al. 2005. Post-fire vegetative dynamics as drivers of microbial community structure and function in forest soils[J]. Forest Ecology and Management, 220: 166-184.

Hartnett DC, Wilson GWT. 1999. Mycorrhizae influence plant community structure and diversity in tallgrass prairie[J]. Ecology, 80: 1187-1195.

Hättenschwiler S, Coq S, Barantal S, et al. 2011. Leaf traits and decomposition in tropical rainforests: revisiting some commonly held views and towards a new hypothesis[J]. New Phytologist, 189: 950-965.

Haubert D, Haggblom MM, Langel R, et al. 2006. Trophic shift of stable isotopes and fatty acids in collembola on bacterial diets[J]. Soil Biology and Biochemistry, 38: 2004-2007.

He X, Chen Y, Liu S, et al. 2018. Cooperation of earthworm and arbuscular mycorrhizae enhanced plant N uptake by balancing absorption and supply of ammonia[J]. Soil Biology and Biochemistry, 116: 351-359.

Hendrix PF, Parmelee RW, Crossley Jr DA, et al. 1986. Detritus food webs in conventional and no-tillage agroecosystems[J]. Bioscience, 36: 374-380.

Heneghan L, Bolger T. 1996. Effects of component of "acid" rain on soil microarthropods' contribution to ecosystem function[J]. Journal of Applied Ecology, 33: 1329-1344.

Heneghan L, Coleman DC, Zou X, et al. 1999. Soil microarthropod contributions to decomposition dynamics: tropical-temperate comparisons of a single substrate[J]. Ecology, 80: 1873-1882.

Hillebrand H, Matthiessen B. 2009. Biodiversity in a complex world: consolidation and progress in functional

biodiversity research[J]. Ecology Letters, 12: 1405-1419.
Hinsinger P, Plassard C, Tang C, et al. 2003. Origins of root mediated pH changes in the rhizosphere and their responses to environmental constraints: a review[J]. Plant and Soil, 248: 43-59.
Hobbs RJ, Norton DA. 1996. Towards a conceptual framework for restoration ecology. Restoration ecology: repairing the earth's ecosystems in a new millennium[J]. Restoration Ecology, 9: 239-246.
Hodkinson ID, Jackson JK. 2005. Terrestrial and aquatic invertebrates as bioindicators for environmental monitoring, with particular reference to mountain ecosystems[J]. Environmental Management, 35: 649-666.
Högberg M, Högberg P. 2002. Extramatrical ectomycorrhizal mycelium contributes one-third of microbial biomass and produces, together with associated roots, half the dissolved organic carbon in a forest soil[J]. New Phytologist, 154: 791-795.
Högberg M, Högberg P, Myrold D. 2007. Is microbial community composition in boreal forest soils determined by pH, C-to-N ratio, the trees, or all three[J]? Oecologia, 150: 590-601.
Högberg P, Nordgren A, Buchmann N, et al. 2001. Large-scale forest girdling shows that current photosynthesis drives soil respiration[J]. Nature, 411: 789-792.
Holland EA, Coleman DC. 1987. Litter placement effects and organic matter dynamics in an agroecosystem[J]. Ecology, 68: 425-433.
Hooper DU, Adair EC, Cardinale BJ, et al. 2012. A global synthesis reveals biodiversity loss as a major driver of ecosystem change[J]. Nature, 486: 105-108.
Hooper DU, Chapin F S, Ewel J, et al. 2005. Effects of biodiversity on ecosystem functioning: a consensus of current knowledge[J]. Ecological Monographs, 75: 3-35.
Hopkin SP, Read HJ. 1992. The Biology of Millipedes[M]. Oxford: Oxford University Press.
Huang JH, Zhang WX, Liu MY, et al. 2015. Different impacts of native and exotic earthworms on rhizodeposit carbon sequestration in a subtropical soil[J]. Soil Biology and Biochemistry, 90: 152-160.
Huhta V. 1988. Response of *Cognettia sphangetorum* (Enchytraeidae) to manipulation of pH and nutrient status inconiferous forest soil[J]. Pedobiologia, 27: 245-260.
Huhta V. 2007. The role of soil fauna in ecosystems: a historical review[J]. Pedobiologia, 50: 489-495.
Huhta V, Koskenniemi A. 1975. Numbers, biomass and community respiration of soil invertebrates in spruce forests at two latitudes in Finland[J]. Annales Zoologici Fennici, 12: 164-182.
Hunt H, Wall D. 2002. Modeling the effects of loss of soil biodiversity on ecosystem function[J]. Global Change Biology, 8: 33-50.
Hutchinson M, Vythilingam M. 1963. The distribution of *Pratylenchus loosi* Loof among tea estates in Ceylon, with particular reference to altitude[J]. Tea Quarterly: 68-84.
Ingham RE, Trofymow JA, Ingham ER, et al. 1985. Interactions of bacteria, fungi, and their nematode grazers: effects on nutrient cycling and plant growth[J]. Ecological Monographs, 55: 119-140.
Iovieno P, Alfani A, Bååth E. 2010. Soil microbial community structure and biomass as affected by *Pinus pinea* plantation in two Mediterranean areas[J]. Applied Soil Ecology, 45: 56-63.
Ives AR, Cardinale BJ, Snyder WE. 2005. A synthesis of subdisciplines: predator-prey interactions, and biodiversity and ecosystem functioning[J]. Ecology Letters, 8: 102-116.
Jabran K. 2017. Allelopathy: Introduction and Concepts[M]. *In*: Jabran K, Janssens F. Manipulation of Allelopathic Crops for Weed Control. Cham Heidelberg: Springer.
Jang SR, Diamond SL. 2007. A host-parasitoid with Allee effects on the host[J]. Computers and Mathematics with Applications, 53: 89-103.
Janssens F. 2007. Checklist of the Collembola of the world. http: //www. collembola. org/.
Jensen H, Martin J, Wismer C, et al. 1959. Nematodes associated with varietal yield decline of sugar cane in Hawaii[J]. Plant Disease Reporter, 43: 253-260.
Jiang YJ, Liu MQ, Zhang JB, et al. 2017. Nematode grazing promotes bacterial community dynamics in soil at the aggregate level[J]. The ISME Journal, 11: 2705-2717.
Jiménez Esquilín AE, Stromberger ME, Massman WJ, et al. 2007. Microbial community structure and activity in a Colorado Rocky Mountain forest soil scarred by slash pile burning[J]. Soil Biology and

Biochemistry, 39: 1111-1120.
Jing S, Solhøy T, Huifu W, et al. 2005. Differences in soil arthropod communities along a high altitude gradient at Shergyla Mountain, Tibet, China[J]. Arctic, Antarctic, and Alpine Research, 37: 261-266.
Joergensen RG, Wichern F. 2008. Quantitative assessment of the fungal contribution to microbial tissue in soil[J]. Soil Biology and Biochemistry, 40: 2977-2991.
Johnson EA, Miyanishi K. 2008. Testing the assumptions of chronosequences in succession[J]. Ecology Letters, 11: 419-431.
Joly FX, Coulis M, Gérard A, et al. 2015. Litter-type specific microbial responses to the transformation of leaf litter into millipede feces[J]. Soil Biology and Biochemistry, 86: 17-23.
Jones CG, Lawton JH, Shachak M. 1994. Organisms as ecosystem engineers[J]. Oikos, 689: 373-386.
Jones CG, Lawton JH, Shachak M. 1997. Positive and negative effects of organisms as physical ecosystem engineers[J]. Ecology, 78: 1946-1957.
Jones DT, Eggleton P. 2011. Global Biogeography of Termites: A Compilation of Sources[M]. *In*: Bignell DE, Roisin Y, Lo N. Biology of Termites: a Modern Synthesis. Dordrecht: Springer: 477-498.
Jørgensen HB, Elmholt S, Petersen H. 2003. Collembolan dietary specialisation on soil grown fungi[J]. Biology and Fertility of Soils, 39: 9-15.
Kaiser K, Wemheuer B, Korolkow V, et al. 2016. Driving forces of soil bacterial community structure, diversity, and function in temperate grasslands and forests[J]. Scientific Reports, 6: 33696.
Kalinkat G, Brose U, Rall BC. 2013. Habitat structure alters top-down control in litter communities[J]. Oecologia, 172: 877-887.
Kaneko N. 1999. Effect of millipede *Parafontaria tonominea* Attems (Diplopoda: Xystodesmidae) adults on soil biological activities: a microcosm experiment[J]. Ecological Research, 14: 271-279.
Kardol P, Bezemer T M, van der Putten WH. 2006. Temporal variation in plant-soil feedback controls succession[J]. Ecology Letters, 9: 1080-1088.
Karl TR, Kukla G, Razuvayev VN, et al. 1991. Global warming: Evidence for asymmetric diurnal temperature change[J]. Geophysical Research Letters, 18: 2253-2256.
Kay FR, Sobhy HM, Whitford WG. 1999. Soil microarthropods as indicators of exposure to environmental stress in Chihuahuan desert rangelands[J]. Biology and Fertility of Soils, 28: 121-128.
Kaye JP, Hart SC. 1998. Ecological restoration alters N transformations in a ponderosa pine-bunchgrass ecosystem[J]. Ecological Application, 8: 1052-1060.
Kent A, Hawkins SJ, Doncaster CP. 2003. Population consequences of mutual attraction between settling and adult barnacles[J]. Journal of Animal Ecology, 72: 941-952.
Kheirallah AM. 1990. Fragmentation of leaf litter by a natural population of the millipede *Julus scandinavius* (Latzel 1884) [J]. Biology and Fertility of Soils, 10: 202-206.
Khvorostyanov DV, Krinner G, Ciais P, et al. 2008. Vulnerability of permafrost carbon to global warming. Part I: model description and role of heat generated by organic matter decomposition[J]. Tellus Series B: Chemical and Physical Meteorology, 60: 250-264.
Klarner B, Maraun M, Scheu S. 2013. Trophic diversity and niche partitioning in a species rich predator guild-Natural variations in stable isotope ratios ($^{13}C/^{12}C$, $^{15}N/^{14}N$) of mesostigmatid mites (Acari, Mesostigmata) from Central European beech forests[J]. Soil Biology and Biochemistry, 57: 327-333.
Knight D, Elliot PW, Anderson JM. 1992. The role of earthworms in managed, permanent pastures in Devon, England[J]. Soil Biology and Biochemistry, 24: 1511-1517.
Kraft NJ, Ackerly DD. 2010. Functional trait and phylogenetic tests of community assembly across spatial scales in an Amazonian forest[J]. Ecological Monographs, 80: 401-422.
Kraft NJB, Valencia R, Ackerly DD. 2008. Functional traits and niche-based tree community assembly in an amazonian forest[J]. Science, 322: 580-582.
Krumbein WC. 1994. Factors of soil formation: a system of quantitative pedology by Hans Jenny[J]. Geoderma, 68: 336-337.
Laliberté E, Kardol P, Didham RK, et al. 2017. Soil fertility shapes belowground food webs across a regional climate gradient[J]. Ecology Letters, 20: 1273-1284.

Laossi KR, Barot S, Carvalho D, et al. 2008. Effects of plant diversity on plant biomass production and soil macrofauna in Amazonian pastures[J]. Pedobiologia, 51: 397-407.

Larpkern P, Moe SR, Totland O. 2011. Bamboo dominance reduces tree regeneration in a disturbed tropical forest[J]. Oecologia, 165: 161-168.

Lauber CL, Hamady M, Knight R, et al. 2009. Soil pH as a predictor of soil bacterial community structure at the continental scale: a pyrosequencing-based assessment[J]. Applied and Environmental Microbiology, 75: 5111-5120.

Lavelle P. 1983. The Structure of Earthworm Communities[M]. *In*: Satchell JE. Earthworm Ecology: From Darwin to Vermiculture. Dordrecht: Springer: 449-466.

Lavelle P. 1988. Earthworm activities and the soil system[J]. Biology and Fertility of Soils, 6: 237-251.

Lavelle P, Decaëns T, Aubert M, et al. 2006. Soil invertebrates and ecosystem services[J]. European Journal of Soil Biology, 42: S3-S15.

Lavelle P, Lattaud C, Trigo D, et al. 1995. Mutualism and biodiversity in soils[J]. Plant and Soil, 170: 23-33.

Lavelle P, Martin A. 1992. Small-scale and large-scale effects of endogeic earthworms on soil organic matter dynamics in soils of the humid tropics[J]. Soil Biology and Biochemistry, 24: 1491-1498.

Lawrence KL, Wise DH. 2000. Spider predation on forest-floor Collembola and evidence for indirect effects on decomposition[J]. Pedobiologia, 44: 33-39.

Lawrence KL, Wise DH. 2004. Unexpected indirect effect of spiders on the rate of litter disappearance in a deciduous forest[J]. Pedobiologia, 48: 149-157.

Layzell DB. 1998. Book review: biological indicators of soil health[J]. The Quarterly Review of Biology, 73: 530-531.

Leibold MA, Holyoak M, Mouquet N, et al. 2010. The metacommunity concept: a framework for multi-scale community ecology[J]. Ecology Letters, 7: 601-613.

Lejon DP, Chaussod R, Ranger J, et al. 2005. Microbial community structure and density under different tree species in an acid forest soil (Morvan, France) [J]. Microbial Ecology, 50: 614-625.

Lennon JT, Jones SE. 2011. Microbial seed banks: the ecological and evolutionary implications of dormancy[J]. Nature Reviews Microbiology, 9: 119-130.

Lenoir L, Persson T, Bengtsson J, et al. 2007. Bottom-up or top-down control in forest soil microcosms? Effects of soil fauna on fungal biomass and C/N mineralisation[J]. Biology and Fertility of Soils, 43: 281-294.

Lensing JR, Wise DH. 2006. Predicted climate change alters the indirect effect of predators on an ecosystem process[J]. Proceedings of the National Academy of Sciences of the United States of America, 103: 15502-15505.

Li YJ, Yang XD, Zou XM, et al. 2009. Response of soil nematode communities to tree girdling in a subtropical evergreen broad-leaved forest of southwest China[J]. Soil Biology and Biochemistry, 41: 877-882.

Lieberman S, Dock CF. 1982. Analysis of the leaf litter arthropod fauna of a lowland tropical evergreen forest site (La Selva, Costa Rica) [J]. Revista de Biologia Tropical, 30: 27-34.

Lin GG, McCormack ML, Guo DL. 2015. Arbuscular mycorrhizal fungal effects on plant competition and community structure[J]. Journal of Ecology, 103: 1224-1232.

Litchman E, Klausmeier CA. 2008. Trait-based community ecology of phytoplankton[J]. Annual Review of Ecology Evolution and Systematics, 39: 615-639.

Liu J, Sui Y, Yu Z, et al. 2015. Soil carbon content drives the biogeographical distribution of fungal communities in the black soil zone of northeast China[J]. Soil Biology and Biochemistry, 83: 29-39.

Liu S, Chen J, He X, et al. 2014. Trophic cascade of a web-building spider decreases litter decomposition in a tropical forest floor[J]. European Journal of Soil Biology, 65: 79-86.

Liu ZF, Wu JP, Zhou LX, et al. 2012. Effect of understory fern (*Dicranopteris dichotoma*) removal on substrate utilization patterns of culturable soil bacterial communities in subtropical *Eucalyptus* plantations[J]. Pedobiologia, 55: 7-13.

Liu ZG, Zou XM. 2002. Exotic earthworms accelerate plant litter decomposition in a Puerto Rican pasture and a wet forest[J]. Ecological Applications, 12: 1406-1417.

Lodge D, Wentworth T. 1990. Negative associations among VA-mycorrhizal fungi and some ectomycorrhizal fungi inhabiting the same root system[J]. Oikos, 57: 347-356.

Lohmann M, Scheu S, Müller C. 2009. Decomposers and root feeders interactively affect plant defence in *Sinapis alba*[J]. Oecologia, 160: 289-298.

Longcore T. 2003. Terrestrial arthropods as indicators of ecological restoration success in coastal Sage scrub[J]. Restoration Ecology, 11: 397-409.

Losos JB, Ricklefs RE. 1967. The theory of island biogeography revisited[J]. Bioscience, 18: 522-542.

Lozupone CA, Knight R. 2007. Global Patterns in Bacterial Diversity[J]. Proceedings of the National Academy of Sciences of the United States of America, 104: 11436-11440.

Lubbers IM, Groenigen KJV, Fonte SJ, et al. 2013. Greenhouse gas emissions from soils increased by earthworms[J]. Nature Climate Change, 3: 187-194.

Lubbers IM, van Groenigen JW. 2013. A simple and effective method to keep earthworms confined to open-top mesocosms[J]. Applied Soil Ecology, 64: 190-193.

Lussenhop J. 1996. Collembola as mediators of microbial symbiont effects upon soybean[J]. Soil Biology and Biochemistry, 28: 363-369.

Lv M, Shao Y, Lin Y, et al. 2016. Plants modify the effects of earthworms on the soil microbial community and its activity in a subtropical ecosystem[J]. Soil Biology and Biochemistry, 103: 446-451.

Lynch HB, Epps KY, Fukami T, et al. 2012. Introduced canopy tree species effect on the soil microbial community in a montane tropical forest[J]. Pacific Science, 66: 141-150.

Macías FA, Marín D, Alberto O, et al. 2005. Structure-activity relationships (SAR) studies of benzoxazinones, their degradation products and analogues. phytotoxicity on standard target species (STS) [J]. Journal of Agricultural and Food Chemistry, 53: 538-548.

Macías FA, Marin D, Oliverosbastidas A, et al. 2003. Allelopathy as a new strategy for sustainable ecosystems development[J]. Biological Science in Space, 17: 18-23.

Maraun M, Schatz H, Scheu S. 2007. Awesome or ordinary? Global diversity patterns of oribatid mites[J]. Ecography, 30: 209-216.

Maraun M, Scheu S. 1995. Influence of beech litter fragmentation and glucose concentration on the microbial biomass in three different litter layers of a beechwood[J]. Biology and Fertility of Soils, 19: 155-158.

Marshall CB, McLaren JR, Turkington R. 2011. Soil microbial communities resistant to changes in plant functional group composition[J]. Soil Biology and Biochemistry, 43: 78-85.

Martiny AC, Treseder K, Pusch G. 2013. Phylogenetic conservatism of functional traits in microorganisms[J]. The ISME Journal, 7: 830-838.

Martiny JBH, Bohannan BJ, Brown JH, et al. 2006. Microbial biogeography: putting microorganisms on the map[J]. Nature Reviews Microbiology, 4: 102-112.

Massaccesi L, Benucci GMN, Gigliotti G, et al. 2015. Rhizosphere effect of three plant species of environment under periglacial conditions (Majella Massif, central Italy) [J]. Soil Biology and Biochemistry, 89: 184-195.

Matsushima M, Chang S. 2007. Effects of understory removal, N fertilization, and litter layer removal on soil N cycling in a 13-year-old white spruce plantation infested with Canada bluejoint grass[J]. Plant and Soil, 292: 243-258.

McCain CM. 2005. Elevational gradients in diversity of small mammals[J]. Ecology, 86: 366-372.

McCann K, Hastings A, Huxel GR. 1998. Weak trophic interactions and the balance of nature[J]. Nature, 395: 794-798.

McCarthy MA. 1997. The Allee effect, finding mates and theoretical model[J]. Ecological Modeling, 103: 99-102.

McNaughton SJ, Oesterheld M, Frank DA, et al. 1989. Ecosystem-level patterns of primary productivity and herbivory in terrestrial habitats[J]. Nature, 341: 142-144.

Meier CL, Bowman WD. 2008. Phenolic-rich leaf carbon fractions differentially influence microbial respiration and plant growth[J]. Oecologia, 158: 95-107.

Menge BA, Sutherland JP. 1976. Species diversity gradients: synthesis of the roles of predation, competition and spatial heterogeneity[J]. American Naturalist, 110: 351-369.

Migliorini M, Pigino G, Caruso T, et al. 2005. Soil communities (Acari Oribatida; Hexapoda Collembola) in a clay pigeon shooting range[J]. Pedobiologia, 49: 1-13.

Mikola J, Setälä H. 1998a. Productivity and trophic-level biomasses in a microbial-based soil food web[J]. Oikos, 82: 158-168.

Mikola J, Setälä H. 1998b. No evidence of trophic cascades in an experimental microbial-based soil food web[J]. Ecology, 79: 153-164.

Milcu A, Partsch S, Scherber C, et al. 2008. Earthworms and legumes control litter decomposition in a plant diversity gradient[J]. Ecology, 89: 1872-1882.

Mishra S, Nautiyal CS. 2012. Reducing the allelopathic effect of parthenium, hysteroph[J]. Interactive Cardiovascular and Thoracic Surgery, 15: 720-725.

Mishra S, Upadhyay RS, Nautiyal CS. 2013. Unravelling the beneficial role of microbial contributors in reducing the allelopathic effects of weeds[J]. Applied Microbiology and Biotechnology, 97: 5659-5668.

Misson L, Baldocchi D, Black T, et al. 2007. Partitioning forest carbon fluxes with overstory and understory eddy-covariance measurements: a synthesis based on FLUXNET data[J]. Agricultural and Forest Meteorology, 144: 14-31.

Miyashita T, Niwa S. 2006. A test for top-down cascade in a detritus-based food web by litter-dwelling web spiders[J]. Ecological Research, 21: 611-615.

Moore JC. 1986. Dissertation[D]. Collins: Colorado State University.

Moore JC. 1994. Impact of agricultural practices on soil food web structure: theory and application[J]. Agriculture, Ecosystems and Environment, 51: 239-247.

Moore JC, de Ruiter PC, Hunt HW, et al. 1996. Microcosms and soil ecology: Critical linkages between fields studies and modelling food webs[J]. Ecology, 77: 694-705.

Moore JC, de Ruiter PC. 1991. Temporal and spatial heterogeneity of trophic interactions within below-ground food webs[J]. Agriculture, Ecosystems and Environment, 34: 371-379.

Moore JC, Hunt HW. 1988. Resource compartmentation and the stability of real ecosystems[J]. Nature, 333: 261-263.

Moore JC, Walter DE, Hunt HW. 1988. Arthropod regulation of micro- and mesobiota in below-ground detrital food webs[J]. Annual Review of Entomology, 33: 419-439.

Morriën E. 2016. Understanding soil food web dynamics, how close do we get[J]? Soil Biology and Biochemistry, 102: 10-13.

Mulder C, van Wijnen HJ, van Wezel AP. 2005. Numerical abundance and biodiversity of below-ground taxocenes along a pH gradient across the Netherlands[J]. Journal of Biogeography, 32: 1775-1790.

Myers RT, Zak DR, White DC, et al. 2001. Landscape-level patterns of microbial community composition and substrate use in upland forest ecosystems[J]. Soil Science Society of America Journal, 65: 359-367.

Nadelhoffer KJ, Boone RD, Bowden RD, et al. 2004. The DIRT Experiment: Litter and Root Influences on Forest Soil Organic Matter Stocks and Function[M]. *In*: Foster D, Aber J. Forest Landscape Dynamics in New England: Ecosystem Structure and Function as a Consequence of 5000 years of Change. Synthesis Volume of the Harvard Forest LTER Program. Oxford: Oxford University Press.

Nahmani J, Rossi JP. 2003. Soil macroinvertebrates as indicators of pollution by heavy metals[J]. Comptes Rendus Biologies, 326: 295-303.

Nasto MK, Alvarez-Clare S, Lekberg Y, et al. 2014. Interactions among nitrogen fixation and soil phosphorus acquisition strategies in lowland tropical rain forests[J]. Ecology Letters, 17: 1282-1289.

Neary DG, Klopatek CC, DeBano LF, et al. 1999. Fire effects on belowground sustainability: a review and synthesis[J]. Forest Ecology and Management, 122: 51-71.

Neher DA, Barbercheck ME, El-Allaf SM, et al. 2003. Effects of disturbance and ecosystem on decomposition[J]. Applied Soil Ecology, 23: 165-179.

Neher DA, Wu J, Barbercheck ME, et al. 2005. Ecosystem type affects interpretation of soil nematode community measures[J]. Applied Soil Ecology, 30: 47-64.

Neutel AM, Heesterbeek JAP, de Ruiter PC. 2006. Stability in real food webs: weak links in long loops[J]. Science, 296: 1120-1123.

Neutel AM, Heesterbeek JAP, van de Koppel J, et al. 2007. Reconciling complexity with stability in naturally assembling food webs[J]. Nature, 449: 599-602.

Ngosong C, Gabrielb E, Ruess L. 2014. Collembola grazing on arbuscular mycorrhiza fungi modulates nutrient allocation in plants[J]. Pedobiologia, 57: 171-179.

Nielsen UN, Ayres E, Wall DH, et al. 2014. Global-scale patterns of assemblage structure of soil nematodes in relation to climate and ecosystem properties[J]. Global Ecology and Biogeography, 23: 968-978.

Nielsen UN, Osler GHR, Campbell CD, et al. 2010. The influence of vegetation type, soil properties and precipitation on the composition of soil mite and microbial communities at the landscape scale[J]. Journal of Biogeography, 37: 1317-1328.

Nilsson M, Wardle D. 2005. Understory vegetation as a forest ecosystem driver: evidence from the northern Swedish boreal forest[J]. Frontiers in Ecology and the Environment, 3: 421-428.

Noble AD, Zenneck I, Randall PJ. 1996. Litter ash alkalinity and neutralization of soil acidity[J]. Plant and Soil, 179: 293-302.

Nogarol LR, Fontanetti CS. 2011. Ultrastructural alterations in the midgut of diplopods after subchronic exposure to substrate containing sewage mud[J]. Water, Air and Soil Pollution, 218: 539-547.

Oksanen L, Fretwell S, Arruda J, et al. 1981. Exploitation ecosystems in gradients of primary productivity[J]. American Naturalist, 118: 240-261.

Oksanen L, Oksanen, T. 2000. The logic and realism of the hypothesis of exploitation ecosystems[J]. American Naturalist, 155: 703-723.

Orwin KH, Wardle DA, Greenfield LG. 2006. Ecological consequences of carbon substrate diversity and identity[J]. Ecology, 87: 580-593.

Osler GHR, Korycinska A, Cole L. 2006. Differences in litter mass change mite assemblage structure on a deciduous forest floor[J]. Ecography, 29: 811-818.

Osler GHR, Sommerkorn M. 2007. Toward a complete soil C and N cycle: incorporating the soil fauna[J]. Ecology, 88: 1611-1621.

Ott D, Digel C, Klarner B, et al. 2014. Litter elemental stoichiometry and biomass densities of forest soil invertebrates[J]. Oikos, 123: 1112-1223.

Otto SB, Rall BC, Brose U. 2007. Allometric degree distributions facilitate food-web stability[J]. Nature, 450: 1226-1229.

Pace ML, Cole JJ, Carpenter SR, et al. 1999. Tropic cascades revealed in diverse ecosystems[J]. Trends in Ecology and Evolution, 14: 483-488.

Pankhurst C, Doube BM, Gupta BM, Gupta VVSR. 1997. Biological indicators of soil health[J]. Quarterly Review of Biology, 117(4): 368-369.

Paoletti MG. 1999. The role of earthworms for assessment of sustainability and as bioindicators[J]. Agriculture Ecosystems and Environment, 74: 137-155.

Paoletti MG, Favretto MR, Stinner BR, et al. 1991. Invertebrates as bioindicators of soil use[J]. Agriculture Ecosystems and Environment, 34: 341-362.

Paoletti MG, Hassall M. 1999. Woodlice (Isopoda: Oniscidea): their potential for assessing sustainability and use as bioindicators[J]. Agriculture Ecosystems and Environment, 74: 157-165.

Paoletti MG, Osler GH, Kinnear A, et al. 2007. Detritivores as indicators of landscape stress and soil degradation[J]. Australian Journal of Experimental Agriculture, 47: 412-423.

Peoples MB, Chalk PM, Unkovich MJ, et al. 2015. Can differences in ^{15}N natural abundance be used to quantify the transfer of nitrogen from legumes to neighbouring non-legume plant species[J]? Soil Biology and Biochemistry, 87: 97-109.

Perez G, Decaens T, Dujardin G, et al. 2013. Response of collembolan assemblages to plant species successional gradient[J]. Pedobiologia, 56: 169-177.

Petchey OL, Beckerman AP, Riede JO, et al. 2008. Size, foraging and food web structure[J]. Proceedings of the National Academy of Sciences of the United States of America, 105: 4191-4196.

Phillips DA, Ferris H, Cook DR, et al. 2003. Molecular control points in rhizosphere food webs[J]. Ecology, 84: 816-826.

Pickett ST. 1989. Space-for-Time Substitution as An Alternative to Long-Term Studies[M]. *In*: Likens GE. Long-term studies in ecology: approaches and alternatives. New York: Springer: 110-135.

Pietikäinen J, Hiukka R, Fritze H. 2000. Does short-term heating of forest humus change its properties as a substrate for microbes[J]? Soil Biology and Biochemistry, 32: 277-288.

Pimm SL, Lawton JH. 1980. Are food webs divided into compartments[J]? Journal of Animal Ecology, 49: 879-898.

Pisani O, Lin LH, Lun OOY, et al. 2016. Long-term doubling of litter inputs accelerates soil organic matter degradation and reduces soil carbon stocks[J]. Biogeochemistry, 127: 1-14.

Platt RB. 1977. Conference Summary[M]. *In*: Carins Jr J, Dickson K L, Herricks EE. Recovery and Restoration of Damaged Ecosystems. Charlottesville: University Press of Virginia: 526-531.

Polis GA. 1999. Why are parts of the world green? Multiple factors control productivity and the distribution of biomass[J]. Oikos, 86: 3-15.

Pollierer MM, Langel R, Körner C, et al. 2007. The underestimated importance of belowground carbon input for forest soil animal food webs[J]. Ecology Letters, 10: 729-736.

Powell JR, Craven D, Eisenhauer N. 2014. Recent trends and future strategies in soil ecological research-Integrative approaches at Pedobiologia[J]. Pedobiologia, 57: 1-3.

Prescott CE, Grayston SJ. 2013. Tree species influence on microbial communities in litter and soil: current knowledge and research needs[J]. Forest Ecology and Management, 309: 19-27.

Price PB. 2000. A habitat for psychrophiles in deep Antarctic ice[J]. Proceedings of the National Academy of Sciences of the United States of America, 97: 1247-1251.

Prieto-Fernández A, Acea MJ, Carballas T. 1998. Soil microbial and extractable C and N after wildfire[J]. Biology and Fertility of Soils, 27: 132-142.

Procter D. 1984. Towards a biogeography of free-living soil nematodes. Ⅰ. Changing species richness, diversity and densities with changing latitude[J]. Journal of Biogeography, 11: 103-117.

Prosser JI. 2002. Molecular and functional diversity in soil micro-organisms[J]. Plant and Soil, 244: 9-17.

Pyatt FB, Amos D, Grattan JP, et al. 2002. Invertebrates of ancient heavy metal spoil and smelting tip sites in southern jordan: their distribution and use as bioindicators of metalliferous pollution derived from ancient sources[J]. Journal of Arid Environments, 52: 53-62.

Raty M, Huhta V. 2003. Earthworms and pH affect communities of nematodes and enchytraeids in forest soil[J]. Biology and Fertility of Soils, 38: 52-58.

Rawlins AJ, Bull ID, Ineson P, et al. 2007. Stabilisation of soil organic matter in invertebrate faecal pellets through leaf litter grazing[J]. Soil Biology and Biochemistry, 38: 1202-1205.

Rawlins AJ, Bull ID, Poirier N, et al. 2006. The biochemical transformation of oak (*Quercus robur*) leaf litter consumed by the pill millipede (*Glomeris marginata*) [J]. Soil Biology and Biochemistry, 38: 1063-1076.

Redi BH, van Aarde RJ, Wassenaar TD. 2005. Coastal dune forest development and the regeneration of millipede communities[J]. Restoration Ecology, 13: 284-291.

Reynolds BC, Crossley DA, Hunter MD. 2003. Response of soil invertebrates to forest canopy inputs along a productivity gradient[J]. Pedobiologia, 47: 127-139.

Reynolds JW. 1994. Earthworms of the world[J]. Global Biodiversity, 4: 11-16.

Riede JO, Brose U, Ebenman B, et al. 2011. Stepping in elton's footprints: a general scaling model for body masses and trophic levels across ecosystems[J]. Ecology Letters, 14: 169-178.

Robinson CH, Ineaon P, Piearce T, et al. 1992. Nitrogen mobilization by earthworms in limed peat soils under *Picea sitchensis*[J]. Journal of Applied Ecology, 29: 226-237.

Rogovska NP, Blackmer AM, Tylka GL. 2009. Soybean yield and soybean cyst nematode densities related to soil pH, soil carbonate concentrations, and alkalinity stress index[J]. Agronomy Journal, 101: 1019-1026.

Rooney N, McCann K, Gellner G, et al. 2006. Structural asymmetry and the stability of diverse food webs[J].

Nature, 442: 265-269.

Rooney N, McCann KS. 2012. Integrating food web diversity, structure and stability[J]. Trends in Ecology and Evolution, 27: 40-46.

Rossello-Mora R, Lucio M, Peña A, et al. 2008. Metabolic evidence for biogeographic isolation of the extremophilic bacterium *Salinibacter ruber*[J]. The ISME Journal, 2: 242-253.

Ruess L, Schmidt IK, Michelsen A, et al. 2001. Manipulations of a microbial based soil food web at two arctic sites-evidence of species redundancy among the nematode fauna[J]? Applied Soil Ecology, 17: 19-30.

Ruess L, Schütz K, Haubert D, et al. 2005. Application of lipid analysis to understand trophic interactions in soil[J]. Ecology, 86: 2075-2082.

Ruess L, Schütz K, Miggekleian S, et al. 2007. Lipid composition of collembola and their food resources in deciduous forest stands-implications for feeding strategies[J]. Soil Biology and Biochemistry, 39: 1990-2000.

Rusek J. 1993. Air-pollution-mediated changes in alpine ecosystems and ecotones[J]. Ecological Applications, 3: 409-416.

Rusek J, Marshall VG. 2000. Impacts of airborne pollutants on soil fauna[J]. Annual Review of Ecology and Systematics, 31: 395-423.

Sadaka N, Ponge JF. 2003. Soil animal communities in holm oak forests: influence of horizon, altitude and year[J]. European Journal of Soil Biology, 39: 197-207.

Salamon JA, Schaefer M, Alphei J, et al. 2004. Effects of plant diversity on Collembola in an experimental grassland ecosystem[J]. Oikos, 106: 51-60.

Salamun P, Kucanova E, Brazova T, et al. 2014. Diversity and food web structure of nematode communities under high soil salinity and alkaline pH[J]. Ecotoxicology, 23: 1367-1376.

Sanaullah M, Chabbi A, Maron PA, et al. 2016. How do microbial communities in top- and subsoil respond to root litter addition under field conditions[J]? Soil Biology and Biochemistry, 103: 28-38.

Sauvadet M, Chauvat M, Brunet N, et al. 2017. Can changes in litter quality drive soil fauna structure and functions[J]? Soil Biology and Biochemistry, 107: 94-103.

Sayer EJ. 2006. Using experimental manipulation to assess the roles of leaf litter in the functioning of forest ecosystems[J]. Biological Reviews, 81: 1-31.

Schadt CW, Martin AP, Lipson DA, et al. 2003. Seasonal dynamics of previously unknown fungal lineages in tundra soils[J]. Science, 301: 1359-1361.

Scheu S. 2003. Effects of earthworms on plant growth: patterns and perspectives[J]. Pedobiologia, 47: 846-856.

Scheu S, Parkinson D. 1994. Effects of earthworms on nutrient dynamics, carbon turnover and microorganisms in soils from cool temperate forests of the Canadian Rocky Mountains-laboratory studies[J]. Applied Soil Ecology, 1: 113-126.

Scheu S, Ruess L, Bonkowski M. 2005. Interactions Between Micro-Organisms and Soil Micro-and Mesofauna[M]. *In*: Buscot F, Varma A. Microorganisms in Soils: Roles in Genesis and Function. New York, Berlin: Springer-Verlag: 253-275.

Scheu S, Setälä H. 2002. Multitrophic Interactions in Decomposer Communities[M]. *In*: Tscharntke T, Hawkins BA. Multitrophic Level Interactions. Cambridge: Cambridge University Press: 223-264.

Schloter M, Dilly O, Munch JC. 2003. Indicators for evaluating soil quality[J]. Agriculture Ecosystems and Environment, 98: 255-262.

Schmidt SK, Sobieniak-Wiseman LC, Kageyama SA, et al. 2008. Mycorrhizal and dark-septate fungi in plant roots above 4270 meters elevation in the Andes and Rocky Mountains[J]. Arctic, Antarctic, and Alpine Research, 40: 576-583.

Schmitz OJ. 2008. Effects of predator hunting mode on grassland ecosystem function[J]. Science, 319: 952-954.

Schmitz OJ. 2009. Effects of predator functional diversity on grassland ecosystem function[J]. Ecology, 90: 2339-2345.

Schmitz OJ, Barton BT. 2014. Climate change effects on behavioral and physiological ecology of predator-prey interactions: implications for conservation biological control[J]. Biological Control, 75: 87-96.

Seastedt TR. 1984. The role of microarthropods in decomposition and mineralization processes[J]. Annual Review of Entomology, 29: 25-46.

Setälä H, Berg MP, Jones TH. 2005. Trophic Structure and Functional Redundancy in Soil Communities[M]. In: Bardgett R, Usher M, Hopkins D. Biological Diversity and Function in Soils. Cambridge: Cambridge University Press: 236-249.

Setälä H, Haimi J, Huhta V. 1988. A microcosm study on the respiration and weight loss in birch litter and raw humus as influenced by soil fauna[J]. Biology and Fertility of Soils, 5: 282-287.

Setälä H, Huhta V. 1991. Soil fauna increase *Betula pentula* growth: laboratory experiments with coniferous forest floor[J]. Ecology, 72: 665-671.

Setälä H, Laakso J, Mikola J, et al. 1998. Functional diversity of decomposer organisms in relation to primary production[J]. Applied Soil Ecology, 9: 25-31.

Shao Y, Wang X, Zhao J, et al. 2016. Subordinate plants sustain the complexity and stability of soil micro-food webs in natural bamboo forest ecosystems[J]. Journal of Applied Ecology, 53: 130-139.

Shao YH, Bao WK, Chen DM, et al. 2015. Using structural equation modeling to test established theory and develop novel hypotheses for the structuring forces in soil food webs[J]. Pedobiologia, 58: 137-145.

Shao YH, Zhang WX, Eisenhauer N, et al. 2017. Nitrogen deposition cancels out exotic earthworm effects on plant-feeding nematode communities[J]. Journal of Animal Ecology, 86: 708-717.

Shao YH, Zhang WX, Shen JC, et al. 2008. Nematodes as indicators of soil recovery in tailings of a lead/zinc mine[J]. Soil Biology and Biochemistry, 40: 2040-2046.

Shen C, Xiong J, Zhang H, et al. 2013. Soil pH drives the spatial distribution of bacterial communities along elevation on Changbai Mountain[J]. Soil Biology and Biochemistry, 57: 204-211.

Shi Y, Li Y, Xiang X, et al. 2018. Spatial scale affects the relative role of stochasticity versus determinism in soil bacterial communities in wheat fields across the North China Plain[J]. Microbiome, 6: 27.

Siddiky M, Schaller J, Caruso T, et al. 2012. Arbuscular mycorrhizal fungi and collembola non-additively increase soil aggregation[J]. Soil Biology and Biochemistry, 47: 93-99.

Siemens DH, Garner SH, Mitchell-Olds T, et al. 2002. Cost of defense in the context of plant competition: brassica rapa may grow and defend[J]. Ecology, 83: 505-517.

Siira-Pietikäinen A, Haimi J, Kanninen A, et al. 2001. Responses of decomposer community to root-isolation and addition of slash[J]. Soil Biology and Biochemistry, 33: 1993-2004.

Simmons W, Dávalos A, Blossey B. 2015. Forest successional history and earthworm legacy affect earthworm survival and performance[J]. Pedobiologia, 58: 153-164.

Singh D, Takahashi K, Kim M, et al. 2012. A hump-backed trend in bacterial diversity with elevation on Mount Fuji, Japan[J]. Microbial Ecology, 63: 429-437.

Sohlenius B. 1980. Abundance, biomass and contribution to energy flow by soil nematodes in terrestrial ecosystems[J]. Oikos, 34: 186-194.

Song D, Pan K, Tariq A, et al. 2017. Large-scale patterns of distribution and diversity of terrestrial nematodes[J]. Applied Soil Ecology, 114: 161-169.

Souza L, Belote RT, Kardol P, et al. 2010. CO_2 enrichment accelerates successional development of an understory plant community[J]. Journal of Plant Ecology, 3: 33-39.

Souza T das, Christofoletti CA, Bozzatto V, et al. 2014. The use of diplopods in soil ecotoxicology–A review[J]. Ecotoxicology and Environmental Safety, 103: 68-73.

Souza T das, Fontanetti CS. 2011. Morphological biomarkers in the *Rhinocricus padbergi* midgut exposed to contaminated soil[J]. Ecotoxicology and Environmental Safety, 74: 10-18.

Spehn EM, Scherer-Lorenzen M, Schmid B, et al. 2002. The role of legumes as a component of biodiversity in a cross-European study of grassland biomass nitrogen[J]. Oikos, 98: 205-218.

Staddon WJ, Duchesne LC, Trevors JT. 1998. Impact of clear-cutting and prescribed burning on microbial diversity and community structure in a Jack pine (*Pinus banksiana* Lamb.) clear-cut using Biolog

Gram-negative microplates[J]. World Journal of Microbiology and Biotechnology, 14: 119-123.

Stegen JC, Lin X, Konopka AE, et al. 2012. Stochastic and deterministic assembly processes in subsurface microbial communities[J]. The ISME Journal, 6: 1653-1664.

Stone D, Costa D, Daniell TJ, et al. 2016. Using nematode communities to test a European scale soil biological monitoring programme for policy development[J]. Applied Soil Ecology, 97: 78-85.

Strickland MS, Rousk J. 2010. Considering fungal: bacterial dominance in soils-methods, controls, and ecosystem implications[J]. Soil Biology and Biochemistry, 42: 1385-1395.

Subke J, Hahn V, Battipaglia G, et al. 2004. Feedback interactions between needle litter decomposition and rhizosphere activity[J]. Oecologia, 139: 551-559.

Sulkava P, Huhta V, Laakso J. 1996. Impact of soil faunal structure on decomposition and N-mineralization in relation to temperature and soil moisture in forest soil[J]. Pedobiologia, 40: 505-513.

Sun XL, Zhao J, You YM, et al. 2016. Soil microbial responses to forest floor litter manipulation and nitrogen addition in a mixed-wood forest of northern China[J]. Scientific Reports, 6: 19536.

Sun YX, Wu JP, Shao YH, et al. 2011. Responses of soil microbial communities to prescribed burning in two paired vegetation sites in southern China[J]. Ecological Reasearch, 26: 669-677.

Suzuki Y, Grayston SJ, Prescott CE. 2013. Effects of leaf litter consumption by millipedes (*Harpaphe haydeniana*) on subsequent decomposition depends on litter type[J]. Soil Biology and Biochemistry, 57: 116-123.

Takahashi K, Uemura S, Suzuki JI, et al. 2003. Effects of understory dwarf bamboo on soil water and the growth of overstory trees in a dense secondary *Betula ermanii* forest, northern Japan[J]. Ecological Research, 18: 767-774.

Taylor B, Parkinson D, Parsons W. 1989. Nitrogen and lignin content as predictors of litter decay-rates: a microcosm test[J]. Ecology, 70: 97-104.

Tedersoo L, Bahram M, Põlme S, et al. 2014. Global diversity and geography of soil fungi[J]. Science, 346: 1-11.

Thakur MP, Herrmann M, Steinauer K, et al. 2015. Cascading effects of belowground predators on plant communities are density-dependent[J]. Ecology and Evolution, 5: 4300-4314.

Thoms C, Gattinger A, Jacob M, et al. 2010. Direct and indirect effects of tree diversity drive soil microbial diversity in temperate deciduous forest[J]. Soil Biology and Biochemistry, 42: 1558-1565.

Thoms C, Gleixner G. 2013. Seasonal differences in tree species' influence on soil microbial communities[J]. Soil Biology and Biochemistry, 66: 239-248.

Tong FC, Xiao YH, Wang QI. 2010. Soil nematode community structure on the northern slope of Changbai Mountain, Northeast China[J]. Journal of Forestry Research, 21: 93-98.

Toyota A, Kaneko N. 2012. Faunal stage-dependent altering of soil nitrogen availability in a temperate forest[J]. Pedobiologia, 55: 129-135.

Treonis A, Wall D, Virginia R. 2000. The use of anhydrobiosis by soil nematodes in the Antarctic Dry Valleys[J]. Functional Ecology, 14: 460-467.

Uvarov AV. 2017. Density-dependent responses in some common lumbricid species[J]. Pedobiologia, 61: 1-8.

van Aarde RJ, Ferreira SM, Kritzinger JJ. 1996. Millipede communities in rehabilitating coastal dune forests in northern KwaZulu/Natal, South Africa[J]. Journal of Zoology, 238: 703-712.

van der Heijden MGA, Klironomos JN, Ursic M, et al. 1998. Mycorrhizal fungal diversity determines plant biodiversity, ecosystem variability and productivity[J]. Nature, 396: 69-72.

van der Heijden, MGA, Bardgett RD, van Straalen NM. 2008. The unseen majority: soil microbes as drivers of plant diversity and productivity in terrestrial ecosystems[J]. Ecology Letters, 11: 296-310.

van der Putten WH, Bardgett RD, Bever JD, et al. 2013. Plant-soil feedbacks: the past, the present and future challenges[J]. Journal of Ecology, 101: 265-276.

van der Putten WH, Vet LEM, Harvey JA, et al. 2001. Linking above-and belowground multitrophic interactions of plants, herbivores, pathogens, and their antagonists[J]. Trends in Ecology and Evolution, 16: 547-554.

van Groenigen JW, Lubbers IM, Vos HMJ, et al. 2014. Earthworms increase plant production: a

meta-analysis[J]. Scientific Reports, 4: 6365.
van Straalen NM, Rolofs D. 2006. An Introduction to Ecological Genomics[M]. Oxford: Oxford University Press.
Vedder B, Kampichler C, Bachmann G, et al. 1996. Impact of faunal complexity on microbial biomass and N turnover in field mesocosms from a spruce forest soil[J]. Biology and Fertility of Soils, 22: 22-30.
Veresoglou SD, Chen B, Rillig MC. 2012. Arbuscular mycorrhiza and soil nitrogen cycling[J]. Soil Biology and Biochemistry, 46: 53-62.
Verhoef HA, Dorel FG, Zoomer HR. 1989. Effects of nitrogen deposition on animal-mediated nitrogen mobilization in coniferous litter[J]. Biology and Fertility of Soils, 8: 255-259.
Vivanco L, Austin AT. 2008. Tree species identity alters forest litter decomposition through long-term plant and soil interactions in Patagonia, Argentina[J]. Journal of Ecology, 96: 727-736.
Vokou D, Chalkos D, Karamanoli K. 2006. Microorganisms and Allelopathy: A One-Sided Approach[M]. In: Reigosa M, Pedrol N, González L. Allelopathy. Dordrecht: Springer.
Walker LR, Wardle DA, Bardgett RD, et al. 2010. The use of chronosequences in studies of ecological succession and soil development[J]. Journal of Ecology, 98: 725-736.
Wall J, Skene K, Neilson R. 2002. Nematode community and trophic structure along a sand dune succession[J]. Biology and Fertility of Soils, 35: 293-301.
Walter DE, Kaplan DT, Permar TA. 1991. Missing links: a review of methods used to estimate trophic links in food webs[J]. Agriculture, Ecosystems and Environment, 34: 399-405.
Wan SZ, Zhang CL, Chen YQ, et al. 2014. The understory fern *Dicranopteris dichotoma* facilitates the overstory Eucalyptus trees in subtropical plantations[J]. Ecosphere, 5: 1-12.
Wang JJ, Pisani O, Lin LH, et al. 2017a. Long-term litter manipulation alters soil organic matter turnover in a temperate deciduous forest[J]. Science of the Total Environment, S607-S608: 865-875.
Wang JT, Zheng YM, Hu HW, et al. 2016. Coupling of soil prokaryotic diversity and plant diversity across latitudinal forest ecosystems[J]. Scientific Reports, 6: 19561.
Wang M, Zhang W, Xia H, et al. 2017b. Effect of collembola on mineralization of litter and soil organic matter[J]. Biology and Fertility of Soils, 53: 563-571.
Wang Q, He T, Wang S, et al. 2013. Carbon input manipulation affects soil respiration and microbial community composition in a subtropical coniferous forest[J]. Agricultural and Forest Meteorology, 178: 152-160.
Wang S, Ruan H, Wang B. 2009. Effects of soil microarthropods on plant litter decomposition across an elevation gradient in the Wuyi Mountains[J]. Soil Biology and Biochemistry, 41: 891-897.
Wardle DA. 2002. Communities and Ecosystems: Linking the Aboveground and Belowground Components[M]. Princeton: Princeton University Press.
Wardle DA. 2005. How Plant Communities Influence Decomposer Communities[M]. In: Bardgett RD, Usher MB, Hopkins DW. Biological Diversity and Function in Soils. Cambridge: Cambridge University Press: 119-138.
Wardle DA. 2006. The influence of biotic interactions on soil biodiversity[J]. Ecology Letters, 9: 870-886.
Wardle DA, Bardgett RD, Callaway RM, et al. 2011b. Terrestrial ecosystem responses to species gains and losses[J]. Science, 332: 1273-1277.
Wardle DA, Bardgett RD, Klironomos JN, et al. 2004. Ecological linkages between aboveground and belowground biota[J]. Science, 304: 1629-1633.
Wardle DA, Bonner KI, Nicholson KS. 1997. Biodiversity and plant litter: experimental evidence which does not support the view that enhanced species richness improves ecosystem function[J]. Oikos, 79: 247-258.
Wardle DA, Hyodo F, Bardgett RD, et al. 2011a. Long-term aboveground and belowground consequences of red wood ant exclusion in boreal forest[J]. Ecology, 92: 645-656.
Wardle DA, Wiser SK, Allen RB, et al. 2008. Aboveground and belowground effects of single-tree removals in New Zealand rain forest[J]. Ecology, 89: 1232-1245.
Wardle DW, Yeates GA. 1993. The dual importance of competition and predation as regulatory forces in

terrestrial ecosystems: evidence from decomposer food-webs[J]. Oecologia, 93: 303-306.
Wardle DA, Yeates GW, Barker GM, et al. 2006. The influence of plant litter diversity on decomposer abundance and diversity[J]. Soil Biology and Biochemistry, 38: 1052-1062.
Wardle DA, Zackrisson O. 2005. Effects of species and functional group loss on island ecosystem properties[J]. Nature, 435: 806-810.
Weigmann G, Kratz W. 1987. Oribatid mites in urban zones of west Berlin[J]. Biology and Fertility of Soils, 3: 81-84.
Weintraub M, Scott-Denton L, Schmidt S, et al. 2007. The effects of tree rhizodeposition on soil exoenzyme activity, dissolved organic carbon, and nutrient availability in a subalpine forest ecosystem[J]. Oecologia, 154: 327-338.
Whitford WG, Freckman DW, Elkins NZ, et al. 1981. Diurnal migration and responses to simulated rainfall in desert soil microarthropods and nematodes[J]. Soil Biology and Biochemistry, 13: 417-425.
Wieder WR, Bonan GB, Allison SD. 2013. Global soil carbon projections are improved by modelling microbial processes[J]. Nature Climate Change, 3: 909-912.
Wiggs SN, Tylka GL. 2011. The nature of the relationship between soybean cyst nematode population densities and soil pH[J]. Phytopathology, 101: S191.
Williams BL, Griffiths BS. 1989. Enhanced nutrient mineralization and leaching from decomposition *Sitka spruce* litter by enchytraeid worms[J]. Soil Biology and Biochemistry, 21: 183-188.
Wilson MJ, Kakouli-Duarte T. 2009. Nematodes as Environmental Indicators[M]. Wallingford: CABI.
Winemiller KO, Layman CA. 2005. Food Web Science: Moving on the Path from Abstraction to Prediction[M]. *In*: de Ruiter P, Wolters V, Moore JC. Dynamic food webs: multispecies assemblages, ecosystem development, and environmental change. New York: Academic Press: 10-23.
Wolkovich EM. 2016. Reticulated channels in soil food webs[J]. Soil Biology and Biochemistry, 102: 18-21.
Word TG. 1976. The Role of Termite (Isoptera) in Decomposition Processes[M]. *In*: Anderson JM, Mac Fadyen A. The Role of Terrestrial and Aquatic Organisms in Decomposition Processes. Oxford: Blackwell.
Wu J, Liu Z, Wang X, et al. 2011b. Effects of understory removal and tree girdling on soil microbial community composition and litter decomposition in two *Eucalyptus* plantations in South China[J]. Functional Ecology, 25: 921-931.
Wu J, Zhang Q, Yang F, et al. 2017. Does short-term litter input manipulation affect soil respiration and its carbon-isotopic signature in a coniferous forest ecosystem of central China[J]? Applied Soil Ecology, 113: 45-53.
Wu T, Ayres E, Bardgett RD, et al. 2011a. Molecular study of worldwide distribution and diversity of soil animals[J]. Proceedings of the National Academy of Sciences of America, 108: 17720-17725.
Wu XW, Duffy JE, Reich PB, et al. 2011c. A brown-world cascade in the dung decomposer food web of an alpine meadow: effects of predator interactions and warming[J]. Ecological Monographs, 81: 313-328.
Wurst S, Allema B, Duyts H, et al. 2008. Earthworms counterbalance the negative effect of microorganisms on plant diversity and enhance the tolerance of grasses to nematodes[J]. Oikos, 117: 711-718.
Wurst S, de Deyn GB, Orwin K. 2012. Soil Biodiversity and Functions[M]. *In*: Wall DH, Bardgett RD, Behan-Pelletier V, et al. Soil Ecology and Ecosystem Services. Oxford: Oxford University Press: 28-44.
Xiao ZG, Wang X, Korichveva J, et al. 2018. Earthworms affect plant growth and resistance against herbivores: a meta-analysis[J]. Functional Ecology, 32: 150-160.
Xiong YM, Shao YH, Xia HP, et al. 2008. Selection of selective biocides on soil microarthropods[J]. Soil Biology and Biochemistry, 40: 2706-2709.
Xu GL, Kuster TM, Günthardt-Goerg MS, et al. 2012. Seasonal exposure to drought and air warming affects soil collembola and mites[J]. PLoS One, 7: 1-6.
Xu GL, Schleppi P, Li MH, et al. 2009. Negative responses of collembola in a forest soil (Alptal, Switzerland) under experimentally increased N deposition[J]. Environmental Pollution, 157: 2030-2036.
Xu S, Liu LL, Sayer EJ. 2013. Variability of above-ground litter inputs alters soil physicochemical and biological processes: a meta-analysis of litterfall-manipulation experiments[J]. Biogeosciences, 10:

7423-7433.

Yang X, Chen J. 2009. Plant litter quality influences the contribution of soil fauna to litter decomposition in humid tropical forests, southwestern China[J]. Soil Biology and Biochemistry, 41: 910-918.

Yang Y, Gao Y, Wang S, et al. 2014. The microbial gene diversity along an elevation gradient of the Tibetan grassland[J]. The ISME Journal, 8: 430-440.

Yarie J. 1980. The role of understory vegetation in the nutrient cycle of forested ecosystems in the mountain hemlock biogeoclimatic zone[J]. Ecology, 61: 1498-1514.

Yarwood S, Brewer E, Yarwood R, et al. 2013. Soil microbe active community composition and capability of responding to litter addition after 12 years of no inputs[J]. Applied and Environmental Microbiology, 79: 1385-1392.

Yarwood S, Myrold D, Högberg M. 2009. Termination of belowground C allocation by trees alters soil fungal and bacterial communities in a boreal forest[J]. FEMS Microbiology Ecology, 70: 151-162.

Yeates GW. 1979. Soil nematodes in terrestrial ecosystems[J]. Journal of Nematology, 11: 213-229.

Yeates GW. 1984. Variation in soil nematode diversity under pasture with soil and year[J]. Soil Biology and Biochemistry, 16: 95-102.

Yeates GW, Bongers T, de Goede RGM, et al. 1993. Feeding habits in soil nematode families and genera—an outline for soil ecologists[J]. Journal of Nematology, 25: 315-331.

Yin WY. 1997. Studies on soil animals in subtropical China[J]. Agriculture, Ecosystems and Environment, 62: 119-126.

Yoda K, Kira T, Ogawa H, et al. 1963. Self-thinning in overcrowded pure stands under cultivated and natural conditions[J]. Journal of Biology, 14: 107-129.

Young IM, Crawford JW. 2004. Interactions and self-organization in the soil-microbe complex[J]. Science, 304: 1634-1637.

Yu S, Chen Y, Zhao J, et al. 2017. Temperature sensitivity of total soil respiration and its heterotrophic and autotrophic components in six vegetation types of subtropical China[J]. Science of the Total Environment, S607-S608: 160-167.

Yuste JC, Nagy M, Janssens I, et al. 2005. Soil respiration in a mixed temperate forest and its contribution to total ecosystem respiration[J]. Tree Physiology, 25: 609-619.

Zeller B, Liu J, Buchmann N, et al. 2008. Tree girdling increases soil N mineralisation in two spruce stands[J]. Soil Biology and Biochemistry, 40: 1155-1166.

Zelles L. 1999. Fatty acid patterns of phospholipids and lipopolysaccharides in the characterisation of microbial communities in soil: a review[J]. Biology and Fertility of Soils, 29: 111-129.

Zelles L, Bai QY, Beck T. 1992. Signature fatty acids in phospholipids and lipopolysaccharidies as indicators of microbial biomass and community structure in agricultural soils[J]. Soil Biology and Biochemistry, 24: 317-323.

Zeng RS. 2014. Allelopathy–the solution is indirect[J]. Journal of Chemical Ecology, 40: 515-516.

Zhang C, Fu S. 2009. Allelopathic effects of eucalyptus and the establishment of mixed stands of eucalyptus and native species[J]. Forest Ecology and Management, 258: 1391-1396.

Zhang QL, Hendrix PF. 1995. Earthworm (*Lumbricus rubellus* and *Aporrectodea caliginosa*) effects on carbon flux in soil[J]. Soil Science Society of America Journal, 59: 816-823.

Zhang W, Hendrix PF, Dame LE, et al. 2013. Earthworms facilitate carbon sequestration through unequal amplification of carbon stabilization compared with mineralization[J]. Nature Communications, 4: 2576.

Zhang W, Hendrix PF, Snyder BA, et al. 2010. Dietary flexibility aids Asian earthworm invasion in North American forests[J]. Ecology, 91: 2070-2079.

Zhang W, Zeng E, Liu D, et al. 2014. Mapping genomic features to functional traits through microbial whole genome sequences[J]. International Journal of Bioinformatics Research and Applications, 10: 461-478.

Zhang X, Guan P, Wang Y, et al. 2015b. Community composition, diversity and metabolic footprints of soil nematodes in differently-aged temperate forests[J]. Soil Biology and Biochemistry, 80: 118-126.

Zhang X, Johnston ER, Liu W, et al. 2015a. Environmental changes affect the assembly of soil bacterial community primarily by mediating stochastic processes[J]. Global Change Biology, 22: 198-207.

Zhang X, Liu S, Li X, et al. 2016. Changes of soil prokaryotic communities after clear cutting in a karst forest: evidences for cutting-based disturbance promoting deterministic processes[J]. FEMS Microbiology Ecology, 92: fiw026.

Zhang Y, Guo L, Liu R. 2004. Arbuscular mycorrhizal fungi associated with common pteridophytes in Dujiangyan, southwest China[J]. Mycorrhiza, 14: 25-30.

Zhao C, Griffin JN, Wu X, et al. 2013. Predatory beetles facilitate plant growth by driving earthworms to lower soil layers[J]. Journal of Animal Ecology, 82: 749-758.

Zhao J, Li S, He X, et al. 2014. The soil biota composition along a progressive succession of secondary vegetation in a karst area[J]. PLoS One, 9: e112436.

Zhao J, Wan S, Li Z, et al. 2012. Dicranopteris-dominated understory as major driver of intensive forest ecosystem in humid subtropical and tropical region[J]. Soil Biology and Biochemistry, 49: 78-87.

Zhao J, Xun R, He X, et al. 2015. Size spectra of soil nematode assemblages under different land use types[J]. Soil Biology and Biochemistry, 85: 130-136.

Zhao Q, Classen AT, Wang WW, et al. 2017. Asymmetric effects of litter removal and litter addition on the structure and function of soil microbial communities in a managed pine forest[J]. Plant and Soil, 414: 81-93.

Zirbes L, Deneubourg JL, Brostaux Y, et al. 2010. A new case of consensual decision: collective movement in earthworms[J]. Ethology, 116: 546-553.

Zu Q, Zhong L, Deng Y, et al. 2016. Geographical distribution of *Methanogenic archaea* in nine representative paddy soils in China[J]. Frontiers in Microbiology, 7: 1447.

Zwart KB, Bloem J, Bouman LA, et al. 1994. Population dynamics in the belowground food webs in two different agricultural systems[J]. Agriculture, Ecosystems and Environment, 51: 187-198.

第三章 土壤食物网的能量流动与模型模拟

第一节 土壤食物网的能量流动

能量流动是生态系统功能的主要表现之一，通过生态系统的核心——生物群落来实现。太阳光能通过绿色植物的光合作用转变为初级生产量，即生物生产，成为生态系统中可利用的基本能源，使得生态系统中各级生物的生命活动得以正常进行。基本能源在生态系统能量消耗、转移、分配过程中是通过各级生物成分间以食物的形式表现的。能量从输入逐级流通直到输出，其能流为单程流，数量逐级锐减，能流越流越细，直到最后以废热形式全部散失为止。由于来自太阳辐射的能量，经过生态系统的暂时固定、流动仍然返回空间，因此生态系统是一个能量开放系统，要维持生态系统功能的正常进行，就需要不断地向系统输入能量（喻光明和李新民，1992；蔡晓明，2000；Chapin et al.，2011；Hiscock，2013）。

生态系统中食物网的能量流动一直是生态学研究的难点，长期以来关于陆地生态系统的研究集中在地上部分，而对地下部分知之甚少。地下生态系统的营养关系是生态系统中各生物成员之间最重要的联系，是物质循环、能量流动的重要载体（王邵军和阮宏华，2008；Surhone et al.，2010；窦永静等，2015；Antunes and Koyama，2017）。土壤食物网已成为土壤生态学研究的热点前沿问题。近年来，对于海洋鱼类食物网能量流动的研究相对较多，如学者利用生态网络分析研究了南海北部生态系统中食物网的能量流动，该系统的能量流动主要有6级，来自初级生产者的能流效率为12.6%，来自碎屑的转换效率为10.4%，平均能量转换效率为11.5%。总初级生产力与总呼吸的比值为2.596，综合结果表明当前南海北部海洋生态系统处于不成熟阶段（陈作志和邱永松，2010）。而早期的土壤食物网一般只采用连通网来描述，其用一种可视化的图定性地描述土壤中各功能群之间的取食和被取食关系（图3-1）（Holtkamp et al.，2008；de Vries et al.，2012）。这种描述相对简单，且难以描述出各种捕食关系的重要性。量化研究土壤食物网的能量流动可估测通过不同营养级的能量，从而了解不同土壤生物群落对土壤有机质分解过程和养分循环过程的影响。

土壤真菌和细菌是食物网的基础，占土壤食物网生物量的绝大部分。土壤微生物是植物能够有效利用的有机质动态库，占土壤有机质含量的1%~5%（Beare et al.，1997；Nsabimana et al.，2004）。土壤食物网的真菌细菌生物量比（F/B）反映了整个土壤食物网的结构和功能对不同土壤条件的响应。F/B是评价生态系统自我调控能力大小的重要指标，也是评价土壤生态系统缓冲能力的重要指标，还是评价土壤肥力与健康的重要指标。F/B值较高的微生物群落可驱动土壤内源性碳底物进一步矿化，即真菌破坏高抗性碳复合物，所得的简单产物又被细菌消耗。高F/B表明土壤生态系统更持续稳定（de Vries

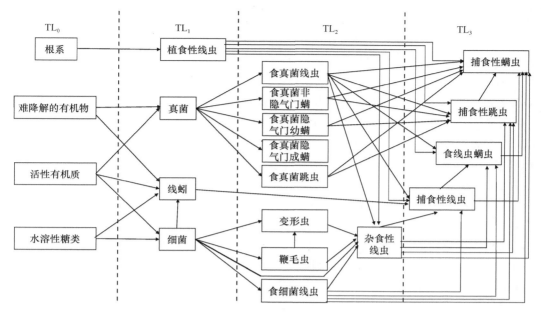

图 3-1　土壤食物网（改自 Holtkamp et al.，2008）
箭头代表取食关系，指向捕食者，TL（trophic level）代表营养级

et al.，2006）。这主要是因为：①真菌可通过菌丝的生长实现运动、寄居并降解土壤表面的动植物残体，细菌则无法实现这种功能；②真菌化学成分更为复杂，如真菌细胞壁中存在黑色素与几丁质的多聚物；③细菌对碳源同化效率相对较低，如真菌储存叶源碳量是细菌的 26 倍。因此，通过真菌生物量固定的碳稳定性较高且难以降解；而细菌生物量固定的碳则易于发生变化（Bailey et al.，2002）。因此，从土壤真菌和细菌、真菌细菌生物量比及真菌和细菌生存的土壤条件的角度研究土壤食物网的能量流动将有助于我们更好地了解生态系统的碳氮循环过程及微生物在这些过程中所起的作用。

一、真菌能流通道与细菌能流通道的特征

土壤微生物群落中是以真菌为主导还是以细菌为主导引起了学术界浓厚的兴趣（Lawson et al.，1984），Bärlocher 和 Kendrick（1974）及 Suberkropp 和 Klug（1976）是最早探讨这个问题的学者。通过对凋落物分解过程中微生物群落的研究，他们发现凋落物分解后期微生物群落从以真菌为主转为以细菌为主。然而，这些报道重点在于凋落物分解的不同阶段真菌和细菌发挥的相对主导作用。Golebiowska 和 Ryszkowski（1977）用直接镜检法研究轮作农田生态系统中的土壤微生物群落，结果表明细菌数量超过真菌和放线菌，食细菌线虫数量也超过食真菌线虫。Elliott 等（1984）在研究免耕土壤养分矿化动态时提出"土壤碳氮比的降低表明微生物群落从以真菌为主转为以细菌为主"。后来，学者开始从土壤食物网的角度研究真菌和细菌，Hendrix 等（1986）研究农田传统耕作和免耕情况下碎屑食物网的结果表明，传统耕作是以细菌为主的食物网，而免耕是以真菌为主的食物网。随后，Ingham 等又提出土壤食物网结构逐渐从以细菌为主的草

地生态系统演替为以真菌为主的森林生态系统（Ingham et al., 1986, 1991; Ingham and Thies, 1995），在 1989 年的研究中 Ingham 等提出森林生态系统以真菌为主而北美大草原和牧场的土壤微生物则以细菌为主。在该研究中森林生态系统为松林，通过直接镜检法检测到的土壤微生物真菌细菌比（F/B）高达 8.0。从不同生态系统的演替角度来说，植物类型和生物量会影响微生物群落的多样性及群落组成，演替早期大量高质量凋落物的产生使得细菌占优势，而演替后期低质量和富含单宁的凋落物的产生促使真菌在食物网中占优势（Ohtonen et al., 1999）。土壤微生物群落组成具有一定的季节动态，在冬季利用复杂植物残留物的真菌占优势，而夏季靠根系分泌物生长的细菌更加活跃（Lipson and Schmidt, 2004）。

Moore 等（1988）从能量角度提出 3 个通道，分别是根际能流通道（rhizosphere energy channel）、真菌能流通道（fungal energy channel）和细菌能流通道（bacterial energy channel），每个能流通道都由土壤食物网各个营养级的生物体组成。根际能流通道的能量来源是根系，而真菌能流通道和细菌能流通道的能量来源是土壤有机质。土壤食物网对有机质的分解有两条途径，即真菌能流通道和细菌能流通道，在不同的土壤生态系统中，由于提供能源的有机物分解的难易程度不同，这两个能流通道所起的作用不同。我们发现以往的研究大多集中在对土壤真菌生物量和细菌生物量的研究，并且用真菌细菌的生物量比判定系统是以真菌为主还是以细菌为主。真菌细菌比在不同生态系统中是变化的，更加值得注意的是，我们以往的研究大多集中于对真菌和细菌本身进行研究而不是从食物网的角度来研究真菌为主或者细菌为主的食物网。由于真菌和细菌各自支持着它们的捕食者，能量沿着食物链逐级流通。通常来说，流经真菌能流通道的能量一般通过真菌及食真菌的所有生物的生物量之和来量化或者反映。流经细菌能流通道的能量则通过细菌及食细菌的所有生物的生物量之和来量化或反映（Holtkamp et al., 2008; de Vries et al., 2012）。但土壤中微生物生物量的变化主要有两个途径，即微生物生产力和死亡残体，并且生物量仅仅是这些过程的一个缩影（Bapiri et al., 2010）。我们认为微生物生物量与它们在生态系统的碳、氮循环等过程中的作用并无直接的联系，而是间接地反映了这些生态过程。因此，真菌能流通道是指真菌及食真菌的所有生物经过周转、呼吸和代谢的以食物链为通道的能量之和；细菌能流通道是指细菌及食细菌的所有生物经过周转、呼吸和代谢的以食物链为通道的能量之和。

真菌能流通道主要从较低质量的有机质中获取能量，而细菌能流通道则从较高质量的有机质中获取能量（Rooney et al., 2006）。Wardle 等（2004）总结了真菌能流通道和细菌能流通道的特点（图 3-2）。真菌能流通道周转较慢，偏好低营养、难分解及高碳氮比的有机质，底物循环时间相对较长（Blagodatskaya and Anderson, 1998）；而细菌能流通道主要发生在营养丰富的土壤中，这些土壤富含容易分解的有机质，有较快的碳周转速率和营养循环速度（Holtkamp et al., 2008; Ingwersen et al., 2008）。因此，真菌能流通道的特征为：①存在于人类干扰小的生态系统，如森林生态系统；②植物凋落物质量较低；③系统周转较慢，氮和能量转化比较慢，有利于有机质的存储和氮的固持。细菌能流通道的特征为：①存在于干扰严重的生态系统，如农田生态系统；②具有较高质量的凋落物；③系统周转较快，有机质降解快，氮的矿化率高，有利于养分供应。Harris（2009）

认为成熟的生态系统是一个由以细菌能流通道为主转化为以真菌能流通道为主的系统。森林恢复的目的就是通过较短的时间恢复到以真菌能流通道为主的系统（图 3-3）。

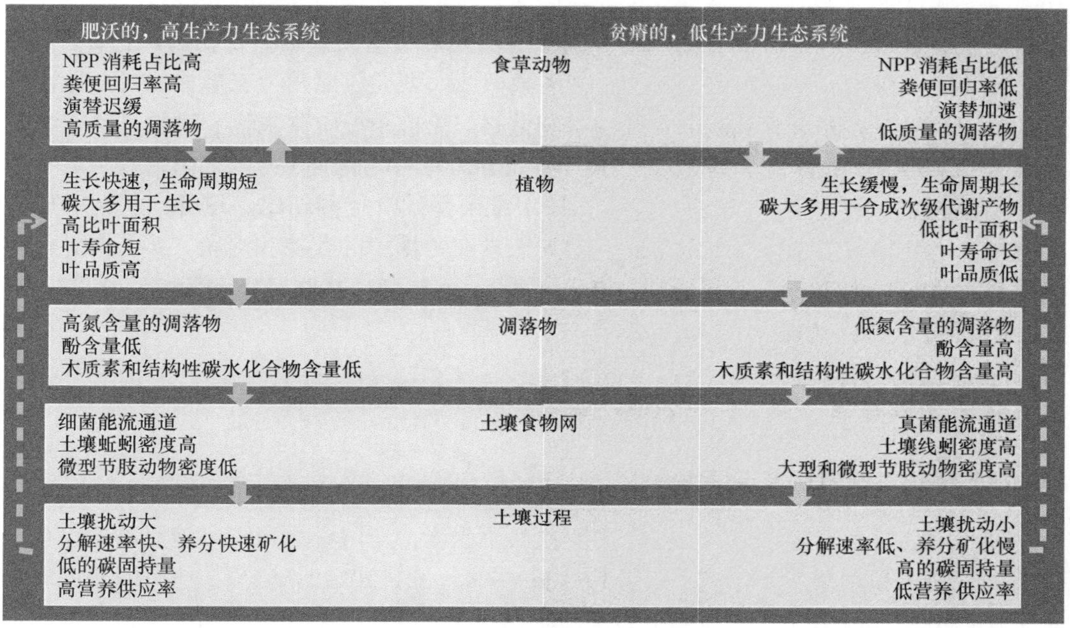

肥沃的，高生产力生态系统
贫瘠的，低生产力生态系统
NPP 消耗占比高
粪便回归率高
演替迟缓
高质量的凋落物
食草动物
NPP 消耗占比低
粪便回归率低
演替加速
低质量的凋落物
生长快速，生命周期短
碳大多用于生长
高比叶面积
叶寿命短
叶品质高
植物
生长缓慢，生命周期长
碳大多用于合成次级代谢产物
低比叶面积
叶寿命长
叶品质低
高氮含量的凋落物
酚含量低
木质素和结构性碳水化合物含量低
凋落物
低氮含量的凋落物
酚含量高
木质素和结构性碳水化合物含量高
细菌能流通道
土壤蚯蚓密度高
微型节肢动物密度低
土壤食物网
真菌能流通道
土壤线蚓密度高
大型和微型节肢动物密度高
土壤扰动大
分解速率快、养分快速矿化
低的碳固持量
高营养供应率
土壤过程
土壤扰动小
分解速率低、养分矿化慢
高的碳固持量
低营养供应率

图 3-2　高生产力与低生产力生态系统的差异（改自 Wardle et al.，2004）

植物特性决定进入土壤资源的质和量，关键土壤生态过程由土壤生物驱动；地下系统对植物群落的反馈（虚线）在高生产力生态系统为正效应，在低生产力生态系统为负效应

正常的演替轨迹
恢复捷径
草地
先锋或
未成熟系统
灌木丛
森林
原生基质或退化系统
微生物生物量
真菌细菌比

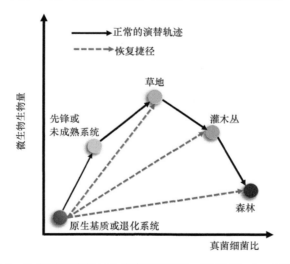

图 3-3　生态系统演替与土壤真菌细菌比（改自 Harris，2009）

不同农业管理措施下土壤食物网的特征与耕地肥力和生产力密切相关（陈国康和曹志平，2006）。长期实验结果表明：常规传统耕作措施下以细菌为基础的食物网在调节土壤有机质动态和营养元素循环中发挥更大的作用，而减耕与免耕（仅在土表覆盖植物

残体）措施下以真菌为主的食物网发挥的作用更显著。免耕情况下，真菌菌丝体发挥着固定矿质氮的关键作用，它们与其捕食者之间相互作用决定着腐解残体中氮的释放时间和数量，并且土壤食物网的垂直特征非常明显，即免耕系统中食物网的垂直变化趋势是由靠近土表以真菌为基础的食物网转变为土层深处以细菌为基础的食物网。在真菌集中的矿质表层，小型节肢动物和蚯蚓通过产生微型或大型粪粒而发挥着形成稳定土壤团聚体的作用，从而提高对有机质的物理保护和储存。免耕系统中微生物和动物群落也特别表现为季节性制约，冷季表现为以细菌为基础的食物网，暖季则为以真菌为基础的食物网（由生物量比较定义）。与传统耕作系统中细菌基础食物网相比，这种向真菌基础食物网转变的特征有助于降低氮的矿化，增加氮素在土壤中的存储和滞留，其土壤矿化氮的明显垂直分层作用有助于减少氮的淋失（Hendrix et al.，1986；Hunt et al.，1987；de Ruiter et al.，1993；Brussard，1994）。

二、真菌能流通道与细菌能流通道的量化

（一）土壤真菌细菌的生物量比

从生产者到消费者，从初级消费者到次级消费者，土壤食物网可以被简单地区分为细菌能流通道和真菌能流通道（图 3-4）（de Vries et al.，2012）。但是，已有的研究大多集中在对土壤真菌生物量和细菌生物量的研究上，土壤真菌生物量和细菌生物量的测定方法通常有显微镜计数法/镜检法（Wu et al.，1993）、选择性呼吸抑制法（Anderson and Domsch，1973）、麦角固醇法（Djajakirana et al.，1996）、氨基葡萄糖/胞壁酸法（Appuhn and Joergensen，2006）和磷脂脂肪酸法（Bååth and Anderson，2003）等。由于磷脂脂肪酸是只存在于活体细胞中的生物标记分子，可以敏感地反映土壤微生物群落的变化，应用磷脂脂肪酸法可以分别测定出土壤微生物群落中的腐生真菌、菌根真菌、革兰氏阳性菌和革兰氏阴性菌等不同的功能团，该方法比测定微生物群落结构的其他方法具有更大优势（曹志平等，2011）。磷脂脂肪酸法在过去的十几年中得到越来越广泛的应用。

（二）土壤真菌细菌的生产力比

一般来说，细菌周转速率的测定采用氚标记胸腺嘧啶核苷掺入法（tritiated thymidine incorporation），而真菌的周转速率则通过在麦角固醇中添加标记的乙酸进行测定（Rousk and Bååth，2007）。基于文献数据，我们总结了不同生态系统中真菌细菌的周转速率（表 3-1），然后综合生物量和周转速率的结果按照公式（3-1）来计算土壤真菌细菌的生产力比（Carter and Suberkropp，2004）。

$$\frac{P_F}{P_B} = \frac{B_F \times \dfrac{T}{T_F}}{B_B \times \dfrac{T}{T_B}} = \frac{B_F \times T_B}{B_B \times T_F} \tag{3-1}$$

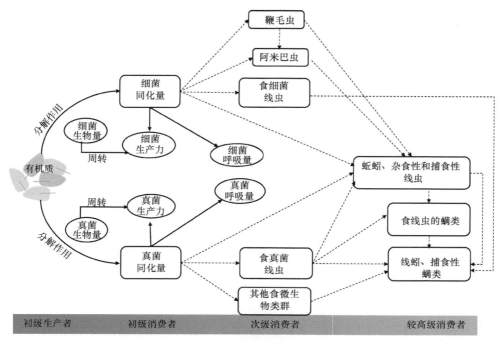

图 3-4 真菌能流通道和细菌能流通道模型概念图（改自 de Vries et al., 2012）
实线代表目前可计算的过程，虚线代表目前未计算的过程

$$\frac{P_\mathrm{F}}{P_\mathrm{B}+P_\mathrm{F}}=\frac{B_\mathrm{F}\times\dfrac{T}{T_\mathrm{F}}}{B_\mathrm{B}\times\dfrac{T}{T_\mathrm{B}}+B_\mathrm{F}\times\dfrac{T}{T_\mathrm{F}}}=\frac{1}{\dfrac{B_\mathrm{B}\times T_\mathrm{F}}{B_\mathrm{F}\times T_\mathrm{B}}+1} \quad (3\text{-}2)$$

式中，B_F 和 B_B 分别代表土壤真菌生物量和土壤细菌生物量；P_F 和 P_B 分别代表土壤真菌生产力和土壤细菌生产力；T_F 和 T_B 分别代表土壤真菌周转时间和土壤细菌周转时间，周转时间以年为单位；T 代表需要计算土壤真菌细菌生产力比的时间。

表 3-1 不同生态系统的土壤真菌周转时间和细菌周转时间及真菌细菌的周转速率

生态系统类型和林型	细菌周转时间（天）		真菌周转时间（天）		周转速率比
	最小值	最大值	最小值	最大值	
农田生态系统	0.5A	—	130C	—	0.004
	0.5	—	—	150C	0.003
	—	1.0A	130	—	0.008
	—	1.0	—	150	0.007
草地生态系统	1.0B	—	130	—	0.008
	1.0	—	—	150	0.007
	—	1.1B	130	—	0.008
	—	1.1	—	150	0.007
森林生态系统	7.0B	—	130	—	0.054
	7.0	—	—	150	0.047
	—	53.7C	130	—	0.413
	—	53.7	—	150	0.358

续表

生态系统类型和林型	细菌周转时间（天）		真菌周转时间（天）		周转速率比
	最小值	最大值	最小值	最大值	
阔叶林	7.0	—	130	—	0.054
	7.0	—	—	150	0.047
	—	53.7	130	—	0.413
	—	53.7	—	150	0.358
针叶林	7.0	—	130	—	0.054
	7.0	—	—	150	0.047
	—	53.7	130	—	0.413
	—	53.7	—	150	0.358
混交林	7.0	—	130	—	0.054
	7.0	—	—	150	0.047
	—	53.7	130	—	0.413
	—	53.7	—	150	0.358

注：A、B、C 分别来源于 Bloem 等（1992）、Uhlířová 和 Šantrůčková（2003）、Rousk 和 Bååth（2007）

（三）土壤真菌细菌的同化量比

在能量流通模型中，真菌或者细菌的同化量是指真菌或细菌的生产力与呼吸量之和（Odum，1957）。我们试图依据以真菌或细菌为基础的食物链的能量流通，分别计算流通到真菌为主的食物链的能量之和，以及流通到细菌为主的食物链的能量之和[公式（3-3）]。

$$\frac{A_F}{A_B} = \frac{P_F + R_F}{P_B + R_B} = \frac{P_F + P_F \big/ \left(\frac{P}{R}\right)_F}{P_B + P_B \big/ \left(\frac{P}{R}\right)_B} = \frac{P_F}{P_B} \times \frac{\left(\frac{P}{R}\right)_B \times \left(1 + \left(\frac{P}{R}\right)_F\right)}{\left(\frac{P}{R}\right)_F \times \left(1 + \left(\frac{P}{R}\right)_B\right)} \quad (3\text{-}3)$$

$$\frac{A_F}{A_B + A_F} = \frac{P_F + R_F}{(P_B + R_B) + (P_F + R_F)} = \frac{P_F + P_F \big/ \left(\frac{P}{R}\right)_F}{\left(P_B + P_B \big/ \left(\frac{P}{R}\right)_B\right) + \left(P_F + P_F \big/ \left(\frac{P}{R}\right)_F\right)}$$

$$= \frac{1}{1 + \frac{P_B}{P_F} \times \frac{\left(\frac{P}{R}\right)_F \times \left(1 + \left(\frac{P}{R}\right)_B\right)}{\left(\frac{P}{R}\right)_B \times \left(1 + \left(\frac{P}{R}\right)_F\right)}} \quad (3\text{-}4)$$

式中，A_F 和 A_B 分别代表土壤真菌同化量和土壤细菌同化量；R_F 和 R_B 分别代表土壤真菌呼吸量和土壤细菌呼吸量；$\frac{P_F}{P_F + R_F} = 52\%$ 代表真菌生产力占真菌同化量的百分比为 52%；$\frac{P_B}{P_B + R_B} = 33\%$ 代表细菌生产力占细菌同化量的百分比为 33%；土壤真菌的碳同化效率和细菌的碳同化效率通过修正 Holland 和 Coleman（1987）的值而得到。

基于生物量、呼吸量、生产量和同化量模型［公式（3-4）］，我们计算及总结了 de Vries 等（2012）和 Holtkamp 等（2008）的研究结果，表明在小麦田的对照和干旱处理下真菌/（真菌+细菌）生物量分别为5.66%和5.55%，生产量占比分别为44.13%和50.98%，同化量占比则非常少，分别为0.55%和0.72%。草地的对照和干旱处理下，真菌/（真菌+细菌）生物量分别为8.76%和12.28%，生产量占比分别为56.14%和69.04%，同化量占比分别为 0.89%和 1.54%。幼龄、中龄和老龄弃耕地与健康林地的生物量占比分别为 48.72%、43.82%、54.55%和 57.45%，生产量占比分别为 50.00%、47.73%、44.44%和 60.78%，同化量占比分别为0.70%、0.63%、0.56%和1.07%（图3-5）。

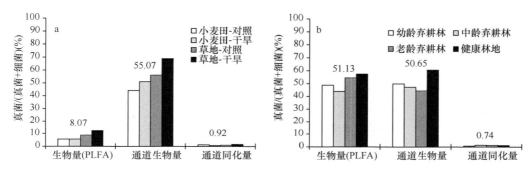

图 3-5　真菌细菌生物量、通道生物量和通道同化量

数据来源：a. de Vries et al., 2012；b. Holtkamp et al., 2008

第二节　土壤食物网的定量模型与模拟

自从人类文明产生以来，民间已有食物链和食物网的概念。中国古代谚语"大鱼吃小鱼、小鱼吃虾米、虾米吃泥巴（其实是指淤泥中的微生物或浮游生物）"指的就是自然界中各种生物之间普遍存在的"弱肉强食"的食物链关系（Lindeman，1941；杨艳，2007）。这个谚语的具体含义是：在泥巴中腐烂的有机物质及微生物首先转化为虾米的生命物质和能量，虾米被小鱼取食后转化为小鱼的生命物质和能量，小鱼又被大鱼捕食，转化为大鱼的生命物质和能量。这揭示的是自然界中物质和能量通过食物链，从低营养级向高营养级逐级向上传递、输送的过程。自然界中存在很多食物链，而不同食物链互相交织就形成错综复杂的食物网。文献中关于水体生态系统中的食物网研究较早，而土壤食物网的研究明显滞后。土壤食物网的研究主要关注土壤生物的生态功能，特别强调土壤动物的地位（Christian and Luczkovich，1999；Scheu，2002）。达尔文很早就注意到土壤动物的生态功能，并把蚯蚓称为"大地的犁"（Darwin，1881）。蚯蚓、蚂蚁、白蚁等被广泛认为是"生态系统工程师"（Coleman and Crossley，1996；Coleman et al., 2018）。

土壤食物网类型主要包括根际食物网（rhizosphere food web）和碎屑食物网（detritus food web）（Hunt et al., 1987）。根际食物网的资源来源于植物的根系或者根际分泌物，形成根系能流通道（root energy channel）和分泌物能流通道（exudate energy channel）。根系能流通道由食根昆虫、寄生线虫、共生和寄生微生物组成；分泌物能流通道中由于微生物利用这些易分解资源快速繁殖,再通过食微动物的取食,最终能量沿着营养级向顶级捕食者传递。碎屑食物网的最初资源则来自植物的残体或凋落组织,分解过程中形成细菌能流通道和真菌能流通道。根据能流通道各生物类群的生理特性及其对物质分解和养分循环速率的贡献,Coleman 等(1983)把土壤中养分动态模型划分为"快速循环"和"慢速循环"两大类,分别对应于细菌能流通道和真菌能流通道。细菌能流通道由细菌、原生虫、轮虫、线虫、线蚓和节肢动物等组成;真菌能流通道由腐生真菌、线虫、跳虫、蚯蚓和节肢动物等组成。细菌能流通道的世代周期较短、物质分解速率较快;真菌能流通道的世代周期较长、物质分解速率较慢(Moore et al., 2003)。研究表明,单个细菌菌落的生命周期只有 20 min,1 g 细菌生物量在一个生长季可以周转 2 或 3 次;食细菌的原生虫的生命周期为 4 h,一个生长季可以周转 10 次。一个真菌菌落的生命周期为 4~8 h,一个生长季只能周转 0.75 次;食真菌的有足类的生命周期为 2~3 个月,一个生长季只能周转 2 或 3 次(Hunt et al., 1987)。有的学者则通过功能团的连接把土壤食物网划分为初级分解通道(primary decomposer channel)和次级分解通道(secondary decomposer channel)(Scheu and Falca, 2000),这可能过分简化了食物网中物种之间的关系。

一、土壤食物网模型与模拟类型

土壤食物网模型及其模拟对于描述和预测土壤生物群落在土壤中的分布和动态及其对物质分解和养分循环的贡献都具有重要意义(Moore et al., 1993; Fu et al., 2000a)。土壤食物网模型大致分为 3 类:生物导向模型(organism-oriented model)、过程导向模型(process-oriented model)和生物与过程整合模型(organism and process integrated model)(Paustian, 1994; Fu et al., 2000a)。生物导向模型主要关注土壤生物群落的物种多样性及其丰度,弱化了土壤生物的物质分解和养分循环等生态功能(Hunt et al., 1987; Hassink et al., 1994; Moore et al., 1996; de Ruiter et al., 1998);过程导向模型则正好相反,主要关注物质分解和养分循环,忽视了土壤生物群落本身的消长,土壤动物的作用仅仅体现在通过改变土壤理化性状而影响微生物活动上(Jenkinson and Rayner, 1977; McGill et al., 1981; Parton et al., 1987; Verhoef and Brussaard, 1990)。

生物导向模型和过程导向模型各有优缺点,利用生物导向模型可以较好地了解有机质分解的生物机制,但是该模型对生物类群的测定和鉴定要求很高,因此土壤生物学家必须深度参与;因为生物类群之间的相互作用关系及其食物网结构非常复杂,此类模型预测功能的普适性一直饱受诟病。Patten(1972)、McBrayer 等(1974)、Rosswall 和 Paustian(1984)等描述的都是较好的生物导向模型。Patten(1972)的模型包括跳虫、食真菌螨虫、食根线虫、原生虫及几种昆虫,并把凋落物、死根及腐生组织进行了区分,但是忽略了几类重要的线虫。McBrayer 等(1974)的模型把土壤生物类群划分为 4 类功能群,即凋落物啃噬、碎屑取食、食真菌和捕食者等。Rosswall 和 Paustian(1984)等则把土壤生物分为食碎屑者、食微者、草食者、肉食者 4 类。这些模型的共同缺陷是没有对有机质的分解过程进行监测,因此无法区分不同土壤生物类群的各自贡献。

利用过程导向模型可以较好地预测有机质分解动态,但因为简化了土壤生物模块而无法反映土壤生物的反馈作用机制（Smith et al., 1998）。比较经典的过程导向模型是 Parton 等（1987）研发的 Century 模型。Century 模型自发表以来，已在生态学领域特别是碳的模拟方面得到广泛应用。在 Century 模型中，土壤有机质包括以下几个模块（图 3-6）：①活性碳库，包括土壤微生物活体和残体，以及周转较快的土壤有机质；②难分解碳库，包括受物理保护或者化学保护而较难分解的土壤有机质；③惰性碳库，包括化学结构复杂且受物理保护的土壤有机质；④植物残体碳库，包括植物根和茎等部分，分别进入结构性碳库和代谢性碳库。结构性碳和代谢性碳的周转时间分别为 1~5 年和 0.1~1 年。在 Century 模型中只是提到了土壤微生物生物量可以作为有机质的一部分，但对微生物群落在有机质分解过程中的动态变化没有进行监测，土壤动物的作用则被完全忽略了。

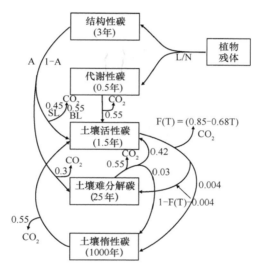

图 3-6　Century 模型（改自 Parton et al., 1987）

SL. 表层凋落物；BL. 土壤凋落物；L/N. 木质素：氮；A. 木质素含量；T. 土壤泥沙和黏土

图中各种形态碳的周转时间均为平均值；图中 T 为土壤粉粒和黏粒含量；而 F（T）中的 F 表示矿化为 CO_2 的碳的比例

生物与过程整合模型则同时关注土壤生物类群的消长及其生态过程的变化（Hendrix et al., 1986；Hunt et al., 1987；Chertov and Komarov, 1996；Kaiser, 1996；Fu et al., 2000a），是模拟土壤食物网及其生态功能的最佳方式。在 Chertov 和 Komarov（1996）的模型中，土壤表层的凋落物被清晰地分为凋落物（L）、地被物（F）和腐殖质（H）3 个有机质库，不同土壤生物类群分别作用于不同分解阶段的有机质，其缺点是土壤生物本身并没有在模型中作为一个单独的生物量库。在 Kaiser（1996）的模型中，不同形态的堆肥基质（淀粉、半纤维素、纤维素、木质素等）与不同微生物的功能群建立了很紧密的联系，但是土壤动物的作用被忽略了。以下 3 个例子都是典型的生物与过程整合模型：①Hunt 等（1987）在 Colorado 矮草草原上的土壤食物网模型（图 3-7）。此模型的主要目的是了解有机质通过土壤生物分解后的碳、氮转化动态，因此模型中的参数包括了不同生物类群的取食偏好、碳和氮含量、生命周期、食物同化效率、给定时间内的累积生物量与同化量的比例、分解能力、种群大小等。在 Hunt 等（1987）的模型中包含细菌能流通道和真菌能流通道的基本元素。细菌能流通道的生物类群主要通过细菌、鞭毛虫、变形虫、食细菌线虫、杂食性线虫到达捕食性线虫和捕食性螨虫；真菌能流通道又分为菌根真菌能流通道和腐生真菌能流通道，两者都通过弹尾目跳虫、螨虫、食真菌线虫到达捕食性线虫和捕食性螨虫。由于草原上的食物链长度较短，因此两种能流通道在捕食性线虫和捕食性螨虫这个营养级融合。在此模型中，有机质分为易分解和难分解两部分，均可经过细菌能流通道和真菌能流通道，假定每单位质量的细菌利用易分解有机质的速率是真菌的 2 倍，反之，每单位质量的真菌利用难分解有机质的速率是细菌的 2 倍（McGill et al.，1981；Hunt et al.，1987）。模型结果表明，Colorado 矮草草原上土壤动物对有机质氮素矿化的直接贡献为 37%，相当于它们生物量氮（2.3 g N/m^2）的 14 倍，原因是土壤动物的周转速率相对较高。②Hendrix 等（1986）通过研究佐治亚州免耕（no-tillage）和传统耕作（conventional tillage）两种耕作制度下作物残体分解过程中不同土壤生物群落的数量、丰度和组成发现，免耕制度下真菌能流通道的生物类群所起的作用比细菌能流通道的生物类群大；而传统耕作制度下细菌能流通道的生物类群所起的作用比真菌能流通道的生物类群大。例如，免耕制度下蚯蚓的丰度及其作用比线蚓大，传统耕作制度下线蚓的丰度及其作用比蚯蚓大（图 3-8）。该研究结果与波兰及瑞典的农业生态系统下食物网的研究结果相吻合（Golebiowska and Ryszkowski，1977；Andrén and Lagerlöf，1983）。Golebiowska 和 Ryszkowski（1977）发现传统耕作情况下基于细菌的高代谢活性的食物网占优势，而且耕作使得代谢更活跃的线蚓所占比重比蚯蚓大。Andrén 和 Lagerlöf（1983）发现耕作使得那些个体小、扩散快及世代周期短的生物类群容易生存，而有利于由这些生物类群组成的食物网的形成。③Fu 等（2000a）的模型基于室内和野外实验测定，目的是跟踪传统耕作和免耕两种耕作制度下作物残体分解过程中碳在不同土壤生物类群中的分配。在 Fu 等（2000a）的模型中（图 3-9），土壤碳库分为土壤有机质、土壤生物生物量碳库及无机碳库（CO_2）；土壤微生物作为碳的主要分解者，土壤动物不同功能群（线虫、跳虫、蚯蚓等）则通过食性关系影响微生物的群落变化。因为土壤微生物和土壤动物的呼吸都产生 CO_2，而且死亡后的残体都可分为易分解和难分解有机质从而归还至土壤中再经过微生物分解，所以在模型中土壤微生物和土壤动物被当作有机质分解的一个"超级生物"。Fu 等（2000a）的模型模拟结果表明：在有机质分解过程中各个类群既有分工又有合作；土壤微生物主要以资源控制即"上行效应"为主，小型和中型土壤动物则既受资源限制又受捕食者控制，即"上行效应"和"下行效应"同时起作用。

二、土壤食物网定量模型与模拟方法

（一）土壤食物网定量模型模拟的实验系统

土壤食物网最早的模型是通过食性关系连接捕食者和猎物而形成的概念模型，这种概念模型可以定性地描述不同物种间的主要联系，但是不能定量阐述物种间的物质交换和能量流动，因此构建相对简单，在文献中比较多见。定量模型是通过引入"能量流动"的概念才发展起来的（Lindeman，1941；Andrén et al.，1990；Christian and Luczkovich，1999；Scheu，2002），Lindeman（1941）对美国明尼苏达的雪松溪沼泽（Cedar Creek Bog）

淤泥食物网的研究应是最早用"能量"的概念来定量描述和区分不同营养级之间的取食关系的。Lindeman（1941）当时受到中国谚语"大鱼吃小鱼、小鱼吃虾米、虾米吃泥巴"的启发，发现随着食物链营养级的增加其用于生物量合成的能量逐级递减；从生产者、初级消费者到次级消费者的能量递减比例为 70.3∶7.0∶1.3 Cal[①]/cm^2。因为食物链下一级生物量所占能量大约为前一级的 1/10，所以后人将此规律总结为"十分之一定律"。虽然从严格意义来讲这只是一个独立研究的结果，并不是通过很多研究得出

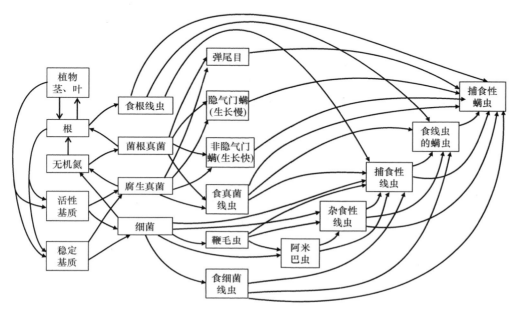

图 3-7　美国 Colorado 矮草草原土壤食物网（改自 Hunt et al.，1987）

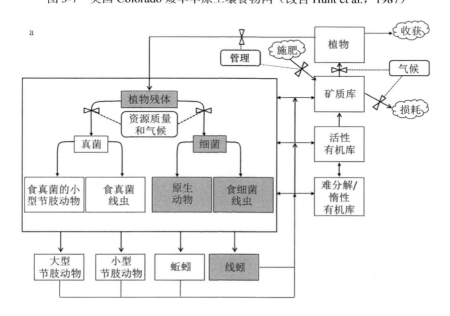

---

① 1 Cal=1 kcal=4.184 kJ

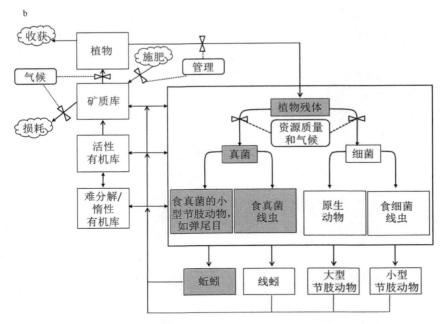

图 3-8　两种耕作制度下土壤食物网及其对有机质分解的贡献（引自 Hendrix et al.，1986）
a. 传统耕作制度下的土壤食物网；b. 免耕制度下的土壤食物网
图中箭头上的阀门符号指的是养分传递过程受到以虚线与该阀门符号相连的影响因素的调控。阴影部分指给定耕作制度下在养分和能流通道中作用相对突出的生物组分

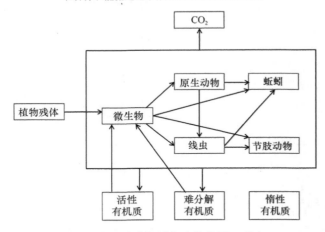

图 3-9　土壤食物网在植物残体分解过程中的作用（引自 Fu et al.，2000a）

的普适性规律，不能定义为定律；但是这个研究对食物网各大类群之间的食性关系做了细致的数量化的记录和总结，极大地推动了定量食物网甚至定量生态学的发展。在定量模型模拟中，可以明确地测定不同物种在物质分解和养分循环中的作用（Moore et al.，1988；Brussaard，1998）；而且不同营养级中不同物种对其他物种个体的影响也比较清晰，因此有利于揭示食物网中的上行效应、下行效应和相互作用强度（Moore and Hunt，1988；Wootton，1997；de Ruiter et al.，1998）。Lindeman 所研究的雪松溪沼泽是一个相对封闭的系统，物质能量的输入和输出均可以被准确测定，是定量模型模拟的理想实验系统。

定量模型模拟土壤食物网及其生态功能的常用实验系统是在室内或野外构建相对独立而封闭的系统,如室内的微宇宙实验(microcosm)或野外的中宇宙实验(mesocosm)。一般进行物种添加或者剔除实验(Crossley and Witkamp,1964;Witkamp,1966;Coleman et al.,1983;Anderson et al.,1983;Trofymow and Coleman,1982;Trofymow et al.,1983;Teuben,1991;Lawton,1996;Verhoef,1996;Lv et al.,2016;Shao et al.,2017)。这些实验主要是在提供已知定量资源的基础上,通过人工简化的土壤生物类群组合,以了解生物类群之间的相互作用强度(Scheu and Falca,2000)。但是,建立科学的室内微宇宙实验或野外中宇宙实验难度非常大,主要体现在以下几个方面:①土壤环境非常复杂,其中的生物类群很多,剔除所有类群相对容易,但专一性剔除某一类群很难,对小型或中型土壤动物更难;②不管是利用物理还是化学方法,剔除一种或几种类群后,很难避免对其他类群或土壤理化性状造成负作用;③室内微宇宙实验的物种添加虽然相对简单,但几个生物群落的组合并不能真实模拟复杂的土壤环境及其食物网结构。尽管如此,以下几个室内微宇宙实验或野外中宇宙实验结果推动了定量食物网的研究,特别是在物种间相互作用强度(interaction strength)方面有较好进展(Coleman et al.,1977;Scheu and Schaefer,1998;Moore et al.,2003;Cole et al.,2004;Lv et al.,2016;Shao et al.,2017)。Coleman 等(1977)为了研究土壤生物对有机质中碳、氮、磷的矿化作用,通过微宇宙实验在实验室对土壤进行灭菌后分别添加细菌或者细菌和食细菌的原生虫、线虫等,发现两种添加方式下有机质的矿化作用都有所提高。Coleman 研究组的几个跟踪实验都发现小型土壤动物可以提高土壤中养分元素的含量从而促进植物的生长(Elliott et al.,1979;Ingham et al.,1985)。虽然 Ingham 和 Coleman(1984)及 Xiong 等(2008)发现化学杀虫剂可能影响非目标生物,但是很少有研究对化学杀虫剂的这种效应进行全面的测试。因此,化学杀虫剂的施用因为无法区分其结果是由某些目标生物还是非目标生物的减少所导致而一直受到质疑。Shao 等(2017)和 Lv 等(2016)的实验其实是基于同一个中宇宙实验设施。这个实验设置在广东鹤山森林生态系统国家野外科学观测研究站的大叶相思林内。整个实验分为蚯蚓剔除/蚯蚓添加、施用氮肥/不施用氮肥、种植灌木/不种植灌木 3 对处理,共有 5 个区组(即每个处理有 5 个重复)。目的是阐明蚯蚓对养分循环的贡献及蚯蚓与植物等的交互作用。在此实验中,蚯蚓剔除通过电击法实施,实验证明电击的方法对其他中小型土壤动物没有显著影响,因此可以用来研究蚯蚓存在与否对生态功能的影响。在蚯蚓添加处理中,先对样方进行蚯蚓剔除,然后再添加数量为对照 2 倍的蚯蚓。结果表明:蚯蚓可以有效提高土壤磷的养分有效性,而且这种作用在植物存在时显著增加,有效地促进了植物的生长(Lv et al.,2016)。土壤氮素较低时,蚯蚓入侵种抑制植物寄生线虫;但土壤氮素较高时,这种抑制效应消失。表明氮沉降可能改变土壤生物本土种和入侵种的相互作用关系(Shao et al.,2017)。

(二)土壤食物网定量模型模拟的关键技术和方法

一般的模型模拟思路是将土壤食物网分为不同的营养级,按照能量流动的规律,对每一营养级的土壤生物类群的生物量及其能量进行估算(图 3-10)。通过收集不同营养级上各个生物类群的生长、死亡速率、周转时间、捕食(取食)效率、同化效率等参数;从顶级捕食者开始,一级一级往下估算各类生物的生物量、同化量和物质矿化量。这是因为顶级捕食者的生物量消耗即为自然死亡量,相对容易估测;而其他营养级的生物类群的生物量消耗包括自然死亡和被捕食的生物量,估算相对复杂。如果涉及几个天敌或者几种被捕食者,则必须对不同捕食者或者被捕食者进行权重分析,模拟过程更为复杂。不能同化的部分(如排泄物)则回归至碎屑库被微生物再分解,而只用于生命活动维持的同化部分即为物质矿化量(Moore et al., 2005)。土壤食物网模型模拟中最重要的一项参数是取食量,一旦某一生物类群的取食量得以确定,其他参数将迎刃而解。取食量是通过种群的年平均生产量、自然死亡量、被捕食量三者的平衡关系得到的。具体公式为

$$F_j = \frac{d_j B_j + M_j}{a_j p_j} \tag{3-5}$$

式中,F_j 为取食量;a_j 为同化效率;p_j 为生产效率;d_j 为单位死亡速率;B_j 为年平均种群大小(生物量);M_j 为被捕食量。

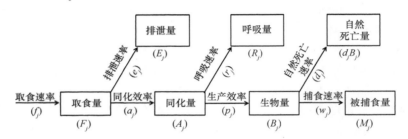

图 3-10　土壤生物取食后物质转化和能量流动概念图

如果涉及几种被捕食者,则其对某一猎物的取食量取决于其对此猎物的偏好程度以及此猎物本身的相对多度。此时的取食量公式为

$$F_{ij} = \frac{w_{ij} B_i}{\sum_{k=1}^{n} w_{kj} B_k} \cdot F_j \tag{3-6}$$

式中,F_{ij} 是捕食者 j 对猎物 i 的取食量;w_{ij} 是捕食者 j 对猎物 i 的取食偏好系数;B_i 是猎物 i 的年平均种群大小(生物量);w_{kj} 是捕食者 j 对猎物 k 的取食偏好系数;B_k 是猎物 k 的年平均种群大小(de Ruiter et al., 1998)。

如果需要更精确地定量土壤食物网各营养级的类群及其能量流动和种间相互作用强度,就必须熟练地利用分子生物学技术和同位素示踪技术(Scheu, 2002)。例如,荧光原位杂交(fluorescence in situ hybridization, FISH)等分子生物学技术已被广泛应用于细菌和真菌的结构及动态原位研究(Fischer et al., 1995, 1997; Mogge et al., 2000)。FISH 等分子生物学技术的应用可以跟踪食物在小型或中型土壤动物肠道中的去向,将有助于揭示微生物与其捕食者螨螨、跳虫、线虫的食性关系。同位素示踪技术则可以根据不同物种间 ^{13}C 和 ^{15}N 的自然丰度差异,了解捕食者对猎物的取食偏好和同化效率,从而确定它们在食物网中的营养级地位甚至整个土壤食物网的结构(Minagawa and Wada, 1984; Wada et al., 1991; Scheu and Falca, 2000)。有机质分解程度及其在不同

土壤深度的分布会影响土壤生物体 ^{13}C 和 ^{15}N 的自然丰度，从而影响土壤食物网中不同生物类群所在营养级位置的确定。总之，这些技术方法的应用将有助于揭开土壤"黑箱"之谜。关于分子生物学和稳定性同位素技术在土壤生物学及土壤生态学中应用的进展将在第六章详细介绍。

结构方程模型是一类定性和定量手段相结合来描述土壤食物网的模型，可以定义为"应用两个或更多因果结构方程以模拟多变量关系"（Grace，2006），可以用于复杂网络关系的直观图形表现。结构方程模型既可以包括已观测的变量，也可以包括未观测的潜在变量，可以区分直接关系和间接关系，以及表现和验证替代假设，可以量化各种解释变量的相对贡献及多变量的综合影响（Grace and Bollen，2008）。如果把主成分分析（principal components analysis）、非计量多维尺度推演（nonmetric multidimentional scaling）和多元回归（multiple regression）方法称为"第一代"多变量分析方法，那么结构方程模型则为"第二代"多变量分析方法。结构方程模型的优点体现在：①增加了多变量假设检验和确证试验；②适合检验网络状因果关系及比较模型之间的适合度。在结构方程模型中，如果预模型或者最初模型因为适合度不好被淘汰，就用替代模型进行适合度分析，最终模型还必须进行确证试验。结构方程模型一般要求有 10~20 个参数，而每个参数的样品数量为 5~10 个（Grace，2006；Grace et al.，2012）。结构方程模型因为是一种基于多变量相关性分析的方法，可以用于分析土壤生物群落之间及其与环境因子之间相互影响的强度，也可以检验土壤食物网"上行效应"和"下行效应"之间的相互作用关系，在土壤食物网模型模拟甚至在土壤生态学研究中具有很好的应用前景（Eisenhauer et al.，2015）。Shao 等（2015）利用结构方程模型分析了中国广西一片成熟八角（*Illicium verum*）林下土壤食物网结构与环境因子的关系，发现真菌能流通道在土壤食物网中占据主导作用，而且"上行效应"比"下行效应"更重要（图 3-11）。

食物网的网状结构可以采用社会网络分析（social network analysis）的有关理论进行量化研究（Wassermann and Faust，1994；Digel et al.，2014）；而社会网络分析主要得益于拓扑学（topology）方法的运用。拓扑学结构理论为食物网动态研究提供了科学基础，使得可以通过拓扑学建模，研究食物网的结构和动态（Allesina et al.，2008）。食物网拓扑学的基本思想是通过建立一系列拓扑学指标，定量地描述食物网各个成员之间联系的紧密程度，以及各个成员对整个食物网的作用或影响（Dunne，2006；Jordán et al.，2006）。作为一个较为新兴的研究方向，食物网拓扑学理论和方法的发展，推动了食物网结构研究和动态建模的发展。Riede 等（2010）在生态位模型的基础上提出了拓扑结构理论，推动了食物网结构研究和动态建模的发展。拓扑学结构理论为量化食物网结构和动态研究提供了科学基础（Allesina et al.，2008）。通过食物网的拓扑结构可以计算出很多指标参数，如物种之间的平均连接度、关键种（key species，对食物网结构和功能起重要作用的物种）、稳健性（robustness）等，利用这些指数不仅能够比较不同生态系统中食物网的结构和功能，还能很好地预测食物网对外界干扰的敏感性，因此食物网拓扑结构是目前较为理想的模型。Riede 等（2010）分析了 5 种生态系统（河口、湖泊、海洋、溪流、森林）的食物网拓扑结构参数，其中大多数食物网拓扑结构参数与其生态系统中的物种多样性存在显著的相关性。但是，在土壤生态

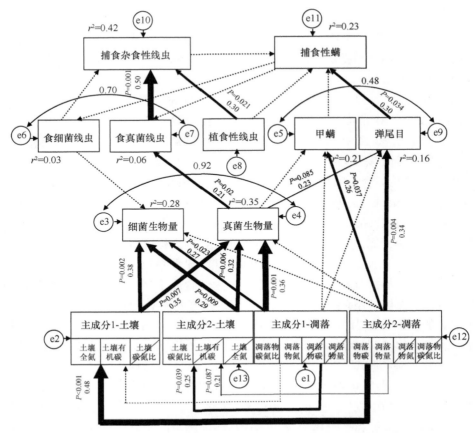

图 3-11　八角（*Illicium verum*）林下土壤食物网结构与环境因子的关系

实线代表显著（$P < 0.05$）或者接近显著（$0.05 < P < 0.1$）的效应，箭头的方向代表"下行效应"和"上行效应"；虚线代表不显著（$P > 0.1$）的效应；箭头大小近似表示关系强度

系统中，土壤养分的异质性导致土壤节肢动物的多样性较高，较高的多样性促使物种之间形成各种各样的联系（Digel et al., 2014）（图 3-12），加上土壤动物的种类鉴定和食性甄别存在一定的局限性，所以拓扑结构在土壤生态系统中的应用较少。目前关于食物网拓扑结构的研究主要集中在模型构建和参数比较方面，并没有涉及生态系统的具体功能，如初级生产力、养分循环和凋落物分解等。前人研究发现，较好的常规拓扑学指数都与食物网的稳定性呈现显著的正向关系，而食物网的稳定性又与生态系统服务密切相关，那么我们可以认为较好的食物网拓扑学指数可以反映较好的生态系统服务。

（三）土壤食物网定量模型模拟的难点

土壤食物网定量模型模拟的最大难点是生物类群多样性的时空动态及食物网的稳定性。土壤食物网定量模型模拟难度很大，主要原因如下：①土壤生物类群多、个体多、体形小，很多肉眼难见，必须依赖显微镜操作和计数，十分耗时耗力；②结构复杂，但种间差异小，鉴定难度大，如根节线虫不同种的差异很细微；③很多物种的食性不清楚

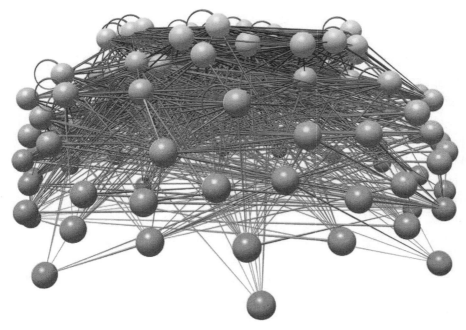

图 3-12 土壤食物网拓扑结构示意图（引自 Digel，2014）
图中展示的是山毛榉林内 118 种物种交织的 1896 个链接

而且杂食性物种比例大，因此，很多种间取食性链接关系难以确定（Wootton，1997；Scheu，2002）；④对土壤生物不同类群的生长和消亡速率、世代更新速率、生物量碳氮含量、取食偏好、取食速率、同化效率等参数进行量化的难度大（Moore et al.，2005）；⑤环境因子对土壤生物不同类群的影响不同，而且时空差异大。最常见的方法是把食性关系相似或者功能相同的物种划为一类，作为"食性组""功能团"或者"功能群"。虽然有些学者对这种划分有一定的争议（Martinez，1993，1994；Martinez et al.，1999），但这种方式的物种组合简化了很多生物类群之间的联系而有利于土壤食物网概念模型的建立及定量模拟。

生物多样性在维持土壤食物网的稳定性方面起着重要作用，因为很多生态系统过程中的物质转化和能量流动都与不同的生物类群有密切的关系。某一微生物或者土壤动物类群的缺失可能严重影响有机质分解、养分循环等生态过程（de Ruiter et al.，1998）。但是，土壤食物网的稳定性还与其食物网结构密切相关。采用 Lotka-Volterra 模型模拟的结果表明，细菌能流通道占主导的食物网恢复到最初或稳定状态的速度快于真菌能流通道占主导的食物网（Moore et al.，2004）。自然条件下两种能流通道并存，一般情况下细菌能流通道占绝对优势，只是有时真菌能流通道的权重会有所增加（如免耕耕作制度下）；只有养分在两种能流通道下的分配达到相对平衡时食物网才是稳定的（Moore et al.，2005）。May（1973）也认为处于平衡状态结构的食物网稳定性较好。MacArthur（1955）认为能流通道越多则食物网受损后的恢复能力越强。May（1973）认为在生物多样性和复杂性相同的情境下，有分室效应（compartmentalization）的物种组合比随机组合更稳定。De Angelis（1975）、Rooney 和 McCann（2012）认为食物网的连接度（connectance）越高则其稳定性越好。至于是否碎屑食物网比根际食物网更稳定，还需要更多实验数据的支撑（Hedlund et al., 2004）。de Ruiter 等（1998）通过比较 7 个土壤食物网模型的能量机制和稳定性，评价了不同土壤生物类群及其相互作用在能量流动和群落稳定性中的作用，研究发现，低营养级的生物类群主要由"下行效应"控制，高营养级的生物类群则由"上行效应"起主要作用。另外，一些生物类群之间的相互作用对食物网的稳定性影响很大，但另一些类群之间的相互作用对食物网的稳定性影响很小。这种影响有时只与某一特殊类型有关，也可能与其所在食物网中营养级的位置或者生物类群自身的能量特性有关；但与能量流动特性和相互作用强度无关。

第三节 展 望

土壤食物网模型模拟是一项复杂的系统工程，不但要求研究者对土壤生物各类群的食性、类群之间的级联效应、相互作用强度及食物网的层次结构有较好的知识积累，还要求具有熟练的数理统计分析和计算机模型模拟技术。鉴于多数研究局限于某个类群或某几个类群的密度、物种丰富度、多样性指数的分析，缺乏基于整个土壤食物网框架的研究，土壤食物网的模型模拟研究进展缓慢（傅声雷，2007；Fu et al., 2009）。为了推动土壤食物网模型模拟研究，必须加强以下几方面的工作。

1. 基于土壤食物网框架的研究

土壤食物网中土壤生物类群众多，相互之间既有合作也有拮抗和竞争，加上类群之间的捕食关系，使得土壤食物网结构错综复杂；因此单个或少数几个类群的研究可能误导我们对土壤食物网结构和功能的理解。

2. 长时间尺度和大空间尺度的观测及监测

不同土壤生物类群对养分和水、热、光、温等环境条件的需求各不相同，以致土壤食物网结构随时间和地理空间的变化而变化；因此长时间尺度和大空间尺度的研究有助于获得相对准确的土壤食物网结构和功能数据。

3. 新技术在土壤食物网研究中的应用

分子生物学技术、同位素示踪技术有助于不同生物类群食性和营养级位置的确定，结构方程模型和拓扑结构模型有助于类群之间相互作用关系和强度的分析；因此这些技术都有利于土壤食物网的定量分析和模型模拟。

参 考 文 献

蔡晓明. 2000. 生态系统生态学[M]. 北京: 科学出版社.
曹志平, 李德鹏, 韩雪梅. 2011. 土壤食物网中的真菌/细菌比率及测定方法[J]. 生态学报, 31: 4741-4748.
陈国康, 曹志平. 2006. 土壤食物网及其生态功能研究进展[J]. 中国生态农业学报, 14: 126-130.
陈作志, 邱永松. 2010. 南海北部生态系统食物网结构、能量流动及系统特征[J]. 生态学报, 30:

4855-4865.

窦永静, 常亮, 吴东辉. 2015. 土壤动物食物网研究方法[J]. 生态学杂志, 34: 247-255.

傅声雷. 2007. 土壤生物多样性的研究概况与发展趋势[J]. 生物多样性, 15: 109-115.

王邵军, 阮宏华. 2008. 土壤生物对地上生物的反馈作用及其机制[J]. 生物多样性, 16: 407-416.

杨艳. 2007. 中华谚语大辞典[M]. 北京: 中国大百科全书出版社.

喻光明, 李新民. 1992. 论生态系统的能量流动[J]. 华中师范大学学报(自然科学版), (2): 252-256.

Allesina S, Alonso D, Pascual M. 2008. A general model for food web structure[J]. Science, 320: 658-661.

Anderson JM, Domsch KH. 1973. Quantification of bacterial and fungal contributions to soil respiration[J]. Archives of Microbiology, 93: 113-127.

Anderson JM, Ineson P, Huish SA. 1983. The Effects of Animal Feeding Activities on Element Release From Deciduous Forest Litter and Soil Organic Matter[M]. In: Lebrun P. New Trends in Soil Biology. Dieu-Brichart: Ottignies-Louvain-la-Neuve: 87-99.

Andrén O, Lagerlöf J. 1983. Soil fauna (Microarthropods, Enchytraeids, Nematodes) in Swedish agricultural cropping systems[J]. Acta Agriculturae Scandinavica, 33: 33-52.

Andrén O, Lindberg T, Boström U, et al. 1990. Organic carbon and nitrogen flows[J]. Ecological Bulletins, 40: 85-126.

Antunes PM, Koyama A. 2017. Chapter 9——Mycorrhizas as nutrient and energy pumps of soil food webs: multitrophic interactions and feedbacks[J]. Mycorrhizal Mediation of Soil: 149-173.

Appuhn A, Joergensen RG. 2006. Microbial colonisation of roots as a function of plant species[J]. Soil Biology and Biochemistry, 38: 1040-1051.

Bååth E, Anderson TH. 2003. Comparison of soil fungal/bacterial ratios in a pH gradient using physiological and PLFA-based techniques[J]. Soil Biology and Biochemistry, 35: 955-963.

Bailey VL, Smith JL, Bolton H. 2002. Fungal-to-bacterial ratios in soils investigated for enhanced C sequestration[J]. Soil Biology and Biochemistry, 34: 997-1007.

Bapiri A, Bååth E, Rousk J. 2010. Drying-rewetting cycles affect fungal and bacterial growth differently in an arable soil[J]. Microbial Ecology, 60: 419-428.

Bärlocher F, Kendrick B. 1974. Dynamics of the fungal population on leaves in a stream[J]. Journal of Ecology, 62: 761-791.

Beare MH, Reddy MV, Tian G, et al. 1997. Agricultural intensification, soil biodiversity and agroecosystem function in the tropics: the role of decomposer biota[J]. Applied Soil Ecology, 6: 87-108.

Blagodatskaya EV, Anderson TH. 1998. Interactive effects of pH and substrate quality on the fungal-to-bacterial ratio and qCO_2 of microbial communities in forest soils[J]. Soil Biology and Biochemistry, 30: 1269-1274.

Bloem J, de Ruiter PC, Koopman GJ, et al. 1992. Microbial numbers and activity in dried and rewetted arable soil under integrated and conventional management[J]. Soil Biology and Biochemistry, 24: 655-665.

Brussaard L. 1994. An appraisal of the Dutch programme on soil ecology of arable farming system (1985-1992)[J]. Agriculture Ecosystem and Environment, 51: 1-6.

Brussaard L. 1998. Soil fauna, guilds, functional groups and ecosystem processes[J]. Applied Soil Ecology, 9: 123-135.

Carter MD, Suberkropp K. 2004. Respiration and annual fungal production associated with decomposing leaf litter in two streams[J]. Freshwater Biology, 49: 1112-1122.

Chapin III FS, Matson PA, Mooney HA. 2011. Principles of Terrestrial Ecosystem Ecology[M]. 2nd edition. New York: Springer.

Chertov OG, Komarov AS. 1996. SOMM: a model of soil organic matter dynamics[J]. Ecological Modeling, 94: 177-189.

Christian RR, Luczkovich JJ. 1999. Organizing and understanding a winter's seagrass food web network through effective trophic levels[J]. Ecological Modeling, 117: 99-124.

Cole L, Dromph KM, Boaglio V, et al. 2004. Effect of density and species richness of soil mesofauna on nutrient mineralization and plant growth[J]. Biology and Fertility of Soils, 39: 337-343.

Coleman DC, Callaham MA, Crossley Jr DA. 2018. Fundamentals of Soil Ecology[M]. 3rd edition. San Diego: Academic Press.

Coleman DC, Cole CV, Hunt HW, et al. 1977. Trophic interactions in soils as they affect energy and nutrient dynamics. I. Introduction[J]. Microbial Ecology, 4: 345-349.

Coleman DC, Crossley Jr DA. 1996. Fundamentals of Soil Ecology[M]. San Diego: Academic Press.

Coleman DC, Reid CPP, Cole CV. 1983. Biological Strategies of Nutrient Cycling in Soil Systems[M]. *In*: MacFayden A, Ford ED. Advances in Ecological Research, vol. 13. London: Academic Press: 1-55.

Crossley Jr DA, Witkamp M. 1964. Forest soil mites and mineral cycling[J]. Acarologia: 137-145.

Darwin CR. 1881. The Formation of Vegetable Mould, Through the Action of Worms[M]. Chicago: University of Chicago Press.

de Angelis DL. 1975. Stability and Connectance in food web models[J]. Ecology, 56: 238-243.

de Ruiter PC, Neutel AM, Moore JC. 1998. Biodiversity in soil ecosystems: the role of energy flow and community stability[J]. Applied Soil Ecology, 10: 217-228.

de Ruiter PC, van Veen JA, Moore JC, et al. 1993. Calculation of nitrogen mineralization in soil food webs[J]. Plant Soil, 157: 263-273.

de Vries FT, Hoffland E, van Eekeren N, et al. 2006. Fungal/bacterial ratios in grasslands with contrasting nitrogen management[J]. Soil Biology and Biochemistry, 38: 2092-2103.

de Vries FT, Liiri ME, Bjornlund L, et al. 2012. Legacy effects of drought on plant growth and the soil food web[J]. Oecologia, 170: 821-833.

Digel C, Curtsdotter A, Riede J, et al. 2014. Unravelling the complex structure of forest soil food webs: higher omnivory and more trophic levels[J]. Oikos, 123: 1157-1172.

Djajakirana G, Joergensen RG, Meyer B. 1996. Ergosterol and microbial biomass relationship in soil[J]. Biology and Fertility of Soils, 22: 299-304.

Dunne JA. 2006. The Network Structure of Food Webs[M]. *In*: Pascual M, Dunne JA. Ecological Networks: Linking Structure to Dynamics in Food Webs. Oxford: Oxford University Press: 27-86.

Eisenhauer N, Bowker MA, Grace JB, et al. 2015. From patterns to causal understanding: structural equation modeling (SEM) in soil ecology[J]. Pedobiologia, 58: 65-72.

Elliott ET, Coleman DC, Cole CV. 1979. The Influence of Amoebae on the Uptake of Nitrogen by Plant in Gnotobiotic Soil[M]. *In*: Herley JR, Russell RS. The Soil-Root Interface. London: Academic Press: 221-229.

Elliott ET, Horton K, Moore JC, et al. 1984. Mineralization dynamics in fallow dryland wheat plots, Colorado[J]. Plant and Soil, 76: 149-155.

Fischer K, Hahn D, Amann RI, et al. 1995. *In situ* analysis of the bacterial community in the gut of the earthworm *Lumbricus terrestris* L. by whole-cell hybridization[J]. Canadian Journal of Microbiology, 41: 666-673.

Fischer K, Hahn D, Honerlage W, et al. 1997. Effect of passage through the gut of the earthworm *Lumbricus terrestris* L. on *Bacillus megaterium* studied by whole cell hybridization[J]. Soil Biology and Biochemistry, 29: 1149-1152.

Fu SL, Cabrera ML, Coleman DC, et al. 2000a. Soil carbon dynamics of conventional tillage and no-till agroecosystems at Georgia Piedmont-HSB-C models[J]. Ecological Modeling, 131: 229-248.

Fu SL, Coleman DC, Hendrix PF, et al. 2000b. Responses of trophic groups of soil nematodes to residue application under conventional tillage and no-till regimes[J]. Soil Biology and Biochemistry, 32: 1731-1741.

Fu SL, Zou XM, Coleman D. 2009. Highlights and perspectives of soil biology and ecology research in China[J]. Soil Biology and Biochemistry, 41: 868-876.

Golebiowska J, Ryszkowski L. 1977. Energy and carbon fluxes in soil compartments of agroecosystems[J]. Ecological Bulletins, 25: 274-283.

Grace JB, Bollen KA. 2008. Representing general theoretical concepts in structural equation models: the role of composite variables[J]. Environmental and Ecological Statistics, 15: 191-213.

Grace JB, Keeley J, Johnson D, et al. 2012. Structural Equation Modeling and the Analysis of Long-Term

Monitoring Data[M]. *In*: Gitzen RA, Mollspaugh JJ, Cooper AB, et al. Design and Analysis of Long-Term Ecological Monitoring Studies. Cambridge: Cambridge University Press: 325-358.

Grace JB. 2006. Structural Equation Modeling and Natural Systems[M]. Cambridge: Cambridge University Press.

Harris J. 2009. Soil microbial communities and restoration ecology: Facilitators or followers[J]? Science, 325: 573-674.

Hassink J, Neutel AM, de Ruiter PC. 1994. C and N mineralization in sandy and loamy grassland soils: the role of microbes and microfauna[J]. Soil Biology and Biochemistry, 26: 1565-1571.

Hedlund K, Griffiths B, Christensen S, et al. 2004. Trophic interactions in changing landscapes: responses of soil food webs[J]. Basic and Applied Ecology, 5: 495-503.

Hendrix PF, Parmelee RW, Crossley DA, et al. 1986. Detritus food webs in conventional and no-tillage agroecosystems[J]. Bioscience, 36: 374-380.

Hiscock IV. 2013. Communities and ecosystems[J]. Ecology, 43: 53.

Holland EA, Coleman DC. 1987. Litter placement effects on microbial and organic matter dynamics in an agroecosystem[J]. Ecology, 68: 425-433.

Holtkamp R, Kardol P, van der Wal A, et al. 2008. Soil food web structure during ecosystem development after land abandonment[J]. Applied Soil Ecology, 39: 23-34.

Hunt HW, Coleman DC, Ingham ER, et al. 1987. The detrital food web in a shortgrass prairie[J]. Biology and Fertility of Soils, 3: 57-68.

Ingham ER, Coleman DC. 1984. Effects of streptomycin, cycloheximide, fungi-zone, captan, carbofuran, cygon, and PCNB on soil microorganisms[J]. Microbial Ecology, 10: 345-358.

Ingham ER, Coleman DC, Moore JC. 1989. An analysis of food-web structure and function in a shortgrass prairie, a mountain meadow, and a lodgepole pine forest[J]. Biology Fertility of Soils, 8: 29-37.

Ingham ER, Thies W, 1995. Soil food web responses following disturbance: effects of clearcutting and application of chloropicrin to Douglas-fir stumps[J]. Applied Soil Ecology, 3: 35-47.

Ingham ER, Thies WG, Luoma DL, et al. 1991. Bioresponse of Non-Target Organisms Resulting From The Use of Chloropicrin to Control Laminated Root Rot in A Northwest Conifer Forests; Part 2. Evaluation of Bioresponse[M]. *In*: USEPA Conference Proceedings. Pesticides in Natural Systems: Can Their Effects Be Monitored? Seattle: USEPA Region 10: 85-90.

Ingham ER, Trofymow JA, Ames RN, et al. 1986. Trophic interactions and nitrogen cycling in a semiarid grassland soil. Part Ⅰ. Seasonal dynamics of the soil food web[J]. Journal Applied Ecology, 23: 608-615.

Ingham RE, Trofymow JA, Ingham ER, et al. 1985. Interactions of bacteria, fungi, and their nematode grazers: effects on nutrient cycling and plant growth[J]. Ecological Monographs, 55: 119-140.

Ingwersen J, Poll C, Streck T, et al. 2008. Micro-scale modelling of carbon turnover driven by microbial succession at a biogeochemical interface[J]. Soil Biology and Biochemistry, 40: 864-878.

Jenkinson DS, Rayner JH. 1977. The turnover of soil organic matter in some of the Rothamsted classical experiments[J]. Soil Science, 123: 298-305.

Jordán F, Scheuring I, Vasas V, et al. 2006. Architectural classes of aquatic food webs based on link distribution[J]. Community Ecology, 7: 81-90.

Kaiser J. 1996. Modeling composting as a microbial ecosystem: a simulation approach[J]. Ecological Modeling, 91: 25-37.

Lawson DL, Klug MJ, Merritt RW. 1984. The influence of the physical, chemical, and microbiological characteristics of decomposing leaves on the growth of the detritivore *Tipula abdominalis* (Diptera: Tipulidae)[J]. Canadian Journal of Zoology, 62: 2339-2343.

Lawton JH. 1996. The ecotron facility at Silwood Park: the value of "big bottle" experiments[J]. Ecology, 77: 665-669.

Lindeman RL. 1941. Seasonal food-cycle dynamics in a Senescent Lake[J]. American Midland Naturalist, 26: 636-673.

Lipson DA, Schmidt SK. 2004. Seasonal changes in an Alpine soil bacterial community in the Colorado rocky mountains[J]. Applied and Environmental Microbiology, 70: 2867-2879.

Lv MR, Shao YH, Lin YB, et al. 2016. Plants modify the effects of earthworms on the soil microbial community and its activity in a subtropical ecosystem[J]. Soil Biology and Biochemistry, 103: 446-451.
MacArthur RH. 1995. Fluctuation in animal populations and a measure of community stability[J]. Ecology, 36: 533-536.
Martinez ND. 1993. Effect of scale on food web structure[J]. Science, 260: 242-243.
Martinez ND. 1994. Scale-dependent constraints on food-web structure[J]. American Naturalist, 144: 935-953.
Martinez ND, Hwakins BA, Dawah HA, et al. 1999. Effects of sampling effort on characterization of food-web structure[J]. Ecology, 80: 1044-1055.
May RM. 1973. Stability and Complexity in Model Systems[M]. Princeton: Princeton University Press.
McBrayer JF, Reichle DE, Witkamp M. 1974. Energy Flow and Nutrient Cycling in a Cryptozoan Food-Web[M]. Publication No. 575. Oak Ridge: Environmental Sciences Division, Oak Ridge National Laboratory.
McGill WB, Hunt HW, Woodmansee RG, et al. 1981. Simulation of Nitrogen Behavior of Soil-Plant Systems[M]. *In*: Frissel MJ, van Veen JA. Wageningen: Center for Agricultural Publishing and Documentation: 171-191.
Minagawa M, Wada E. 1984. Stepwise enrichment of ^{15}N along food chains: further evidence and the relation between ^{15}N and animal age[J]. Geochimica et Cosmochimica Acta, 48: 1135-1140.
Mogge B, Loferer C, Agerer R, et al. 2000. Bacterial community structure and colonization patterns of *Fagus sylvatica* L. ectomycorrhizospheres as determined by fluorescence *in situ* hybridization and confocal laser scanning microscopy[J]. Mycorrhiza, 9: 217-278.
Moore JC, Berlow EL, Coleman DC, et al. 2004. Detritus, trophic dynamics and biodiversity[J]. Ecology Letters, 7: 584-600.
Moore JC, de Ruiter PC, Hunt HW, et al. 1996. Microcosms and soil ecology: critical linkages between field studies and modeling food webs[J]. Ecology, 77: 694-705.
Moore JC, de Ruiter PC, Hunt HW. 1993. Influence of productivity on the stability of real and model ecosystems[J]. Science, 261: 906-908.
Moore JC, Hunt HW. 1988. Resource compartmentation and the stability of real ecosystems[J]. Nature, 333: 261-263.
Moore JC, McCann K, de Ruiter PC. 2005. Modeling trophic pathways, nutrient cycling, and dynamic stability in soils[J]. Pedobiologia, 48: 499-510.
Moore JC, McCann K, Setälä H, et al. 2003. Top-down is bottom-up: does predation in the rhizosphere regulate aboveground dynamics[J]? Ecology, 84: 846-857.
Moore JC, Walter DE, Hunt HW. 1988. Arthropod regulation of micro-and mesobiota in below-ground detrital food webs[J]. Annual Review of Entomolgy, 33: 419-439.
Nsabimana D, Haynes RJ, Wallis FM. 2004. Size, activity and catabolic diversity of the soil microbial biomass as affected by land use[J]. Applied Soil Ecology, 26: 81-92.
Odum HT. 1957. Trophic structure and productivity of silver springs, Florida[J]. Ecological Monographs, 27: 55-112.
Ohtonen R, Fritze H, Pennanen T, et al. 1999. Ecosystem properties and microbial community changes in primary succession on a glacier forefront[J]. Oecologia, 119: 239-246.
Parton WJ, Schimel DS, Cole CV, et al. 1987. Analysis of factors controlling soil organic matter levels in Great Plains grasslands[J]. Soil Sciences Society of America Journal, 51: 1173-1179.
Patten BC. 1972. A simulation of shortgrass prairie ecosystem[J]. Simulation, 19: 177-186.
Paustian K. 1994. Modeling Soil Biology and Biochemical Processes for Sustainable Agricultural Research[M]. *In*: Pankhurst CE, Doube BM, Gupta VVSR, et al. Soil Biota Management in Sustainable Farming Systems. Melbourne: Csiro Information Services: 182-193.
Riede JO, Rall BC, Banasek-Richter C, et al. 2010. Scaling of Food-Web Properties with Diversity and Complexity Across Ecosystems[M]. *In*: Woodward G. Advances in Ecological Research. Burlington: Academic Press: 139-170.

Rooney N, McCann K, Gellner G, et al. 2006. Structural asymmetry and the stability of diverse food webs[J]. Nature, 442: 265-269.

Rooney N, McCann KS. 2012. Integrating food web diversity, structure and stability[J]. Trends in Ecology and Evolution, 27: 40-46.

Rosswall T, Paustian K. 1984. Cycling of nitrogen in modern agricultural systems[J]. Plant and Soil, 76: 3-21.

Rousk J, Bååth E. 2007. Fungal and bacterial growth in soil with plant materials of different C/N ratios[J]. FEMS Microbiology Ecology, 62: 258-267.

Scheu S. 2002. The soil food web: structure and perspectives[J]. European Journal of Soil Biology, 38: 11-20.

Scheu S, Falca M. 2000. The soil food web of two beech forests (*Fagus sylvatica*) of contrasting humus type: stable isotope analysis of a macro- and a mesofauna-dominated community[J]. Oecologia, 123: 285-296.

Scheu S, Schaefer M. 1998. Bottom-up control of the soil macro-fauna community in a beechwood on limestone: manipulation of food resources[J]. Ecology, 79: 1573-1585.

Shao YH, Bao WK, Chen DM, et al. 2015. Using structural equation modeling to test established theory and develop novel hypotheses for the structuring forces in soil food webs[J]. Pedobiologia, 58: 137-145.

Shao YH, Zhang WX, Eisenhauer N, et al. 2017. Nitrogen deposition cancels out exotic earthworm effects on plant-feeding nematodes communities[J]. Journal of Animal Ecology, 86: 708-717.

Smith P, Andren O, Brussaard L, et al. 1998. Soil biota and global change at the ecosystem level: describing soil biota in mathematical models[J]. Global Change Biology, 4: 773-784.

Suberkropp K, Klug MJ. 1976. Fungi and bacteria associated with leaves during processing in a woodland stream[J]. Ecology, 55: 707-719.

Surhone LM, Tennoe MT, Henssonow SF. 2010. Soil Food Web[M]. Hongkong: Betascript Publishing.

Teuben A. 1991. Nutrient availability and interactions between soil arthropods and microorganisms during decomposition of coniferous litter: a mesocosm study[J]. Biology and Fertility of Soils, 10: 256-266.

Trofymow JA, Coleman DC. 1982. The Role of Bacterivorous and Fungivorous Nematodes in Cellulose and Chitin Decomposition[M]. *In*: Freckman DW. Nematodes in Soil Ecosystems. Austin: University of Texas Press: 117-138.

Trofymow JA, Morley CR, Coleman DC, et al. 1983. Mineralization of cellulose in the presence of chitin and assemblages of microflora and fauna in soil[J]. Oecologia, 60: 103-110.

Uhlířová E, Šantrůčková H. 2003. Growth rate of bacteria is affected by soil texture and extraction procedure[J]. Soil Biology and Biochemistry, 35: 217-224.

Verhoef HA. 1996. The role of soil microcosms in the study of ecosystem processes[J]. Ecology, 77: 685-690.

Verhoef HA, Brussaard L. 1990. Decomposition and nitrogen mineralization in natural and agroecosystems: the contribution of soil animals[J]. Biogeochemistry, 11: 175-211.

Wada E, Mizutani H, Minagawa M. 1991. The use of stable isotopes for food web analysis[J]. Critical Reviews in Food Science and Nutrition, 30: 361-371.

Wardle DA, Bardgett RD, Klironomos JN, et al. 2004. Ecological linkages between aboveground and belowground biota[J]. Science, 304: 1629-1633.

Wassermann S, Faust K. 1994. Social Network Analysis: Methods and Applications[M]. Cambridge: Cambridge University Press: 1-264.

Witkamp M, Crossley Jr DA. 1966. The role of microarthropods and microflora in breakdown of white oak litter[J]. Pedobiologia, 6: 293-303.

Wootton JT. 1997. Estimates and tests of per capita interaction strength: diet, abundance, and impact of intertidally foraging birds[J]. Ecological Monographs, 67: 45-64.

Wu WM, Thiele JH, Jain MK, et al. 1993. Comparison of rod-versus filament-type methanogenic granules: microbial population and reactor performance[J]. Applied Microbiology and Biotechnology, 39: 795-803.

Xiong YM, Shao YH, Xia HP, et al. 2008. Selection of selective biocides on soil microarthropods[J]. Soil Biology and Biochemistry, 40: 2706-2709.

第四章 土壤食物网对全球变化的响应与反馈

自工业革命以来，由于人类大量燃烧化石燃料和转换土地利用方式，大气中的温室气体浓度以惊人的速度上升；这些气体在地球大气层形成强烈的温室效应，是造成地球表面温度上升的重要原因之一（Omasa et al.，1996）。地球平均温度的升高将改变大气环流规律并引起降水格局的改变。同时，化石燃料的燃烧及化肥的过量施用，会急剧增加大气中活性氮的浓度，导致严重的氮沉降。土地利用变化、气温升高、降水格局改变及氮沉降是当今全球变化的主要内容，是历史上未曾出现过的一种大尺度的环境干扰，将严重影响生态系统的结构及生态系统服务（Chapin et al.，1997）。

全球变化不仅影响地上生态系统的结构和功能，还直接或间接地影响土壤食物网中各生物类群以及相关的地下生态过程和功能，这是因为地上植被通过凋落物和根系分泌物的形式把大量的能量输入土壤食物网（图4-1）（Pritchard，2011）。同时，土壤食物网中各生物类群地下生态过程会对全球变化产生反馈，加强或削弱全球变化给生态系统带来的影响（Schmidt et al.，2004）。以往的研究关注更多的是全球变化对地上生态系统的影响，对地下生态系统的研究十分有限（Allison and Reseed，2008）。在公开发行的生态学期刊上发表的关于全球变化的文章中，只有不到3%的文章聚焦全球变化对土壤生物或土壤生态过程的影响（Wardle，2002）。因此，土壤食物网中各生物类群以及土壤生态过程对全球变化的响应和反馈可能是全球变化研究中重要的不确定因素（Bardgett et al.，2008）。土壤食物网是有机质分解作用、养分矿化过程的主要调节者，在驱动陆地生态

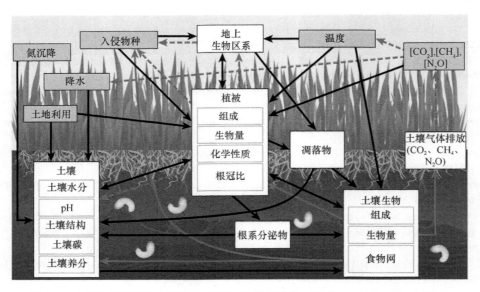

图 4-1 土壤生物群落对全球变化响应及反馈的途径（改自 Nielsen et al.，2015）
实线指直接作用；虚线指间接作用

系统生物地球化学循环过程中发挥着重要作用（贺纪正和葛源，2008）。因此，研究土壤食物网的结构和功能及其对全球变化因子的响应与反馈，对于准确理解全球变化对陆地生态系统的影响具有重要意义（Bradford et al.，2002）。

第一节　土壤食物网对全球变化的响应

一、土地利用变化对土壤食物网的影响

最近 20 年，人口的快速增长和人类饮食结构的改变，导致农业和工业生产方式的快速转变，大片农田被撂荒而城市化加剧，土地利用方式和格局发生了很大的变化。土地利用方式体现为人类活动对陆地生态系统的显著改变，以致人类活动引起的土地利用变化被认为是全球范围内生物多样性丧失和生境退化的主要驱动因子之一（Vitousek et al.，1997；Wilson，2002）。土地利用方式和格局的变化，尤其是森林向农田以及农田向居民宅基地的转变会显著影响土壤食物网中的各类生物群落，从而影响生态系统的物质循环和能量流动。

（一）农田和草地管理方式转换

关于农田管理强度对土壤生物及其生态过程的影响一直是土壤生态学研究的热点之一，我们在《土壤生物学前沿》一书中已有详细的阐述（贺纪正等，2015）；这里只对主要研究进展进行概括。研究表明，不同农业耕作制度会改变分解过程中细菌能流通道和真菌能流通道在土壤食物网中的相对重要性。在集约化管理条件下，高强度的干扰有利于以细菌为主导的能流通道，而且小型土壤动物如线虫等通常发挥着重要作用（Coleman et al.，1983）；但在免耕制度下，干扰强度比较小，土壤有机质组成较复杂，有利于真菌占主导的能流通道，大型土壤动物如蚯蚓等发挥的作用比较重要。真菌能流通道的作用在免耕制度下凸显出来，超过了在集约化农耕制度下的相对贡献（Hendrix et al.，1986）。集约化管理引起的土壤食物网结构的改变也反映在土壤生物各类群对土壤碳损失的相对贡献上。研究表明，传统集约化耕作条件下细菌、线虫和原生动物对总的呼吸碳损失的贡献显著高于免耕条件下的贡献；而在免耕条件下真菌对作物残留物的分解贡献显著高于传统耕作条件下的贡献。真菌菌丝体有助于大型稳定团聚体的形成，可以提高土壤结构的稳定性进而增加对土壤碳的物理保护（Beare et al.，1997）。不同的草原管理方式对土壤食物网的影响结果与农田管理类似（Siepel，1996；Yeates et al.，1997a；Bardgett and McAlister，1999）。研究表明，集约化草地管理抑制真菌生长主要是由于施肥对腐生真菌（Garbaye and Le Tacon，1982；Donnison et al.，2000）和丛枝菌根（AM）真菌（Sparling and Tinker，1978；Johnson et al.，2003；Leake et al.，2005）的直接抑制作用；粗放管理的草地有利于抵抗和适应能力强的以真菌能流通道为主的土壤食物网（de Vries et al.，2012）。尽管农田和草地的保护性管理如免耕可能导致土壤食物网真菌能流通道的相对贡献增加，但并不表明真菌能流通道的绝对贡献大；我们发现所研究的任何生态系统都是细菌能流通道占优势（Wang et al.，2016）。是否存在真菌能流通道占

绝对优势的生态系统或者土地利用变化是否会导致两种能流通道的绝对优势转换还有待研究。Siepel（1996）发现高输入的农田转变为低投入管理20年后，土壤中仍然缺乏食真菌的螨类，没有观测到真菌能流通道的突出作用。Scheu和Shultz（1996）发现农田停止耕作以后，尽管地上植物群落发生显著变化，可移动的大型土壤动物快速定居，但土壤中以取食真菌为主的螨类群落结构变化很慢。

（二）森林火烧整地管理

火烧作为一种管理方式对森林生态系统的影响相当复杂，范围也相当广泛，从减少地上部分的生物量到对地下部分物理、化学和生物学过程产生影响。由于地下过程是维持森林生态系统可持续性的主要组成成分，因此森林生态系统的可持续性与地下的物理、化学、生物作用和过程密切相关（Neary et al.，1999）。低强度的火烧会促进草本植物群落的生长，增加植物可利用的养分含量，改善生态系统的景观结构，从而有利于形成稳定的生态系统；高强度火烧通常会引起演替频率的变化，改变地上和地下物种的组成，改变土壤氮的矿化速率和碳氮比，加剧侵蚀、淋溶和反硝化作用，导致土壤养分流失。另外，土壤的物理性质和水文作用也会发生改变，小型动物群落和大型动物群落会减少，微生物数量及其相关过程也会发生变化。地下生态系统的恢复时间不仅取决于火烧强度、火烧对生态系统关键过程和组成的影响，还取决于火烧前的土地利用方式。火烧对地下生态系统的影响差异较大，而且很难预测（Kennard and Gholz，2001；杨效东等，2001；张敏，2002；Certini，2005）。

火烧可以通过加热作用使土壤温度升高，直接影响微生物的群落结构，也可以通过土壤理化性质和植被再生的变化间接影响土壤微生物（Neary et al.，1999），而且这种间接作用会产生长时间持续的影响（Hart et al.，2005）。火烧的结果表现为土壤微生物生物量急剧减少，土壤微生物种类和数量减少。Prieto-Fernández等（1998）研究发现火烧后0~5 cm土壤层的微生物生物量几乎为零，5~10 cm土壤层的微生物生物量减少了50%。Pietikäinen和Fritze（1995）发现，与对照地相比火烧迹地土壤微生物生物量碳减少了67%。火烧通过改变土壤容重和水分保持力从而影响土壤微生物生物量和活性（Howard and Howard，1993；Paul et al.，2003）。Choromanska和Deluca（2002）报道了火烧后的3种不同水势（−0.03 MPa、−1.0 MPa、−1.5 MPa）都减少了土壤微生物生物量碳。火烧还会改变土壤微生物群落结构的特定组成。Bååth等（1995）通过磷脂脂肪酸（PLFA）分析发现针叶林火烧后真菌PLFA量比细菌PLFA量减少得更多。Sun等（2011）在荒山进行植被恢复前的火烧整地管理中也发现，真菌和细菌的PLFA量在火烧处理3年后仍显著下降，其中真菌和细菌的PLFA量分别减少了44%和26%，表明火烧对真菌群落结构的影响要远大于细菌；真菌/细菌值常用来衡量微生物群落结构中真菌和细菌的相对含量，火烧处理3年后土壤真菌/细菌值下降到0.2，进一步证实火烧处理对真菌群落结构的影响更大。Campbell等（2008）研究发现，以2年为周期的火烧与对照相比，火烧迹地真菌和细菌生物量都减少了约50%，而以4年为周期的火烧没有改变土壤中的细菌和真菌生物量。火烧对土壤微生物的影响还与火烧强度和时间有关，张敏（2002）对大兴安岭新林林业局的火烧迹地土壤分析发现，不同火烧年限的低、中、高强度火烧迹地土壤微生物的数量变化不同，高强度火烧对土壤微生物有致死作用；中强度火烧后，土壤中细菌、真菌、放线菌数量有增加的趋势；低强度火烧后，土壤中细菌、真菌、放线菌数量变化规律不明显；在连年火烧迹地上，细菌数量下降，真菌、放线菌数量有增加的趋势。Fritze 等（1993）研究发现针叶林火烧 12 年后土壤微生物生物量才恢复到火烧前的水平。张萍（1996）的研究发现刚刚烧荒的土壤，不同土层各类群微生物数量较高，尤以表层（0~10 cm）更为突出，除真菌外，表层的各类微生物数量都高于热带雨林，而 10~60 cm 层的土壤各类微生物数量都低于热带雨林；火烧丢荒 1 年后，土壤微生物数量和肥力状况显著降低，在各类微生物中，细菌数量减少最大；火烧丢荒 5 年后，土壤微生物数量和肥力状况最低；火烧 15 年后，土壤微生物数量和肥力状况已很接近热带雨林的状况。

（三）豆科植物的添加

土壤碳、氮是耦合在一起的，生态系统氮循环过程会影响生态系统碳循环过程；因此，土壤氮水平会影响土壤碳的吸收和固存以及温室气体（如 CO_2、CH_4、N_2O）的排放（Gärdenäs et al.，2011；Thornton et al.，2007）。现代农业的发展，尤其是自 1913 年以来在 Haber-Bosch 合成氨技术带动下化学合成氮肥工业的快速发展，使大量的无机氮被施用到人工生态系统中，如农田、牧场、人工林等（Fixen and West，2002；Smil，2004；Zhao et al.，2015a）。但是，大量氮肥的施用降低了土壤有机碳含量，而只有在同时将作物秸秆还田的情况下施氮肥才显著提高了土壤有机碳水平（Alvarez，2005；Khan et al.，2007）。豆科植物与根瘤菌的联合生物固氮是自然生态系统中氮的主要来源（Cleveland et al.，1999），很多研究也关注豆科植物对土壤有机碳的影响。非常有趣的是，与化学合成氮肥对土壤有机碳的影响形成鲜明的对比，豆科植物不管是在自然生态系统还是人工生态系统均对土壤有机碳提升有明显的促进作用（Drinkwater et al.，1998；de Deyn et al.，2011；Fornara and Tilman，2008）。豆科植物还可以提供更加多样的生态系统服务[如提升土壤肥力、提升净初级生产力（NPP）、改善土壤结构、提高生态系统抵抗力等]。化肥的不合理使用会产生一系列环境问题，添加豆科植物已经成为一种常见的生态系统可持续管理方式，并在众多的土地利用方式中有所体现（Peoples et al.，1995；Crews and Peoples，2004；Wang et al.，2011）。

豆科植物的添加与管理对土壤有机碳固持的影响与众多因素有关。我们总结出以下几个可能的机制：①豆科植物通过生物固氮将氮输入土壤中并提高土壤氮含量，碳循环和氮循环的耦合（碳氮耦合）导致土壤碳含量的增加（Gärdenäs et al.，2011；Thornton et al.，2007）。②豆科植物可以促进植物生产力（地上和地下）的提升，从而提高输入土壤中的有机物量并促进土壤碳的固存（Fornara and Tilman，2008）。③豆科植物可以提供高质量（高氮含量或低 C/N 值）的凋落物，土壤生物可能更加倾向于利用这些高质量凋落物，从而降低低质量凋落物（较难以被分解）的分解速率，并提高土壤碳含量（de Deyn et al.，2011）；很多研究报道了豆科植物可以维持更高的土壤微生物生物量，但是土壤呼吸速率及温室气体的排放在豆科植物存在时更低（Barton et al.，2011；de Deyn et al.，2011；Zhao et al.，2015b）。④豆科植物可以促进土壤结构的改善，尤其是可以提高土壤团聚程度从而更加有效地保护土壤有机质（de Deyn et al.，2011；Holtham et al.，2007）。⑤植物种类组成的差异，如农田生态系统中的 C_3 和 C_4 植物对土壤碳的贡献在豆科植物存在的情况下有所不同，豆科植物有利于源自 C_3 植物的碳的积累，从而提高土壤总碳含量（Drinkwater et al.，1998）。

二、气候变化对土壤食物网的影响

气候变化主要包括大气 CO_2 浓度升高、气温上升和降水格局改变。一般认为，气温上升主要由大气 CO_2 浓度升高引起，而气温上升导致大气环流改变，引起区域或全球降水格局改变，以致极端降水和极端干旱事件频发。这些变化直接影响植物物种多样性及其分布格局，改变土壤资源的输入方式和质量，进而影响土壤食物网中的各生物类群。

（一）大气 CO_2 浓度升高和气温上升

大气 CO_2 浓度升高一般对植物生长有促进作用（Curtis and Wang，1998），使植物的 NPP、凋落物和根际分泌物增加（Billes et al.，1993；Paterson et al.，1996；Rouhier and Read，1999），提高土壤食物网中各生物类群的密度和丰度（Pritchard，2011）；同时，大气 CO_2 浓度上升可能导致植物组织中 C/N 值的增加，而 C/N 值较高的凋落物或者根际分泌物可能更有利于真菌能流通道中土壤生物类群的生长。因此 CO_2 浓度上升对土壤食物网不同生物类群的影响不同（Rillig et al.，1998；Drigo et al.，2007）。另外，C/N 值较高的植物组织较难分解，但是伴随着大气 CO_2 浓度升高而出现的"温室效应"将促进土壤生物的活动，加快凋落物的分解从而导致土壤碳排放增加（Pritchard，2011）。土壤食物网不同营养级生物类群对 CO_2 浓度升高的响应尚不完全明确（Blankinship et al.，2011）。Jones 等（1998）在模式草地生态系统的 EcoCell 实验中发现 CO_2 浓度升高可以增加光合产物向地下的分配，改变真菌的相对丰度，进而影响食真菌跳虫的群落结构。CO_2 浓度升高一般将增加菌根真菌的丰度（Klironomos et al.，1996）和土壤微生物生物量（Zak et al.，2000）。研究表明大气中 CO_2 浓度加倍处理下菌根真菌的丰度增加了 47%，同时，根系的菌根侵染增加了 30%（Treseder，2004）。另有研究报道，大气中 CO_2 浓度上升对外生菌根和内生菌根的影响程度不同，外生菌根的生物量增加了 34%，而内生菌根只增加了 21%（Alberton et al.，2005）。大气中 CO_2 浓度上升和气温增加都可能导致土壤食物网的真菌能流通道中的土壤生物类群增加而细菌能流通道中的土壤生物类群减少（Pritchard，2011）。细菌及食细菌土壤动物可能对气候变化的敏感性较小，因为它们体形小且往往生活在微气候波动较小的土壤团聚体内和小的空隙内（Denef et al.，2001）。CO_2 浓度升高对土壤微生物不同类群的效应差异还可能受土壤食物网中上行效应（资源供应）和下行效应（捕食、取食）调控程度的影响。捕食性土壤动物的增加可能会抑制土壤微生物生物量和丰度的升高（Wardle，2002）。

虽然土壤动物可以通过调控土壤微生物种群大小和周转快慢而影响土壤中的碳氮循环，但是土壤生物群落对气候变化的响应研究应更多关注的是土壤微生物而不是更高营养级的土壤动物群落（Meyer et al., 2010）。研究表明，CO_2 浓度升高对土壤食物网中营养级位置较高的土壤动物的影响因类群不同而异，总体上而言土壤动物对 CO_2 浓度升高的响应比较复杂且受背景条件影响较大（Wardle，2002）。CO_2 浓度升高在种植松树（Markkola et al., 1996）和白杨（Hoeksema et al., 2000）的土壤中对线虫没有影响，但是在草地中增加了线虫的数量和活性（Yeates et al., 1997b）。土壤小型节肢动物对 CO_2 浓度升高的响应也不一致。例如，Rillig 等（1999）发现草地小型节肢动物的丰度在 CO_2 浓度升高的条件下显著增加，但是在松树盆栽试验中却发现 CO_2 浓度升高对土壤跳虫没有影响。Yeates 等（1997b）通过对草地进行 CO_2 浓度加倍处理后发现，捕食者线虫的密度增加了 110%，比食真菌和食细菌线虫的密度增幅大。但是，Niklaus 等（2003）发现 CO_2 浓度升高对草地小型、中型土壤动物基本没有影响，对捕食者线虫的影响也不大。Markkola 等（1996）在 CO_2 浓度升高处理的松树盆栽试验中也没有发现土壤动物的显著变化。由于土壤动物对 CO_2 浓度升高的响应不一致，预测 CO_2 浓度升高对土壤食物网的影响比较困难。

气温升高将直接或间接地对陆地生态系统产生影响（IPCC，2001）。温度变化可以直接影响土壤微生物的生长、矿化速率、酶活性以及群落组成（Zogg et al., 1997）；同时，温度升高可以通过影响植物群落组成、初级生产力、地下部分碳输入、土壤水分和养分有效性来间接影响土壤生物群落。但是，土壤食物网不同营养级生物类群对气温升高的响应不确定（Blankinship et al., 2011），而且因生态系统类型不同而异。研究表明，在高纬度生态系统中升温导致细菌和真菌的丰度下降，但是真菌的相对丰度增加；在低纬度生态系统中则未见显著变化（Allison and Treseder, 2008）。在欧洲，研究人员沿着气温变化梯度对荒漠生态系统的土壤生物群落进行了研究，发现气温升高在湿冷的地区增加了土壤微生物生物量，而在干热的地方降低了土壤微生物生物量（Sowerby et al., 2005）。在一些生态系统中，螨类对气温升高的响应比跳虫更敏感，而在另外一些生态系统中跳虫对气温升高的响应比螨类更敏感（Bokhorst et al., 2008）。Schimel 和 Gulledge（1998）报道温度升高导致的土壤周期性干湿交替可以使参与木质素和纤维素分解的真菌种群减少，减缓凋落物分解速度。气温升高因为增加了蒸发散而导致土壤湿度下降（Norby and Luo, 2004），大气 CO_2 浓度上升因为降低了植物叶片的气孔导度常常导致土壤湿度增加（Ainsworth and Long, 2005）。Briones 等（2009）通过一个 2 年的中宇宙实验评估了草地增温 3.5℃对土壤生物群落的影响，研究发现增温刺激了根系的生长并显著影响了土壤生物群落。在增温条件下，表栖类蚯蚓消失、前气门螨类减少、大的寡毛类动物（Oligochaetes）减少、线蚓向深土层移动以及食真菌类螨虫增加。这些现象可能都反映了增温导致土壤食物网中群落结构由细菌能流通道向真菌能流通道转变的事实（Wardle，2002）。Harte 等（1996）报道增温将导致中型和大型土壤动物生物量在潮湿土壤中增加，而在干旱土壤中下降。

由于物种在迁移速度方面存在差异，气温升高会干扰物种间的相互作用（Melillo et al., 1993）。此外，种群更新的不同步性也会影响昆虫和寄主植物以及植物与土壤生物的相互作用。因此，气温升高对地上-地下生物相互作用的影响不同步。Blankinship 等（2011）通过整合分析（meta-analysis），对 75 个控制实验结果进行了归纳，发现大气 CO_2 浓度上升对土壤生物群落丰度影响的正效应随着时间推移而下降,但是气温升高的负效应和降水增加的正效应随着时间推移而加强。另外,土壤生物的食性类群、体形大小、局地气候、生态系统类型以及实验方式都会影响研究结论。

(二)降水格局的变化

降水格局改变与全球变暖密切相关,全球变暖主要通过改变全球大气环流和水文循环来改变区域甚至全球的降水格局(Houghton et al.,2001)。气温升高增加了极端气候事件,如极端降水等(IPCC,2007;Dai,2012)。极端降水和极端干旱将增加土壤水分相关的物理性质的时空变化幅度,进而影响植物生长、土壤可利用资源、栖息地和土壤生物(Weltzin et al.,2003;Knapp et al.,2008;Krab et al.,2014)。降水格局的变化可以对陆地生态系统结构和功能产生深远的影响,但是相关研究较少(Weltzin et al.,2003)。相对于地上生态系统而言,土壤食物网中各生物群落对降水格局改变的响应研究相对缺乏(Cruz-Martinez et al.,2009;Castro et al.,2010)。

降水格局改变可以直接或间接地影响土壤生物群落,但是影响的方向和幅度还存在很多的不确定性。研究表明,极端降水减少了土壤氧气和土壤养分含量,显著降低了微生物生物量和改变了微生物群落结构(Unger et al.,2009;Wagner et al.,2015;Sun et al.,2016)。Castro 等(2010)研究发现降水格局变化可以显著影响细菌的相对丰度,改变真菌的群落结构。Landesman 和 Dighton(2010)在美国新泽西橡树-松树混交林中通过控制年降水量研究完全遮雨和降水量增加一倍对土壤微生物生物量、微生物群落结构和植物可利用氮的影响,2 年的研究结果表明,降水控制对土壤微生物生物量和群落组成没有显著影响。Cruz-Martinez 等(2009)采用 16S rRNA 基因芯片技术研究了降水格局改变对草地土壤微生物群落结构的影响,研究发现经过 5 年的降水控制实验,土壤细菌和古菌变化不显著;降水控制 6 年和 7 年后,当土壤水分状况严重恶化或明显缓解时,土壤细菌和古菌在处理间的季节性差异开始出现。一般来讲,更潮湿的土壤微生物多样性较高,微生物周转较快,分解作用较强,中型和大型土壤动物也较丰富(Bhatti and Kraft,1992)。降水通常对土壤生物表现出正的效应,表明土壤水分的可获得性在不同气候带均可以限制土壤生物的丰度(Blankinship et al.,2011),但是土壤动物不同类群对降水增加的响应并不一致(Lindberg et al.,2002;Tsiafouli et al.,2005)。降水增加导致北极冻原的螨类减少而跳虫增加(Coulson et al.,2000)。降水增加对土壤食物网生物群落的效应在长期实验中更显著(Blankinship et al.,2011),而且降水格局改变对土壤动物群落的影响取决于增加降水的季节(Suttle et al.,2007)。冬季增加降水对地上植被群落和土壤动物群落的影响不明显,春夏增加降水进而延长雨季可以显著影响草地植物和土壤动物群落的组成及生物多样性(Suttle et al.,2007)。土壤线虫在水膜上运动和获取食物,因此线虫对土壤水分响应非常敏感,极端降水通过改变土壤团聚体、土壤氧气水平和可利用资源进而影响土壤线虫群落构成。一般认为,极端降水对食细菌线虫有不利的作用(Zhao et al.,2011;Nielsen et al.,2014)。但是,极端降水对 cp(colonizer-persister)值为 1 的线虫影响较小,因为它们能形成休眠体,对干扰有一定的忍受力,且能快速定植新的栖息地,而 cp 值为 3、4 和 5 的线虫受极端降水影响较大,因为它们有渗透性的角质层，对干扰的忍受力弱（Bongers and Bongers，1998）。不过，最近的一项研究表明 cp5 的线虫对环境有较强的抗性，因为它们具有复杂的取食策略（Cesarz et al.，2015）。

降水格局改变也可能导致全球不均匀的极端干旱气候。地球上干旱、半干旱或季节性干旱的面积占 1/3，并且其他生态系统也经历定期的干旱和连续的干湿循环。干旱是土壤生物受到的最普通的环境压力，极端干旱对土壤食物网各生物群落可能造成致命的影响。当土壤干旱时，基质扩散作用受到限制，微生物由于受到资源限制减慢了反应速率（Stark and Firestone，1995）。然而，干旱导致的土壤水势降低会对微生物产生直接的生理压力，微生物细胞必须积累溶质来降低它们内部的水势以避免脱水和死亡（Harris，1981），微生物使用溶解性好的简单有机物来缓解直接的生理压力（Csonka，1989）。细菌常使用氨基化合物，如脯氨酸、谷氨酸盐和甘氨酸（Csonka，1989）；真菌常使用多元醇，如甘油、赤藓糖醇和甘露醇（Witteveen and Visser，1995）。积累溶质要投入大量能量，细菌细胞积累的氨基酸浓度大约在 0.5 mol/L 时，细胞溶质所含碳、氮分别达到细胞总碳的 7%~20%和细胞总氮的 11%~30%（Koujima et al.，1978；Killham and Firestone，1984）。在真菌中，可确认的多元醇占细胞干重的 10%以上（Tibbett et al.，2002）。对于干旱压力的响应，细菌比真菌更加敏感，微生物群落中抗干旱的物种占主导地位（Schimel et al.，2007；Wallenstein and Hall，2011）。因此，干旱时，在群落水平上微生物活性可能仍较高，然而，Manzoni 等（2012）通过整合分析发现微生物群落水平活性随着土壤湿度降低而下降，当土壤干燥时，分解者的活动停止，这时溶质扩散成为生物活性的最主要限制因素。干旱引起的土壤水分失衡可能会急剧影响土壤碳和营养循环，而且干旱后的遗留效应（legacy effect）也会增加土壤碳、氮淋失。Wang 等（2013）在青藏高原高山草甸模拟极端干旱研究发现，极端干旱 19 天后，显著降低了土壤微生物生物量；但是，Rousk 等（2013）在欧洲 5 个不同的实验区域研究表明，长期（>10 年）模拟的干旱对微生物群落构成、生长速率和呼吸速率没有持续遗留效应。

土壤微生物是土壤线虫的主要食物来源，因此干旱影响微生物的同时也可能会影响线虫多度。如前所述，食细菌线虫在水膜上获取食物（Harris，1981），食细菌线虫对土壤干旱可能较为敏感，而食真菌线虫受到干旱的影响可能较小，因为真菌可以通过延长菌丝获取水分而使食真菌线虫受益（Landesman et al.，2011）。但也有研究表明，土壤干旱对线虫多度几乎没有作用（Neher et al.，1999），他们认为在干旱条件下线虫被浓缩在包含水的土壤团聚体中，因此延长了存活时间（Landesman et al.，2011）；而另一些研究者认为在干旱条件下线虫移动受到限制从而难以接近和获取食物，因此减少了存活时间（Görres et al.，1999）。对于植食性线虫来说，干旱降低植食性线虫多度（Landesman et al.，2011；Eisenhauer et al.，2012）。因此，线虫对干旱的响应非常复杂。干旱对土壤小型节肢动物也有直接的不利作用。Taylor 和 Wolters（2005）在森林中的研究表明，两个月的极端干旱降低了甲螨密度，尤其是具有短生活史和高繁殖率的甲螨，如维拉盖头甲螨（*Tectocepheus velatus*）；而 *Disshorina ornata* 不受干旱的影响。干旱对土壤动物的影响也受到凋落物的影响，山毛榉凋落物中的甲螨群落受到干旱的影响小于在云杉凋落物中的甲螨群落（Taylor and Wolters，2005）。Mariotte 等（2016）在草地中的研究也表明，亚优势属植物缓和干旱对蚯蚓的作用主要是因为亚优势属植物凋落物中的氮含量较高。不同土壤生物类群对气候变化响应不同是否与其所处生态位或其个体大小密切相关还有待进一步研究（Blankinship et al., 2011; Wagner et al., 2015）。

三、大气氮沉降对土壤食物网的影响

大气氮沉降的迅速增加开始于工业化较早的欧洲和北美地区。至今，中欧森林大气氮输入已大大超过了森林的年需要量［一般 25 kg N/（hm^2·a）是一个临界点］（Kazda, 1990）；在美国东北部，当前氮的沉降率比本底水平增加了 10~20 倍（Magill et al., 1997）。因此，欧洲和北美地区从 20 世纪 90 年代就开始对氮沉降问题进行定位研究，并逐渐形成研究网络，研究内容不断拓宽，先后启动了 NITREX（Nitrogen Saturation Experiments）、EXMAN（Experimental Manipulation of Forest Ecosystems in Europe）、Harvard Forest 和 CAST NET（the U.S. Environmental Protection Agency Clean Air Status and Trends Network）等大型研究项目（NADP/NTN and CAST NET, 2003; Wright and Rasmussen, 1998）。绝大多数的沉降氮将在短期内汇集在土壤中，这已被一些同位素 ^{15}N 标记实验所证实（Nadelhoffer et al., 1999; Perakis and Hedin, 2001; Providoli et al., 2006; Morier et al., 2008）。许多研究者已经报道了关于氮沉降下土壤酸化、生态系统的初级生产力和养分循环、温室气体（CH_4 和 NO_2 等）排放以及植物和微生物的响应等方面的研究结果（贺纪正等，2015）；但是，对于拥有数量庞大、多样性显著及生物量巨大的土壤动物群落在大气氮沉降下的反应，现在还所知甚少。

（一）氮沉降对土壤动物的影响

大量易获取的营养元素的输入会促进 *r* 策略生物的发展而抑制 *K* 策略生物的发展（Bongers et al., 1997），所以无论在农业生态系统还是在森林生态系统，高无机氮输入对土壤动物群落的长期影响都将是消极的（Verhoef and Meinster, 1991），这是由于单一营养物质的大量输入，可能明显促进了偏好该营养物质的土壤动物类群生长，削弱了其他类群的竞争作用，进而使群落趋向单一，多样性减少，因此对土壤动物的群落结构造成明显的影响；一般认为，高无机氮输入对土壤动物物种数量的影响也是消极的，但总的个体数量可能增加。

含氮化合物的输入是促进农业生产的重要措施，因此土壤动物对其的响应早就引起了人们的关注。在美国俄亥俄州（Ohio）的农业研究和发展中心，Whalen 等（1998）对比研究了施用无机氮肥［NH_4NO_3, 150 kg N/（hm^2·a）］与有机肥（动物粪便和植物残体）对玉米地蚯蚓群落的影响，发现在无机氮肥输入 6 年的处理中蚯蚓数量和生物量显著降低。在新西兰的一块牧场，Sarathchandra 等（2001）研究了施氮、磷肥对土壤生物的影响，发现植食性线虫对氮肥的响应最强烈，在施氮地短体线虫属（*Pratylenchus*）、针线虫属（*Paratylenchus*）两个属的丰度显著升高，而根结线虫属（*Meloidogyne*）的丰度显著降低，腐食性的孔咽属（*Aporcelaimus*）的丰度也在施氮条件下显著减少；在高强度 400 kg N/（hm^2·a）处理地，线虫的成熟度指数显著降低；总体来说土壤线虫功能团的多样性随氮素的输入而降低，不受施用磷肥的影响。因此，他们提出氮素的输入能改变土

壤线虫的群落结构。此外，Nkem 等（2002）在棉地内比较了施氮 [120 kg N/（hm^2·a）] 与不施氮对大型土壤动物的影响，研究发现施氮使大型土壤动物的数量下降。在另外一个研究中，施氮使马陆（millipede）密度减少了 46%（Scheu et al.，1998）。在农业土壤氮素输入对土壤动物的影响研究中也存在氮素添加量的问题。黄伦先和沈世华（1996）观察到当土壤有效氮由 69.8 mg/kg 增至 84.7 mg/kg 时，土壤动物密度由 5375 ind./m^2 增至 11 725 ind./m^2；在施氮处理下，弹尾目数量在施氮地是未施氮地的两倍（Rodgers，1997）。土壤线蚓的生物量则与土壤中铵态氮数量显著正相关（Sulkava et al.，1996）；但如果氮的输入量过大，情况则不同。Lindberg 和 Persson（2004）调查了长期（13 年）增施氮肥 [7.5~10 g/（m^2·a）] 对土壤动物群落的影响，发现耐受种对敏感种的平衡作用使得物种数量和多样性未受到显著影响；但在棉地内 12 g/（m^2·a）的施氮量使动物数量减少（Nkem et al.，2002）；玉米地内无机氮肥 [NH$_4$NO$_3$，15 g/（m^2·a）] 在 6 年的处理中多数结果显示蚯蚓数量和生物量显著降低（Whalen et al.，1998）；在高强度 [40 g/（m^2·a）] 氮处理地，线虫的成熟度指数显著降低（Sarathchandraa et al.，2001）。Kuperman 和 Edwards（1996）认为，高沉降地区大型土壤动物的总个体数、分解者和捕食者的数量都极显著低于低沉降区，并预测这必将导致高沉降区较低的物质循环效率及土壤有机质的积累。

在森林生态系统中，富氮的污水（700~2190 μmol/L）浇灌林地对土壤动物有显著影响。研究发现在处理林地小型和大型土壤动物类群的丰度降低，但个别类群优势度的提高（如弹尾虫数量比对照地高 13%）使得处理地具有更多的动物个体数量；对于土壤动物的生物量，小型动物表现为处理地略高于对照地（增加 5.8%），但大型动物则表现为处理地极显著低于对照地（降低 95%）；另外，对照地比处理地具有更长的食物链（徐国良等，2003）。Lindberg 和 Persson（2004）在瑞典北部的欧洲云杉（Picea abies）林内通过与对照样地比较，调查了长期（13 年）增施氮肥 [75~100 kg N/（hm^2·a）] 对土壤动物群落的影响。研究发现施氮处理使甲螨和弹尾目群落组成发生了明显的变化，但由于耐受种对敏感种的平衡作用，物种数量和多样性未受到显著影响，该研究结果认为过量的施肥将大幅度改变小型土壤动物的群落组成，但物种丰富度可能不受影响。Esher 等（1993）认为松林中酸沉降（pH 3.0）显著减少蚯蚓的数量。Kuperman 和 Edwards（1996）沿俄亥俄河谷在伊利诺伊州（Illinois）、印第安纳州（Indiana）和俄亥俄州各选了一块橡树林，代表低、中、高水平酸沉降 [包括 SO$_4^{2-}$ 和 NO$_3^-$，其中后者为 26.3~35.8 kg N/（hm^2·a）]，研究大型土壤动物对酸沉降的响应，结果发现在酸沉降量最低的伊利诺伊州，大型土壤动物的总个体数、分解者和捕食者的数量都极显著高于另外两地，而在高沉降区地下植食性动物的数量多于低沉降区。这与长期酸沉降下土壤理化性质的改变紧密相关，如 pH 与大型土壤动物数量显著正相关，但与可交换 Al 负相关；最后 Kuperman 和 Edwards 认为长期的酸沉降已经直接或间接成为影响研究区域内大型土壤动物的重要因子，随着酸沉降的加强，动物的个体数逐渐减少，功能团组结构改变，预测这必将导致高沉降区较低的物质循环效率及土壤有机质的积累。土壤动物对酸沉降所造成的土壤环境变化的敏感反应也在另外一些研究中有所报道（Vilkamaa and Huhta，1986；Huhta et al.，1986）。

大气氮沉降作为全球性大尺度的生态学问题，对土壤动物的影响将是广泛且长远的，因此有必要开展长期氮沉降下土壤动物响应研究，系统性地研究土壤动物群落组成、生物多样性以及与其有关的重要生态过程的动态变化。我们在南亚热带（广东鼎湖山）和温带地区（瑞士 Alptal，欧洲大气氮沉降 NITREX 实验系统的一部分），从 2002 年 10 月开始，在不同的生态系统，如苗圃、针叶林、针阔叶混交林、南亚热带地带性季风常绿阔叶林和温带针叶林，通过专门的实验设计和调查取样，基于不同的氮沉降增加梯度，从群落、类群、种群尺度，以土壤动物的生物多样性、群落结构、密度、生物量等为指标，对土壤动物在大气氮沉降下的响应过程与机制进行持续研究。

在苗圃样地，可以明显看到氮处理水平的阈值效应。总体来说，在中氮处理 [10 g N/($m^2 \cdot a$)] 下，土壤动物类群丰度显著高于对照、高氮 [15 g N/($m^2 \cdot a$)] 和加倍高氮处理 [30 g N/($m^2 \cdot a$)]（$P<0.05$），而表示多样性的水平 DG 指数显著高于对照和加倍高氮处理（$P<0.05$）。因此，中氮处理可以作为土壤动物群落随处理梯度而发展变化过程中的一个拐点。同时，在受氮沉降直接影响的土壤表层（0～5 cm），无论在干季还是湿季，土壤动物的个体数量、类群数和 DG 指数都随着处理水平的增加而呈现单峰曲线的变化态势，中氮处理值一般为拐点，其值最高（$P<0.05$），而加倍高氮处理值通常最低（$P<0.05$），这种趋势非常明显（图4-2）（徐国良等，2006）。但是，在森林样地，低氮处理在一定程度上显示了对土壤动物生物量发展的利好作用，各林分动物生物量都有不同幅度的上升，平均升高幅度季风林为 44.33%，混交林为 9.19%，针叶林为 60.66%；而中氮处理使季风林和混交林土壤动物生物量分别下降 32.55% 和 2.81%（徐国良等，2006）。

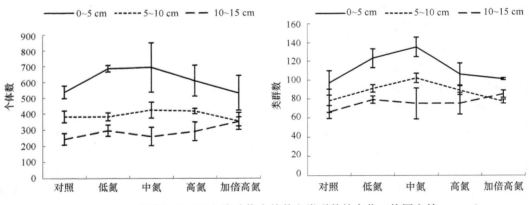

图 4-2 不同氮沉降模拟水平下土壤动物个体数和类群数的变化（徐国良等，2006）

由此看来，土壤动物群落在不同氮沉降梯度下的反应符合中度干扰假说（intermediate disturbance hypothesis，IDH）。IDH 源于热带雨林和珊瑚礁系统，是一个群落内非平衡态假说。该假说认为，无干扰系统消除了生物竞争而降低生物多样性，高强度和频度的干扰仅使少数竞争力强的物种得以保留从而也降低了系统的生物多样性；而中等强度和频度的干扰允许竞争力强的和竞争力稍弱的物种共存。因此，中等强度和频度的干扰将产生最大的生物多样性（Floder and Sommer，1999）。可以认为氮沉降是生态系统中的一种干扰因子，因此，中度氮沉降应最能促进土壤动物的多样化，这与本研究结果一致。值得注意的是，持续的施氮处理下，各林分中表现良好的处理效应最后都有减弱的趋势，甚至发展到负向效应，其利好作用转移至更低浓度的氮处理中，这说明大气氮沉降的影响并非固定不变，而是具有空间和时间上的动态变化。

（二）氮沉降对土壤动物垂直分布的影响

大部分土壤动物分布在腐殖质丰富的土壤表层，以致表层土壤动物对氮处理的反应比深层土壤动物更为敏感和显著。Haagvar（1983）发现在挪威东南部 7 个不同针叶林植被类型中弹尾目平均分布深度为 0～6 cm 土层。在英格兰约克郡（Yorkshire, England），大部分弹尾目存在于土壤表层，其中绝大部分为 0～4 cm（Wood，1967）。这种分布与土壤有机质分层（L、F 和 H 层）有关，因为分解的凋落物和微生物群落主要分布在土壤表层（Wood，1967）。施氮处理后，绝大部分沉降氮保留在土壤表层（Schleppi et al.，1999），包括硝态氮和氨态氮（Providoli et al.，2006），这将导致土壤的 C/N 值下降（Schleppi et al.，2004），氮的有效性也仅在土壤表层数厘米得到明显表现（Hagedorn et al.，2001）。因此，氮处理对土壤弹尾目密度、类群丰度和多样性的影响主要表现在 0～5 cm 土壤表层。一般来讲，随着土层的加深，氮处理效应逐渐减弱。同时，土壤动物对环境的变化会作出一定的反应，表现为正或负的趋向性。因此，土壤动物在不同水平氮沉降下的垂直分布可以体现其对氮处理的敏感性：在适宜的氮沉降下，土壤动物趋向土壤表层发展，但在过量的氮沉降下，土壤动物会向深土层趋避，使得土壤动物群落呈逆土层分布，这也许能够作为大气氮沉降环境影响的一个评价特征。

我们发现，在苗圃实验地，从对照至加倍高氮处理，土壤动物群落明显经历了前后两个发展变化阶段，中氮处理为其最适点及拐点。在不同的土壤层，土壤动物群落对氮沉降增加的响应规律不尽相同：在 0～5 cm 土层，随着氮处理加强，土壤动物明显表现出单峰曲线的变化过程，顶点在中氮处理，且中氮处理和低氮处理下的动物个体数显著高于对照和加倍高氮处理（$P<0.05$），动物类群丰度和多样性水平显著高于对照、高氮和加倍高氮处理（$P<0.05$）；在 5～10 cm 土层，随着氮处理加强，土壤动物群落也呈单峰曲线变化，最高点也在中氮处理，且差异显著（$P<0.05$），但整个变化过程较为平缓；在 10～15 cm 土层，土壤动物群落水平一般较低，随处理变化的过程更为平缓；但不同的是，在最高强度的氮处理（加倍高氮）下 10～15 cm 土层的土壤动物得到了较大发展，其个体数量和多样性水平都显著高于其他处理（$P<0.05$）。表明在最高强度的加倍高氮处理下，土壤动物有向土壤深层趋避的趋势（图 4-2）（徐国良等，2006）。

（三）氮沉降对不同生态系统类型的影响

不同生态系统土壤动物群落对氮沉降的反应不尽相同，这有赖于生态系统的持续状况、生态系统类型、氮需求和存留力及土地利用史等因素（Pamela et al.，2002）。我们发现，生态系统的成熟度与土壤动物对大气氮沉降的响应成反比，即生态系统成熟度越高，氮沉降增加对土壤动物群落的抑制作用越明显；生态系统成熟度越低，氮沉降增加对土壤动物群落的促进作用越明显（徐国良，2006）。

在广东鼎湖山地区，我们选择了 4 类生态系统进行大气氮沉降对土壤动物的影响研究。根据生态系统的复杂度和成熟度，由简单至复杂、由低成熟度至高成熟度，依次为苗圃、针叶林、混交林和季风林。在相同的实验处理期间，从苗圃样地到森林样地，从最简单的半人工生态系统至最成熟的季风林，土壤动物群落对大气氮沉降的反应经历了从正效应到负效应的变化过程。在苗圃样地，整个实验期间，土壤动物群落明显得到持续快速的发展；而在森林样地，针叶林也表现出明显的正效应，但季风林则表现出明显的负效应。这个结果改变了自然健康状态下土壤动物群落在各个生态系统中的分布格局。根据土壤动物的个体数量、类群丰度、生物多样性和生物量指标，经过一年多的氮沉降处理，本底水平最低的针叶林总体上竟达到了本底值显著居高的季风林的水平，而且显著高于过渡类型混交林（图4-3）（徐国良，2006）。

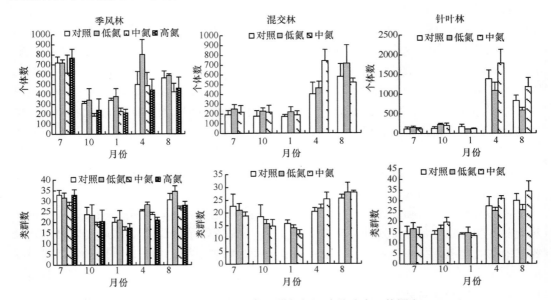

图 4-3　不同植被类型下土壤动物对模拟氮沉降的响应（徐国良，2006）

（四）氮沉降的时间累积"阈值"效应

在美国 Harvard Forest 的长期生态系统研究中，从 1988 年开始对两类森林（针叶林和落叶阔叶林）开展了氮沉降模拟实验，经过 9 年的施氮处理，阔叶林高氮处理的样方林木生物量比对照增长了近 50%，低氮处理的样方林木生物量也比对照有所增长 （Magill et al.，2000）；但 9 年以后，松林林木生物量随着氮输入量的增多而减少，高氮处理［150 kg N/（$hm^2·a$）］样方林木生物量与对照相比显著减少 （Magill et al.，2000）。一些研究甚至表明较低浓度氮的长期输入也会导致林木生产力的下降。例如，在美国东北部的一片高海拔云杉森林，经过 6 年的施氮处理［施氮量为 6～31 kg N/（$hm^2·a$）］，针叶树种和阔叶树种的生产力均下降了，而在前 3 年林木生产是显著增加的，这表明氮沉降处理具有时间累积效应（cumulative effect），即低剂量氮处理较长时间后会表现出高剂量氮处理较短时间所产生的效应（李德军，2005）。

Boxman 等（1998）的 NITREX 项目实验中，研究发现 2 年的短期氮处理没有对凋落物中弹尾目的生物量产生影响，但我们在瑞士中部的 Alptal 河谷发现，氮沉降处理期达 13 年以后，在 0～15 cm 土层，氮处理地的土壤弹尾目密度比对照地明显降低。

绝大多数弹尾目类群密度也都在氮处理下趋减，尤其是优势种微小等跳（*Isotomiella minor*）的密度在处理与对照地之间的差异更为明显，从对照样地（85 600 ind./m³）到氮处理地（17 000 ind./m³）减少了80%（图4-4）。弹尾目群落组成受到了氮处理的影响。*Tomocerus*、*Arrhopalites*、*Sminthurus* 和 *Neanura* 等属在氮处理地完全消失，而Entomobyridae、Neanuridae、Sminthuridae 和 Neelidae 等科弹尾目在氮处理地的10～15 cm土层也完全消失（Xu et al.，2009）。因此，土壤弹尾目密度、类群丰度和生物多样性都明显受到了长期氮沉降的影响。可以认为，在长期氮沉降的影响下，土壤氮饱和，土壤明显酸化，盐基阳离子大量流失，对土壤动物多样性、类群组成及个体数量等都造成了明显的负面影响。因此，土壤动物群落的变化可以作为长期氮增加导致生态系统氮饱和的一个有效指示。

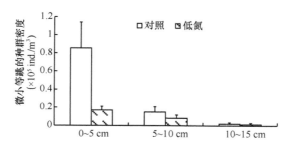

图4-4　长期低氮处理对不同土层微小等跳（*Isotomiella minor*）的影响（Xu et al.，2009）
施氮量为25 kg N/（hm²·a）

研究表明，一定限度内的氮沉降对生物可能是有利的，但过量的氮沉降则会造成负面影响（Aber et al.，1995；Magill et al.，2000）。因此，作为自然界生物所必需的一种重要营养元素，氮素输入的增加与其他污染物不同，并没有一个绝对的正向或负向关系，而是存在一个阈值，其中的界限可能就在于生态系统是否达到了"氮饱和"（肖辉林，2001）。所谓的"氮饱和"指的是在氮沉降过程中，适量 NO_3^- 的输入可被森林生态系统所利用，过剩的 NO_3^- 将通过淋溶或可能的反硝化作用从土壤中除去或有一小部分在土壤中积累，当氮通量（矿化和外部输入）与生物和土壤的吸收能力相等时，可认为生态系统达到了"氮饱和"（肖辉林，2001）。生态系统达到氮饱和后，过量 NO_3^- 的淋溶都具有强烈的酸化作用。已有证据表明，由于土壤中产生了过剩的 NO_3^-，盐基阳离子如 Ca^{2+}、Mg^{2+} 等的淋失随之增加（Foster et al.，1989；Watmough et al.，1999）；矿质土壤中 Ca^{2+} 的净损失导致土壤酸化作用加剧（Foster et al.，1989）。同时，土壤酸化将反过来急剧增加土壤中的阳离子特别是Al、Mn和Rb的通量（Foster et al.，1989；Bergkvist and Foldeson，1992）。土壤 pH 和根际 Al^{3+}/Ca^{2+} 值通常可作为森林土壤酸化和潜在的森林危害指标（Kros et al.，1993）。Al^{3+} 浓度与 NO_3^- 浓度密切相关。在许多情况下，Al^{3+} 浓度与 NO_3^- 浓度的相关性高于它与 SO_4^{2-} 浓度的相关性，这意味着在活化 Al^{3+} 方面，HNO_3 比 H_2SO_4 更重要（Ulrich and Pankrath，1983；van Breemen and van Dijk，1988）。总之，NO_3^- 浓度的上升将提高土壤溶液的酸度和 Al^{3+} 浓度，从而可直接或间接导致森林衰退。例如，在北美的一些森林生态系统中，土壤中高浓度的 NO_3^- 引起了 Al^{3+} 活化和 Ca^{2+}、Mg^{2+} 淋失，致使 Al^{3+}/Ca^{2+} 和 Al^{3+}/Mg^{2+} 值明显升高，有的达30～40甚至更高，从而抑制了森林对 Ca^{2+}

和 Mg^{2+} 的吸收，导致森林衰退（Tomlinson，1993），这必将对森林土壤食物网造成危害。因此，氮饱和之前一定水平的氮输入对土壤食物网中的生物类群将产生有利影响，但超过生态系统吸收能力的高浓度的氮输入将产生负效应。富氮的生态系统在接受外加氮处理时比贫氮的系统更容易表现出氮淋溶，对外加氮的响应也更强烈（Aber et al.，1998；Fenn et al.，1998；Gundersen et al.，1998；Wright and Rasmussen，1998；Matson et al.，1999），原因可能是其更容易达到氮饱和。土壤动物群落对适量氮输入和过高氮输入分别表现"趋"和"避"行为，也体现了氮沉降对土壤生物群落影响的阈值效应。氮处理的时间累积效应也可以从氮饱和理论中得到解释：当某一浓度的氮处理在一个林分内表现出正效应时，表明此时氮处理创造了有利于土壤动物群落发展的良好环境。但是由于外源氮的持续输入，如其未被及时充分利用，进入系统循环，从而积累起来，达到甚至超过系统的"氮饱和"水平，在这个过程中正效应将减弱、消失甚至产生负效应，这可能就是氮处理下土壤动物学效应年际动态变化的根本原因。氮沉降的阈值效应、生态系统成熟度及处理时间累积等对实验结果的影响，本质上可能均反映了生态系统的氮饱和状态对氮沉降的响应（Aber et al.，1989）。

第二节　土壤食物网主要类群对全球变化的反馈

在全球变化背景下，土壤食物网中主要生物类群的分布格局发生了不同程度的变化，生物入侵及其对入侵地生态系统结构和功能的改变成为全球变化领域的重要研究方向。这里，我们主要以蚯蚓为代表，试概述蚯蚓入侵格局、蚯蚓对入侵地生态系统关键过程以及主要温室气体（N_2O 和 CH_4）排放等的影响规律。

一、蚯蚓对温室气体排放的贡献

（一）蚯蚓影响温室气体排放的主要机制

1. 改变土壤结构

蚯蚓通过混合土壤，提高了土壤通气性，改变了排水和持水能力，在改善土壤结构方面起着重要作用（Curry and Schmidt，2007）。通过混合土壤，蚯蚓把下层土壤中的矿物质带到上层，可以加速凋落物分解。提高土壤通气性可以增加硝化细菌的氧需求，增加硝化速率。除了增加氮循环，蚯蚓通过横向和纵向的蚓穴能增加氮损失（Decaens et al.，1999）。Dominguez 等（2004）在美国俄亥俄州农田生态系统中的研究表明，氮淋溶与蚯蚓密度呈正相关，蚯蚓数量增加后土壤氮淋溶量是减少蚯蚓后土壤氮淋溶量的 2.5 倍，这是因为增加蚯蚓数量后增加了氮淋溶物的量，而不是增加了无机氮或溶解性有机氮的浓度（Degens et al.，2000）。

2. 消耗有机质

蚯蚓有 3 种生态类群：①表栖类，生活在土壤表面，取食新鲜的凋落物；②内栖类，生活在矿质层土壤，取食矿质层土壤，和土壤有机质联系密切；③深栖类，生活在土深处永久的洞穴中，取食新鲜凋落物（Edwards，2004）。蚯蚓的典型特征是消耗土壤和大部分的凋落物（Drake and Horn，2007）。在蚯蚓肠道中，有机质在肠道独特的条件下迅速分解（Brown et al.，2000），尤其是内栖类蚯蚓，它们摄取的食物常常含有高的碳、氮量，摄取的食物在肠道中混合，作进一步处理。由于蚯蚓肠道具有较高的含水量（肠道物质重量的60%～150%），微生物活性非常高，而且蚯蚓肠道pH呈中性，具有高浓度的水溶性碳（Whalen et al.，2000）。

在一些生态系统中，土壤有机质对蚯蚓非常重要，影响蚯蚓活性、食物质量和适口性（Curry and Schmidt，2007）。蚯蚓每天能消耗相当于80 mg干重的新鲜动物粪便或相当于52 mg干重的新鲜叶子或相当于308 mg干重的新鲜凋落物（图4-5）。蚯蚓摄取土壤的量依赖于蚯蚓功能群、土壤有机质质量和数量（图4-5）。先前的研究表明，新西兰壤土中背暗异唇蚓（*Allolobophora caliginosa*）每天能消耗相当于200～300 mg干重的新鲜土壤（Barley，1959）。热带地区的异形密氏蚓（*Millsonia anomala*）的幼蚓每天能消耗相当于34 g干重的低有机质新鲜土壤，而总体来看热带地区蚯蚓一般能消耗相当于7～15 g干重的新鲜土壤（Lavelle and Spain，2001；Marichal et al.，2012）。对于温带食土蚯蚓，常常摄取相当于1.0～2.5 g干重的新鲜物质（Curry and Schmidt，2007）。幼龄蚯蚓摄食土壤量高于成年蚯蚓，反映出它们具有高的能量需求（Curry and Schmidt，2007）。

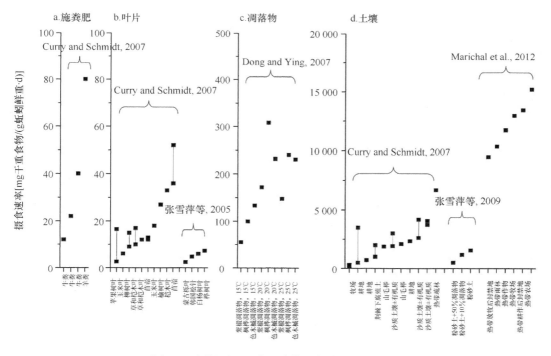

图4-5　蚯蚓对不同来源食物的摄食速率的变化

横坐标中同一种食物出现多次时，对应不同蚯蚓对该食物的摄食速率

3. 改变微生物区系

蚯蚓摄取土壤后，细菌和真菌群落在穿过蚯蚓肠道过程中受到强烈的影响（Drake and Horn，2007；Chapuis-Lardy et al.，2010）。蚯蚓肠道对微生物群落的影响已有大量的研究，尤其是蚯蚓肠道细菌对 N_2O 生成的影响备受关注（Drake and Horn，2007）。系统发育（基于 16S rRNA 基因序列分析）和生理特性分析表明从背暗流蚓（*Aporrectodea caliginosa*）肠道分离的产 N_2O 菌来源于蚯蚓摄取的土壤，而不是蚯蚓肠道本身的细菌（Ihssen et al.，2003；Horn et al.，2003）。然而，蚯蚓肠道中厌氧微生物的量远高于土壤中的厌氧微生物量，这是因为蚯蚓肠道具有厌氧环境和高的有机碳量（Drake and Horn，2007）。因此，蚯蚓粪中微生物群落结构有一定的变化（Daniel and Anderson，1992；Tiunov and Scheu，2000）。蚯蚓分泌物中营养丰富的黏液可能增加微生物生物量和活性（Parkin and Berry，1999）。Lavelle 和 Gilot（1994）用体外培养的方法比较了非洲淋溶土（添加 7%葡萄糖和 7%异形密氏蚓肠黏液）的微生物活性（氧气吸收法），添加蚯蚓黏液的土壤，最初氧吸收速率非常高，之后逐渐降低；然而，添加葡萄糖的土壤，氧吸收速率缓慢且均匀。总之，蚓触圈（drilosphere）能引起微生物群落发生明显的变化。

4. 释放富氮的黏液和尿液

蚯蚓通过排泄含氮化合物的黏液和尿液直接影响土壤矿质氮量和氮循环。蚯蚓通过表皮腺细胞分泌黏液防止干燥、促进呼吸和提供润滑作用，有利于蚯蚓通过土壤，大约一半的氮通过黏液分泌而释放到蚯蚓体外（Needham，1957）。墨西哥 6 种蚯蚓的肠黏液（2 个表栖类和 4 个内栖类）含有 39%～44% C 和 7%～7.3% N（Brown et al.，2000；Whalen et al.，2000），表明不同物种和生态类群的蚯蚓肠黏液似乎是相似的。蚯蚓肠黏液能迅速提高微生物活性（Lavelle and Gilot，1994；Bityutskii et al.，2012）。蚯蚓尿液由氨、尿素、尿酸和尿囊素组成（Edwards and Bohlen，1996）。尿素通过体表肾管分泌，氨通过肠道和蚓粪排出（Tillinghast，1967），因此，新鲜的蚓粪中可以检测到高浓度的氨盐（Blair et al.，1995）。

蚯蚓富氮的排泄物可能对陆地生态系统养分循环有着显著影响。蚯蚓氮分泌速率的测定方法采用 Needham（1957）的方法，即把蚯蚓放在 23℃的水瓶中，24 h 后分析水中氮含量。先前的研究表明蚯蚓分泌氮的速率（尿和黏液）为 20～269 mg N/（g 鲜重·d），主要受蚯蚓物种和摄取食物的影响（Whalen et al.，2000）。Whalen 等（2000）用 ^{15}N 同位素方法量化氮分泌量，发现氮的分泌速率高达 278.4～744 mg N/（g 鲜重·d），在施无机肥的玉米农田生态系统中蚯蚓年分泌量约为 41.5 kg N/hm^2，相当于作物氮吸收量的 22%。Whalen 等（2000）在农田生态系统中的研究表明蚯蚓通过分泌液和尸体释放的氮量为 10～74 kg N/（hm^2·a），大约占蚯蚓分泌氮量的 50%。

5. 调控氮循环速率

科学家普遍认为蚯蚓是控制土壤肥力的主要因素之一。达尔文很早就认识到蚯蚓对生态系统功能的重要性（Darwin，1881）。已有的研究表明蚯蚓能够强烈地影响土壤氮的矿化速率（Scheu，1987；Blair et al.，1995）。蚯蚓活动可以加大土壤矿化和硝化速率、增加土壤氮的固持或淋溶（Steinberg et al.，1997；Zhu and Carreiro，1999；Groffman et al.，2004；Ozawa et al.，2005）。蚯蚓也可以生成 N_2O 等含氮气体从而将其释放到大气中（Elliott et al.，1990；Borken et al.，2000；Augustenborg et al.，2012）。在美国纽约一块 130 km×20 km 的城乡接合处栎树橡木林中，蚯蚓密度与氮矿化和硝化速率相关（Steinberg et al.，1997；Burtelow et al.，1998；Zhu and Carreiro，1999），有蚯蚓的土壤净氮矿化率[0.15 mg N/（kg·a）]显著高于没有蚯蚓的土壤。蚯蚓对氮循环的影响取决于土壤类型、土地使用方式、农田管理、气候、蚯蚓物种和蚓粪（Jouquet et al.，2007；Ngo et al.，2012；Olsson et al.，2012）。在蚓触圈，蚯蚓对周围土壤的氮循环发挥重要的调节作用（Brown et al.，2000）。蚯蚓在取食、挖掘和产蚓粪过程中能改变土壤氮循环过程（图 4-6）。

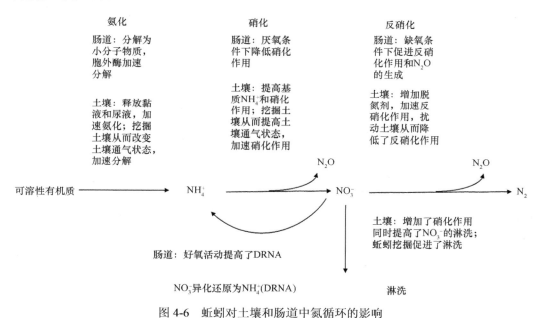

图 4-6　蚯蚓对土壤和肠道中氮循环的影响

（二）蚯蚓对 N_2O 排放的作用

在蚯蚓的影响下，N_2O 主要来自蚓触圈土壤、新鲜排泄物、肠道的硝化作用和反硝化作用（Tiedje，1988；Matthies et al.，1999；Speratti and Whalen，2008）。蚯蚓活体和实验室研究表明，蚯蚓对栖息地 N_2O 释放的贡献可能大于 50%（Elliott et al.，1990；Borken et al.，2000；Augustenborg et al.，2012）。然而，另一些研究发现蚯蚓没有改变 N_2O 的释放（Speratti and Whalen，2008；Chapuis-Lardy et al.，2010）。

硝化细菌需要厌氧条件、基质（硝酸盐）和能量（富电子的碳）（Conrad，1996）。在蚯蚓肠道，低氧、大量的硝酸盐和碳源可能刺激硝化细菌的生长及活性，导致 N_2O 和 N_2 释放（Horn et al.，2003；Ihssen et al.，2003；Drake and Horn，2007；Wust et al.，2009）。随着蚯蚓取食和挖掘，蚯蚓在蚓触圈创造外部结构（蚓粪、洞穴、堆肥），当细菌和真菌群落通过蚯蚓肠道时，尤其是硝化细菌群落可能会发生改变（Chapuis-Lardy et al.，

2010)。在蚓触圈，土壤呼吸受到抑制，氧气减少，并创造了厌氧环境，有利于反硝化作用。在老化的蚓粪中微生物生物量可能下降（Daniel and Anderson，1992；Tiunov and Scheu，2000），这可能部分抵消反硝化细菌群落在 N_2O 释放中的作用（Chapuis-Lardy et al.，2010）。一些研究表明蚓触圈土壤比周围土壤含有更多的无机氮，因为蚯蚓增加了矿化作用（Cortez et al.，2000；Lubbers et al.，2011）。其他研究认为增加反硝化作用主要是因为蚯蚓为反硝化细菌提供碳源（Nebert et al.，2011）。总之，蚯蚓栖息地外部结构可能有利于反硝化细菌的生长和增加 N_2O 的释放。例如，Subler 和 Kirsch（1998）的研究表明含有陆正蚓（*Lumbricus terrestris*）的堆肥中有较少的硝态氮，因为反硝化增加了硝酸盐损失，而且蚯蚓排泄营养富集的黏液可能增加微生物生物量和活性（Parkin and Berry，1999），导致较高的硝化速率和反硝化速率。许多研究表明蚯蚓的蚓粪和洞穴中硝化速率和反硝化速率高于周围土壤（Elliott et al.，1990；Parkin and Berry，1994，1999），而且蚯蚓可能通过蚓粪和挖掘洞穴间接地影响 N_2O 释放。反硝化中 N_2O/N_2 受土壤孔隙的影响较大（Davidson and Verchot，2000；Schlesinger，2009）。蚯蚓能改变土壤属性和孔隙分布，土壤含水量和氧化还原电位也会受到影响，这些都会影响 N_2O 释放。

不同的蚯蚓功能群与硝化和反硝化作用细菌相互作用，对 N_2O 释放有不同的作用。例如，Speratti 和 Whalen（2008）研究表明反硝化作用是深栖类的陆正蚓调控 N_2O 释放的主要过程，而硝化作用是内栖类的背暗流蚓调控 N_2O 释放的主要过程。Rizhiya 等（2007）研究表明深栖类的长流蚓（*Aporrectodea longa*）N_2O 释放量小于表-内栖类的粉正蚓（*Lumbricus rubellus*）。Nebert 等（2011）和 Giannopoulos 等（2011）研究表明加入作物残渣后，内栖类的背暗流蚓短暂地增加了 N_2O 释放量，而表-内栖类的粉正蚓对 N_2O 释放有显著的促进作用。这些结果差异的原因并不完全清楚。Schrader 和 Zhang（1997）研究表明深栖类的陆正蚓的蚓粪比内栖类的背暗流蚓含有更多的养分，这可能是引起不同硝化反应和反硝化反应的一个潜在原因。一些研究表明长距离移动的深栖类蚯蚓增加了 N_2O 还原为 N_2 的概率（Elmi et al.，2003；Paul et al.，2012）。但是，这种作用可能伴随土壤其他属性的变化，如土壤孔隙度（Paul et al.，2012）。另外，不同功能类群蚯蚓间的交互作用对 N_2O 释放量可能起着重要作用（Rizhiya et al.，2007；Giannopoulos et al.，2010；Lubbers et al.，2011）。

微宇宙实验表明蚯蚓能增加 N_2O 释放（Elliott et al.，1990；Borken et al.，2000；Augustenborg et al.，2012）。然而，当放大生态系统水平研究蚯蚓对 N_2O 释放的影响时，应考虑土壤和蚯蚓的交互作用（如土壤团聚体生成）、蚓粪的新鲜程度和研究的时空尺度。很少研究在生态系统尺度下控制蚯蚓群落（Bohlen et al.，1995；Butt et al.，1997；Ligthart and Peek，1997），进而量化整个蚯蚓群落对氮转化过程（Shuster et al.，2003；Dominguez et al.，2004；Bohlen et al.，2004）和 N_2O 释放（Costello and Lamberti，2009）的贡献。因此，蚯蚓对氮循环影响的研究亟待在生态系统水平上开展。

（三）蚯蚓对土壤 CH_4 排放的作用

CH_4 是温室气体，CH_4 的全球变暖潜力是 CO_2 的 21 倍（IPCC，2007）。全球 CH_4 释放的一个重要来源是动物消化道。除了反刍动物，热带白蚁和其他无脊椎动物也产生

CH_4，这些对大气 CH_4 的增加有一定的贡献（Hackstein and Stumm，1994）。最近的研究表明热带和温带区域一些蚯蚓物种释放 CH_4，而另一些物种不释放 CH_4（Hackstein and Stumm，1994；Sustr and Simek，2009；Depkat-Jakob et al.，2012）。研究显示非洲热带区代表性蚯蚓 *Eudrilus eugeniae* 有高的 CH_4 生成能力，不同种类蚯蚓在不同的培养基质中有不同的 CH_4 释放速率，培养 5~6 天后，CH_4 释放速率最高达到 41 nmol CH_4/g 鲜重基质（Depkat-Jakob et al.，2012）。这个速率低于蟑螂和白蚁，但和马陆的释放速率相似（Hackstein and Stumm，1994；Sustr and Simek，2009）。

研究人员对于蚯蚓肠道哪个部位存在甲烷细菌并不清楚，可能像热带千足虫、蟑螂、白蚁和甲虫一样在尾肠处（Hackstein and Stumm，1994）。基因转录组分析蚯蚓 *E. eugeniae* 肠道物 mcrA（编码甲基辅酶 M 还原酶的 α-亚基）表明，球菌科、甲烷杆菌科和甲烷微菌科物种可能与 CH_4 释放有关。基于 mRNA 微阵列分析表明在垃圾堆覆盖的土壤中维尼斯爱胜蚓（*Eisenia veneta*）能提高一类甲烷氧化菌活性（甲基杆菌属、甲基单胞菌属、甲基八叠球菌属）（Kumaresan et al.，2011）。一些蚯蚓从肠道中释放 CH_4，在垃圾堆、土壤和猪粪中接种蚯蚓可以改变 CH_4 的氧化速率（Borken et al.，2000；Hery et al.，2008；Park et al.，2008；Kammann et al.，2009；Kim et al.，2011；Kumaresan et al.，2011；Luth et al.，2011）。蚯蚓这种有益的生物扰动作用可以应用在垃圾堆覆盖的土壤中，这是 CH_4 释放的主要人为因素，贡献全球释放 CH_4 的 6%~12%（Lelieveld et al.，1998）。与不加蚓粪相比，垃圾堆覆盖的土壤加入蚓粪后能使 CH_4 氧化活性增加 1 倍（Park et al.，2008）。定量 PCR（qRT-PCR）显示混合土壤和蚓粪（3∶1）能使嗜 CH_4 细菌种群大小增加至原来的 100 倍（Kim et al.，2011）。然而，也有的研究结果表明加入陆正蚓后，CH_4 氧化速率降低 53%（Borken et al.，2000）。大型土壤动物区系如蚯蚓，在氧气不足的环境中，可能提供适合 CH_4 产生的条件。关于蚯蚓在 CH_4 释放中作用的研究仍然有限且结果不一致，今后需要加强这方面的研究。

二、土壤生物入侵对生态系统的影响

（一）蚯蚓外来种入侵研究

蚯蚓入侵问题的正式提出，至今已超过 100 年（Michaelsen，1900）。主要工作集中在外来种蚯蚓分布格局及其可能的入侵机制的研究上，仅对少数常见的外来种蚯蚓对入侵地生态系统的影响开展了有限的研究。

1. 国外研究进展

多数蚯蚓离开其长期适应的环境后不能正常存活或繁殖（Sims，1980）。大约 120 种蚯蚓，即已知蚯蚓种数的 3%，被认为借助人为帮助在其起源地外广泛分布（Lee，1985；Hendrix et al.，2008）。蚯蚓的"迁徙"，很早就有人注意到了。Michaelsen 在 1900 年最早使用"peregrine"一词描写外来蚯蚓。同年，Eisen 就呼吁关注因遭到欧洲蚯蚓排挤而出现的"土著种的消失"（Gates，1942）。到 1912 年，Beddard 又编写了一本蚯蚓专著 *Earthworm and Their Allies*。他讨论了很多可能的外来种，包括东方的环毛类和欧洲的正蚓类，后者拥有最为庞大的外来蚯蚓种数（Beddard，1912）。Stephenson（1930）在 *The Oligochaeta* 中讨论了蚯蚓主动扩散和借助于水等自然力、人为携带等的扩散方式，认为人为因素十分重要，而植物园则是外来种被引入的集中地。该书概述了几类分布最广的外来蚯蚓（表4-1）和各个动物地理区中蚯蚓本土类群的分布以及可能的迁徙途径。Gates（1972）在其一本记述缅甸蚯蚓的专著中也将外来种和本土种区分开来，并记载和讨论了各个属种可能的起源地。Sims（1980）分析了地球陆地变迁对蚯蚓系统演化及分布的影响，同时也探讨了蚯蚓生殖方式（如孤雌生殖）和食性对蚯蚓广布种适应新生境能力的影响。北美的蚯蚓生物地理资料最丰富。Reynolds（1977）详述了加拿大外来种蚯蚓的分布及可能的来源地。*Earthworm Ecology and Biogeography in North America* 一书中系统介绍了北美（实际包括加拿大、美国、墨西哥和加勒比群岛）蚯蚓外来种的分类和地理分布，本土种的分布与外来种的关系（Hendrix，1995）。*Earthworm: Their Ecology and Relationships with Soils and Land Use* 一书讨论了蚯蚓的扩散方式，并总结了几类分布最广的外来蚯蚓（Lee，1985）（表4-1）。Sims 和 Gerard（1999）总结了英国蚯蚓记录，包括外来种和它们的来源地。Brown 等（2006）研究了巴西的外来种、入侵种和潜在入侵种的分布以及它们对土壤和植物的影响。关于澳大利亚蚯蚓地理分布和外来种多样性也有不少报道（Jamieson，1981）。Blakemore 对世界各地的蚯蚓资料进行了整理，在其网页中列出了较详细的本土种和外来种名录（http://www.annelida.net/earthworm/）。2006年，关于蚯蚓入侵的专著 *Biological Invasions Belowground: Earthworms as Invasive Species* 出版（Hendrix，2006）。该书主要内容包括：蚯蚓入侵种的扩散和繁殖策略；蚯蚓入侵对无蚯蚓生态系统的影响；外来蚯蚓对土著蚯蚓和土壤动物的影响；外来蚯蚓对耕地土壤性质、土壤生物、植物生长的作用；应对蚯蚓入侵的策略等。2008年著名期刊 *Annual Review of Ecology, Evolution, and Systematics* 对全球蚯蚓外来种分布格局作了较系统的梳理（Hendrix et al.，2008）（图4-7）。

表4-1　几类分布最广的蚯蚓外来种的分布区及其可能的起源地
（改自 Stephenson，1930；Lee，1985；Brown et al.，2006；Hendrix et al.，2008）

科	属	外来种种数	外来种示例	可能的起源地	分布区
正蚓科（Lumbricidae）	*Lumbricus, Aporrectodea, Allolobophora, Eisenia, Dendrobaena, Dendrodrilus, Bimastos, Octolasion*	20～30	*Lumbricus rubellus, L. terrestris*; *Aporrectodea* spp.; *Dendrobaena octaedra*; *Octolasion cyaneum*	第四纪冰川边境以南的欧洲南部和亚洲	温带、亚热带和部分热带高地，在农田、牧场和园地中为优势种
巨蚓科（Megascolecidae）	*Pheretima*（环毛类，特别是 *Amynthas* 和 *Metaphire*）	15～20	*Amynthas gracilis, A. hupeiensis, A. morrisi, A. rodericensis, A. corticis*; *Metaphire californica, M. houlleti, M. posthuma, M. schmardae*	东亚或东南亚	多数亚热带和热带地区，某些温带地区
棘蚓科（Acanthodrilidae）	*Microscolex*	—	*Microscolex dubius, M. phosphoreus*	南美洲	南温带，在北美和欧洲的农田、牧场等广泛分布
八毛蚓科（Octochaetidae）	*Dichogaster*	—	*Dichogaster bolaui, D. saliens*	西非	整个热带和温带

续表

科	属	外来种种数	外来种示例	可能的起源地	分布区
真蚓科（Eudrilidae）	*Eudrilus*	—	*Eudrilus eugeniae*	西非	整个热带和温带
寒宪蚓科（Ocnerodrilidae）	*Ocnerodrilus*	1	*Ocneradrilus occidentalis*	中美洲	泛热带，部分亚热带和温带
舌文蚓科（Glossoscolecidae）	*Pontoscolex*	—	*Pontoscolex corethrurus*	中美洲	泛热带，部分亚热带和温带
链胃蚓科（Moniligastridae）	*Drawida*	—	*Drawida bahamensis*	东亚，可能是中国	亚热带和泛热带

图 4-7　蚯蚓外来种和本土种的全球分布格局（改自 Hendrix et al.，2008）

2. 中国外来种蚯蚓分布格局概述

2007 年，中国农业大学的研究团队对中国蚯蚓的地理分布进行了梳理，其中涉及中国外来种分布的概述（Huang et al., 2007）。中国科学院华南植物园、中国科学院西双版纳热带植物园和广东省生物资源应用研究所等针对中国南方的外来种蚯蚓南美岸蚓（*Pontoscolex corethrurus*）开展了初步研究（张卫信等，2005，2007；张花等，2008；杜杰等，2008；高波等，2010a，2010b；何新星等，2013）。南美岸蚓作为环热带区的广布种，其到达中国南方的时间仍不得而知。该外来种蚯蚓虽然在人工林内常常是优势种，但是否可视作入侵蚯蚓，尚需要大量的研究。

具体来说，喜马拉雅山、秦岭和淮河在北纬 32°线将中国分为两部分，分属于古北区（palaearctic region）和东洋区（oriental region）（徐芹，1996）；蚯蚓在中国的分布也反映了这一特点（陈义，1956）。中国已知的外来种蚯蚓约 32 种，隶属于 7 科 18 属（陈义，1956；Gates，1972；钟远辉和邱江平，1992；徐芹，1996，1999；黄健等，2006；

张卫信，2008）。正蚓科（Lumbricidae）是中国北方的优势类群，基本都是外来种，占外来蚯蚓总数的 59.4%。南方也有正蚓科蚯蚓分布，但其种类和数量由北向南明显减少。在河北曲周，正蚓科蚯蚓种类和数量分别占总数的 50% 和 72%～89%（徐芹，1996）。在处于古北区和东洋区缓冲带的河南，环毛类蚯蚓种类明显增多，和正蚓科蚯蚓一起成为优势种（许人和等，1994）。在浙江和重庆涪陵，调查分别得到 24 种和 15 种蚯蚓，但只有 2 种属于正蚓科（孙希达等，1995；徐晓燕，2000）。在南方分布较广的蚯蚓主要有 5 种，即正蚓科的背暗流蚓、梯形流蚓（Aporrectodea trapezoides）、微小双胸蚓（Bimastus parvus）、赤子爱胜蚓（Eisenia fetida）和舌文蚓科（Glossoscolecidae）的南美岸蚓。南岭山脉对于上述 4 种正蚓科蚯蚓可能是"天堑"。在南岭以南的广东，目前只发现南美岸蚓这一个外来种蚯蚓，该外来种在人工林和撂荒地中常常是优势种（张卫信等，2005，2008）。

总之，东亚代表性的外来种蚯蚓有两类，即来自古北区的正蚓科蚯蚓和来自新热带区的舌文蚓科的南美岸蚓。正蚓科蚯蚓主要在北方分布，南美岸蚓则分布在南方的海南、广东、广西、云南等省（自治区）。值得注意的是，中国南方是环毛类（pheretimoids）蚯蚓的重要演化中心之一，环毛类的远盲属（Amynthas）和腔环蚓属（Metaphire）是中国南方蚯蚓的优势属（陈义，1956；曾中平，1982）。目前，大约有 29 种远盲属或腔环属的环毛蚓广泛分布于东洋区以外的地区，包括北美洲、南美洲、非洲、欧洲、大洋洲（张卫信，2008），部分种类已成为当地的主要入侵蚯蚓（Hendrix et al.，2008；Zhang et al.，2010）。环毛类蚯蚓、欧洲粉正蚓和起源于中美洲的南美岸蚓是我国主要的蚯蚓类群，也是研究最多的世界性入侵蚯蚓（图 4-8）。

图 4-8　代表性外来种蚯蚓（张卫信提供）
a. 一种环毛类蚯蚓 Amynthas agrestis；b. 欧洲粉正蚓（Lumbricus rubellus）；c. 南美岸蚓（Pontoscolex corethrurus）

3. 蚯蚓入侵对生态系统的影响

外来物种入侵是导致物种多样性减少和自然生境退化的主要原因之一。相对于地上植被和大型动物的入侵研究，我们对地下土壤生物的入侵及其对生态系统过程的影响了解较少。对于土壤生物入侵的生态效应，目前对蚯蚓的研究比较深入（Bohlen et al.，2004；Hendrix et al.，2008）。Hendrix 等（2006）认为影响蚯蚓入侵的因素可能有 3 个方面：①繁殖体的压力强度，即外来种进入生境的频率和密度，是否有足够时间繁殖；②生境的适合度（可入侵性），即外来种进入后是否面临不适应的生境条件、可利用资源缺少或取食策略不合适；③入侵地生物抵抗强度，即若生境合适，外来种是否面临"生物屏障（biological barrier）"，如捕食者或寄生者、"陌生的（unfamiliar）"微生物或者土著种蚯蚓的竞争等。最终他们认为，在抵制外来种入侵过程中，被入侵生境的理化特性比土著种与外来种的相互作用更重要。González 等（2006）发现在美洲热带地区，人类活动的干扰是外来蚯蚓扩散的主要原因，干扰越强，外来种占的比例越高。Tiunov 等（2006）总结了欧洲正蚓在北美无蚯蚓区及欧洲东北部的分布机制和限制因素。在欧洲东北部，蚯蚓的大尺度分布格局明显受气候条件（climatic condition）、生境适合度（可入侵性）（suitability of habitat）、人类活动方式和土地利用方式等因素影响，而这些因素又是相互关联的。在尺度较小的北美五大湖区西部，蚯蚓的组成和分布依赖于入侵蚯蚓的种群结构、生活史特点（如孤雌生殖）、传播工具（vectors of transport）及生境中土壤和凋落物的特性。另外，一种蚯蚓的入侵，可能促进其他蚯蚓的入侵，如表栖类蚯蚓的入侵，增加了土壤有机质含量，有利于内栖类蚯蚓入侵（Tiunov et al., 2006）。

蚯蚓在生态系统中角色多样，既是消费者、分解者和调节者，也可以是捕食者和被捕食者；探究蚯蚓扮演的角色是确定其生态位内涵的前提，也是揭示蚯蚓入侵对生态系统影响的基础。一是蚯蚓作为消费者或捕食者，对食物网有下行效应。蚯蚓食性因种而异，包括不同分解程度的凋落物、微生物、中小型土壤动物甚至其他种类蚯蚓（Lee, 1985；Lavelle, 1983）。二是蚯蚓作为其他生物的食物而产生的上行效应。蚯蚓的捕食者很多，如两栖爬行类的束带蛇、蝾螈和蟾蜍，鸟类的猫头鹰、红隼、海鸥和秃鼻乌鸦，以及哺乳类的鼩鼱、刺猬、鼹鼠和獾等（MacDonald, 1983；Cuendet, 1983）。三是蚯蚓作为分解者对凋落物分解和养分循环及相关生物的影响。例如，蚯蚓可以从多方面影响植物生长，包括对凋落物分解和土壤肥力的影响，产生各种代谢物和生物活性物，对植物种子库分布的影响和作为害虫直接侵害植物等（Stephenson, 1930；Grant, 1983；Lee, 1985）。四是蚯蚓活动对环境参数，如 pH、土壤团粒结构和孔隙等的直接或间接调节。蚯蚓入侵可能会改变上述过程。特别是在无蚯蚓地区，蚯蚓入侵对生态系统的影响可能会大得多。

蚯蚓外来种已广泛地入侵温带和热带区域（Hendrix et al., 2008），并产生了明显的生态效应（Szlavecz et al., 2006）。蚯蚓入侵后通过消耗肥沃的森林地被物、将它们与土壤混合等过程实现对土壤有机质的转化和再分布（图 4-9）（Bohlen et al., 2004）。Alban 和 Berry（1994）报道在蚯蚓入侵 14 年后，森林地表凋落物的重量和厚度约减少 85%，土壤（0~50 cm）总碳每年平均减少 0.6 Mg/hm^2；同时，土壤 E 层完全被 A 层代替，导致表层矿质土的碳、氮浓度升高，但土壤 pH 及 C/N 值没有明显变化。Suárez 等（2006）报道在纽约中南部北方阔叶林中，外来蚯蚓的活动不仅明显促进凋落物分解，而且可以减少不同凋落物间分解速率的差异；同样，不同蚯蚓群落组成对凋落物分解的作用不同，在 540 天的野外实验中，以陆正蚓和结节流蚓（*Aporrectodea tuberculata*）为优势种的林地，凋落物剩余量（17%）明显比以粉正蚓和神女辛石蚓（*Octolasion tyrtaeum*）为优势种的林地中的剩余量（27%）要少。Burtelow 等（1998）报道，在以外来种蚯蚓为主的美国东北部的前冰蚀区，有蚯蚓的土壤中有更多的易矿化的有机质，蚯蚓活动使 O 层土

图 4-9　入侵蚯蚓对北美森林的影响（引自 Bohlen et al., 2004）
a. 无蚯蚓区林下植被和草本；b. 蚯蚓入侵地区林下植被

壤中有机质含量减少 36%；同时，微生物生物量碳、氮，反硝化酶活性分别是无蚯蚓土中的 14 倍、24 倍和 27 倍。Suárez 等（2003）在北美温带阔叶林中的控制实验表明，不同生态群的蚯蚓对土壤磷循环的作用不同。深栖种陆正蚓的活动提高土壤总磷，而表-内栖种粉正蚓的活动使上层土壤中可交换磷增加，导致磷随水分流失。南美岸蚓对南美森林和农田生态系统的入侵，显著降低了土壤孔隙度（Chauvel et al., 1999），进而可能对其他土壤生物和植物的生长产生负面影响（Lapied and Lavelle, 2003；González et al., 2006）。蚯蚓在北美温带森林的入侵显著改变了土壤物理结构，促进土壤有机质矿化，导致土壤养分流失（Bohlen et al., 2004；Hale et al., 2005）。欧洲来源的八毛枝蚓（*Dendrobaena octaedra*）入侵加拿大的自然森林，促进了土壤中快速生长的真菌物种的建群，降低了螨类的丰度（McLean and Parkinson, 2000a, 2000b）。人类干扰降低了蚯蚓本土种的数量和多样性，促进了外来种的定居。外来蚯蚓种主要生活在养分丰富的非自然生境中，而本土种在受干扰少的自然生境里占优势（Bhadauria et al., 2000；Winsome et al., 2006）。Winsome 等（2006）报道，梯形流蚓（*Aporrectodea trapezoids*）能阻止本土种蚯蚓 *Argilophilus marmoratus* 进入其领地，但是，两者的竞争限制了梯形流蚓的扩张。Lachnicht 等（2002）也发现本土种蚯蚓 *Estherella* sp. 会削弱外来种南美岸蚓对碳、氮矿化作用的影响。Bhadauria 等（2000）报道在中喜马拉雅地区，森林采伐和退化导致本土种蚯蚓的减少和外来种的侵入。Sánchez-de León 和 Zou（2004）认为，当热带森林变成草地时，本土种蚯蚓会被某些外来种如南美岸蚓所替代，但随着森林通过次生演替的恢复，本土种蚯蚓也会重新恢复。Groffman 等（2004）发现在温带森林中，蚯蚓入侵虽然极大地减少了森林地表土中微生物生物量，但却更加显著地提高了土壤矿层中的微生物生物量，从而导致被侵入区土壤微生物生物量的升高。然而，氮循环过程（矿化和硝化）并没有相应地增强。这样由蚯蚓导致的矿层土中的碳输入造就了一个微生物的氮"沉积（sink）"，将氮在土壤中储存起来。八毛枝蚓入侵松林后，破坏了真菌菌丝，进而降低了真菌群落的多样性和丰富度（McLean and Parkinson, 2000a；Bohlen et al., 2004）。在不同条件下，入侵蚯蚓的活动也可能提高或减少甲螨的多样性和生物量（Bohlen et al., 2004）。Maerz 等（2005）发现外来蚯蚓和气候的相互作用引起资源的剧烈波动，从而控制着森林中火蜥蜴（*Plethodon cinereus*）的繁殖力和生存率。在北美的北方森林（boreal forest），表栖类和深栖类的欧洲正蚓的存在都明显降低了跳虫和螨虫的数量（Cameron et al.，2013）。在中国南方人工林中，南美岸蚓的存在抑制了对植物伤害较大的大个体植食性线虫种群（Shao et al.，2017）。亚洲蚯蚓入侵北美森林导致较早入侵的欧洲蚯蚓和本土种蚯蚓种群的显著下降（Zhang et al.，2010）。Fisk 等（2004）认为外来蚯蚓未影响糖枫林（sugar maple forest）中土壤碳的净排放，但提高了根的养分吸收效率，也可能增加地下异养代谢碳的供应。Lawrence 等（2003）报道外来蚯蚓种的活动会改变或消除冷温带森林的地表有机质层，且深入影响土壤，特别是根区的环境。外来种蚯蚓的活动影响菌根的形态和侵染，进而影响优势种植物的养分吸收能力。Gundale（2002）发现粉正蚓的活动使 O_1 和 O_2 土层（即枯枝落叶层 L 和半腐层 F）明显变薄，并且与阴地蕨属植物 *Botrychium mormo* 的消亡紧密相关。Frelich 等（2006）报道，蚯蚓是重要的食碎屑者（detritivores），其对植物苗床环境、土壤特性、水文、养分和碳，以及植物-植食者的相互作用的影响最终可以影响森林的初级生产者。这种影响取决于土壤母岩、土地利用历史和入侵蚯蚓的种类组成。在某些森林中，蚯蚓入侵导致可利用氮和磷的减少，使细根集中的土层氮和磷的流失增多。在成熟糖枫林中，蚯蚓入侵显著降低草本植物的多样性和盖度以及树苗多度。随着蚯蚓的入侵，楤木属（*Aralia*）、阴地蕨属（*Botrychium*）、香根芹属（*Osmorhiza*）、延龄草属（*Trillium*）、腋花属（*Uvularia*）和堇菜属（*Viola*）的森林草本植物大量消失。Frelich 等（2006）认为蚯蚓入侵改变植物群落的机制有：①去除土壤半腐层；②直接影响种子和种子成活率；③改变菌根群落；④提高"植食者/植物"的比例；⑤改变养分状况和植物生产力。蚯蚓入侵对土壤有机质矿化的刺激作用在短期内可以促进植物的生长（Scheu and Parkinson，1994），但是长期会导致地表有机层的去除，对长期适应比较厚的森林地被物层的植物物种产生不利影响（Gundale，2002；Frelich et al.，2006）。蚯蚓的入侵可以导致本地草本物种的减少，促进某些入侵植物物种的生长（Bohlen et al.，2004），不利于森林乔木物种幼苗的建成（Hale et al.，2005；Frelich et al.，2006）。但是，蚯蚓入侵对生态系统地上、地下特性的影响取决于入侵蚯蚓所发挥的功能特性和被入侵生态系统的特性。自然森林生态系统中蚯蚓入侵的时间往往比较短，关于蚯蚓入侵对森林生态系统动态的长期影响目前还不清楚。

　　蚯蚓入侵是全球变化导致的后果之一，而蚯蚓入侵对入侵地生态系统结构和功能的影响则是对全球变化的反馈。蚯蚓入侵格局及其对全球变化的反馈，仍在随全球变化而不断演变。首先，随着全球气候和土地利用的变化，蚯蚓入侵的全球格局将发生变化。土地利用变化提供了更多的入侵机会，而蚯蚓入侵会加强这种改变（Hobbs，2000）。气候变化则会影响外来种的来源、入侵途径和命运（Sutherst，2000）。森林采伐和其他人类干扰可能使更多的生境易于被外来种占据，而气候变暖则使更多的蚯蚓向高纬度延伸分布。当然，实际情况往往更加复杂。例如，在 10 年尺度内，一项针对纽约中部森林中外来蚯蚓扩张线的研究就发现，蚯蚓群落大小年际波动很大，但并没有证据说明外来蚯蚓的数量变多或分布范围扩大（Stoscheck et al.，2012）。其中一种可能的解释是全球变暖可能通过加剧土壤干旱而不利于外来蚯蚓在北美森林的进一步扩张（Eisenhauer et al.，2014）。其次，蚯蚓对全球变化的影响将更加复杂。一方面，短期内，特别是在无蚯蚓地区，蚯蚓入侵会加快土壤有机质的分解，释放更多的 CO_2（Potthoff et al., 2001；Speratti and Whalen, 2008）甚至 N_2O（Rizhiya et al., 2007）；另一方面，长期来看，蚯蚓的活动会将许多土壤有机质固定在土壤团聚体中从而增加土壤碳吸存（Martin, 1991；Bossuyt et al., 2005）。最后，Hendrix 等（2008）认为，蚯蚓"候选"入侵种群体可能随着全球变化和贸易全球化的发展而改变；蚯蚓的快速适应（rapid adaptation）或由气候诱导的孤雌生殖等可能加快区域外来种（regional peregrine species）对新生境的占领。蚯蚓外来种和本土种的比例也可能受到外来入侵植物的影响。在美国东南部河滩林地，入侵的中国女贞（*Ligustrum sinense*）可能通过提高土壤的 pH 而改变入侵的欧洲粉正蚓的群落大小，同时促进本土种蚯蚓群落的恢复（Lobe et al., 2014）；在美国东北部的纽约，欧洲粉正蚓也同样被发现不适应较低 pH 的土壤环境（Stoscheck et al., 2012）。可见，任何可能改变土壤 pH 的全球变化过程（如氮沉降）都可能改变蚯蚓外来种的入侵格局。

总之，人类很早就注意到蚯蚓外来种，并对其中一些种类的来源地、传播方式有了初步的认识。但是，人们对于蚯蚓外来种在世界的分布格局并不十分清楚。蚯蚓外来种的入侵机制，对入侵地生态系统的影响，对全球变化的影响和反馈，潜在外来种的识别及其可能分布的预测等是几个值得关注的方面。另外，对蚯蚓入侵的研究，为人们提供了一个更好地了解蚯蚓在生态系统中功能的机会；比较外来种蚯蚓与其来源地种群的差异有利于物种行为改变和快速进化机制等的探讨；在"第三方生境"研究外来种间的相互作用时，去除了蚯蚓来源地生境对其他蚯蚓的影响，从而揭示不同蚯蚓种群间真正的相互作用。我国有外来种分布的地区较广，但针对蚯蚓外来种的研究很少；某些土著的环毛类蚯蚓也成了欧洲、美洲等地的入侵种，故开展环毛类蚯蚓与其他外来蚯蚓，特别是正蚓类蚯蚓相互作用的工作，很有意义。

（二）其他土壤生物入侵研究

目前，我们对蚯蚓以外的土壤生物的入侵格局了解非常有限。

1. 土壤微生物入侵研究

由于很多腐生微生物类群在全球尺度上没有明显的地理分布限制（Finlay, 2002），故腐生微生物入侵研究可能比较有限。即使它们确实入侵新的生境，但是由于研究方法所限，腐生微生物在物种水平上的描述并不系统（van der Putten et al., 2007），故无法对其入侵格局有清楚地把握。考虑到腐生微生物群落功能多样性丰富，它们的入侵可能会产生我们意想不到的生态学效应。土壤病原真菌的入侵会对入侵地生态系统的植被产生广泛而深远的影响（Desprez-Loustau et al., 2007；Loo, 2009）。在澳大利亚和美国的研究发现根系病原真菌的入侵可以导致入侵地地上植被的大面积死亡（Peters and Weste, 1997；Shearer et al., 1998；Venette and Cohen, 2006）。也有研究表明入侵的真菌和入侵地植被形成互利共生群落（Pringle and Vellina, 2006）。但是，对于外来入侵的外生菌根真菌如何影响入侵地树种生长、外生菌根微生物群落和分解子系统，目前知之甚少。有意思的是，最近中国学者在 *Science* 发表的一项研究表明，由于人类活动，不同地区的微生物群落在全球范围的"混合"过程明显加速,对地球的物质循环产生了重要的影响(Zhu et al., 2017)。

2. 蚯蚓以外的土壤动物的入侵研究

大型土壤动物中,蚂蚁和白蚁是两个受关注较多的类群。关于土壤中大型腐生动物(如马陆、土栖昆虫和等足类)的入侵也有报道(Gaston et al., 2003;Arndt and Perner, 2008)。但是,它们对入侵地的土著物种、土壤生态过程和植物生长等的影响并不清楚。环保部(现称生态环境部)从2003年开始,先后发布了4批中国外来入侵物种名单,目前只有红火蚁这一种土壤生物被列入该名单。除红火蚁外,阿根廷蚂蚁也是国际上研究较多的入侵蚂蚁。关于蚂蚁入侵生物学和生态学研究的热点包括种群动态和模拟、入侵机制、入侵的化学控制、与蚜虫等其他生物的互作、对传粉的影响、对土壤肥力和植物生长的影响等,学科交叉十分明显(Jemal and Hugh-Jones, 1993;Fitzgerald et al., 2012;Shik et al., 2014;Vela-Pérez et al., 2015;Moriguchi et al., 2015)。柯云玲等(2015)对全球白蚁入侵格局进行了较系统的梳理。结果表明,全球入侵白蚁种类已从1969年的17种增至27种,多数入侵种属于木白蚁科(Kalotermitidae)和鼻白蚁科(Rhinotermitidae),具有食木、木中筑巢、繁殖力强及大陆性起源等特征;我国的入侵白蚁有4种,分别是小楹白蚁(*Incisitermes minor*)、截头堆砂白蚁(*Cryptotermes domesticus*)、叶额堆砂白蚁(*Cryptotermes havilandi*)和格斯特乳白蚁(*Cryptotermes gestroi*)。该研究还发现,白蚁的入侵过程也与世界范围的贸易发展紧密相关,而且全球气候和环境变化可能使部分潜在的白蚁入侵种成为实际的入侵种。中型土壤动物入侵的记载来自欧洲跳虫对南极洲岛屿的入侵研究(Frenot et al., 2005),研究人员发现入侵的跳虫导致土著跳虫的生态位发生了变化(Convey et al., 1999)。

第三节 展 望

全球变化是威胁土壤生物多样性的重要因子,已有的研究也表明全球变化因子可以影响土壤生物,进而影响它们调控的生态系统功能(Frey et al., 2013;García-Palacios et al., 2016)。尽管我们基于实验研究不断提升全球变化驱动因子(如气候变化、CO_2浓度升高、土地利用变化等)对土壤生物多样性影响的认识,如何预测全球变化对土壤生物多样性的长期影响仍是我们面临的主要挑战之一。气候变化对土壤生物多样性及其生态系统功能的影响主要取决于变化的速率、生态系统类型、土壤生物物种的脆弱性和敏感性。主要关注的焦点包括地上-地下生物群落的联系、植物-土壤反馈的变化、土壤生物多样性丧失对生态系统功能的影响、生态系统对环境变化的适应能力等方面。为了预测和减缓全球变化对土壤生物的影响,我们需要基于土壤生物物种的敏感性与适应性、物种和食物网水平的相对贡献等数据量化评价全球变化对土壤生物及生态功能的影响。气候变化对土壤生物的影响可能在低多样性、低弹性、强度干扰的生态系统中表现最强,但是相关问题还没有被量化评价和验证。针对全球变化背景下土壤生物学研究面临的挑战与难点,我们认为未来的研究应该重点关注以下几个方面。

一、土壤生物多样性与生态功能耦合新技术及新方法的开发

虽然分子生物学方法和技术的发展应用大大提高了我们对土壤生物多样性的认识，但是为了充分认识生物多样性的重要性，我们急需将物种多样性与生态功能联系起来。此外，我们也需要通过监测土壤生物的分布，评估地下土壤生物多样性的丧失与增加及其对气候变化的响应。然而，我们在土壤生物分类鉴定和描述土壤生物生活史特征和功能属性能力方面还比较欠缺。研发更灵敏、低成本的分析方法，量化土壤生物群落响应与反馈的标准化方法将有助于我们系统地了解土壤生物多样性及其生态系统功能。

二、土壤温室气体产生和转化的土壤生物驱动机制

过去大量研究工作聚焦土壤温室气体产生和转化的微生物群落结构，主要关注相关微生物的种类和生态生理特性。实际上，土壤中温室气体产生和转化的过程中土壤其他生物类群同样发挥着至关重要的作用。未来研究需要融合不同学科的方法和理论，综合应用稳定同位素标记示踪技术、高通量测序技术、转录组学和蛋白组学等新兴技术手段，在分子水平上破解土壤温室气体的产生和转化机制，探索发现新的土壤生物学过程机制，并发展调控技术和方法。为调控土壤中温室气体的产生和排放提供理论基础及技术支撑。

三、地上-地下食物网在生态系统水平上的联系

全球变化对地下生态系统的影响很大程度上取决于地上植被的变化，而地下生态系统的变化又将对地上系统作出反馈，影响地上植被的生长和分布格局。地上-地下相互作用在调控生态系统属性和功能方面发挥着极其重要的作用。但目前大部分全球变化影响研究主要关注植物与土壤生物属性的相互作用，对地上-地下食物网的生态学联系缺乏足够的重视，这明显限制了我们从生态系统水平理解和预测全球变化的生态效应。因此，未来的研究我们需要从整个食物网的角度来研究土壤生物的生态功能，充分考虑地上-地下食物网的生态学联系。

四、全球变化背景下土壤生物入侵的生态学效应

全球变化是驱动生态系统物种增加或丧失的重要因子，这会对生态系统的属性和功能产生深远影响。越来越多的证据表明全球变化背景下物种的分布范围在类群和地理区域上发生了迁移，气候变暖在驱动物种分布范围迁移中发挥着重要的作用。在全球变化背景下，物种分布范围的扩展会显著影响生态系统的地上和地下部分及其对气候变化的反馈。土壤生物在调控物种分布范围方面将发挥重要的作用。未来面临的挑战是理解气候变化如何通过影响土壤生物物种的分布范围，进而直接或间接地影响入侵地的地上和地下生物群落。

五、多方合作的全球尺度研究

相对于其他生态学研究,关于土壤生物群落如何响应未来气候变化的实验数据比较缺乏。此外,全球变化对土壤生物的影响往往是同时受多个因子驱动的综合效应。已有的研究主要针对特定的研究区域和植被类型,还缺乏跨植被带的全球尺度研究。未来全球变化背景下的土壤生物学研究需要重视多方合作的全球尺度联网方面,重视全球变化多驱动因子的综合影响和耦合作用,提升我们对于土壤生物对全球变化响应与反馈的普适性理解。

六、全球变化敏感区域土壤生物群落结构和功能研究

气候变化对土壤生物的影响预计会在生物多样性低、抵抗性和弹性低、干扰强的生态系统中表现比较强,但是还缺乏相关的证据来验证,未来的土壤生物学研究应该对上述全球变化敏感区给予足够的重视。未来应该加强研究高寒生态系统和干旱-半干旱生态系统的土壤生物分布、食物网结构和群落演变,以及它们对温度、降水、氮沉降等全球变化驱动因子的响应及驱动机制。

参 考 文 献

陈义. 1956. 中国蚯蚓[M]. 北京: 科学出版社.
杜杰, 杨效东, 张花, 等. 2008. 西双版纳热带次生林和橡胶林蚯蚓数量分布及其与环境因子的关系[J]. 生态学杂志, 27(11): 1941-1947.
高波, 傅声雷, 张卫信, 等. 2010b. 蚯蚓与三叉苦对亚热带人工林土壤 N_2O 和 CH_4 通量的短期效应[J]. 热带亚热带植物学报, 18: 364-371.
高波, 张卫信, 刘素萍, 等. 2010a. 西土寒宪蚓和三叉苦植物对大叶相思人工林土壤 CO_2 通量的短期效应[J]. 植物生态学报, 34: 1243-1253.
何新星, 方丽娜, 杨效东. 2013. 西双版纳片断热带森林和橡胶林外来种蚯蚓 *Pontoscolex corethrurus* 边缘效应的初步研究[J]. 云南大学学报(自然科学版), 35(S2): 393-399.
贺纪正, 葛源. 2008. 土壤微生物生物地理学研究进展[J]. 生态学报, 28: 5571-5582.
贺纪正, 陆雅海, 傅伯杰. 2015. 土壤生物学前沿[M]. 北京: 科学出版社.
黄健, 徐芹, 孙振钧, 等. 2006. 中国蚯蚓资源研究: I. 名录及分布[J]. 中国农业大学学报, 11(3): 9-20.
黄伦先, 沈世华. 1996. 免耕生态系统中土壤动物对土壤养分影响的研究[J]. 农村生态环境, 12: 8-10.
黄忠良, 丁明懋, 张祝平, 等. 1994. 鼎湖山季风常绿阔叶林的水文学过程及其氮素动态[J]. 植物生态学报, 18: 194-199.
柯云玲, 杨悦屏, 张世军, 等. 2015. 全球入侵白蚁及中国的白蚁入侵问题[J]. 环境昆虫学报, 37: 139-154.
李德军, 莫江明, 方运霆. 2005. 模拟氮沉降对南亚热带两种乔木幼苗生物量及其分配的影响[J]. 植物生态学报, 29: 543-549.
孙希达, 吴纪华, 潘华勇, 等. 1995. 浙江省蚯蚓的调查研究[J]. 杭州师范学院学报, 3: 69-75.
肖辉林. 2001. 大气氮沉降对森林土壤酸化的影响[J]. 林业科学, 37: 111-116.
徐国良. 2006. 南亚热带鼎湖山土壤动物群落对模拟大气氮沉降的响应[D]. 广州: 中国科学院华南植物园博士学位论文.

徐国良, 莫江明, 周国逸, 等. 2003. 土壤动物与 N 素循环及对 N 沉降的响应[J]. 生态学报, 23: 2453-2463.

徐国良, 莫江明, 周国逸. 2006. N 沉降下土壤动物群落的响应: 1 年研究结果总述[J]. 北京林业大学学报, 28: 1-7.

徐芹. 1996. 中国陆栖蚯蚓地理分布概述[J]. 北京教育学院学报, (3): 54-61.

徐芹. 1999. 中国陆栖蚯蚓分类研究史探讨[J]. 北京教育学院学报, 15(3): 52-57.

许人和, 和振武, 李学真. 1994. 河南省陆栖寡毛类调查[J]. 河南师范大学学报(自然科学版), 22(1): 63-65.

徐晓燕. 2000. 四川省涪陵县蚯蚓种类调查[J]. 四川教育学院学报, 16(9): 42-44.

杨效东, 唐勇, 唐建纬. 2001. 热带次生林火烧前后土壤节肢动物群落组成和分布特征的变化[J]. 生态学杂志, 20: 32-35.

曾中平. 1982. 蚯蚓养殖学[M]. 武汉: 湖北人民出版社.

张花, 杨效东, 杜杰, 等. 2008. 土壤温度和湿度对外来种蚯蚓 *Pontoscolex corethrurus* 产茧和幼蚓孵化的影响[J]. 动物学研究, 29(3): 305-312.

张敏. 2002. 林火对土壤环境影响的研究[D]. 哈尔滨: 东北林业大学博士学位论文.

张萍. 1996. 刀耕火种对土壤微生物和土壤肥力的影响[J]. 生态学杂志, 15: 64-67.

张卫信. 2008. 环毛类蚯蚓抵御外来种入侵机制及自身入侵潜力[D]. 广州: 中国科学院华南植物园博士学位论文.

张卫信, 陈迪马, 赵灿灿. 2007. 蚯蚓在生态系统中的作用[J]. 生物多样性, 15(2): 145-153.

张卫信, 李健雄, 郭明昉, 等. 2005. 广东鹤山人工林蚯蚓群落结构季节动态及其与环境关系[J]. 生态学报, 25(6): 1362-1370.

张雪萍, 黄初龙, 李景科. 2005. 赤子爱胜蚓对森林凋落物的分解效率[J]. 生态学报, 25(9): 2427-2433.

钟远辉, 邱江平. 1992. 中国蚯蚓名录补遗[J]. 贵州科学, 10(4): 38-43.

周国逸, 闫俊华. 2001. 鼎湖山区域大气降水特征和物质元素输入对森林生态系统存在和发育的影响[J]. 生态学报, 21: 2002-2012.

Aber JD, Magill A, Mcnulty SG, et al. 1995. Forest biogeochemistry and primary production altered by nitrogen saturation[J]. Water, Air and Soil Pollution, 85: 1665-1670.

Aber JD, McDowell W, Nadelhoffer KJ, et al. 1998. Nitrogen saturation in Northern forest ecosystems, hypotheses revisited[J]. Bioscience, 48: 921-934.

Aber JD, Nadelhoffer KJ, Steudler P, et al. 1989. Nitrogen saturation in northern forest ecosystems[J]. Bioscience, 39: 378-386.

Ainsworth EA, Long SP. 2005. What have we learned from 15 years of free-air CO_2 enrichment(FACE)? A meta-analytic review of the responses of photosynthesis, canopy properties and plant production to rising CO_2[J]. New Phytologist, 165: 351-372.

Alban DH, Berry EC. 1994. Effects of earthworm invasion on morphology, carbon, nitrogen of a forest soil[J]. Applied Soil Ecology, 1: 243-249.

Alberton O, Kuyper TW, Gorissen A. 2005. Taking mycocentrism seriously: mycorrhizal fungal and plant responses to elevated CO_2[J]. New Phytologist, 167: 859-868.

Allison SD, Treseder KK. 2008. Warming and drying suppress microbial activity and carbon cycling in boreal forest soils[J]. Global Change Biology, 14: 2898-2909.

Alvarez R. 2005. A review of nitrogen fertilizer and conservation tillage effects on soil organic carbon storage[J]. Soil Use and Management, 21: 38-52.

Arndt E, Perner J. 2008. Invasion patterns of ground-dwelling arthropods in Canarian laurel forests[J]. Acta Oecologica, 34: 202-213.

Augustenborg CA, Hepp S, Kammann C, et al. 2012. Biochar and earthworm effects on soil nitrous oxide and carbon dioxide emissions[J]. Journal of Environmental Quality, 41: 1203-1209.

Bååth E, Frostegard A, Pennanen T, et al. 1995. Microbial community structure and pH response in relation to soil organic matter quality in wood-ash fertilized, clear-cut or burned coniferous forest soils[J]. Soil Biology and Biochemistry, 27: 229-240.

Bardgett RD, Freeman C, Ostle NJ, et al. 2008. Microbial contributions to climate change through carbon cycle feedbacks[J]. The ISME Journal, 2: 805-814.

Bardgett RD, McAlister E. 1999. The measurement of soil fungal: bacterial biomass ratios as an indicator of ecosystem self-regulation in temperate grasslands[J]. Biology and Fertility of Soils, 19: 282-290.

Barley KP. 1959. The influence of earthworms on soil fertility. II. Consumption of soil and organic matter by the earthworm *Allolobophora caliginosa* (Savigny) [J]. Australian Journal of Agricultural Research, 10(2): 179-185.

Barton L, Butterbach-Bahl K, Kiese R, et al. 2011. Nitrous oxide fluxes from a grain-legume crop (narrow-leafed lupin) grown in a semiarid climate[J]. Global Change Biology, 17: 1153-1166.

Beare MH. 1997. Fungal and bacterial pathways of organic matter decomposition and nitrogen mineralization in arable soils[J]. Journal of the Optical Society of America, 55: 574-575.

Beare MH, Hu S, Coleman DC, et al. 1997. Influences of mycelial fungi on soil aggregation and soil organic matter retention in conventional and no-tillage soils[J]. Applied Soil Ecology, 5: 211-219.

Beddard FE. 1912. Earthworms and Their Allies[M]. London: Cambridge University Press.

Bengtsson J. 1994. Temporal predictability in forest soil communities[J]. Journal of Animal Ecology, 63: 653-665.

Bergkvist B, Folkeson L. 1992. Soil acidification and element fluxes of a *Fagus sylvatica* forest as influenced by simulated nitrogen deposition[J]. Water, Air and Soils Pollution, 65: 111-133.

Bernhard-Reversat F. 1988. Soil nitrogen mineralization under a *Eucalyptus* plantation and a natural *Acacia* forest in Senegal[J]. Forest Ecology and Management, 23: 233-244.

Bhadauria T, Ramakrishnan PS, Srivastava KN. 2000. Diversity and distribution of endemic and exotic earthworms in natural and regenerating ecosystems in the central Himalayas, India[J]. Soil Biology and Biochemistry, 32: 2045-2054.

Bhatti MA, Kraft JM. 1992. Influence of soil moisture on root rot and wilt of chickpea[J]. Plant Disease, 76: 1259-1262.

Billes G, Rouhier H, Bottner P. 1993. Modifications of the carbon and nitrogen allocations in the plant (*Triticum aestivum* L.) soil system in response to increased atmospheric CO_2 concentration[J]. Plant and Soil, 157: 215-225.

Bityutskii NP, Maiorov EI, Orlova NE. 2012. The priming effects induced by earthworm mucus on mineralization and humification of plant residues[J]. European Journal of Soil Biology, 50: 1-6.

Blair GJ, Lefroy RDB, Lisle L. 1995. Soil carbon fractions based on their degree of oxidation, and the development of a carbon management index for agricultural systems[J]. Australian Journal of Agricultural Research, 46: 1459-1466.

Blankinship JC, Niklaus PA, Hungate BA. 2011. A meta-analysis of responses of soil biota to global change[J]. Oecologia, 165: 553-565.

Bohlen PJ, Parmelee RW, Blair JM, et al. 1995. Efficacy of methods for manipulating earthworm populations in large-scale field experiments in agroecosystems[J]. Soil Biology and Biochemistry, 27: 993-999.

Bohlen PJ, Scheu S, Hale CM, et al. 2004. Non-native invasive earthworms as agents of change in northern temperate forests[J]. Frontiers in Ecology and the Environment, 2: 427-435.

Bokhorst S, Huiskes A, Convey P, et al. 2008. Climate change effects on soil arthropod communities from the Falkland Islands and the Maritime Antarctic[J]. Soil Biology and Biochemistry, 40: 1547-1556.

Bongers T, Bongers M. 1998. Functional diversity of nematodes[J]. Applied Soil Ecology, 10: 239-251.

Bongers T, van der Meulen H, Korthals G. 1997. Inverse relationship between the nematode maturity index and plant parasite index under enriched nutrient conditions[J]. Applied Soil Ecology, 6: 195-199.

Borken WS, Gründel W, Beese F. 2000. Potential contribution of *Lumbricus terrestris* L. to carbon dioxide, methane and nitrous oxide fluxes from a forest soil[J]. Biology and Fertility of Soils, 32: 142-148.

Bossuyt H, Six J, Hendrix PF. 2005. Protection of soil carbon by microaggregates within earthworm casts[J]. Soil Biology and Biochemistry, 37: 251-258.

Boxman AW, Blank K, Brandrud T. 1998. Vegetation and soil biota response to experimentally-changed nitrogen inputs in coniferous forest ecosystems of the NITREX project[J]. Forest Ecology and Management, 101: 65-79.

Bradford MA, Tordoff GT, Jones TH, et al. 2002. Microbiota, fauna, and mesh size interactions in litter decomposition[J]. Oikos, 99: 317-323.

Briones MJ, Ostle NJ, Mcnamara NP, et al. 2009. Functional shifts of grassland soil communities in response to soil warming[J]. Soil Biology and Biochemistry, 41: 315-322.

Brown GG, Barois I, Lavelle P. 2000. Regulation of soil organic matter dynamics and microbial activity in the drilosphere and the role of interactions with other edaphic functional domains[J]. European Journal of Soil Biology, 36: 177-198.

Brown GG, James SW, Pasini A, et al. 2006. Exotic, peregrine, and invasive earthworms in Brazil: diversity, distribution, and effects on soils and plants[J]. Caribbean Journal of Science, 42: 339-358.

Burtelow AE, Bohlen PJ, Groffman PM. 1998. Influence of exotic earthworm invasion on soil organic matter, microbial biomass and denitrification potential in forest soils of the northeastern United States[J]. Applied Soil Ecology, 9: 197-202.

Butt KR, Frederickson J, Morris RM. 1997. The earthworm inoculation unit technique: an integrated system for cultivation and soil-inoculation of earthworms[J]. Soil Biology and Biochemistry, 29: 251-257.

Cameron EK, Knysh KM, Proctor HC, et al. 2013. Influence of two exotic earthworm species with different foraging strategies on abundance and composition of boreal microarthropods[J]. Soil Biology and Biochemistry, 57: 334-340.

Campbell CD, Cameron CM, Bastias BA, et al. 2008. Long term repeated burning in a wet sclerophyll forest reduces fungal and bacterial biomass and responses to carbon substrates[J]. Soil Biology and Biochemistry, 40: 2246-2252.

Castro HF, Classen AT, Austin EE, et al. 2010. Soil microbial community responses to multiple experimental climate change drivers[J]. Applied and Environmental Microbiology, 76: 999-1007.

Certini G. 2005. Effects of fire on properties of forest soils: a review[J]. Oecologia, 143: 1-10.

Cesarz S, Reich PB, Scheu S, et al. 2015. Nematode functional guilds, not trophic groups, reflect shifts in soil food webs and processes in response to interacting global change factors[J]. Pedobiologia, 58: 23-32.

Chapin FS, Walker BH, Hobbs RJ, et al. 1997. Biotic control over the functioning of ecosystems[J]. Science, 277: 500-504.

Chapuis-Lardy L, Brauman A, Bernard L, et al. 2010. Effect of the endogeic earthworm *Pontoscolex corethrurus* on the microbial structure and activity related to CO_2 and N_2O fluxes from a tropical soil (Madagascar) [J]. Applied Soil Ecology, 45: 201-208.

Chauvel M, Grimaldi E, Barros E, et al. 1999. Pasture damage by an Amazonian earthworm[J]. Nature, 398: 32-33.

Choromanska U, Deluca TH. 2002. Microbial activity and nitrogen mineralization in forest mineral soils following heating: evalution of post-fire effects[J]. Soil Biology and Biochemistry, 34: 263-271.

Cleveland CC, Townsend AR, Schimel DS, et al. 1999. Global patterns of terrestrial biological nitrogen (N_2) fixation in natural ecosystems[J]. Global Biogeochemical Cycles, 13: 623-645.

Coleman DC, Reid CPP, Cole CV. 1983. Biological strategies of nutrient cycling in soil systems[J]. Advances in Ecological Research, 13: 1-55.

Conrad R. 1996. Soil microorganisms as controllers of atmospheric trace gases (H_2, CO, CH_4, OCS, N_2O, and NO) [J]. Microbiological Reviews, 60: 609-640.

Convey P, Greenslade P, Arnold RJ, et al. 1999. Collembola of sub-Antarctic South Georgia[J]. Polar Biology, 22: 1-6.

Cortez J, Billes G, Bouche MB. 2000. Effect of climate, soil tyne and earthworm activity on nitrogen transfer from a nitrogen-15-labelled decomposing material under field conditions[J]. Biology and Fertility of Soils, 30: 318-327.

Costello DM, Lamberti GA. 2009. Biological and physical effects of non-native earthworms on nitrogen cycling in riparian soils[J]. Soil Biology and Biochemistry, 41: 2230-2235.

Coulson SJ, Leinaas HP, Ims RA, et al. 2000. Experimental manipulation of the winter surface ice layer: the effects on a High Arctic soil microarthropod community[J]. Ecography, 23: 299-306.

Crews TE, Peoples MB. 2004. Legume versus fertilizer sources of nitrogen: ecological tradeoffs and human needs[J]. Agriculture, Ecosystems and Environment, 102: 279-297.

Cruz-Martinez K, Suttle KB, Brodie EL, et al. 2009. Despite strong seasonal responses, soil microbial consortia are more resilient to long-term changes in rainfall than overlying grassland[J]. The ISME Journal, 3: 738-744.

Csonka LN. 1989. Physiological and genetic responses of bacteria to osmotic stress[J]. Microbiological Reviews, 53: 121-147.

Cuendet G. 1983. Predation on earthworms by the Black-headed gull (*Larus ridibundus* L.)[M]. *In*: Satchell JE. Earthworm Ecology. New York: Chapman and Hall: 415-424.

Curry JP, Schmidt O. 2007. The feeding ecology of earthworms—A review[J]. Pedobiologia, 50: 463-477.

Curtis PS, Wang XZ. 1998. A meta-analysis of elevated CO_2 effects on woody plant mass, form, and physiology[J]. Oecologia, 113: 299-313.

Dai A. 2012. Increasing drought under global warming in observations and models[J]. Nature Climate Change, 3: 52-58.

Daniel O, Anderson JM. 1992. Microbial biomass and activity in contrasting soil materials after passage through the gut of the earthworm *Lumbricus rubellus* Hoffmeister[J]. Soil Biology and Biochemistry, 24: 465-470.

Darwin C. 1881. The Formation of Vegetable Mould through the Action of Worms, with Some Observations of Their Habits[M]. London: John Murray.

Davidson EA, Verchot LV. 2000. Testing the hole-in-the-pipe model of nitric and nitrous oxide emissions from soils using the TRAGNET database[J]. Global Biogeochemical Cycles, 14: 1035-1043.

de Deyn GB, Shiel RS, Ostle NJ, et al. 2011. Additional carbon sequestration benefits of grassland diversity restoration[J]. Journal of Applied Ecology, 48: 600-608.

de Vries FT, Liiri ME, Bjorlund L, et al. 2012. Land use alters the resistance and resilience of soil food webs to drought[J]. Natue Climate Change, 2: 276-280.

Decaens T, Rangel AF, Asakawa N, et al. 1999. Carbon and nitrogen dynamics in ageing earthworm casts in grasslands of the eastern plains of Colombia[J]. Biology and Fertility of Soils, 30: 20-28.

Degens BP, Schipper LA, Claydon JJ, et al. 2000. Irrigation of an allophanic soil with dairy factory effluent for 22 years: responses of nutrient storage and soil biota[J]. Australian Journal of Soil Research, 38: 25-35.

Denef K, Six J, Bossuyt H, et al. 2001. Influence of dry-wet cycles on the interrelationship between aggregate, particulate organic matter, and microbial community dynamics[J]. Soil Biology and Biochemistry, 33: 1599-1611.

Depkat-Jakob PS, Hunger S, Schulz K, et al. 2012. Emission of methane by *Eudrilus eugeniae* and other earthworms from Brazil[J]. Applied and Environmental Microbiology, 78: 3014-3019.

Desprez-Loustau ML, Robin C, Buée M, et al. 2007. The fungal dimension of biological invasions[J]. Trends in Ecology and Evolution, 22: 472-480.

Dominguez J, Bohlen PJ, Parmelee RW. 2004. Earthworms increase nitrogen leaching to greater soil depths in row crop agroecosystems[J]. Ecosystems, 7: 672-685.

Donnison LM, Griffith GS, Bardgett RD. 2000. Determinants of fungal growth and activity in botanically diverse haymeadows: effects of litter type and fertilizer additions[J]. Soil Biology and Biochemistry, 32: 289-294.

Drake HL, Horn MA. 2007. As the worm turns: the earthworm gut as a transient habitat for soil microbial biomes[J]. Annual Review of Microbiology, 61: 169-189.

Drigo B, Kowalchuk GA, Yergeau E, et al. 2007. Impact of elevated carbon dioxide on the rhizosphere communities of *Carex arenaria* and *Festuca rubra*[J]. Global Change Biology, 13: 2396-2410.

Drinkwater LE, Wagoner P, Sarrantonio M. 1998. Legume-based cropping systems have reduced carbon and nitrogen losses[J]. Nature, 396: 262-265.

Edwards CA. 2004. Earthworm Ecology[M]. Second edition. Boca Raton: CRC Press.
Edwards CA, Bohlen P. 1996. Biology and Ecology of Earthworms[M]. Berlin: Springer Science and Business Media.
Eisenhauer N, Cesarz S, Koller R, et al. 2012. Global change belowground: impacts of elevated CO_2, nitrogen, and summer drought on soil food webs and biodiversity[J]. Global Change Biology, 18: 435-447.
Eisenhauer N, Stefanski A, Fisichelli NA, et al. 2014. Warming shifts 'worming': effects of experimental warming on invasive earthworms in northern North America[J]. Scientific Reports, 4: 6890.
Elliott PW, Knight D, Anderson JM. 1990. Denitrification in earthworm casts and soil from pastures under different fertilizer and drainage regimes[J]. Soil Biology and Biochemistry, 22: 601-605.
Elmi A, Madramootoo C, Hamel C, et al. 2003. Denitrification and nitrous oxide to nitrous oxide plus dinitrogen ratios in the soil profile under three tillage systems[J]. Biology and Fertility of Soils, 38: 340-348.
Esher RJ, Ursic SJ, Baker RL, et al. 1993. Responses of Invertebrates to Artificial Acidification of the Forest Floor under Southern Pine[M]. *In*: Sepik GF, Longcore JR. Proceedings of the Eighth American Woodcock Symposium. Lafayette: U.S. Fish and Wildlife Service.
Fenn ME, Poth MA, Aber JD, et al. 1998. Nitrogen excess in North American ecosystems: predisposing factors, ecosystem responses, and management strategies[J]. Ecological Applications, 8: 706-733.
Finlay BJ. 2002. Global dispersal of free-living microbial eukaryote species[J]. Science, 296: 1061-1063.
Fisk MC, Fahey TJ, Groffman PM, et al. 2004. Earthworm invasion, fine-root distributions, and soil respiration in north temperate forests[J]. Ecosystems, 7: 55-62.
Fitzgerald K, Heller N, Gordon DM. 2012. Modeling the spread of the Argentine ant into natural areas: habitat suitability and spread from neighboring sites[J]. Ecological Modelling, 247: 262-272.
Fixen PE, West FB. 2002. Nitrogen fertilizers: meeting contemporary challenges[J]. Ambio, 31: 169-176.
Floder S, Sommer U. 1999. Diversity in planktonic communities: an experimental test of the intermediate disturbance hypothesis[J]. Limnology and Oceanography, 44: 1114-1119.
Fornara DA, Tilman D. 2008. Plant functional composition influences rates of soil carbon and nitrogen accumulation[J]. Journal of Ecology, 96: 314-322.
Foster NW, Hazlett PW, Mcolson JA, et al. 1989. Long leaching from a sugar maple forest in response to acidic deposition and nitrification[J]. Water, Air and Soil Pollution, 48: 251-261.
Frelich LE, Hale CM, Scheu S, et al. 2006. Earthworm invasion into previously earthworm-free temperate and boreal forests[J]. Biological Invasions, 8: 1235-1245.
Frenot Y, Chown SL, Whinam J, et al. 2005. Biological invasions in the Antarctic: extent, impacts and implications[J]. Biological Reviews, 80: 45-72.
Frey SD, Lee J, Melillo JM, et al. 2013. The temperature response of soil microbial growth efficiency and its feedback to climate[J]. Nature Climate Change, 3: 395-398.
Fritze H, Pennanen T, Pietikainen J. 1993. Recovery of soil microbial biomass and activity from prescribed burning[J]. Canadian Journal of Forest Research, 23: 1286-1290.
Garbaye J, Le Tacon F. 1982. Influence of mineral fertilization and thinning intensity on the fruit body production of epigeous fungi in an artificial spruce stand (*Picea excelsa* Link) in north-eastern France[J]. Acta Oecologica Oecologia Plantarum, 3: 153-160.
Gärdenäs AI, Agren GI, Bird JA, et al. 2011. Knowledge gaps in soil carbon and nitrogen interactions-from molecular to global scale[J]. Soil Biology and Biochemistry, 43: 702-717.
Gaston KJ, Jones AG, Hanel C, et al. 2003. Rates of species introduction to a remote oceanic island[J]. Proceedings of the Royal Society of London Series B: Biological Sciences, 270: 1091-1098.
Gates GE. 1942. Check list and bibliography of North American earthworms[J]. American Midland Naturalist, 27: 86-108.
Gates GE. 1972. Burmese earthworms—an introduction to the systematics and biology of megadrile oligochaetes with special references to Southeast Asia[J]. Transactions of the American Philosophical Society, 62: 1-326.
Giannopoulos G, Pulleman MM, Groenigen JW. 2010. Interactions between residue placement and

earthworm ecological strategy affect aggregate turnover and N_2O dynamics in agricultural soil[J]. Soil Biology and Biochemistry, 42: 618-625.

Giannopoulos G, van Groenigen JW, Pulleman MM. 2011. Earthworm-induced N_2O emissions in a sandy soil with surface-applied crop residues[J]. Pedobiologia, 54: 103-111.

González G, Huang CY, Zou XM, et al. 2006. Earthworm invasions in the tropics[J]. Biological Invasions, 8: 1247-1256.

Görres JH, Savin MC, Neher DA, et al. 1999. Grazing in a porous environment: 1. The effect of soil pore structure on C and N mineralization[J]. Plant and Soil, 212: 75-83.

Grant JD. 1983. The Activities of Earthworms and the Fates of Seeds[M]. *In*: Satchell JE. Earthworm Ecology. New York: Chapman and Hall: 107-122.

Groffman PM, Bohlen PJ, Fisk MC, et al. 2004. Exotic earthworm invasion and microbial biomass in temperate forest soils[J]. Ecosystems, 7: 45-54.

Gundale MJ. 2002. The influence of exotic earthworms on the soil organic horizon and the rare fern *Botrychium mormo*[J]. Conservation Biology, 16: 1555-1561.

Gundersen P, Emmett BA, Kjonaas OJ, et al. 1998. Impact of nitrogen deposition on nitrogen cycling in forest: a synthesis of NITREX data[J]. Forest Ecology and Management, 101: 37-55.

Haagvar S. 1983. Collembola in Norwegian coniferous forest soils. Ⅱ. Vertical distribution[J]. Pedobiologia, 25: 383-401.

Hackstein JHP, Stumm CK. 1994. Methane production in terrestrial arthropods[J]. Proceedings of the National Academy of Sciences of the United States of America, 91: 5441-5445.

Hagedorn F, Schleppi P, Bucher J, et al. 2001. Retention and leaching of elevated N deposition in a forest ecosystem with gleysols[J]. Water, Air and Soil Pollution, 129: 119-142.

Haimi J, Siira-Pietikainen A. 1996. Decomposer animal communities in forest soil along heavy metal pollution gradient[J]. Fresenius Journal of Analytical Chemistry, 354: 672-675.

Hale CM, Frelich LE, Reich PB. 2005. Exotic European earthworm invasion dynamics in northern hardwood forests of Minnesota, USA[J]. Ecological Applications, 15: 848-860.

Harris RF. 1981. Effect of Water Potential on Microbial Growth and Activity[M]. *In*: Parr JF, Gardner WR, Elliott LF. Water Potential Relations in Soil Microbiology. Madison: American Society of Agronomy: 23-95.

Hart SC, DeLuca TH, Newman GS, et al. 2005. Post-fire vegetative dynamics as drivers of microbial community structure and function in forest soils[J]. Forest Ecology and Management, 220: 166-184.

Hart SC, Stark JM. 1997. Nitrogen limitation of the microbial biomass in an old growth forest[J]. Ecoscience, 4: 91-98.

Harte J, Rawa A, Price V. 1996. Effects of manipulated soil microclimate on mesofaunal biomass and diversity[J]. Soil Biology and Biochemistry, 28: 313-322.

Hendrix PF. 1995. Earthworm Ecology and Biogeography in North America[M]. Boca Raton: Lewis Publishers.

Hendrix PF. 2006. Biological Invasions Belowground: Earthworms as Invasive Species[M]. Dordrecht: Springer.

Hendrix PF, Baker GH, Callaham MA, et al. 2006. Invasion of exotic earthworms into ecosystems inhabited by native earthworms[J]. Biological Invasions, 8: 1287-1300.

Hendrix PF, Callaham MA, Drake JM, et al. 2008. Pandora's box contained bait: the global problem of introduced earthworms[J]. Annual Review of Ecology, Evolution, and Systematics, 39: 593-613.

Hendrix PF, Parmelee RW, Crossley DA, et al. 1986. Detritus food webs in conventional and no-tillage agroecosystems[J]. BioScience, 36: 374-380.

Hery M, Singer AC, Kumaresan D, et al. 2008. Effect of earthworms on the community structure of active methanotrophic bacteria in a landfill cover soil[J]. The ISME Journal, 2: 92-104.

Hobbs RJ. 2000. Land-Use Changes and Invasions[M]. *In*: Mooney HA, Hobbs RJ. Invasive Species in a Changing World. Washington D.C.: Island Press: 55-64.

Hoeksema JD, Lussenhop J, Teeri JA. 2000. Soil nematodes indicate food web responses to elevated atmospheric CO_2[J]. Pedobiologia, 44: 725-735.

Holtham DAL, Matthews GP, Scholefield DS. 2007. Measurement and simulation of void structure and hydraulic changes caused by root-induced soil structuring under white clover compared to ryegrass[J]. Geoderma, 142: 142-151.

Horn MA, Schramm A, Drake HL. 2003. The earthworm gut: an ideal habitat for ingested N_2O-producing microorganisms[J]. Applied and Environmental Microbiology, 69: 1662-1669.

Houghton JT, Ding Y, Griggs DJ, et al. 2001. Climate Change 2001: The Scientific Basis. Contribution of Working Group 1 to the Third Assessment Report of the Intergovernmental Panel on Climate Change[M]. Cambridge: Cambridge University Press.

Howard DM, Howard PJA. 1993. Relationships between CO_2 evolution, moisture content and temperature for a range of soil types[J]. Soil Biology and Biochemistry, 25: 1537-1546.

Huang J, Xu Q, Sun ZJ, et al. 2007. Species abundance and zoogeographic affinities of Chinese terrestrial earthworms[J]. European Journal of Soil Biology, 43: S33-S38.

Huhta V, Hyvonen R, Koskenniemi A, et al. 1986. Response of soil fauna to fertilization and manipulation of pH in coniferous forests[J]. Acta Forestalia Fennica, 195: 1-30.

Ihssen J, Horn MA, Matthies C, et al. 2003. N_2O-producing microorganisms in the gut of the earthworm *Aporrectodea caliginosa* are indicative of ingested soil bacteria[J]. Applied and Environmental Microbiology, 69: 1655-1661.

IPCC. 2001. Climate Change 2001: the Science of Climate Change[M]. Cambridge: Cambridge University Press.

IPCC. 2007. Climate Change 2007: The Physical Science Basis. Contribution of Working Group I to the Fourth Assessment Report of the Intergovernmental Panel on Climate Change[M]. Cambridge: Cambridge University Press.

Jamieson BGM. 1981. Historical Biogeography of Australian Oligochaeta[M]. *In*: Keast A. Ecological Biogeography of Australia. Hague: Dr. W. Junk Publishers: 885-921.

Jemal A, Hugh-Jones M. 1993. A review of the red imported fire ant (*Solenopsis invicta* Buren) and its impacts on plant, animal, and human health[J]. Preventive Veterinary Medicine, 17: 19-32.

Johnson NC, Rowland DL, Corkidi L, et al. 2003. Nitrogen enrichment alters mycorrhizal allocation at five mesic to semi-natural grasslands[J]. Ecology, 84: 1895-1908.

Jones TH, Thompson LJ, Lawton JH, et al. 1998. Impacts of rising atmospheric carbon dioxide on model terrestrial ecosystems[J]. Science, 280: 441-443.

Jouquet P, Bernard-Reversat F, Bottinelli N, et al. 2007. Influence of changes in land use and earthworm activities on carbon and nitrogen dynamics in a steepland ecosystem in Northern Vietnam[J]. Biology and Fertility of Soils, 44: 69-77.

Kammann C, Hepp S, Lenhart K, et al. 2009. Stimulation of methane consumption by endogenous CH_4 production in aerobic grassland soil[J]. Soil Biology and Biochemistry, 41: 622-629.

Kazda M. 1990. Indications of unbalanced nitrogen of Norway spruce status[J]. Plant and Soil, 128: 97-100.

Kennard DK, Gholz HL. 2001. Effects of high- and low-intensity fires on soil properties and plant growth in a Bolivian dry forest[J]. Plant and Soil, 234: 119-129.

Khan SA, Mulvaney RL, Ellsworth TR, et al. 2007. The myth of nitrogen fertilization for soil carbon sequestration[J]. Journal of Environmental Quality, 36: 1821-1832.

Killham K, Firestone MK. 1984. Salt stress control of intracellular solutes in Streptomycetes indigenous to saline soils[J]. Applied and Environmental Microbiology, 47: 301-306.

Kim TG, Moon KE, Lee EH, et al. 2011. Assessing effects of earthworm cast on methanotrophic community in a soil biocover by concurrent use of microarray and quantitative real-time PCR[J]. Applied Soil Ecology, 50: 52-55.

Klironomos JN, Rillig MC, Allen MF. 1996. Below-ground microbial and microfaunal responses to *Artemisia tridentata* grown under elevated atmospheric CO_2[J]. Functional Ecology, 10: 527-534.

Knapp AK, Beier C, Briske DD, et al. 2008. Consequences of more extreme precipitation regimes for terrestrial ecosystems[J]. BioScience, 58: 811-821.

Koujima I, Hayashi H, Tomochika K, et al. 1978. Adaptational change in proline and water content of *Staphylococcus aureus* after alteration of environmental salt concentration[J]. Applied and Environmental Microbiology, 35: 467-470.

Krab EJ, Aerts R, Berg MP, et al. 2014. Northern peatland Collembola communities unaffected by three summers of simulated extreme precipitation[J]. Applied Soil Ecology, 79: 70-76.

Kros J, De Vries W, Janssen PHM, et al. 1993. The uncertainty in forecasting trends of forest soil acidification[J]. Water, Air and Soil Pollution, 66: 29-58.

Kumaresan D, Hery M, Bodrossy L, et al. 2011. Earthworm activity in a simulated landfill cover soil shifts the community composition of active methanotrophs[J]. Research in Microbiology, 162: 1027-1032.

Kuperman R, Edwards CA. 1996. Effects of Acidic Deposition on Soil Ecosystems[M]. New York: Springer-Verlag.

Lachnicht SL, Hendrix PF, Zou XM. 2002. Interactive effects of native and exotic earthworms on resource use and nutrient mineralization in a tropical wet forest soil of Puerto Rico[J]. Biology and Fertility of Soils, 36: 43-52.

Landesman WJ, Dighton J. 2010. Response of soil microbial communities and the production of plant-available nitrogen to a two-year rainfall manipulation in the New Jersey Pinelands[J]. Soil Biology and Biochemistry, 42: 1751-1758.

Landesman WJ, Treonis AM, Dighton J. 2011. Effects of a one-year rainfall manipulation on soil nematode abundances and community composition[J]. Pedobiologia, 54: 87-91.

Lapied E, Lavelle P. 2003. The peregrine earthworm *Pontoscolex corethrurus* in the East coast of Costa Rica[J]. Pedobiologia, 47: 471-474.

Lavelle P. 1983. The Soil Fauna of Tropical Savannas. II. The Earthworms[M]. *In*: Bourlière F. Tropical Savaiznas. Amsterdam: Elsevier Scientific Publishing Company: 485-504.

Lavelle P, Gilot C. 1994. Priming Effects of Macroorganisms on Microflora: A Key Process of Soil Function[M]? *In*: Ritz K, Dighton J, Giller K. Beyond the Biomass. London: Wiley-Sayce: 173-180.

Lavelle P, Gilot C, Fragoso C, et al. 1994. Soil fauna and sustainable land use in the humid tropics[J]. Soil Resilience and Sustainable Land Use, 18: 291-308.

Lavelle P, Spain AV. 2001. Soil Ecology[M]. Amsterdam: Kluwer Scientific.

Leake JR, Johnson D, Donnelly DP, et al. 2005. Is Diversity of Mycorrhizal Fungi Important for Ecosystem Functioning[M]? *In*: Bardgett RD, Usher MB, Hopkins DW. Biological diversity and function in soil. Cambridge: Cambridge University Press.

Lee JA, Caporn SJM. 1998. Ecological effects of atmospheric reactive nitrogen deposition on semi-natural terrestrial ecosystems[J]. New Phytologist, 139: 127-134.

Lee KE. 1985. Earthworms: Their Ecology and Relationships with Soil and Land Use[M]. Sydney: Academic Press.

Lelieveld J, Crutzen PJ, Dentener FJ. 1998. Changing concentration, lifetime and climate forcing of atmospheric methane[J]. Tellus Series B: Chemistry and Physical Meteorology, 50: 128-150.

Ligthart TN, Peek G. 1997. Evolution of earthworm burrow systems after inoculation of lumbricid earthworms in a pasture in the Netherlands[J]. Soil Biology and Biochemistry, 29: 453-462.

Lindberg N, Engtsson JB, Persson T. 2002. Effects of experimental irrigation and drought on the composition and diversity of soil fauna in a coniferous stand[J]. Journal of Applied Ecology, 39: 924-936.

Lindberg N, Persson T. 2004. Effects of long-term nutrient fertilisation and irrigation on the microarthropod community in a boreal Norway spruce stand[J]. Forest Ecology and Management, 88: 125-135.

Lobe JW, Callaham MAJ, Hendrix PF, et al. 2014. Removal of an invasive shrub (Chinese privet: *Ligustrum sinense* Lour) reduces exotic earthworm abundance and promotes recovery of native North American earthworms[J]. Applied Soil Ecology, 83: 133-139.

Loo JA. 2009. Ecological impacts of non-indigenous invasive fungi as forest pathogens[J]. Biological Invasions, 11: 81-96.

Lubbers IM, Brussaard L, Otten W. 2011. Earthworm-induced N mineralization in fertilized grassland increases both N_2O emission and crop-N uptake[J]. European Journal of Soil Science, 62: 152-161.

Luth, Robin P, Germain P, et al. 2011. Earthworm effects on gaseous emissions during vermifiltration of pig fresh slurry[J]. Bioresource Technology, 102: 3679-3686.

MacDonald DW. 1983. Predation on Earthworms by Terrestrial Vertebrates[M]. In: Satchell JE. Earthworm Ecology. New York: Chapman and Hall: 393-414.

Maerz JC, Karuzas JM, Madison DM, et al. 2005. Introduced invertebrates are important prey for a generalist predator[J]. Diversity and Distributions, 11: 83-90.

Magill AH, Aber JD, Berntson GM, et al. 2000. Long-term nitrogen additions and nitrogen saturation in two temperate forests[J]. Ecosystems, 3: 238-253.

Magill AH, Aber JD, Hendricks JJ, et al. 1997. Biogeochemical response of forest ecosystems to simulated chronic nitrogen deposition[J]. Ecological Applications, 7: 402-415.

Manzoni S, Schimel JP, Porporato A. 2012. Responses of soil microbial communities to water stress: results from a meta-analysis[J]. Ecology, 93: 930-938.

Marichal R, Grimaldi M, Mathieu J, et al. 2012. Is invasion of deforested Amazonia by the earthworm *Pontoscolex corethrurus* driven by soil texture and chemical properties[J]? Pedobiologia, 55: 233-240.

Mariotte P, Bayon CL, Eisenhauer N, et al. 2016. Subordinate plant species moderate drought effects on earthworm communities in grasslands[J]. Soil Biology and Biochemistry, 96: 119-127.

Markkola AM, Ohtonen A, Ahonen-Jonnarth U, et al. 1996. Scots pine responses to CO_2 enrichment- I. Ectomycorrhizal fungi and soil fauna[J]. Environmental Pollution, 94: 309-316.

Martin A. 1991. Short- and long-term effects of the endogeic earthworm *Millsonia anomala* (Omodeo) (Megascolecidæ, Oligochæta) of tropical savannas, on soil organic matter[J]. Biology and Fertility of Soils, 11: 234-238.

Matson P, Lohse K A, Hall SJ, et al. 2002. The globalization of nitrogen deposition: consequences for terrestrial ecosystems[J]. Ambio, 31: 113-119.

Matson PA, McDowell WH, Townsend AR, et al. 1999. The globalization of N deposition: ecosystem consequences in tropical environments[J]. Biogeochemistry, 46: 67-83.

Matthies C, Grießhammer A, Schmittroth M, et al. 1999. Evidence for involvement of gut-associated denitrifying bacteria in emission of nitrous oxide (N_2O) by earthworms obtained from garden and forest soils[J]. Applied and Environmental Microbiology, 65: 3599-3604.

McLean MA, Parkinson D. 2000a. Field evidence of the effects of the epigeic earthworm *Dendrobaena octaedra* on the microfungal community in pine forest floor[J]. Soil Biology and Biochemistry, 32: 351-360.

McLean MA, Parkinson D. 2000b. Introduction of the epigeic earthworm *Dendrobaena octaedra* changes the oribatid community and microarthropod abundances in a pine forest[J]. Soil Biology and Biochemistry, 32: 1671-1681.

Melillo JM, McGuier AD, Kicklighter DW, et al. 1993. Global change and terrestrial net primary productivity[J]. Nature, 363: 234-240.

Meyer WM, Ostertag R, Cowie RH. 2010. Macro-invertebrates accelerate litter decomposition and nutrient release in a Hawaiian rainforest[J]. Soil Biology and Biochemistry, 43: 206-211.

Michaelsen W. 1900. Oligochaeta[M]. Berlin: Friedländer & Sohn.

Mo JM, Brown S, Peng SL, et al. 2003. Nitrogen availability in disturbed, rehabilitated and mature forests of tropical China[J]. Forest Ecology and Management, 175: 573-583.

Morier I, Schleppi AP, Siegwolf BR, et al. 2008. ^{15}N immobilization in forest soil: a sterilization experiment coupled with ^{15}CPMAS NMR spectroscopy[J]. European Journal of Soil Science, 59: 467-475.

Moriguchi S, Inoue MN, Kishimoto T, et al. 2015. Estimating colonization and invasion risk maps for *Linepithema humile*, in Japan[J]. Journal of Asia-Pacific Entomology, 18: 343-350.

Nadelhoffer KJ, Emmett BA, Gundersen P, et al. 1999. Nitrogen deposition makes a minor contribution to carbon sequestration in temperate forests[J]. Nature, 398: 145-148.

Neary DG, Klopatek CC, DeBano LF, et al. 1999. Fire effects on belowground sustainability: a review and synthesis[J]. Forest Ecology and Management, 122: 51-71.

Nebert LD, Bloem J, Lubbers IM, et al. 2011. Association of earthworm-denitrifier interactions with increased emission of nitrous oxide from soil mesocosms amended with crop residue[J]. Applied and Environmental Microbiology, 77: 4097-4104.

Needham AE. 1957. Components of nitrogenous excreta in the earthworms *Lumbricus terrestris*, L. and *Eisenia Foetida* (Savigny) [J]. Journal of Experimental Biology, 34: 425-446.

Neher DA, Weicht TR, Gorres JH, et al. 1999. Grazing in a porous environment. 2. Nematode community structure[J]. Plant and Soil, 212: 85-99.

Ngo PT, Rumpel C, Doan T, et al. 2012. The effect of earthworms on carbon storage and soil organic matter composition in tropical soil amended with compost and vermicompost[J]. Soil Biology and Biochemistry, 50: 214-220.

Nielsen UN, Ayres E, Wall DH, et al. 2014. Global-scale patterns of assemblage structure of soil nematodes in relation to climate and ecosystem properties[J]. Global Ecology and Biogeography, 23: 968-978.

Nielsen UN, Wall DH, Six J. 2015. Soil biodiversity and the environment[J]. Annual Review of Environment and Resources, 40: 63-90.

Niklaus PA, Alphei J, Ebersberger D, et al. 2003. Six years of in situ CO_2 enrichment evoke changes in soil structure and soil biota of nutrient-poor grasslands[J]. Global Change Biology, 9: 585-600.

Nkem JN, Lobry de Bruyn LA, Hulugalle NR, et al. 2002. Changes in invertebrate populations over the growing cycle of an N-fertilised and unfertilised wheat crop in rotation with cotton in a grey Vertosol[J]. Applied Soil Ecology, 20: 69-74.

Norby RJ, Luo Y. 2004. Evaluating ecosystem responses to rising atmospheric CO_2 and global warming in a multi-factor world[J]. New Phytologist, 162: 281-293.

Olsson BA, Hansson K, Persson T, et al. 2012. Heterotrophic respiration and nitrogen mineralisation in soils of Norway spruce, Scots pine and silver birch stands in contrasting climates[J]. Forest Ecology and Management, 269: 197-205.

Omasa K, Kai K, Toda H, et al. 1996. Climate Change and Plants in East Asia[M]. Tokyo: Springer-Verlag.

Ozawa T, Risal CP, Yanagimoto R. 2005. Increase in the nitrogen content of soil by the introduction of earthworms into soil[J]. Soil Science and Plant Nutrition, 51: 917-920.

Park S, Lee I, Cho C, et al. 2008. Effects of earthworm cast and powdered activated carbon on methane removal capacity of landfill cover soils[J]. Chemosphere, 70: 1117-1123.

Parkin TB, Berry EC. 1994. Nitrogen transformations associated with earthworm casts[J]. Soil Biology and Biochemistry, 26: 1233-1238.

Parkin TB, Berry EC. 1999. Microbial nitrogen transformations in earthworm burrows[J]. Soil Biology and Biochemistry, 31: 1765-1771.

Paterson E, Rattray EAS, Killham K. 1996. Effect of elevated atmospheric CO_2 concentration on C-partitioning and rhizosphere C-flow for three plant species[J]. Soil Biology and Biochemistry, 28: 195-201.

Paul BK, Lubbers IM, Groenigen JW. 2012. Residue incorporation depth is a controlling factor of earthworm-induced nitrous oxide emissions[J]. Global Change Biology, 18: 1141-1151.

Paul KI, Polglase PJ, O'Connell AM, et al. 2003. Defining the relation between soil water content and net nitrogen mineralization[J]. European Journal of Soil Science, 54: 39-47.

Peoples M, Herridge D, Ladha J. 1995. Biological nitrogen fixation: an efficient source of nitrogen for sustainable agricultural production[J]? Plant and Soil, 174: 3-28.

Perakis SS, Hedin LO. 2001. Fluxes and fates of nitrogen in soil of an unpolluted old-growth temperate forest, southern Chile[J]. Ecology, 82: 2245-2260.

Peters D, Weste G. 1997. The impact of *Phytophthora cinnamomi* on six rare native tree and shrub species in the Brisbane ranges, Victoria[J]. Australian Journal of Botany, 45: 975-995.

Pietikäinen J, Fritze H. 1995. Clear-cutting and prescribed burning in coniferous forest: comparison of effects on soil fungal and total microbial biomass, respiration activity and nitrification[J]. Soil Biology & Biochemistry, 27: 101-109.

Potthoff M, Joergensen RG, Wolters V. 2001. Short-term effects of earthworm activity and straw amendment on the microbial C and N turnover in a remoistened arable soil after summer drought[J]. Soil Biology

and Biochemistry, 33(4-5): 583-591.
Powell BE, Silverman J. 2010. Impact of *Linepithema humile* and *Tapinoma sessile* (Hymenoptera: Formicidae) on three natural enemies of *Aphis gossypii* (Hemiptera: Aphididae)[J]. Biological Control, 54: 285-291.
Prieto-Fernández A, Acea MJ, Carballas T. 1998. Soil microbial and extractable C and N after wildfire[J]. Biology Fertility of Soils, 27: 132-142.
Pringle A, Vellinga EC. 2006. Last chance to know? Using literature to explore the biogeography and invasion biology of the death cap mushroom *Amanita phalloides* (Vaill. ex Fr.: Fr.) Link[J]. Biological Invasions, 8: 1131-1144.
Pritchard SG. 2011. Soil organisms and global climate change[J]. Plant Pathology, 60: 82-99.
Providoli I, Bugmann H, Siegwolf R, et al. 2006. Pathways and dynamics of $^{15}NO_3^-$ and $^{15}NH_4^+$ applied in a mountain *Picea abies*, forest and in a nearby meadow in central Switzerland[J]. Soil Biology and Biochemistry, 38: 1645-1657.
Reynolds JW. 1977. The earthworms (Lumbricidae and Sparganophilidae) of Ontario Life Sciences Miscellaneous Publications[M]. Toronto: Royal Ontario Museum.
Rillig MC, Allen MF, Klironomos JN, et al. 1998. Plant species-specific changes in root-inhabiting fungi in a California annual grassland: responses to elevated CO_2 and nutrients[J]. Oecologia, 113: 252-259.
Rillig MC, Field CB, Allen MF. 1999. Soil biota responses to long-term atmospheric CO_2 enrichment in two California annual grasslands[J]. Oecologia, 119: 572-577.
Rizhiya E, Bertora C, Vliet PC, et al. 2007. Earthworm activity as a determinant for N_2O emission from crop residue[J]. Soil Biology and Biochemistry, 39: 2058-2069.
Rodgers D. 1997. Soil collembolan (Insecta: Collembola) assemblage structure in relation to understory plant species and soil moisture on a eucalypt woodland site[J]. Memoirs of the Museum of Victoria, 56: 287-293.
Rouhier H, Read DJ. 1999. Plant and fungal responses to elevated atmospheric CO_2 in mycorrhizal seedlings of Betula pendula[J]. Environmental and Experimental Botany, 42: 231-241.
Rousk J, Smith AR, Jones D. 2013. Investigating the long-term legacy of drought and warming on the soil microbial community across five European shrubland ecosystems[J]. Global Change Biology, 19: 3872-3884.
Sahrawat KL. 1980. Soil and fertilizer nitrogen transformations under alternate flooding drying moisture regimes[J]. Plant and Soil, 66: 225-223.
Sánchez-de León Y, Zou X. 2004. Plant influences on native and exotic earthworms during secondary succession in old tropical pastures[J]. Pedobiologia, 48: 215-226.
Sarathchandraa SU, Ghani A, Yeates GW, et al. 2001. Effect of nitrogen and phosphate fertilisers on microbial and nematode diversity in pasture soils[J]. Soil Biology and Biochemistry, 33: 953-964.
Savin MC, Gorres JH, Neher DA, et al. 2001. Uncoupling of carbon and nitrogen mineralization: role of microbivorous nematodes[J]. Soil Biology and Biochemistry, 33: 1463-1472.
Scheu S. 1987. Microbial activity and nutrient dynamics in earthworm casts (Lumbricidae) [J]. Biology and Fertility of Soils, 5: 230-234.
Scheu S, Parkinson D. 1994. Effects of invasion of an aspen forest (Canada) by *Dendrobaena octaedra* (Lumbricidae) on plant growth[J]. Ecology, 75: 2348-2361.
Scheu S, Schaefer M. 1998. Bottom-up control of the soil macrofauna community in a beechwood on limestone: manipulation of food resources[J]. Ecology, 79: 1573-1585.
Scheu S, Schultz E. 1996. Secondary succession, soil formation and development of a diverse community of oribatids and saprophagous soil macro-invertebrates[J]. Biological Conservation, 5: 235-250.
Schimel J, Balser TC, Wallenstein M. 2007. Microbial stress-response physiology and its implications for ecosystem function[J]. Ecology, 88: 1386-1394.
Schimel JP, Gulledge J. 1998. Microbial community structure and global trace gases[J]. Global Change Biology, 4: 745-758.
Schleppi P, Bucher-Wallin L, Siegwolf R, et al. 1999. Simulation of increased nitrogen deposition to a

montane forest ecosystem: partitioning of the added ^{15}N[J]. Water, Air and Soil Pollution, 116: 129-134.

Schleppi P, Hagedorn F, Providoli I. 2004. Nitrate leaching from a mountain forest ecosystem with gleysols subjected to experimentally increased N deposition[J]. Water, Air and Soil Pollution, 4: 453-467.

Schlesinger WH. 2009. On the fate of anthropogenic nitrogen[J]. Proceedings of the National Academy of Sciences, 106: 203-208.

Schmidt IK, Tietema A, Williams D, et al. 2004. Soil solution chemistry and element fluxes in three European heathlands and their responses to warming and drought[J]. Ecosystems, 7: 638-649.

Schrader S, Zhang H. 1997. Earthworm casting: stabilization or destabilization of soil structure[J]? Soil Biology and Biochemistry, 29: 469-475.

Schwinning S, Sala OE. 2004. Hierarchy of responses to resource pulses in arid and semi-arid ecosystems[J]. Oecologia, 141: 211-220.

Scott NA, Binkley D. 1997. Foliage litter quality and annual net N mineralization: comparison across North American forest sites[J]. Oecologia, 111: 151-159.

Shao YH, Zhang WX, Eisenhauer N, et al. 2017. Nitrogen deposition cancels out exotic earthworm effects on plant-feeding nematode communities[J]. Journal of Animal Ecology, 86: 708-717.

Shearer BL, Crane CE, Fairman RG, et al. 1998. Susceptibility of plant species in coastal dune vegetation of south-western Australia to killing by *Armillaria luteobubalina*[J]. Australian Journal of Botany, 46: 321-334.

Shik JZ, Kay AD, Silverman J. 2014. Aphid honeydew provides a nutritionally balanced resource for incipient Argentine ant mutualists[J]. Animal Behaviour, 95: 33-39.

Shuster WD, Shipitalo MJ, Subler S, et al. 2003. Earthworm additions affect leachate production and nitrogen losses in typical midwestern agroecosystems[J]. Journal Environmental Quality, 32: 2132-2139.

Siepel H. 1996. Biodiversity of soil microarthropods: the filtering of species[J]. Biodiversity and Conservation, 5: 251-260.

Sims R, Gerard B. 1999. Earthworms[M]. London: The Linnean Society of London, and the Estuarine and Brackish-Water Sciences Association by Field Studies Council.

Sims RW. 1980. A classification and the distribution of earthworms, suborder Lumbricina (Haplotaxida: Oligochaeta) [J]. Bulletin of the British Museum (Natural History) Zoology, 39: 103-124.

Smil V. 2004. Enriching the Earth: Fritz Haber, Carl Bosch, and the Transformation of World Food Production[M]. Cambridge: MIT Press.

Sowerby A, Emmett B, Beier C, et al. 2005. Microbial community changes in heathland soil communities along a geographical gradient: interaction with climate change manipulations[J]. Soil Biology and Biochemistry, 37: 1805-1813.

Sparling GP, Tinker PB. 1978. Mycorrhizal infection in Pennine grassland. Ⅰ. Levels of infection in the field[J]. Journal of Applied Ecology, 15: 943-950.

Speratti AB, Whalen JK. 2008. Carbon dioxide and nitrous oxide fluxes from soil as influenced by anecic and endogeic earthworms[J]. Applied Soil Ecology, 38: 27-33.

Stark J, Firestone M. 1995. Mechanisms for soil moisture effects on activity of nitrifying bacteria[J]. Applied and Environmental Microbiology, 61: 218-221.

Steinberg DA, Pouyat RV, Parmelee RW, et al. 1997. Earthworm abundance and nitrogen mineralization rates along an urban-rural land use gradient[J]. Soil Biology and Biochemistry, 29: 427-430.

Stephenson J. 1930. The Oligochaeta[M]. Oxford: Clarendon Press.

Stoscheck LM, Sherman RE, Suarez ER, et al. 2012. Exotic earthworm distributions did not expand over a decade in a hardwood forest in New York state[J]. Applied Soil Ecology, 62: 124-130.

Suárez ER, Fahey TJ, Yavitt JB, et al. 2006. Patterns of litter disappearance in a northern hardwood forest invaded by exotic earthworms[J]. Ecological Applications, 16: 154-165.

Suárez ER, Pelletier DM, Fahey TJ, et al. 2003. Effects of exotic earthworms on soil phosphorus cycling in two broadleaf temperate forests[J]. Ecosystems, 7: 28-44.

Subler S, Kirsch A. 1998. Spring dynamics of soil carbon, nitrogen, and microbial activity in earthworm middens in a no-till cornfield[J]. Biology and Fertility of Soils, 26: 243-249.

Sulkava P, Huhta V, Laakso J. 1996. Impact of soil faunal structure on decomposition and N-mineralization in relation to temperature and soil moisture in forest soil[J]. Pedobiologia, 40: 505-513.

Sun F, Pan KW, Akash T, et al. 2016. The response of the soil microbial food web to extreme rainfall under different plant systems[J]. Scientific Reports, 6: 37662.

Sun YX, Wu JP, Shao YH, et al. 2011. Responses of soil microbial communities to prescribed burning in two paired vegetation sites in southern China[J]. Ecological Research, 26: 669-677.

Sustr V, Simek M. 2009. Methane release from millipedes and other soil invertebrates in Central Europe[J]. Soil Biology and Biochemistry, 41: 1684-1688.

Sutherst RW. 2000. Climate Change and Invasive Species—A Conceptual Framework[M]. In: Mooney HA, Hobbs RJ. Invasive Species in a Changing World. Washington D.C.: Island Press.

Suttle KB, Thomsen MA, Power ME. 2007. Species interactions reverse grassland responses to changing climate[J]. Science, 315: 640-642.

Szlavecz K, Placella SA, Pouyat RV, et al. 2006. Invasive earthworm species and nitrogen cycling in remnant forest patches[J]. Applied Soil Ecology, 32: 54-62.

Taylor AR, Wolters V. 2005. Responses of oribatid mite communities to summer drought: the influence of litter type and quality[J]. Soil Biology and Biochemistry, 37: 2117-2130.

Thornton PE, Lamarque JF, Rosenbloom NA, et al. 2007. Influence of carbon-nitrogen cycle coupling on land model response to CO_2 fertilization and climate variability[J]. Global Biogeochemical Cycles, 21: GB4018.

Tibbett M, Sanders FE, Cairney JWG. 2002. Low-temperature-induced changes in trehalose, mannitol and arabitol associated with enhanced tolerance to freezing in ectomycorrhizal basidiomycetes (*Hebeloma* spp.) [J]. Mycorrhiza, 12: 249-255.

Tiedje JM. 1988. Ecology of Denitrification and Dissimilatory Nitrate Reduction to Ammonium[M]. In: Zehnder AJB. Biology of Anaerobic Microorganisms. New York: John Wiley & Sons: 179-244.

Tillinghast EK. 1967. Excretory pathways of ammonia and urea in the earthworm *Lumbricus terrestris* L.[J]. Journal of Experimental Zoology, 166: 295-300.

Tiunov AV, Hale CM, Holdsworth AR, et al. 2006. Invasion patterns of Lumbricidae into the previously earthworm-free areas of Northeastern Europe and the western great lakes region of North America[J]. Biological Invasions, 8: 1223-1234.

Tiunov AV, Scheu V. 2000. Microbial biomass, biovolume and respiration in *Lumbricus terrestris* L. cast material of different age[J]. Soil Biology and Biochemistry, 32: 265-275.

Tomlinson GH. 1993. A possible mechanism relating increased soil temperature to forest decline[J]. Water, Air and Soil Pollution, 66: 365-380.

Treseder KK. 2004. A meta-analysis of mycorrhizal responses to nitrogen, phosphorus, and atmospheric CO_2 in field studies[J]. New Phytologist, 164: 347-355.

Tsiafouli MA, Kallimanis AS, Katana E, et al. 2005. Responses of soil microarthropods to experimental short-term manipulations of soil moisture[J]. Applied Soil Ecology, 29: 17-26.

Ulrich B, Pankrath J. 1983. Effects of Accumulation of Air Pollutants in Forest Ecosystems Proceedings of A Workshop Held at Göttingen, West Germany[M]. Berlin: Springer.

Unger IM, Kennedy AC, Muzika RM. 2009. Flooding effects on soil microbial communities[J]. Applied Soil Ecology, 42: 1-8.

van Breemen N, van Dijk HFG. 1988. Ecosystem effects of atmospheric deposition of nitrogen in the Netherlands[J]. Environmental Pollution, 54: 249-274.

van der Putten WH, Klironomos JN, Wardle DA. 2007. Microbial ecology of biological invasions[J]. The ISME Journal, 1: 28-37.

Vela-Pérez M, Fontelos MA, Garnier S. 2015. From individual to collective dynamics in Argentine ants (*Linepithema humile*) [J]. Mathematical Biosciences, 262: 56-64.

Venette RC, Cohen SD. 2006. Potential climatic suitability for establishment of *Phytophthora ramorum* within the contiguous United States[J]. Forest Ecology and Management, 231: 18-26.

Verhoef HA, Meintser S. 1991. The Role of Soil Arthropods in Nutrient Flow and the Impact of Atmospheric

Deposition[M]. *In*: Veeresh GK, Rajagopal D, Viraktamath CA. Advances in Management and Conservation of Soil Fauna, 10th International Soil Zoology Colloquium. New Delhi: Oxford and IBH Publishing Co.: 497-506.

Vilkamaa P, Huhta V. 1986. Effects of fertilization and pH on communities of Collembola in pine forest soil[J]. Annales Zoologici Fennici, 23: 167-174.

Vitousek PM, Mooney HA, Lubchenco J, et al. 1997. Human domination of Earth's ecosystems[J]. Science, 277: 494-499.

Wagner D, Eisenhauer N, Cesarz S. 2015. Plant species richness does not attenuate responses of soil microbial and nematode communities to a flood event[J]. Soil Biology and Biochemistry, 89: 135-149.

Wallenstein M, Hall EK. 2011. A trait-based framework for predicting when and where microbial adaptation to climate change will affect ecosystem functioning[J]. Biogeochemistry, 109: 35-47.

Wang HJ, Chen YN, Chen ZS. 2013. Spatial distribution and temporal trends of mean precipitation and extremes in the arid region, northwest of China, during 1960-2010[J]. Hydrological Processes, 27: 1807-1818.

Wang X, Zhao J, Wu J, et al. 2011. Impacts of understory species removal and/or addition on soil respiration in a mixed forest plantation with native species in southern China[J]. Forest Ecology and Management, 261: 1053-1060.

Wang XL, Wang XL, Zhang WX, et al. 2016. Invariant community structure of soil bacteria in subtropical coniferous and broadleaved forests[J]. Scientific Reports, 6: 19071.

Wardle DA. 2002. Communities and Ecosystems: Linking the Aboveground and Belowground Components[M]. Princeton: Princeton University Press.

Watmough SA, Hutchinson TC, Sager EPS. 1999. The impact of simulated acid rain on soil leachate and xylem chemistry in a Jack pine (*Pinus banksiana* Lamb) stand in northern Ontario, Canada[J]. Water, Air and Soil Pollution, 111: 89-108.

Weltzin JF, Loik ME, Schwinning S, et al. 2003. Assessing the response of terrestrial ecosystems to potential changes in precipitation[J]. BioScience, 53: 941-952.

Whalen JK, Parmelee RW, Edwards CA. 1998. Population dynamics of earthworm communities in corn agroecosystems receiving organic or inorganic fertilizer amendments[J]. Biology and Fertility of soils, 27: 400-407.

Whalen JK, Parmelee RW, Subler S. 2000. Quantification of nitrogen excretion rates for three lumbricid earthworms using ^{15}N [J]. Biology and Fertility of Soils, 32: 347-352.

Wilson EO. 2002. The Future of Life[M]. New York: Random House.

Winsome T, Epstein L, Hendrix PF, et al. 2006. Competitive interactions between native and exotic earthworm species as influenced by habitat quality n a California grassland[J]. Applied Soil Ecology, 32: 38-53.

Witteveen CFB, Visser J. 1995. Polyol Pools in Aspergillus Niger[J]. FEMS Microbiology Letters, 134: 57-62.

Wood TG. 1967. Acari and collembola of moorland soils from Yorkshire, England: Ⅱ. Vertical distribution in four grassland soils[J]. Oikos, 18: 137-140.

Wright RF, Rasmussen L. 1998. Introduction to the NITREX and EXMAN projects[J]. Forest Ecology and Management, 101: 1-7.

Wust PK, Horn MA, Henderson G, et al. 2009. Gut-associated denitrification and *in vivo* emission of nitrous oxide by the earthworm families Megascolecidae and Lumbricidae in New Zealand[J]. Applied and Environmental Microbiology, 75: 3430-3436.

Xu GL, Schleppi P, Li MH, et al. 2009. Negative responses of Collembola in a forest soil (Alptal, Switzerland) under experimentally increased N deposition[J]. Environmental Pollution, 157: 2030-2036.

Yeates GW, Bardgett RD, Cook R, et al. 1997a. Faunal and microbial diversity in three Welsh grassland soils under conventional and organic management regimes[J]. Journal of Applied Ecology, 34: 453-471.

Yeates GW, Tate KR, Newton PCD. 1997b. Response of the fauna of a grassland soil to doubling of atmospheric carbon dioxide level[J]. Biology and Fertility of Soils, 25: 305-317.

Zak DR, Pregitzer KS, King JS, et al. 2000. Elevated atmospheric CO_2, fine roots and the response of soil microorganisms: a review and hypothesis[J]. New Phytologist, 147: 201-222.

Zak DR, Ringelberg DB, Pregitzer KS, et al. 1996. Soil microbial communities beneath *Populus grandidentata* crown under elevated atmospheric CO_2[J]. Ecological Applications, 6: 257-262.

Zhang C, Langlest R, Velasquez E, et al. 2009. Cast production and NIR spectral signatures of *Aporrectodea caliginosa* fed soil with different amounts of half-decomposed *Populus nigralitter*[J]. Biology and Fertility of Soils, 45(8): 839-844.

Zhang WX, Hendrix PF, Snyder BA, et al. 2010. Dietary flexibility aids Asian earthworm invasion in North American forests[J]. Ecology, 91: 2070-2079.

Zhao J, He X, Wang K. 2015a. A hypothetical model that explains differing net effects of inorganic fertilization on biomass and/or abundance of soil biota[J]. Theoretical Ecology, 8: 505-512.

Zhao J, Wang XL, Shao YH, et al. 2011. Effects of vegetation removal on soil properties and decomposer organisms[J]. Soil Biology and Biochemistry, 43: 954-960.

Zhao J, Zeng Z, He X, et al. 2015b. Effects of monoculture and mixed culture of grass and legume forage species on soil microbial community structure under different levels of nitrogen fertilization[J]. European Journal of Soil Biology, 68: 61-68.

Zhu WX, Carreiro MM. 1999. Chemoautotrophic nitrification in acidic forest soils along an urban-to-rural transect[J]. Soil Biology and Biochemistry, 31: 1091-1100.

Zhu YG, Gillings M, Simonet P, et al. 2017. Microbial mass movements[J]. Science, 357: 1099-1100.

Zogg GP, Zak DR, Ringelbeg DB, et al. 1997. Compositional and functional shifts in microbial communities due to soil warming[J]. Soil Science Society of America Journal, 61: 475-481.

第五章　土壤食物网与生态系统管理

第一节　土壤生物与生态文明

一、可持续农业的发展历史

工业革命以来，人口的持续增长、地球资源的快速消耗以及工农业化学残留的大量累积等，对人类生存环境造成了空前的破坏。为实现"自然平衡、经济平衡、社会平衡"的伟大目标，可持续发展的思想应运而生（牛文元等，2015）。20世纪80年代，发达国家率先提出了可持续农业（sustainable agriculture）的发展战略（卢良恕，1995）。1991年，联合国粮食及农业组织把可持续农业的基本内涵概括为："通过重视可更新资源的利用，更多地依靠生物措施来增进土壤肥力，减少石油产品的投入，在发展生产的同时，保护资源、改善环境并提高食物质量，实现农业的持续发展（王芬等，2002）"。

可持续农业是在传统农业、石油农业及以有机农业、生物农业和生态农业等为代表的替代农业模式的基础上，贯彻可持续发展思想而形成的。传统农业极度依赖自然，亲近自然，但生产力极端低下；石油农业过度依赖人类及其创造的各种工具，对自然的影响过大，但生产力高；替代农业从各自的角度出发，希望找到对自然影响很小的现代农业生产方式，但仍存在生产力低下等诸多不利因素。只有发挥各种农业生产模式的优点，才可能真正实现农业的可持续发展。可见，可持续农业与原有农业模式并非截然不同，它是所有农业生产模式的集大成者。美国科学院在2010年撰写的关于21世纪的可持续农业的报告中，也阐述了类似的观点，认为给可持续农业一个明确的定义以与其他农业模式区分开来并不可取；但是，他们提出了4个可持续农业应该努力的发展方向：①满足社会发展对食物、饲料、纤维和生物质能源等的需求；②提升环境质量和加强资源基础保障；③促使农业经济保持活力；④提升农民、农场工人及整个社会的生活质量。可见，农业生产模式的发展与人类社会的发展类似，也是基于对原有模式的部分否定，进而螺旋式演进的（表5-1）。

表5-1　农业发展的几个阶段及其主要特征

发展阶段	主导因素	主要特征	属性	局限性
原始农业	以自然力为主导	耕作强度小，混种或小范围单种栽培，对自然影响小	近自然	靠"天"吃饭，生产力低，受自然灾害的影响极大
传统的非石油农业	以人为作用为主导	注重耕作，如灌溉、除草、施有机肥等；单种栽培普遍	非自然	生产力有较大的提高，但费时费力，易受自然灾害影响

续表

发展阶段	主导因素	主要特征	属性	局限性
石油农业	以人为作用为主导	机械化耕作,大量使用化肥和农药;以单种栽培为主	非自然	短期内生产力高且相对稳定,但投入大,对环境的不利影响大
可持续农业	自然力和人为作用相协调,相互促进	实行因地因时的耕作措施,充分发挥自然生态系统各关键主体之间天然的协作关系	近自然	生产力偏低且不稳定,基础研究不足;成本偏高;生物肥料(农药)等产业发展不足

可持续农业的范畴事实上已经超出了农业领域,成为人类社会文明发展的重要内容。在当今中国,生态文明已成为国家发展战略之一,2015年5月农业部等国家八部委共同印发了《全国农业可持续发展规划(2015—2030年)》,分析了目前我国农业发展取得的成就和面临的严峻挑战,指出农业关乎国家食物安全、资源安全和生态安全,并把我国分成了农业优化发展区、适度发展区和保护发展区。2017年9月,中共中央办公厅、国务院办公厅印发了《关于创新体制机制推进农业绿色发展的意见》,认为:"推进农业绿色发展,是贯彻新发展理念、推进农业供给侧结构性改革的必然要求,是加快农业现代化、促进农业可持续发展的重大举措,是守住绿水青山、建设美丽中国的时代担当,对保障国家食物安全、资源安全和生态安全,维系当代人福祉和保障子孙后代永续发展具有重大意义"。2017年11月,中国科学院相关专家建议在雄安新区成立国家绿色先进农业研究院(张正斌,2017)。可持续农业(包括林业,下同)正迎来重要的发展契机。

作为可持续农业的重要代表,最近20年,有机农业在全球范围内获得了快速发展。在1999~2016年,全球有机农产品的年销售额已经增长了6.2倍,达到897亿美元;有机农业用地10年间增加了近一倍,到2016年达到5780万 hm^2(Willer and Lernoud,2018)。Reganold和Wachter(2016)在 *Nature Plants* 上从生产力、环境影响、经济效益和社会福祉等4个方面对有机农业进行综述。发现虽然从总体上看,有机农业单位面积的产量稍低于传统农业,但具有利润更丰厚、对环境更友好及食品安全性更高等优势。但是,需要注意的是,当前有机农业仍处于起步阶段,其体量仅占全球农业用地的1.2%。有机农业单产偏低是制约其发展的瓶颈之一,但也恰恰是土壤生物可能发挥积极作用之处。

二、土壤生物与可持续农业的学科发展

在可持续发展的概念框架中,并不是一开始就充分考虑了土壤生物的重要贡献。这可以从土壤生物学和可持续发展相关的专业期刊的创建时间清晰地看到:3种主要的土壤生物学相关期刊早在可持续发展概念提出之前就已经创刊,而真正意义上的可持续农业的专业期刊,直到1990年才正式创刊,这一领域在近年来得到了格外的关注(表5-2)。2014年,*Elsevier* 发行了第一本以食物网为研究焦点的期刊 *Food Webs*;2016年,又发行了 *Rhizosphere*,以促进对根际圈生物这一植物和土壤的关键连接点及

其主导的生态过程的研究（Adl，2016；Ahkami et al.，2017）。有意思的是，可持续发展相关的期刊关注的主题很少直接涉及土壤生物，但土壤生物相关的期刊则往往会明确关注可持续农业。

表 5-2 土壤生物和可持续农业相关英文期刊的发展脉络

时间	土壤生物期刊	土壤生态期刊	可持续农业期刊	备注
1940s		*Plant and Soil*，1948 年		
1960s	*Pedobiologia*，1961 年			
		Silent Spring，1962 年		
	Revue d'Ecologie et de Biologie du Sol，1964 年（*European Journal of Soil Biology*，1993 年）			
		Geoderma，1967 年		
	Soil Biology & Biochemistry，1969 年			
1970s	1972 年，可持续发展的概念形成（罗马俱乐部撰写的报告 *Limits to Growth*）			
			Journal of Chemical Ecology，1975 年	
1980s			*Soil & Tillage Research*，1980 年	《世界自然保护大纲》正式提出可持续发展概念
			Agriculture, Ecosystems & Environment，1983 年	
	Biology & Fertility of Soils，1985 年			
1990s			*Journal of Sustainable Agriculture*，1990 年（*Agroecology & Sustainable Food Systems*，2013 年）	
		Applied Soil Ecology，1994 年		
2000s			*Sustainability Science*，2006 年	
	Soil Organisms，2008 年（*Abhandlungen und Berichte des Naturkundemuseums Görlitz*，1827 年）			
			Sustainability，2009 年	开源期刊
2010s			*Organic Agriculture*，2011 年	
			Journal of Agriculture & Sustainability，2012 年	
	Food Webs，2014 年			第一个关于食物网的期刊
			Ecosystem Health & Sustainability，2015 年	
			Organic Farming，2015 年	开源期刊
	Rhizosphere，2016 年			
		Soil Ecology Letters，2018 年		中国学者创立

尽管土壤生物在生态系统物质循环和能量传递中的贡献得到日益重视，但土壤生物在可持续农业中的关键地位以及对土壤生物多样性的保护却远没有得到足够的重视和认可（Decaëns et al.，2006）；而在实践中应用土壤生物调控农业生态系统过程，更是刚刚开始尝试。美国科学院关于 21 世纪的可持续农业的报告，只提到了有机农业对土壤生物的利好作用（如提高了蚯蚓和土壤微生物等的生物量），以及生物防治在有机农业

中的应用,却没有提及如何利用土壤生物多种多样的功能,促进可持续农业的发展。2016年出版的 *Global Soil Biodiversity Atlas* 一书,虽然在科普层面促使人们更多地关注土壤生物(Orgiazzi et al., 2016),但在科学研究上并无太多的贡献。目前,关于土壤生物与可持续农业的研究,在 *Elsevier*、*Springer*、*Wiley* 和 CNKI 分别检索到约 1007 篇、300 篇、240 篇和 422 篇文章(截至 2016 年 11 月)。以 *Elsevier* 的文章为例,2005 年之前,土壤生物与可持续农业相关文章每年少于 25 篇,而在最近的 10 年则有明显的增长,2016 年发表的文章已接近 100 篇(图 5-1)。值得一提的是,1998~2016 年,由 Clive A. Edwards 和 Stephen R. Gliessman 主编的系列丛书 *Advances in Agroecology* 陆续出版了 21 本可持续农业相关的专著(表 5-3)。其中两部著作,即 *Microbial Ecology in Sustainable Agroecosystems* (Cheeke et al., 2012) 和 *Soil Organic Matter in Sustainable Agriculture* (Magdoff and Weil, 2004) 从不同角度阐述了土壤生物在可持续农业中的作用。由此可见,最近 20 年,土壤生物与可持续农业相关研究在国际上得到了空前的重视。

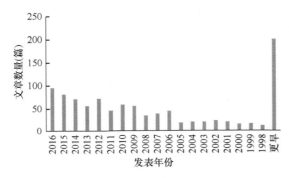

图 5-1 *Elsevier* 中土壤生物与可持续农业紧密相关的文章数量

表 5-3 系列丛书 *Advances in Agroecology* 已出版的专著

书名	编著者	年份
Agroforestry in Sustainable Agricultural Systems	Buck LE, Lassoie JP, Fernandes ECM, et al.	1998
Agroecosystem Sustainability: Developing Practical Strategies	Gliessman SR	2000
Interactions between Agroecosystems and Rural Communities	Flora C	2001
Structure and Function in Agroecosystem Design and Management	Shiyomi M, Koizumi H	2001
Landscape Ecology in Agroecosystems Management	Ryszkowski L	2001
Tropical Agroecosystems	Vandermeer JH	2002
Soil Tillage in Agroecosystems	El Titi A	2002
Multi-Scale Integrated Analysis of Agroecosystems	Giampietro M	2003
Soil Organic Matter in Sustainable Agriculture	Magdoff F, Weil RR	2004
Agroecosystems in a Changing Climate	Newton PCD, Carran RA, Edwards GR, et al.	2006
Integrated Assessment of Health and Sustainability of Agroecosystems	Gitau T, Gitau MW, Waltner-Toews D	2008
Sustainable Agroecosystem Management: Integrating Ecology, Economics, and Society	Bohlen P, House G	2009
The Conversion to Sustainable Agriculture: Principles, Processes, and Practices	Gliessman SR, Rosemeyer M	2009
Sustainable Agriculture and New Biotechnologies	Benkeblia N	2011
Global Economic and Environmental Aspects of Biofuels	Pimentel D	2012

续表

书名	编著者	年份
Microbial Ecology in Sustainable Agroecosystems	Cheeke TE, Coleman DC, Wall DH	2012
Land Use Intensification: Effects on Agriculture, Biodiversity, and Ecological Processes	Lindenmayer D, Cunningham S, Young A	2012
Agroecology, Ecosystems, and Sustainability	Benkeblia N	2014
Agroecology: A Transdisciplinary, Participatory and Action-oriented Approach	Méndez VE, Bacon CM, Cohen R, et al.	2015
Agroecology in China: Science, Practice, and Sustainable Management	Luo S, Gliessman SR	2017
Energy in Agroecosystems: A Tool for Assessing Sustainability	Casado GIG, de Molina MG	2017

国内的农业生态学在20世纪80年代兴起，20世纪90年代开始快速发展，至2005年每年发表的中文文章已超过1000篇（Luo and Gliessman，2016），但是，土壤生物在可持续农业中的作用长期未得到重视。直到2013年，土壤生物学科发展被纳入国家自然科学基金委员会-中国科学院学科发展战略研究项目，土壤生物在农业可持续发展中的巨大潜力得到了更多的重视（贺纪正等，2015）。但是，这些工作依然偏重于土壤微生物，对土壤动物研究关注不够。2015年，《中国科学院院刊》也组织出版了土壤与生态环境安全专刊，综述了土壤物理学（李保国等，2015）、土壤化学（徐建明等，2015）和土壤微生物学（陆雅海，2015）等的研究现状与展望，以及土壤与可持续农业生产领域的现状与战略（张桃林，2015；沈仁芳和滕应，2015；周健民，2015）。但是，该专刊并未包含土壤动物学研究的内容，因此土壤动物及其在农业中的作用研究在国内还需要更多的关注。以蚯蚓为例，在土壤科学英文文献中，"Earthworm"一直属于排名前20位的高频关键词，在1986~1995年、1996~2005年和2006~2014年的文献中分别出现54次、258次和299次；但是，"蚯蚓"却从未成为土壤科学中文文献的高频关键词（宋长青和谭文峰，2015）。2017年，《中国科学院院刊》又组织出版"科技促进农业供给侧结构性改革"专刊，围绕秸秆综合利用（朱立志，2017）、土壤肥力调节（周静等，2017）、都市现代农业（周培，2017）和生态农牧场建设（杨红生，2017）等可持续农业主题开展了深入的讨论。但是，该专刊仅对微生物资源（如微生物肥料）的利用有所涉及，没有对土壤动物及整个土壤食物网在我国"绿色革命"（张正斌，2017）实践中做出的贡献进行深入讨论。2018年2月，《中国科学院院刊》再次组织了"土壤与可持续发展"专题，针对土壤资源保护、土壤污染防治等方面存在的问题探讨了相关解决方案，但仅仅简短地提及了土壤生物多样性的保护（张甘霖和吴华勇，2018）。总之，土壤生物与可持续农业正迎来学科发展的重要契机，土壤生物特别是土壤动物在可持续农业生产中的积极作用应该得到进一步的发挥。

第二节　农林业经营模式对土壤食物网的影响

一、农林业管理强度对土壤食物网的影响

（一）免耕等农业措施的作用

建于1978年的瑞士长期农业试验平台（DOK trial，Switzerland）包含2种有机农业

系统和 2 种传统农业系统，并对它们进行了长期系统的比较研究。Mäder 等（2002）在 *Science* 上发表文章，初步总结了持续 21 年的有机农业和传统农业措施对作物产量、土壤结构和土壤食物网特征的影响。结果表明，有机农业增加了土壤团聚体的稳定性、土壤微生物生物量、菌根侵染率、蚯蚓数量、蜘蛛等捕食者数量，提高了微生物多样性并降低了微生物代谢熵。相应的，有机农业措施使有机质分解更彻底、养分淋失风险更低、微生物对资源的利用效率更高；有机农业系统的养分输入比传统耕作系统低34%～51%，但产量仅低 20%，而且其生产单位干物质所需的能量比传统耕作系统低 20%～56%。Birkhofer 等（2008）在该实验平台的研究进一步表明，有机农业系统及施用有机肥（可以是传统农业系统）提高了土壤微生物生物量及有机质含量，促进了食细菌线虫和蚯蚓的生长，以及捕食者数量的增加，进而促进了养分循环和有利于害虫控制。相反，施用化肥和杀虫剂，则削弱了自然捕食作用对害虫的控制，并减弱了系统内部的生物循环。Birkhofer 等（2013）在专著中进一步总结了瑞士 DOK 试验发现：经过 27 年的野外实验，农田土壤革兰氏阴性菌因施用无机肥而受到抑制，因施用有机肥而增加；菌根真菌的侵染率在传统耕作的农田中明显降低，结果导致在传统耕作的农田中土壤革兰氏阳性菌居于主导地位。线虫群落对采用不同耕作方式的农田的响应则比微生物复杂很多，且其机制大多未完全清楚。与传统认识不同的是，该研究发现大个体的土壤动物，如线蚓、蜘蛛和地表甲虫，对耕作强度的响应明显弱于细菌、真菌和线虫等小个体类群，认为可能与后者的移动性差有关。该研究还发现，基于低分类单元的土壤生物群落的变化比基于高分类单元的数据更能准确地反映传统和有机耕作农田的差异。

同样建于 1978 年的美国佐治亚 Horseshoe Bend 免耕-传统耕作实验平台也对土壤食物网、土壤质量、作物生长和产量进行了长期监测研究。Coleman 等（2002）通过 $^{14}CO_2$ 标记实验发现：在传统耕作的玉米田中，小型节肢动物的 ^{14}C 丰度很快就接近根系的 ^{14}C 丰度，即快速获得了玉米根系来源碳；但是，在免耕的玉米田中，小型节肢动物对根系碳的利用要少很多。他们认为，上述结果可能说明在免耕系统中小型节肢动物从没有被 ^{14}C 标记的有机质（如凋落物层的真菌）中获得了大量的食物，相反，在传统耕作系统中，它们不得不更加依赖作物根系。另外，耕作方式还会改变地上地下互作关系。在传统耕作的玉米田中，蝗虫对玉米植株的取食作用并不影响线虫对根系来源碳的利用；但是，在免耕系统中，蝗虫中等强度的取食作用可以促进线虫对根系来源碳的利用，而且杂草的根系可能对土壤动物的生存有十分重要的意义。Horseshoe Bend 农业生态系统的研究还表明，随着免耕的实施，土壤微生物群落结构呈非线性变化，且这种响应非常迅速。但是，可能因为促使土壤有机质的明显累积需要相对更长的时间，所以导致土壤养分循环效率和作物产量的提高相对于土壤食物网的变化出现一定的滞后（Simmons and Coleman，2008）。并且，相对于传统耕作的农田，30 年的免耕措施可以提高 0～5 cm 表土团聚体的稳定性，而农田附近自然演替的森林可以提高 0～28 cm 土壤团聚体的稳定性；但是仅表土中的土壤有机质含量因免耕或自然森林演替而提高（Devine et al.，2011）。可见，土壤结构和微生物组成对免耕的响应快于土壤有机质的累积，突显了恢复土壤有机质对可持续农业的关键作用。

当然，土壤生物对耕作方式的响应也需要一定的时间。Adl（2006）对美国东南部免耕 4~25 年的棉花田的土壤生物多样性进行了比较。结果发现，只有免耕 8 年以上的棉田，其土壤生物多样性和多度比较接近未受干扰的生态系统。可见通过免耕等措施促进土壤生物的恢复在短期内很难实现。并且，耕作措施对土壤微生物和土壤动物多样性的影响规律并不一致。一方面，土壤微生物与土壤动物的响应不同。Coleman 等（2013）发现农田中的细菌多样性可以明显高于农田附近的林地，这可能与伴生的杂草多样性高有关；但是保护性耕作往往可以提高土壤动物多样性。Callaham 等（2006）也发现随着人为或自然干扰强度的增加（阔叶林、松林、草地和耕地），大型土壤动物的多样性逐渐下降并包含了越来越多的抗干扰的外来种。传统的耕作向保护性作物系统转变也可以提高跳虫多样性及跳虫的密度（Coulibaly et al., 2017）。另一方面，土壤微生物不同类群对耕作方式的响应不同。Moore 和 de Ruiter（2012）发现土壤耕作过程对真菌能流通道的不利影响要远大于其对细菌能流通道的潜在不利影响。我们认为传统耕作系统中真菌能流通道的相对削弱可能是农田细菌多样性升高的原因之一。可见，土壤生物多样性的驱动因子并不简单，有待深入研究。最后，由于耕作措施复杂多样，免耕或保护性耕作的"内涵"不统一，其对土壤食物网结构和功能的影响，还很难得到一般性的结论。例如，在阿根廷主要农区之一的 Pampas 地区，为减少抗除草剂大豆的生产成本，实行的免耕措施伴随着大量除草剂的使用，这与联合国粮食及农业组织倡导的免耕方式有很大不同，导致研究结果无法与其他研究进行比较（Bedano and Domínguez, 2016）。

利用线虫群落特征的变化反映土壤食物网特征随耕作措施的变化规律，有独特的优势。Liang 等（2009）研究了中国东北 20 年长期施肥样地的线虫变化，发现施有机肥使土壤线虫数量明显增加，且该土壤食物网以细菌能流通道为主。叶成龙等（2013）也发现施用有机肥的麦田中细菌分解途径在土壤腐屑食物网中占主导地位。刘婷等（2013）则发现在我国南方稻麦轮作体系中，施猪粪有机肥 2 年后土壤线虫多样性显著提高，但食细菌线虫能流通道所占的比例未变。Culman 等（2010）比较了美国堪萨斯长期未施肥但割掉的草被移走的多年生草场与长期依赖外部资源输入维持的作物大田中线虫食物网特征，发现相对于作物大田，草场土壤中真菌能流通道明显加强，植食性线虫数量更少，且食物网的复杂性和稳定性更高；说明草场土壤肥力更高和生物群落更复杂，也部分解释了为何该草场经历 70 多年的草料收获仍然可以维持很高的生产力。我们认为，该天然草场得以可持续利用的重要原因可能是收获草料的时候并未破坏土壤地被物层，而后者是健康土壤食物网的重要保障。但是，若线虫群落结构退化，其对耕作方式的指示作用可能不准确。例如，Minoshima 等（2007）发现免耕提高了土壤微生物生物量并促进了土壤食物网真菌能流通道的发展，但是，基于线虫群落的土壤食物网结构没有明显变化，这可能是由于长期耕作已使高营养级的线虫消失殆尽。

蚯蚓是另一个与耕作措施紧密相关的代表性类群。在斯洛伐克，耕地中的蚯蚓数量和生物量仅为永久草地蚯蚓的一半（Kanianska et al., 2016）。Briones 和 Schmidt（2017）对全球 40 多个国家在 1950~2016 年开展的耕作强度对蚯蚓群落大小和结构影响研究进行了整合分析（meta-analysis）。可以看到，欧洲和北美的研究最多，其次是非洲和大洋洲，而亚洲的相关研究最少。我国在土壤生物与非传统耕作研究方面相对滞后。研究发现，免耕或保护性耕作可使蚯蚓（特别是表栖类和大个体的深栖类）数量和生物量增加至传统耕作农田的 1~2 倍；而且，免耕中常配套使用的草甘膦（glyphosate）并未显著影响蚯蚓种群大小；蚯蚓活动的增强，反过来可作为"自然之犁"从而改善土壤结构及养分循环（Briones and Schmidt，2017）。传统耕作的农田中，杀虫剂的大量使用、食物的短缺及可能的机械伤害，使蚯蚓生存条件恶化，导致种群很小（Marinissen，1995），限制了蚯蚓对作物生长的积极作用。连续种植棉花，可能因为过多施用杀虫剂或分泌大量的棉籽酚而使蚯蚓群落大小降至该地平均水平的 50%以下，而连续种植大豆或玉米，或者玉米-大豆轮作等能维持较高的蚯蚓数量；而棉花-玉米轮作或大豆-棉花轮作则可消除种植棉花对蚯蚓的不利作用（Ashworth et al.，2017）。由此可见，适当地改进耕作措施，可以调控蚯蚓群落大小；深入探究其中的机制，对发挥土壤生物的积极作用意义很大。蒋高明等（2017）利用秸秆养牛、牛粪堆肥还田等措施提高了土壤生物多样性，蚯蚓数量从 16 条/m^2 增至 317 条/m^2；该团队还比较了施牛粪堆肥和化肥对小麦-玉米轮作系统的影响，发现单施化肥不仅降低了土壤有机质和总氮含量，并且对蚯蚓不利，但是添加牛粪堆肥可以明显减轻上述因施化肥而产生的副作用（Guo et al.，2016）。

最后，需要指出的是，虽然有机农业系统通常具有更高的生物多样性（特别是土壤生物多样性）以及更高的土壤质量和更小的害虫危害，但是，关于土壤食物网特征与生态系统服务之间的直接联系或作用机制并不清楚（Underwood et al.，2011）。这也是目前难以对农业系统进行精准管理以充分发挥土壤生物在可持续农业中的关键作用的原因之一。

（二）保护性营林措施的作用

在人工林和果园中，对非目标植物进行保护性管理也对土壤及生态系统健康有重要的意义。Liu 等（2013）比较了 10 年的清耕和保留杂草处理对亚热带果园 0~100 cm 土壤碳储量的影响，发现保留果园林下自然生长的杂草可使土壤碳增加 2.85 t C/（hm^2·a）。王坤等（2010）比较了自然生草模式（即在剔除恶性杂草的基础上，利用果园中的自然杂草进行生草栽培）对荔枝、龙眼和番荔枝 3 种水果种植系统的生态经济影响。结果表明，生草栽培可减少果园土壤有机质的消耗，并提高荔枝和番荔枝种植系统的经济效益，但是却降低了龙眼种植系统的经济效益。上述生草栽培模式均只考虑了土壤有机质动态，未探究土壤生物的变化，但已显示出生草栽培可能是可持续经济林中一种有发展潜力的模式。近年来，更有针对性的生草栽培模式也已经出现。Cui 等（2015）在广东鹤山的红壤坡地果园生草栽培实验中研究了种植百喜草（*Paspalum notatum*）和圭亚那柱花草（*Stylosanthes guianensis*）并分别接种菌根真菌和根瘤菌等措施对番石榴果园土壤磷活性相关的微生物及酶活性的影响。结果表明，人工生草栽培可以显著提高有机磷水解相关的细菌的多样性及磷酸酶的活性。

类似的，通过调整非目标植被的分布格局，也可以起到保护生物多样性的作用。刘任涛（2016）探讨了沙地灌丛作为节肢动物"虫岛"的意义。他们发现，柠条灌丛本身对地面节肢动物空间分布的影响范围小于 7.5 m，随着空间距离的增加，灌丛对地面节肢动物空间分布的作用逐渐弱化，而在围封条件下远离灌丛的封育草地地面节肢动物群落与灌丛下相似（刘任涛和朱凡，2015）。

Shao 等（2016）在湖南炎陵毛竹林的研究则揭示了亚优势植物在维持毛竹林生态系统健康中的重要贡献。在中国南方，毛竹林是一类重要的经济林，面积约为 538 万 hm^2。天然竹林生态系统内通常有丰富的植物群落。作为一种促进增产的管理策略，毛竹以外的植物经常被清除。然而，这种纯林经营被认为可能会给毛竹林生态系统带来更高的病虫害风险。Shao 等（2016）通过野外控制实验，评估了亚优势植物对土壤微食物网（土壤微生物和线虫）特征的影响。结果表明，去除亚优势植物后，土壤微生物群落响应很快，但随即恢复；而线虫群落中植物寄生性线虫增加，捕食性和杂食性线虫减少，导致土壤食物网的稳定性和复杂性下降（图 5-2）。同时，去除亚优势植物导致毛竹生产力出现下降的趋势，说明亚优势植物的移除不利于毛竹林增产。

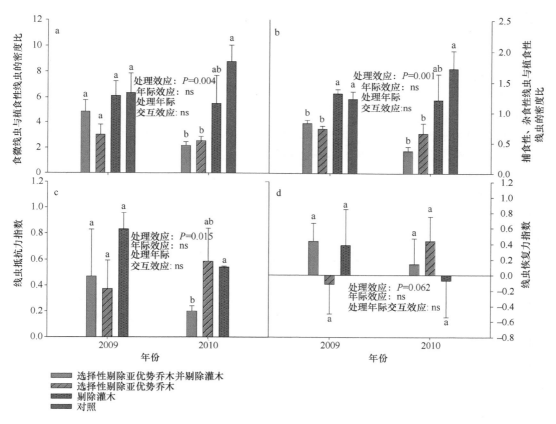

图 5-2　线虫营养类群比以及抵抗力和恢复力指数（Shao et al., 2016）
"ns" 指效应不显著

二、农林业管理技术对土壤食物网的影响

除了前述的农林业管理强度、秸秆还田、施肥和施杀虫剂等措施外，其他管理技术，如套种或轮种固氮树种、添加生物炭和石灰等也对土壤食物网特征有重要影响。

（一）种植豆科植物的影响

豆科植物-根瘤菌联合共生具有强大的生物固氮能力，是自然生态系统中氮的重要来源。在生态系统管理与可持续利用的相关研究和实践过程中，豆科固氮植物被广泛使用，目的是利用其生物固氮作用来减少化学肥料的施用并提高生态系统服务（Snapp et al.，2005；Zhao et al.，2015；Gao et al.，2017）。豆科植物可以提供的生态系统服务十分多样，它们不仅为自身生长发育提供了所需氮素，还通过凋落物分解以及根瘤的释放提高了土壤氮素水平，豆科植物结瘤固氮还可以提高磷的利用效率（李欣欣等，2016），土壤养分供应水平的提高又促进其他植物的生长。豆科植物还可以通过丛枝菌根真菌为其他植物提供养分（He et al.，2003）。因此，豆科植物的存在可以明显提高生态系统净初级生产力（NPP）（Peoples et al.，1995；Spehn et al.，2002；Li et al.，2010）。豆科植物还可以有效改善土壤结构，并有助于土壤有机碳的固持（Drinkwater et al.，1998；Fornara and Tilman，2008；de Deyn et al.，2011）。它们也会对土壤生物群落组成、土壤食物网结构和功能产生影响（Stephan et al.，2000；Viketoft et al.，2009；Zhao et al.，2014a）。豆科植物对土壤生物丰度和食物网结构的影响往往是积极的（Stephan et al.，2000；Viketoft et al.，2009；Zhao et al.，2014a，2015），这完全有别于化学合成氮肥的长期使用往往对土壤生物产生消极的影响（Treseder，2008；Zhao et al.，2013a；Liu et al.，2016）。

豆科植物主要通过向土壤输入高氮含量的凋落物、死根和根系分泌物来影响土壤的氮水平（Høgh-Jensen and Schjoerring，2000；Rothe et al.，2002；Gastine et al.，2003）。高氮含量的物质易被土壤微生物等分解（Huston et al.，2000；Spehn et al.，2002）。在黄土高原弃耕地添加豆科植物明显提高了土壤微生物生物量碳、氮含量（贾举杰等，2007）。在喀斯特人工牧草地生态系统中，生长季的豆科牧草比禾本科牧草维持了更高的土壤微生物总量、细菌生物量和真菌生物量（Zhao et al.，2015a）。欧洲陆地草本生态系统生物多样性与生态过程（Biodiversity and Ecological Processes in Terrestrial Herbaceous Ecosystems，BIODEPTH）项目的研究表明，豆科植物可以提高土壤可培养微生物多样性（Stephan et al.，2000）。豆科植物不仅可以影响土壤微生物群落，还可以对更多种类和更高营养级的土壤生物产生影响。例如，同样作为 BIODEPTH 项目的一部分，在瑞典草地的研究发现土壤食细菌线虫的种群密度在有豆科植物存在处理下明显高于没有豆科植物的处理（Viketoft et al.，2005；Viketoft et al.，2009），而在德国草地的研究发现豆科植物可以维持更高的蚯蚓多样性和表栖类蚯蚓种群密度（Gastine et al.，2003）。由于研究地点和生物种类差异等，在瑞典和德国关于豆科植物对土壤线虫影响的研究结果并不一致；但是，豆科植物作为一类重要的植物功能群（functional group），其作用往往比植物多样性对土壤生物产生的影响更加明显。玉米-大豆间作和合理施氮对红壤农田中小型土壤动物群落大小及生物多样性有一定的促进作用（杨文亭等，2017）。在红壤地区人工混交林的研究也发现，在林下添加豆科植物，可以明显增加高营养级土壤线虫和螨虫的丰度，同时土壤线虫的成熟指数和结构指数均明显提高，这说明添加豆科植物使得土壤食物网结构更加成熟和复杂（Zhao et al.，2013b，2014a）；这种土壤食物网结构的改善可以明显地提高土壤生态系统对干扰的抵抗能力，表现为在豆科植物存在时，某些土壤生物指标（如真菌细菌生物量比、食真菌线虫种群密度、杂食性和捕食性线虫种群密度、线虫能流通道指数及小型土壤节肢动物种群密度等）受剔除林下灌草的影响较小（Gao et al., 2017）。以上研究结果均表明添加豆科植物是一种有效的生态系统可持续经营管理模式。

豆科植物对土壤食物网的作用途径主要是通过其与根瘤菌的共生固氮作用而产生的，豆科植物通过输入高质量凋落物对生态系统过程和功能产生影响。通过生物固氮及高质量凋落物的输入，可以提高土壤养分的可利用性，进而促进生态系统净初级生产力（NPP）和凋落物数量的增加。由于凋落物质量和数量的改变，从而对土壤生物产生上行控制效应（bottom-up control effect）。土壤微生物群落组成会发生改变，可能表现为土壤微生物多样性增加，细菌生物量、真菌生物量及其他土壤微生物类群数量的增加；高质量凋落物的输入可能会导致土壤有机质分解过程更依赖于细菌能流通道。以微生物为食的土壤生物（如食细菌线虫、食真菌线虫、食真菌跳虫等）以及更高营养级的土壤生物类群也随之发生改变，后者有可能反过来影响固氮植物的生长及固氮效率（图5-3）。

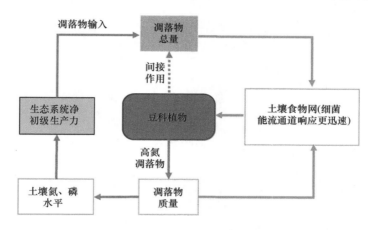

图 5-3　豆科植物对土壤食物网的可能作用途径
图中土壤食物网组成可参照 Coleman and Wall, 2015

世界上很多国家和地区在农业生产实践过程中有意或无意地利用了豆科植物-根瘤菌的生物固氮，并将豆科植物的栽培管理作为一种可持续的生态系统经营管理方式（Peoples et al., 1995；Alves et al., 2003；Chalk et al., 2006）。大豆的栽培管理是利用豆科植物固氮作用的一个最典型的案例：在美国、巴西和阿根廷等国家的大豆种植过程中根瘤菌接种仍然被广泛使用，而我国的大豆种植基本舍弃了接种根瘤进行生物固氮的方式转而以氮肥投入来满足作物对氮的需求（宁国赞等，2001）；但是，我国大豆单位面积产量较低，且过量施用氮肥引起了诸多环境问题。显然，用根瘤菌剂来替代化学氮肥是减少面源污染、实现大豆生产良性发展的关键措施之一（陈文新，2004）。除了大豆的栽培管理，很多其他种类的豆科植物也有巨大的应用前景，如豆科植物对生态恢复的促进作用（陈文峰和陈文新，2003；陈文新，2004；Zhao et al., 2015a）。以我国西南退化喀斯特生态系统的恢复重建与综合治理为例，仅仅恢复该地区的植被是不够的，还要满足当地人的生活需求。其中，现阶段正在推动的退耕还草发展草食畜牧业的农牧业生产实践过程中就利用紫花苜蓿、三叶草、柱花草、白花扁豆等草本豆科植物和紫穗槐、中南鱼藤、深紫木蓝、山毛豆等木本（灌木）豆科植物（图 5-4），达到提高土壤地力、提高牧草产量与质量、降低化肥投入等的目的，整体提升人工牧草生态系统的生态服务功能（Zhao et al.，2014b，2015a）。国内其他地区也早已有一些豆科植物应用的尝试，如广东鹤山森林生态系统引进大叶相思、厚荚相思、马占相思等豆科植物进行恢复重建（彭少麟等，1992；Chen et al.，2011；Shao et al.，2017），宁夏农区优质高产苜蓿的种植示范（王瑜等，2005），西双版纳橡胶林套种大叶千斤拔的种植模式等（庞家平等，2009）。

图 5-4　西南喀斯特峰丛洼地人工牧草生态系统中套种的豆科植物
图片由胡培雷、刘欣和赵杰摄于中国科学院环江喀斯特生态系统观测研究站

（二）施石灰的影响

风化强烈的酸性土在世界范围内约有 $10^9\ hm^2$（FAO，2006）。土壤酸化常常导致土壤肥力下降，影响植物生长和农作物产量，故在酸性土中施加石灰是一种常见的土壤改良手段；这样不仅可以提高土壤 pH，还可以改善土壤结构，增加团聚体、水分渗透性和土壤的保水能力（Haynes and Naidu，1998）。施用石灰还可以影响土壤生物和生物化学属性，包括微生物活性和碳、氮矿化等（Frostegård et al.，1993；Haynes and Naidu，1998；Guo et al.，2012），进而提高农作物产量或森林生产力（Kamprath and Foy，1985；Sumner et al.，1986；Ebelhar et al.，2011）。土壤理化性质以及生物化学性质的改变，可

能导致土壤食物网结构也随之变化。Zhao 等（2015b）研究了施石灰对桉树人工林生态系统的影响，发现施用石灰抑制了食真菌线虫的多度，但增加或降低了部分食细菌线虫的多度。结果导致食细菌线虫的多度在整体上未表现出明显的升高或者降低趋势，但土壤食物网的真菌能流通道因施用石灰而被削弱。Holland 等（2017）也发现添加石灰后，短期内即可看到土壤细菌多度增加，真菌多度下降，表明土壤食物网的真菌能流通道更易受到石灰施用的影响；重要的是，施石灰还可以提高蚯蚓和线虫的多度，以及生态系统对病原菌的抑制能力（表 5-4）。今后的研究应多着力于施石灰对土壤食物网结构和功能的影响机制。

表 5-4　施石灰对土壤生物和相关生态过程的影响（Holland et al., 2017）

生物类群	生物的变化	相关过程	生态系统服务
细菌	多度增加	有机质分解	促进养分循环
根瘤菌	种类组成改变	养分输送	促进养分循环
真菌	多度下降	难分解有机质的分解	促进碳固存
菌根真菌	a）pH = 5~6 时多度增加，pH>7 时多度下降 b）种类组成改变	养分输送，土壤团聚体形成，拮抗防御	无定论
病原菌	多度下降	病害侵染	抑制病害
线虫	a）多度可能增加 b）群落组成可能改变	病害侵染，分解作用，捕食作用	不利于抑制病害
蚯蚓	多度增加	分解作用，团聚体形成	促进养分循环
小型节肢动物	没有影响	分解作用	无定论

（三）施生物炭的影响

生物炭是由生物有机材料在厌氧的条件下，通过高温裂解得到的一类富碳贫氮的生物质燃烧产物。近年来，关于生物炭对土壤养分循环、水分平衡和土壤肥力等的影响研究开始兴起（Ladygina and Rineau, 2013）。大多数研究关注用生物炭改良土壤，以提高土壤肥力和减缓气候变化。关于生物炭对土壤生物的影响研究则相对较少。2011 年，Lehmann 等综述了生物炭对土壤生物的影响，大多数情况下，添加生物炭可以增加土壤微生物生物量，但是生物炭影响微生物多度和群落组成的机制还不是很明确。因生物有机材料不同，这些材料的裂解过程也有差别，生物炭的孔隙以及表面结构异质性很高。一项对不同粒径、不同表面和孔隙性质的生物炭进行土壤微生物接种的研究表明，接种 56 天以后在生物炭表面以及孔隙较大的生物炭中发现真菌菌丝（Jaafar et al., 2015）。而生物炭对土壤动物的影响研究则更少。我国学者也研究了中国农田土壤线虫对生物炭添加的响应，所用生物炭来自小麦秸秆在厌氧条件下的高温裂解。结果发现添加生物炭没有影响线虫总数量，但是增加了食真菌线虫的数量，同时减少了植物寄生性线虫的数量，反映了添加生物炭对真菌能流通道和以植物根系为基础的能流通道有较强的影响（Zhang et al., 2013a）。短期内，添加生物炭甚至可能对蚯蚓不利（Weyers and Spokas, 2011）。生物炭在土壤改良方面有广泛的应用前景，特别是生物炭可以提高酸性土壤 pH，通过阳离子吸附提高土壤养分持留（Lehmann et al., 2011）。而在我国，近 30 年来亚热带地区农田土壤加速酸化，导致土壤肥力下降，铝、锰毒害加重，危害农作物生长，使作物减产，农民减收。中国科学院南京土壤研究所的一项研究发现添加秸秆生物炭不仅可以提高土壤 pH，而且显著提高土壤 pH 缓冲容量，从而提高土壤的抗酸化能力。主要机制是生物炭表面含有丰富的含氧官能团，这些弱酸性官能团的阴离子与 H^+ 发生缔合反应，形成中性分子，同时将原先吸附的交换性盐基阳离子释放到溶液中（Shi et al., 2017）。因为 pH 对土壤中有些生物有很大的影响，如细菌（Fierer and Jackson, 2006）、欧洲正蚓（Stoscheck et al., 2012）等，所以，有针对性地在不同土壤中添加不同的生物炭是调节土壤食物网结构的一个途径。

总之，针对不同农林生态系统的立地条件，综合运用生物固氮、施石灰和生物炭、以及生物炭堆肥技术（Agegnehu et al., 2017）、蚯蚓堆肥技术等，对提高土壤质量和作物产量有潜在的重要意义，但目前还缺乏优化此类综合性土壤改良方案的长期野外实验。

第三节　土壤生物在可持续农业中的应用

土壤生物之间、生物与非生物因子之间复杂和多维的互作关系，是生态学研究的前沿领域和难点，也是与可持续农业相关的基础研究的重要突破口。农业的可持续发展是人类生存和发展的基础，以高投入维系高产出的工业化农业面临不断增加的经济和环境压力（Vitousek et al., 2009）。最近 50 年，土壤生物多样性对生态系统服务的基础性贡献得到日益重视（Wall, 2012）。土壤生物多样性在抑制土传病害，保障清洁健康的大气、水体和食物等方面都有重要的作用；通过不断优化管理措施进而提高生态复杂性和土壤生物多样性的稳健性（robustness）关乎人类福祉，但这一潜力未被充分发掘（Wall et al., 2015）。

如何充分发挥农业生态系统各组分间天然的协作关系（Mäder et al., 2002），保障整个系统的资源供给总量及能量、水分和养分利用效率，降低能量内耗及养分淋失，是可持续农业发展的迫切需求。土壤动物和土壤微生物是土壤结构及肥力的重要驱动力，也是生态系统内部平衡的重要调控者。打开土壤"黑箱"，被喻为陆地生态系统研究的"最后的前沿"（Wardle et al., 2004）。土壤生物与可持续农业已成为后工业化农业的重要研究方向和重大挑战。

一、土壤生物的肥力调节功能

除生物固氮外，土壤生物还可以通过很多其他途径影响农林业生态系统的土壤健康。为了应对传统耕作模式引起的地力衰退和环境污染等问题，1986 年，荷兰科学家提出以整合农业（integrated farming）代替传统农业，并正式启动了荷兰耕地农业系统土壤生态学项目（Dutch Programme on Soil Ecology of Arable Farming Systems）（Zwart and Brussaard, 1991）。该项目开展的早期研究认为蚯蚓和原生动物的活动对微生物矿化有机质过程的促进作用最为重要。但是，也有研究认为土壤微生物多样性在农业土壤可持续利用方面有重要的潜在作用（Kennedy and Smith, 1995）。很显然，对于可持续农业系统，要实现稳产并尽量降低外部的投入和化石能源的使用，必须依赖于土壤生态学理论的完善和合理应用（Cheeke et al.，2012）。如何通过调控土壤食物网中土壤动物和微生物的互作过程，进而保障养分供给和作物生产力，是可持续农林业研究的关键。

土壤结构和有机质的分解过程与土壤肥力关系最为密切。蚯蚓及其与其他土壤生物的相互作用，对土壤结构和有机质动态都有明显的调控作用。相关的研究也最为充分，所以可以从蚯蚓与土壤肥力的关系中大致把握土壤食物网对土壤肥力的贡献。Lemtiri 等（2014）认为可以将蚯蚓群落活动变化作为土壤肥力和质量的生物指示物，以评估土壤管理措施的效果。

目前来看，蚯蚓和土壤微生物对土壤结构的影响各有特点。蚯蚓对土壤形成的贡献自达尔文就被广泛认同（Darwin，1881）。Six 和 Paustian（2014）总结了耕作方式对团聚体的影响，同时强调了蚯蚓和真菌对团聚体形成的重要作用。甚至，蚯蚓活动导致的生物扰动（bioturbation）对亚马孙黑土（Amazonian Dark Earths）的形成也有很大的贡献（Cunha et al.，2016）。但是，最新的一项整合分析（meta-analysis）研究认为，相对于土壤动物来说，细菌和真菌对土壤团聚体形成的作用更为重要（Lehmann et al.，2017）。

蚯蚓对土壤有机质动态及养分循环的影响则更加复杂，并且与耕作措施及蚯蚓-微生物-植物三者的互作关系紧密相关。其一，蚯蚓和植物的有效协作，可以促进生态系统对碳的固定。蚯蚓的活动可能促进植物生长（Fragoso et al.，1997；Guei et al.，2011）并将大量光合产物输入土壤（Huang et al.，2015）；同时，植物的存在也往往有利于蚯蚓的生存，后者又可能进一步促进植物的生长，形成良性循环。其二，蚯蚓-植物-微生物的协作，可以更加优化土壤碳和养分平衡，促进农林生态系统的可持续发展。虽然土壤微生物可能与植物根系竞争氮，但是它们可以通过氮利用的时间分异而最终实现互利共赢，同时根系和土壤微生物的紧密合作也减少了土壤氮的流失（Kuzyakov and Xu，2013）。蚯蚓的存在提高了土壤无机氮的含量，并且促进土壤微生物对氮的持留（王霞等，2003；Groffman et al.，2015），客观上加强了上述植物-土壤微生物之间的互利关系。有意思的是，最近在广东鹤山的研究表明，环热带区的广布种南美岸蚓的活动可明显促进土壤铵态氮的累积，且这些铵态氮无法直接被菌根真菌侵染率较低（<30%）的芒萁吸收利用，但是，接种丛枝菌根真菌（*Rhizophagus intraradices*）则可以帮助植物有效利用这些因蚯蚓活动而产生的铵态氮（He et al.，2018）。另外，蚯蚓还可能促进根瘤形成和固氮植物生长（Kim et al.，2016），以及增加土壤磷的活性并缓解植物和土壤微生物对磷的竞争（Lv et al.，2016）。如此一来，植物根系、土壤微生物、蚯蚓和菌根真菌等形成了相互协作的体系，可以显著减少养分的损失并提高利用效率。反之，若植物和土壤生物之间协同不好，则可能造成养分的固定或损失（Lawrence et al.，2003；Suárez et al.，2004；Frelich et al.，2006；He et al.，2018），降低生态系统对养分的利用效率。其三，耕作措施对土壤生物在土壤碳和养分循环中的作用也有重要影响。例如，Fonte 和 Six（2010）在南美开展的野外中宇宙实验发现，单纯添加不同质量的有机质对玉米田土壤性质和玉米生长影响很小，但是添加南美岸蚓并辅以植物残体，可有效提高土壤大团聚体中包含的微团聚体的有机质含量。而且，虽然蚯蚓可以提高玉米对外源氮的吸收，但也可能加大土壤有效磷的淋失。可见，合理地进行蚯蚓及有机质管理，对提高热

带农林生态系统的生态服务功能有重要的潜在价值。Fragoso 等（1997）也发现表栖类和深栖类蚯蚓的生存对地表凋落物有很强的依赖性，所以植物秸秆或动物粪肥等的合理还田，可以促进农田中蚯蚓群落的恢复，进而提高土壤肥力和作物生产力。Coleman 等（2013）估计在 1 hm² 农田中，蚯蚓活动每年可以影响数吨易分解的有机质，故将保护性耕作（以增加蚯蚓数量）和添加高质量的作物残体相结合，对提高农田生态系统健康可能会有事半功倍之效。

蚯蚓堆肥（vermicomposting）技术通过蚯蚓对"有机-无机"混合体的大量取食，以及蚯蚓与肠道微生物的协同作用形成了一个"蚯蚓-有机质-微生物"有机融合的整体，为高效地转化有机质并改善土壤结构创造了绝佳的条件。Chaoui 等（2003）发现，蚯蚓堆肥产生的蚓粪和其他堆肥产物可显著地提高小麦对磷和钾的吸收，并且与普通堆肥或化肥相比，产生盐胁迫的可能性更小。蚯蚓堆肥技术还可以明显提高其他微生物肥料的使用效果。Song 等（2015）在番茄-菠菜轮作体系中的研究发现，单独施植物根际促生菌（plant growth-promoting rhizobacteria，PGPR）对土壤性质和作物生长并无明显影响，但是蚯蚓堆肥存在时，根际促生菌可使土壤微生物生物量碳氮明显升高，并不同程度地提高番茄和菠菜的产量及其维生素 C 的含量。可见，若能充分发挥蚯蚓堆肥及有益微生物的协同作用，或可逐步替代化肥的作用。Lavelle 等（1989）很早就提出通过调控蚯蚓群落以保持土壤质量的思路。蚯蚓活动将地表凋落物转入土壤，并促进了有机质矿化和腐殖质化过程（Lavelle et al.，1989；Zhang et al.，2013b），进而深刻影响了土壤结构及土壤养分释放过程，为满足植物的养分需求奠定基础。但是，农田生态系统中的蚯蚓群落面临多种物理和化学过程的胁迫，蚯蚓活动锐减。通过合适的管理措施恢复蚯蚓群落或寻找并引入耐受性强的蚯蚓种类，是发挥蚯蚓作用的关键。

土壤食物网对生态系统的资源总量、资源利用效率和生产力的影响错综复杂，以至于任何一个所谓的"具体"问题都包含了很多子问题，导致短时间内难以找到有效的办法来解决。例如，我们仍然需要大量的基础研究才可能知道如何通过管理有机质的输入及提高微生物活性等途径提高养分的可利用性（Cheeke et al.，2012）。在这里，我们试着对土壤生物在碳和养分循环方面的"角色"及其相互关系进行梳理（图 5-5），以期尽可能地把复杂问题分解成一个个可能被独立研究的具体问题。

总体来说，土壤中碳和养分的稳定供给，是维持农林生态系统物质循环和生产力的关键。一方面，土壤生物可以调控可利用碳和养分"蛋糕"的大小。土壤动物和微生物可以通过影响光合作用效率或凋落物输入量及其分解过程等调控土壤可利用碳总量，进而影响土壤生物自身的群落大小及活力，最终影响生态系统总固氮量和有效磷总量等。另一方面，土壤生物可以影响可利用资源的"命运"。土壤微生物的快速生长可以迅速将碳和养分固持于微生物生物量中，避免资源意外损失；然后，微生物在各种生物或非生物"干扰"（如蚯蚓或线虫的取食或干湿交替）的作用下，又可将原先固持的养分释放回土壤；这些养分或重新固持于微生物生物量中，或保存于各类团聚体中，或直接供植物吸收利用。最后，土壤食物网调控的"养分释放"与植物的"养分吸收"能否协调一致，最终影响整个生态系统对养分的利用效率。如果可利用的碳、氮、磷浓度升高太快，植物和微生物来不及或因为某些原因无法及时利用，则将造成资源的"闲置"或

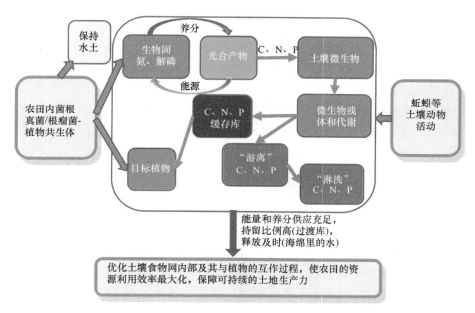

图 5-5　土壤生物对农林生态系统土壤肥力的调节作用概念图

损失。理想的可持续农林生态系统具有这样的特征：管理措施恰当，能量和养分供给充足，生物固氮适时适量；可利用的碳和养分主要存在于某种缓冲库中，如海绵里的水，适度活跃却不易流失，但当植物或土壤生物需要时，总是能从海绵里"挤出"所需的资源。蚓粪的特性类似于这样的资源缓冲库，而菌根真菌等则类似于植物赖以"挤出"养分所凭借的"武器"。

二、土壤生物的病虫害防治功能

在农林生态系统中，通过合适的管理措施充分发挥本地或引入的病虫害天敌的作用进行有效的生物防治，很早就受到关注（Batra，1982）。生物防治可以减少农药的使用，减少食物中的农药残留，是有机农业的重要内容（Gomiero，2018）。土壤食物网中生物多样性极高，长期的进化过程使很多土壤动物和微生物都具有独特的病虫害防御体系，防御体系也为在现代农业系统中建立高效、经济的病虫害防治技术体系提供了坚实的基础。

Sánchez-Moreno 和 Ferris（2007）以线虫群落结构为研究对象，发现土壤对病虫害的抑制能力与土壤食物网动态和农业管理措施紧密相关；自然生态系统往往具有更复杂的土壤食物网，进而可以有效地抑制植物病原线虫的种群大小；而干扰明显的农田生态系统则失去了这种优势。叶成龙等（2013）也发现化肥、有机肥和秸秆配施可以增加食细菌线虫的丰度，抑制植食线虫垫刃属和螺旋属的繁殖。从调控整个土壤食物网的角度去提升农林生态系统的抗病虫害能力，目前多停留在理论探讨或"知其然，不知其所以然"的阶段。但是，蚯蚓及蚯蚓堆肥、昆虫病原线虫及微生物农药等相关的基础研究较多，并且已有不同程度的成功应用。

蚯蚓及蚯蚓堆肥对病虫害的抑制作用原因复杂，其内在机制并未完全理清。胡艳霞等（2002）发现蚯蚓粪对黄瓜苗期土传病害有明显的抑制作用。Teng 等（2016）发现环热带区广布种南美岸蚓有抑制香蕉血病（banana blood disease）的潜力。南美蚯蚓的存在还可明显降低对植物有害的大个体植食性线虫的种群大小，但是，当有较多的外源氮输入时，蚯蚓对这些线虫的抑制作用消失了（Shao et al., 2017）（图 5-6）。可见，蚯蚓对植食性线虫的影响过程还可能受氮沉降这样的全球变化因子的调控，其内在机制仍有待深入研究。蚯蚓活动还可通过调节植物激素平衡而促进植物抵御病害。Puga-Freitas 等（2012）发现蚓粪中含有植物生长素相关的信号分子，因为蚯蚓活动刺激了植物根际促生细菌合成植物生长素（茉莉酸和乙烯），激活了植物对病害的防御机制，进而促进了粳稻和黑麦草的生长。在农业土壤中，跳虫对微生物的取食过程也可以抑制一些农作物病原微生物。例如，梨火疫病原细菌（*Erwinia amylovora*）是枯萎病的病原体，对种子植物的破坏作用很大，而白符跳（*Folsomia candida*）能够取食该菌并减轻危害。一些捕食性跳虫还是土壤害虫的天敌。例如，跳虫可以捕食根结线虫（*Meloidogyne* spp.）从而有效减少这种世界性广泛分布、寄主范围广的害虫（陈建秀等，2007）。

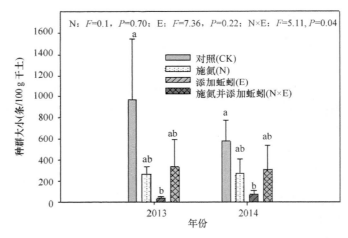

图 5-6　蚯蚓及施氮对有害植食性线虫种群大小的影响
不同字母表示处理间有显著差异（$P<0.05$）

相对来说，基于微生物的病虫害防治措施则是在揭示了某种抗病虫害的生物机制后再开发出相应的产品，防治效果也更加直接。给植物接种某些土壤微生物，可以改变植物组织的化学组成，进而调控有害昆虫的种群动态。在相关基础研究取得突破时，可能实现为植物"定制"抗病虫害的微生物接种方案（Gadhave et al., 2016）。最著名的案例是 1938 年苏云金芽孢杆菌（*Bacillus thuringiensis*）被用作高效且环境友好的生物杀虫剂，如今已经发展出一个基于芽孢杆菌属的生物杀虫剂、生物杀真菌剂、生物肥料等的大家族，实现了商品化（Pérez-García et al., 2011）。相应的，Bt 抗虫棉等农产品也取得了巨大的经济和生态效应。Bt 抗虫棉在高效抗虫的同时，其本身未发现对土壤微生物及酶活性有明显不利影响（Yasin et al., 2016），也未明显改变根际土壤线虫的群落特征（Yang et al., 2014）；Bt 玉米产生的 Cry 蛋白对蚯蚓、线虫、原生动物、真菌和细菌也没有明显的毒性（Saxena and Stotzky，2001；Miethling-Graff et al.，2010）。Lu 等（2012）分析了中国北方 6 个省（自治区）36 个地点 1990～2010 年 Bt 抗虫棉生态大田及周围区域的害虫动态。结果表明，随着 Bt 抗虫棉的种植，广谱性杀虫剂用量减少，Bt 棉区的瓢虫、草蛉和蜘蛛等广谱性捕食者的数量明显增加，而蚜虫等害虫数量则明显下降。重要的是，该研究还发现这些捕食者在一定程度上降低了 Bt 棉区附近玉米、花生和大豆等的害虫的种群大小，说明 Bt 作物可能带来额外的生态效益。另一个比较成功的案例是利用线虫肠道共生菌对昆虫的毒性防治蝼蛄等草坡和作物害虫。昆虫病原线虫在植物保护中的应用得到了较多的重视，商业化的线虫制剂已被成功用于抑制农业害虫（Shapiroilan et al.，2012；Yan et al.，2013，2014）。另外，在设施农业中，"强还原土壤修复法"被成功用于应对作物连栽引起的严重的土传病害，巧妙地利用薄膜覆盖及土壤微生物在易利用碳的持续刺激下形成的高温厌氧环境来杀灭病原菌，并改善土壤结构和肥力（刘亮亮等，2016）。

很显然，生物防治的效果可能受限于多变的立地条件、相对不足的基础研究以及从业者参差不齐的管理和技术素养（Lewis et al.，1997）。无独有偶，有害生物综合治理（integrated pest management，IPM）自 20 世纪 60 年代提出以来，已经是发达国家主要的作物保护策略，但是在发展中国家的应用极其有限（Parsa et al.，2014）。因此需要将生物防治和综合害虫管理法等结合起来，才能切实提高农林生态系统病虫害的防治效果。此外，通过分析捕食生物的肠道微生物的 DNA（Athey et al.，2016）或比较捕食者与潜在的被捕食者的中性脂肪酸（NLPF）组成等，结合野外的生物种群调查数据，确定捕食者、被捕食者或其他可能的替代食物之间的相互关系，是制定病虫害综合防治方案的科学基础。

第四节　土壤生物在生态恢复中的作用

一、土壤食物网主要类群的土壤改良效应

土壤动物在重金属污染土壤修复、退化土壤结构改善及生态系统"资源岛"形成等过程中扮演重要角色，可以用于帮助受损生态系统的恢复重建。这里主要就几个主要土壤生物类群，特别是蚯蚓、白蚁、马陆、跳虫和菌根真菌等在生态恢复中的作用进行初步探讨。

（一）土壤生物在重金属污染修复中的作用

人类活动产生了多种多样的退化生态系统类型，合理诊断并有效恢复迫在眉睫。在诸多修复技术中，微生物修复技术具有成本低、效果好及对环境相对安全等优点（田雷等，2000）。重金属虽然不能被微生物降解，但是微生物对重金属有一定的抗性和解毒作用。微生物对重金属污染的响应形式主要有以下几种（胡稳奇和张志光，1995；陈素华等，2002）：①生物体吸收作用，微生物可以通过吸附或离子交换等物理化学机制将环境中的重金属吸入体内；②沉淀作用，如硫酸还原细菌可以产生 H_2S 从而将污水中的

重金属离子还原为难溶的 ZnS、CdS、CuS 和 FeS 等；③生物转化作用，微生物通过氧化还原作用、甲基化作用和脱氢作用等将重金属转化为无毒或低毒的化合物形式；④生物大分子与重金属的结合，微生物细胞内存在许多大分子物质如蛋白质、多肽、多糖等，具有较强的重金属结合能力，几乎所有的微生物都具有金属结合蛋白。在国际上，已有一些应用微生物修复治理被污染环境的成功典例（Boopathy，2000），但大多数有关微生物修复方面的研究还停留在实验室的降解菌种筛选和检测技术上，在实际应用中微生物修复技术还受到很多因素的限制（Boopathy，2000；解庆林等，2001）。因此，微生物修复的研究热点集中在如何提高修复效率和应用途径上（龚月桦等，1998；Romantschuk et al.，2000），而这主要体现在以下几个方面：①通过加入碳源或养分元素以提高土壤微生物生物量；②提高土壤 pH，增加土壤通气度及电子受体（NO_3^-、O_2 及 H_2O_2 等）以改善微生物生活环境，提高微生物活性；③用分子生物学技术改良微生物品种，提高其对重金属的解毒能力；④与植物修复相结合，或与化学、物理方法相结合以提高总的修复效率，如接种丛枝菌根真菌（AMF）可以显著提高紫羊茅（*Festuca rubra*）根部 Cd 的浓度，改变 Cd 在其地上、地下部分的分配（刘茵等，2004）。

  以上技术忽略了另外一个对微生物生长有非常重要作用的因素，即土壤动物。土壤动物与微生物的关系十分密切，首先体现在土壤动物与微生物的取食-被取食关系上。从表面上看，某些土壤动物以微生物为食会减少微生物的数量，而实际上，正是这一取食过程提高了微生物自身的周转速率。而且，当捕食到一定程度时，土壤动物（如线虫、蜱螨、线蚓、蚯蚓等）可以通过正反馈机制刺激微生物的生长，所以微生物群落的稳定性可能并不会因土壤动物的捕食而降低，但微生物的自身周转却因土壤动物的作用而加快（Haimi，2000；Brown et al.，2004；Fu et al.，2005），从而可能放大了微生物修复重金属污染的作用。Ma 等（2002）在用人工无污染土稀释的铅锌矿砂上，发现蚯蚓活动使土壤有效态 Pb、Zn 含量分别提高了 48.2%、24.8%。成杰民等（2005）发现接种菌根真菌能促进黑麦草对 Cd 的吸收并促进 Cd 从植物根部向地上部分转移，而接种蚯蚓则可以提高菌根真菌的侵染率，所以两者的协同作用可以促进 Cd 向植物地上部分转移。一般来说，受损生态系统中的土壤动物较少（Freckman and Ettema，1993；Bongers and Ferris，1999），所以，通过在退化生态系统中接种土壤动物以提高微生物修复效率有一定的可行性。总之，在土壤污染严重的生态系统，虽然各类土壤动物均受到不同程度的损害，但受损害最大的还是蚯蚓等大型土壤动物，其种类和数量显著下降甚至灭绝。如果不通过人工添加或接种，蚯蚓等大型土壤动物群落很难维持自身的发展。综合运用地上-地下食物网构建和有机物料管理技术等，才可能有效地推进重金属污染地的生态恢复。

  土壤动物本身对重金属污染还有一定的修复作用和较好的指示作用。其中大型动物蚯蚓和中型动物跳虫是重要代表。因为它们栖息于土壤，都包含一些有较强重金属耐受力的种类，这些种类可以不同程度地吸收重金属污染物，并通过改变其形态或形成络合物的方式降低污染物的毒性（陈建秀等，2007）。但是，蚯蚓对重金属污染的耐受力相对较差，当土壤重金属含量稍偏高或在长时间污染的大田中很难寻获到蚯蚓。因此，在这种情况下，蚯蚓就难以作为有效的生物评价指标和修复生物。相对于蚯蚓，马陆则更能耐受重金属（Grelle et al.，2000；da Silva Souza et al.，2014）。Hobbelen 等（2006）

发现，在土壤重金属污染的条件下，马陆的物种丰富度和密度并没有受到显著的影响。此外，有些跳虫也具有较强的重金属耐受能力。有研究表明，即使在重金属浓度很高（如 Cu 5000 mg/kg）的情况下仍可以找到较多数量和种类的跳虫（许杰等，2007）。因此，在重金属严重污染区，马陆和跳虫可能是更合适的指示生物。值得注意的是，有些土壤动物对重金属污染物有较强的富集作用。这一方面可能被用于促进污染土壤修复（Nakamura et al.，2005），另一方面也可能带来其他生态风险。例如，重金属矿区的蚯蚓体内 Pb 浓度可达 0.31~100 μg/g，Zn 浓度可达 68~914 μg/g；欧洲广布的球马陆能富集 Cd（da Silva Souza et al.，2014）。因此，需要注意防止重金属污染物通过食物链传递（如鸟类取食蚯蚓）而进入地上食物网（Haimi，2000）。

（二）土壤生物在土壤结构形成中的作用

蚯蚓对土壤结构和肥力的影响，在前面已有详细论述，这里主要讲其他代表性土壤生物的作用。

1. 马陆的土壤改良效应

Snyder 和 Hendrix（2008）综述了大型无脊椎土壤动物在生态恢复中的作用，认为马陆是未来可用于促进生态恢复的重要土壤生物类群。有两方面的特性使马陆在土壤改良和生态恢复中可能起着重要的作用。

其一，马陆对土壤结构的改良作用。类似于传统的"生态系统工程师"（蚯蚓、蚂蚁和白蚁），许多马陆也有掘穴能力（Fujimaki et al.，2010；Bowen and Hembree，2014），在土壤团聚体的形成方面起着重要的促进作用（Fujimaki et al.，2010；Silva et al.，2017）。Fujimaki 等（2010）在 28 天的培养实验中发现日本最常见的马陆 *Parafontaria laminata* 幼体能显著促进 2 mm 以上土壤团聚体的形成。最近，巴西学者 Silva 等（2017）的培养实验也发现热带常见的颗粒雕囊马陆（*Glyphiulus granulatus*）能在短期内（28 天）促进 2.0~4.76 mm 团聚体的形成。时雷雷等于 2008 年开展的马陆培养实验也发现，大型山蛩类马陆能在土壤中掘穴和活动，使土壤中出现大型的孔隙（图 5-7；未发表数据），提高土壤的通气透水性能。Bowen 和 Hembree（2014）详细地研究了美国两种山蛩类马陆在土壤中构建巢穴的结构（图 5-8），这些结构非常复杂，能在很大程度上改造土壤的结构。山蛩类马陆在世界温带和热带地区广泛分布，并且数量巨大，因此，人为引进这些马陆，可能是在生态恢复过程中进行土壤结构改良的一种重要途径。

其二，马陆能大量取食凋落物，由于同化效率低，大部分凋落物转化为粪球，成堆排放在凋落物和土壤表面，促进土壤腐殖质的形成，改良表层土壤的物理、化学和生物性质。Frouz 等（2007）发现，在采矿废弃地恢复中期，马陆等大型分解者出现，其粪球的大量产生能在土壤表面形成一个发酵层（fermentation layer）。这个发酵层有较高的生物活性，能改变土壤的化学和生物学特性，促进土壤的恢复。时雷雷等在野外森林生态系统地表也发现大量成堆的马陆粪球，其形态和周围土壤明显不同（未发表数据）；重要的是这个现象很常见，在热带（图 5-9）和温带（图 5-10）森林也广泛出现。

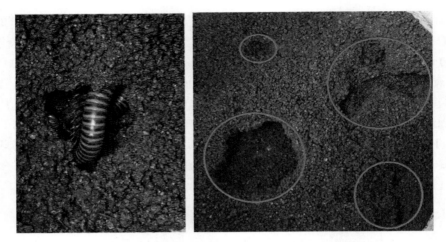

图 5-7 马陆掘穴在土壤中形成的大型孔隙（张洪芝提供）

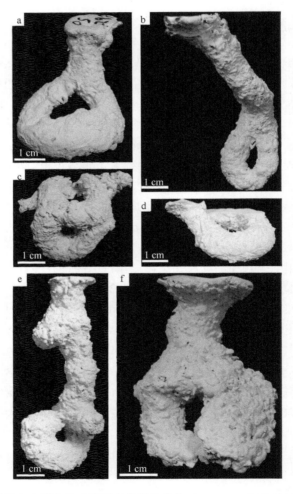

图 5-8 马陆在土壤中构建的形态各异的巢穴（Bowen and Hembree，2014）

图 5-8　马陆在土壤中构建的形态各异的巢穴（Bowen and Hembree，2014）（续）

图 5-9　鼎湖山热带次生林地表马陆及其排泄的粪球堆（张洪芝拍摄）

图 5-10　长白山温带针阔叶混交林姬马陆的粪球堆（红色圆圈）（时雷雷提供）

2. 白蚁对土壤"资源岛"的影响

除了一些树栖型的白蚁种类，大多数白蚁都在土壤中筑巢、取食、挖隧道，形成一个个巨大的"资源岛"（图 5-11）。它们的生活与土壤密切相关，且种群数量巨大，因此白蚁显著影响着土壤特性和土壤生态过程。

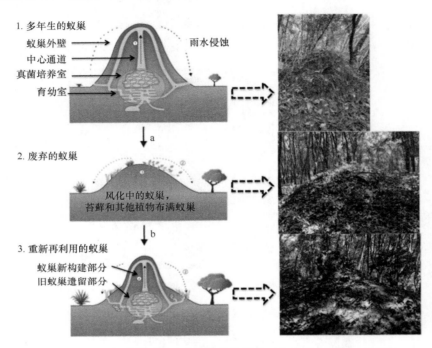

图 5-11　不同类型白蚁巢对土壤养分的影响（改自 Chen et al., 2018）

其一，白蚁对土壤物理结构的影响。白蚁的活动不仅影响土壤的微环境，还会影响土壤剖面结构，因为白蚁在建巢过程中会把下层土壤搬移到表层（de Bruyn and Conacher, 1990；Takuya et al., 2002）。同时，白蚁的活动会增大土壤容重，增加土壤结构的稳定性，防止雨水侵蚀（Bonell et al., 1986）。有研究发现，白蚁活动会显著改善附近土壤的渗透速率和导水率（Elkins et al., 1986）。

其二，白蚁对土壤化学特性的影响。白蚁会收集和搬运养分丰富的植物碎屑到其巢穴，同时白蚁的唾液分泌物和排泄物会富集在附近土壤中，显著增加土壤中各种资源的含量，包括有机碳和氮、钙、镁、钠和钾元素等（Semhi et al., 2008）。并且，当土壤养分增多后，地上植物的生物量也可能显著增加，植物多样性和群落组成也会产生一定的变化；因此白蚁的活动可以通过影响土壤的理化特性，从而改变地上植物的生长和群落结构（Bonachela et al., 2015）。

其三，白蚁对土壤微生物的影响。白蚁活动会显著增加细菌和真菌多样性，同时增强其活力，进而加快土壤中的有机质分解和养分循环过程（Takuya et al., 2002）。

3. 跳虫的土壤改良效应

跳虫在土壤生态系统中，由于群落密度大、活动能力较强，在土壤的形成、发育、演化过程中都发挥着重要的作用。它们是土壤食物网中重要的分解者，通过强大的咀嚼式口器，将地面上的枯枝落叶、地下的植物根茎及各类动物的粪便、尸体等粉碎；或者通过携带和传播微生物，增强微生物的作用，进而促进有机质的分解，并与土壤矿物混合后形成肥沃的腐殖土（Rusek，1998；黄玉梅，2004）。另外，大量跳虫的排泄物本身就对土壤腐殖质的形成具有重要意义。例如，阿尔卑斯山上的石灰土每平方米含上亿个几乎完全由跳虫粪便形成的腐殖质小球（陈建秀等，2007）。

跳虫的活动可以不断地影响土壤的质地、结构、通气透水性，使得土壤腐殖质与土壤矿物混合，为植物生长创造有利的环境条件。虽然跳虫不像大型土壤动物那样具有强大的掘穴能力，但某些跳虫类群的活动可以在土壤中形成大量的微孔。例如，土栖性棘跳虫科物种腹末具有显著的臀刺，是专门挖掘孔洞的工具（Rusek，1985）。在一些极地、高山及初始发育的土壤中，跳虫对土壤微结构的形成更是起着主要作用，甚至有时整个土层都由不同形状、大小及其组合的跳虫粪球所构成（Rusek，1998）。在这样的特殊生态系统中，跳虫的粪球形成了最简单的腐殖质团粒结构，虽然随着土壤的发育，后期土壤腐殖质主要由大型土壤动物粪便及植物残体形成，但这些大的腐殖质团聚体的外围也仍然几乎全是跳虫的粪球（Rusek，1985）。

跳虫对土壤性质的诸多影响与跳虫对土壤微生物活性的调控作用密切相关。跳虫主要以土壤微生物为食（真菌、细菌、放线菌和藻类），对土壤微生物群落动态有重要的调控作用。Rusek（1989）研究跳虫食性发现，跳虫 *Onychiurus vanderdrifti* 对真菌有专一性选择，而且在其发育的不同阶段，对真菌种类的喜好也不同；而其他一些食真菌跳虫的取食具有广谱性，完全取决于环境中食物的可获得性，不过它们不取食细菌、放线菌及其他微生物类群。由于跳虫与微生物密切关联，其体内和体外可携带大量微生物，成为微生物传播的重要媒介。另外，跳虫对微生物的取食释放出了原先固定于微生物生物量中的养分，加速了 C、N 及其他养分向土壤和植物根系的转移，在土壤形成和发育过程中起到重要作用（许杰等，2007）。我们用 ^{13}C 标记的微宇宙实验研究也发现，在添加了跳虫的实验处理中，跳虫的存在和活动可以显著促进微生物对外源凋落物新碳的同化过程（图 5-12）。

4. 菌根真菌的土壤改良效应

菌根（mycorrhiza）是土壤真菌与陆地植物根系形成的一种互惠共生体（Smith and Read，2008）（图 5-13），对植物生长常有明显的促进作用（图 5-14）。早在 3.5 亿～4.5 亿年前，菌根真菌就与古老的陆生植物形成了共生关系（Pirozynski and Malloch，1975；Brundrett，2002）。按照其形态解剖特征、菌根真菌和植物种类等的不同，通常分为浆果鹃类菌根（arbutoid mycorrhiza）、水晶兰类菌根（monotropoid mycorrhiza）和欧石楠类菌根（ericoid mycorrhiza）等 7 类（Harley，1989），其中最重要的类型是丛枝菌根（arbuscular mycorrhiza）和外生菌根（ectomycorrhiza）。

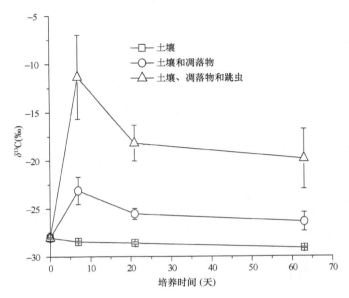

图 5-12　土壤微生物碳同位素丰度随时间的变化（徐国良等，2015）

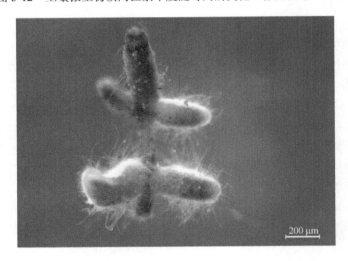

图 5-13　解剖镜下桦木科植物外生菌根观察（史楠楠提供）

图 5-14　接种菌根真菌对樟树生长的影响（史楠楠提供）

由于菌根真菌无法进行光合作用，必须从宿主植物中获取光合产物并转化为自身的生物量。据估测，植物光合作用固定的碳有 4%~26%转移至菌根真菌，由此固定的土壤有机碳含量可达 54~900 kg/hm^2，占土壤总有机碳的 15%（Jakobsen and Rosendahl，1990）。此外，球囊霉素相关蛋白（glomalin-related soil protein, GRSP）是丛枝菌根真菌产生并分泌到根外的糖蛋白，GRSP 随着丛枝菌根真菌的衰亡和降解被释放到土壤中，最高可占土壤总碳的 5%（Lovelock et al.，2004），并可在土壤中维持 6~42 年。它们是土壤的主要有机质之一，同时也是维持土壤团粒结构的重要有机分子，故具有维持土壤结构和土壤肥力的功能（郭良栋和田春杰，2013）。同时，菌根真菌的菌索和外延菌丝在土壤中形成庞大的菌丝网，且其数量和长度总和远远超过宿主的根系总长度，扩大了宿主植物根系的吸收面积和范围，因此菌根真菌能帮助植物从土壤中吸收磷及其他矿质元素（Blum et al.，2002；Jakobsen et al.，2002），并因此提高了植物耐盐能力（Douds and Millner，1999）。总之，菌根真菌能够促进植物生长、提高养分吸收和利用效率、防治病虫害，是土壤微生物学和土壤肥力研究的热点之一。

近年来，菌根真菌的土壤改良效应研究取得了重要的进展。Asmelash 等（2016）综述了菌根真菌在退化土地恢复中的潜在作用，有大量的科学证据表明菌根真菌可以改善土壤质量，提高地上及地下生物多样性，促进水分和养分胁迫土壤中乔木和灌木幼苗的成活、生长及定植过程；菌根真菌还是植被演替的驱动力之一，且可有助于防止外来种入侵。今后，应该更多地开展野外研究，关注菌根真菌对植物群落初级生产力和植物种间竞争等的影响，并且注重开发可用于野外森林生态系统管理和恢复的廉价菌剂。当然，还需要进一步对菌根真菌的资源、功能、作用和调控机制等方面进行深入的研究，可围绕以下方向开展工作：①利用分子技术分析菌根真菌的功能基因多样性，系统筛选、分离、鉴定有效菌株，并在田间进行相关理论的应用和示范推广。②在胁迫条件下，研究植物与菌根真菌间交流的相关信号物质的功能、作用机制，以及不同信号物质之间的相互作用。③以野外生态学为基础，开展长期、定位实验，研究菌根真菌在土壤 C、N、P 等元素循环中的功能。

二、土壤生物的水分调节功能

工业革命以来不断加剧的人类活动造成了明显的全球环境与气候变化，降水格局（降水量、强度及时间）改变是其中一个重要部分（IPCC，2013）。土壤生物和土壤结构的互作过程对有机质和水分动态等的调控作用很早就受到关注（Brussaard and Kooistra，1993）。由真菌和藻类参与形成的生物结皮对干旱区土壤的水分利用发挥着关键作用（郭建芳等，2012；余韵等，2014）；菌根真菌也可以通过影响水分的吸收过程从而调控植物的抗旱能力（祝英等，2015）。本研究更多地关注典型的土壤生物特别是土壤动物对水分的调节作用，故上述过程在此不再赘述。大型土壤动物的活动对水分动态的调节作用是显而易见的。以蚯蚓为例，它们对地被物层及土壤结构影响剧烈，进而可明显影响土壤水分动态。表栖类（epigeic）蚯蚓的取食过程，可以显著改变地表凋落物层的厚度甚至是林下植被组成（Bohlen et al.，2004），进而改变生态系统的水分动态。深栖类

（anecic）蚯蚓体形大，它们可以挖掘连接到地表的垂直洞穴从而有利于水分流通和气体扩散。深栖类蚯蚓的活动能增加水分入渗（water infiltration），从而抵消强降水对地上植物生长的负面影响；潜在的机制可能是深栖类蚯蚓促进了土壤大孔隙的形成及养分循环，并且降水格局也可能影响蚯蚓的掘穴行为，即强降水时深栖类蚯蚓掘穴行为增加（Andriuzzi et al., 2015）。当然，直接的掘穴活动仅是蚯蚓影响水分动态的一个方面，甚至有些内栖类蚯蚓的活动也可能影响土壤的结构和透气透水状况（图 5-15）。蚯蚓活动改变的土壤生物和非生物属性最终往往会影响植物生长（van Groenigen et al., 2014），进而反过来影响土壤水分动态。

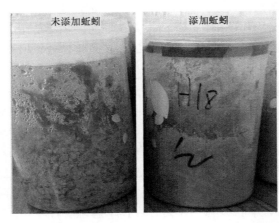

图 5-15　南美岸蚓对土壤结构和水分动态的影响（申智锋提供）

第五节　难点与展望

一、难点

将土壤食物网结构和功能的基础理论与方法运用于可持续农业实践，不可能一蹴而就，主要困难有以下几个方面。

（一）系统本身的复杂性

一方面，土壤食物网内复杂的互作关系很难确定。因为技术的局限，很多重要关系或过程以及它们的相对贡献难以厘清，包括取食与被取食、资源现存量、周转速率、累积量、生物与非生物作用、直接与间接影响（Coleman et al., 2014）。例如，虽然 ^{14}C 的示踪实验表明仅有约 0.1% 的微生物碳进入线虫网络（Pausch et al., 2016），但是，线虫通过刺激细菌群落进而对生态过程的间接影响仍不可忽视（Fu et al., 2005）。另一方面，可持续农业的总体理念很好，但必须以多学科深入系统的基础研究为基石。农业生态系统包含植物-土壤互作、土壤食物网内部的互作、生物-非生物因子互作，以及管理措施与土壤食物网的互作等复杂关系。可持续农业必须充分考虑农业系统中的生态学和生物地球化学过程，以最大限度地发挥系统各组分间的协同作用，降低对外部资源（如化学杀虫剂、化肥等）输入的依赖，进而在充分利用资源的同时维持植被和土壤系统的健康。

（二）时空尺度问题

一方面，量化研究土壤食物网在农林业生态系统中的贡献非常困难。已有的研究以室内的微宇宙实验为主，且多数研究仅针对一个或少数几个土壤生物类群。即使是蚯蚓这样的大型土壤动物，在野外控制其群落大小也困难重重，坚持多年的长期实验也寥寥无几。然而，野外大田中植物、土壤和土壤生物都具有高度的时空异质性，这些小尺度的简化实验所得到的结果，理论上并不能直接指导农业生产。例如，生物炭和蚯蚓都经常被用于改良土壤，但短期的培养实验发现生物炭对蚯蚓可能有不利影响，其在野外的长期效应尚待确定（Weyers and Spokas，2011）。另一方面，可持续农业应该在流域或区域的尺度上统筹发展。以有机农业为代表的可持续农业与传统农业的一个根本区别在于前者强调以系统的观点审视农业生态系统，并以此来指导制定土地管理方案（Underwood et al.，2011）。传统的生态系统或景观尺度上的研究，把焦点局限在了农场（林场）内部，忽视了宏观上的通盘考虑。在流域尺度上进行可持续发展的生态规划和景观设计，可以更加有效地实施作物的病虫害综合防治、利用农业废弃物及控制土壤和水体污染等。

（三）可持续农业的发展不是单纯的科学问题

可持续农业的发展涉及经济和社会等各方面的因素，故其需要以整体观的方法论为指导。例如，长期的有机农业可提高土壤质量、生物多样性、改善水质等环境条件，这些有利的变化在有机农产品的产量和品质及其经济效益上不能完全得到体现。但是因为没有建立完善的生态系统服务有偿使用机制，有机农业从业者的上述贡献没有得到应有的回报，限制了其积极性（Underwood et al.，2011）。另外，基于科学研究提出的农业经营管理模式，还需要兼顾经济和社会效益。

二、展望

土壤食物网和可持续农业研究是土壤生态学、生物学和农学等交叉学科的前沿领域。自20世纪中叶开始，积累了丰富的研究成果，但提出了更多的科学问题。大量新兴技术的出现，为解决这些科学问题提供了契机。同时，继续凝练土壤食物网和可持续农业研究的核心科学问题，仍任重道远。

（一）综合运用新兴技术揭示农业生态系统的关键生态过程

有机农业系统具有很多特征，如生物多样性高、土壤质量好和害虫暴发概率小等，但也存在作物产量较低的缺点。然而，土壤生物群落与关键生态系统服务之间的直接联系或作用机制远未理清。例如，土壤有机质的形成需要微生物的参与，但是，对于具体哪些微生物参与其中、如何影响有机质的形成等并不清楚（Underwood et al.，2011）。

又如，Minoshima 等（2007）发现免耕虽然使农作物的产量下降，但杂草生长未受影响。杂草生长为何没有因免耕而下降？若能找到其中原因，则可能会找到在免耕系统中保证作物产量的有效途径。总之，对于可持续农业系统内在机制的认识不足，不利于建立标准化的土壤生物相关的可持续农业管理技术方案。因此，及时运用新兴技术和研究手段，建立土壤生物与关键农业生态过程的直接联系意义重大。

利用新兴技术揭示农林业生态系统关键生态过程的时空变化格局，是打开土壤"黑箱"、优化调控土壤食物网及其生态功能的农林业管理措施的关键。关键的生态过程包括：①植物光合效率和水分利用效率；②生态系统生物固氮总量；③生态系统碳及养分利用效率等。主要研究手段有：①利用 ^{15}N 自然丰度和示踪技术研究生物固氮及氮的利用效率；②利用 ^{13}C 示踪技术研究植物光合固碳及其分配；③分析 ^{13}C 和 ^{18}O 自然丰度变化以量化植物水分利用效率；④将微生物磷脂脂肪酸、氨基糖和宏基因组分析与同位素示踪技术［PLFA-SIP（稳定同位素探针技术）、氨基糖-SIP 和 DNA-SIP 等］结合，揭示与碳、氮循环过程相关的微生物及其相对贡献。

（二）以有机质管理为核心的"土壤生物-可持续农业"发展思路

土壤有机质是农业生态系统可持续发展的核心（Underwood et al.，2011）。Coleman 等（2013）反复强调了土壤有机质对于可持续农业系统的重要性。他们认为土壤碳动态和土壤生物多样性是关乎农业生态系统可持续发展的两大关键因子；但是，它们之间有何重要联系？受什么因子调控？仍不得而知。Magdoff 和 Weil（2004）的专著 *Soil Organic Matter in Sustainable Agriculture* 也专门指出土壤有机质在可持续农业中的关键作用。该书对于有机质管理对土传病害的控制，土壤和作物管理对土壤微生物的影响，有机质、蚯蚓和微生物互作在促进植物生长中的贡献等做了较深入的阐述。Kennedy 等（2004）认为，虽然适应于可持续农业系统的微生物管理技术尚未发展成熟，但有两个基本思路需要贯彻。其一，运用适宜的管理措施以提高土壤有机质。其二，通过作物轮作、免耕或放牧管理等保持植物群落的多样性，促进根系生长，减少表土淋失等。考虑到凋落物质量（C/N、总氮）可能是影响凋落物分解的最重要的因子（Zhang et al.，2008），可针对不同土壤类型或不同的作物特性，施用以不同的作物残体为基质的蚯蚓堆肥，实现有机质的针对性管理，发挥其对土壤结构、土传病害及土壤养分动态等的积极作用。

另外，可持续农业实践并非一定要建立一个持续稳定的农业生态系统，而应该以生产力的最大化和养分损失的最小化为目标。通过优化秸秆还田方式及减少土壤干扰等措施，恢复自然生态系统中真菌能流通道和细菌能流通道中各生物间的平衡，是实现上述可持续发展目标的重要基础（Moore and de Ruiter，2012）。

总之，可持续农业的核心是土壤有机质和土壤食物网。土壤生物和有机质的互作过程可以改变土壤结构、水分和养分动态，后者又反过来影响土壤食物网结构和有机质动态，进而调控植物对光、二氧化碳、水和养分的利用，以及植物的病虫害状况，最终影响生态系统生产力和作物产量及品质。通过改变耕作措施和养分管理方式可以提高土壤有机碳含量（Yadav et al.，2017），而直接通过调控土壤食物网以促进农林业可持续经营的工作十分缺乏（陈云峰等，2011）。今后，可以进一步细化免耕、秸秆还田及轮作等调控措施的方案，同时以线虫群落结构特征反映土壤食物网动态，找到根际食物网和碎屑食物网中土壤生物主要类群变化的驱动力并逐步厘清食物网内部各组分及驱动力间复杂的互作关系，为最终实现有针对性的土壤食物网管理奠定基础。

参 考 文 献

陈建秀, 麻智春, 严海娟, 等. 2007. 跳虫在土壤生态系统中的作用[J]. 生物多样性, 15: 154-161.
陈素华, 孙铁珩, 周启星, 等. 2002. 微生物与重金属间的相互作用及其应用研究[J]. 应用生态学报, 13(2): 239-242.
陈文峰, 陈文新. 2003. 我国豆科植物根瘤菌资源多样性及应用基础研究[J]. 生物学通报, 38: 1-4.
陈文新. 2004. 豆科植物根瘤菌-固氮体系在西部大开发中的作用[J]. 草地学报, 12: 1-2.
陈云峰, 胡诚, 李双来, 等. 2011. 农田土壤食物网管理的原理与方法[J]. 生态学报, 31: 286-292.
成杰民, 俞协治, 黄铭洪. 2005. 蚯蚓-菌根在植物修复镉污染土壤中的作用[J]. 生态学报, 25: 1256-1263.
杜晓军, 高贤明, 马克平. 2003. 生态系统退化程度诊断: 生态恢复的基础与前提[J]. 植物生态学报, 27: 700-708.
龚月桦, 王俊儒, 高俊凤. 1998. 植物修复技术及其在环境保护中的应用[J]. 农业环境保护, 17: 268-270.
郭建芳, 徐杰, 闫彩霞. 2012. 生物结皮影响下土壤水分效应的研究进展[J]. 内蒙古师范大学学报(自然科学版), 41: 99-104.
郭良栋, 田春杰. 2013. 菌根真菌的碳氮循环功能研究进展[J]. 微生物学通报, 40: 158-171.
胡稳奇, 张志光. 1995. 微生物方法在重金属污染处理中的应用现状和展望[J]. 大自然探索, 14(2): 58-62.
胡艳霞, 孙振钧, 周法永, 等. 2002. 蚯蚓粪对黄瓜苗期土传病害的抑制作用[J]. 生态学报, 22: 1106-1115.
黄玉梅. 2004. 土壤动物群落多样性研究进展[J]. 西部林业科学, 33: 63-68.
贾举杰, 李金花, 王刚, 等. 2007. 添加豆科植物对弃耕地土壤养分和微生物量的影响[J]. 兰州大学学报(自然科学版), 43: 33-37.
蒋高明, 郑延海, 吴光磊, 等. 2017. 产量与经济效益共赢的高效生态农业模式: 以弘毅生态农场为例[J]. 科学通报, 62: 289-297.
李保国, 任图生, 刘刚, 等. 2015. 土壤物理学发展现状与展望[J]. 中国科学院院刊, 30: 78-90.
李欣欣, 许锐能, 廖红. 2016. 大豆共生固氮在农业减肥增效中的贡献及应用潜力[J]. 大豆科学, 35: 531-535.
李忠武, 王振中, 邢协加, 等. 1999. 农药污染对土壤动物群落影响的实验研究[J]. 环境科学研究, 12: 49-53.
梁文举, 张万民, 李维光, 等. 2001. 施用化肥对黑土地区线虫群落组成及多样性产生的影响[J]. 生物多样性, 9: 237-240.
刘亮亮, 黄新琦, 朱睿, 等. 2016. 强还原土壤对尖孢镰刀菌的抑制及微生物区系的影响[J]. 土壤, 48: 88-94.
刘任涛. 2016. 沙地灌丛"虫岛": 概念、方法与模型构建[J]. 生物数学学报, 31(3): 344-350.
刘任涛, 朱凡. 2015. 荒漠草原区柠条灌丛对地面节肢动物群落小尺度空间分布的影响[J]. 生态科学, 34: 34-41.
刘婷, 叶成龙, 陈小云, 等. 2013. 不同有机肥源及其与化肥配施对稻田土壤线虫群落结构的影响[J]. 应用生态学报, 24: 3508-3516.
刘茵, 孔凡美, 冯固, 等. 2004. 丛枝菌根真菌对紫羊茅镉吸收与分配的影响[J]. 环境科学学报, 24(6):

1122-1127.

卢良恕. 1995. 中国可持续农业的发展[J]. 中国人口·资源与环境, 5(2): 27-33.

陆雅海. 2015. 土壤微生物学研究现状与展望[J]. 中国科学院院刊, 30: 106-114.

宁国赞, 刘惠琴, 马晓彤. 2001. 生物固氮技术在退耕还林还草中的应用[J]. 中国草地学报, 23: 69-72.

牛文元, 马宁, 刘怡君. 2015. 可持续发展从行动走向科学——《2015世界可持续发展年度报告》[J]. 中国科学院院刊, 30: 573-585.

庞家平, 陈明勇, 唐建维, 等. 2009. 橡胶-大叶千斤拔复合生态系统中的植物生长与土壤水分养分动态[J]. 山地学报, 27: 433-441.

彭少麟, 余作岳, 张文其, 等. 1992. 鹤山亚热带丘陵人工林群落分析[J]. 植物生态学报, 16: 1-10.

沈仁芳, 滕应. 2015. 土壤安全的概念与我国的战略对策[J]. 中国科学院院刊, 30: 37-45.

宋长青, 谭文峰. 2015. 基于文献计量分析的近30年国内外土壤科学发展过程解析(1986—2014年)[J]. 中国科学院院刊, 30: 67-77.

田雷, 白云玲, 钟建江. 2000. 微生物降解有机污染物的研究进展[J]. 工业微生物, 30: 46-50.

王芬, 吴建军, 卢剑波. 2002. 国外农业生态系统可持续发展的定量评价研究[J]. 世界农业, 11: 47-49.

王坤, 陆宏芳, 谭耀文, 等. 2010. 生草栽培对三种岭南水果种植系统的生态经济影响评价[J]. 生态环境学报, 19(1): 197-204.

王霞, 胡锋, 李辉信, 等. 2003. 秸秆不同还田方式下蚯蚓对旱作稻田土壤碳、氮的影响[J]. 生态环境, 12(4): 462-466.

王瑜, 陈伟, 金奇志, 等. 2005. 宁夏农区苜蓿产业化生产技术示范研究报告[J]. 草食家畜: 60-63.

解庆林, 王敦球, 李金城. 2001. 环境生物技术的发展现状[J]. 桂林理工大学学报, 21: 191-194.

徐国良, 王敏, 张卫信, 等. 2015. 土壤跳虫在碳循环中的作用——^{13}C示踪研究[J]. 生态环境学报, 24: 1103-1107.

徐建明, 何艳, 许佰乐. 2015. 中国土壤化学发展现状与展望[J]. 中国科学院院刊, 30: 91-105.

许杰, 柯欣, 宋静, 等. 2007. 弹尾目昆虫在土壤重金属污染生态风险评估中的应用[J]. 土壤学报, 44: 544-549.

杨红生. 2017. 海岸带生态农牧场新模式构建设想与途径——以黄河三角洲为例[J]. 中国科学院院刊, 32: 1111-1117.

杨文亭, 王晓维, 徐健程, 等. 2017. 玉米-大豆间作和施氮对红壤地中小型土壤动物群落特征的影响[J]. 应用生态学报, 28: 2993-3002.

叶成龙, 刘婷, 张运龙, 等. 2013. 麦地土壤线虫群落结构对有机肥和秸秆还田的响应[J]. 土壤学报, 50: 997-1005.

余韵, 卫伟, 吴南生, 等. 2014. 黄土丘陵区不同土地利用类型下生物土壤结皮的入渗效应[J]. 环境科学研究, 27(4): 415-421.

张甘霖, 吴华勇. 2018. 从问题到解决方案: 土壤与可持续发展目标的实现[J]. 中国科学院院刊, 33: 124-134.

张桃林. 2015. 加强土壤和产地环境管理促进农业可持续发展[J]. 中国科学院院刊, 30: 4-13.

张正斌. 2017. 关于在雄安新区成立国家绿色先进农业研究院的建议[J]. 中国科学院院刊, 32: 1249-1255.

章家恩, 徐琪. 1999. 退化生态系统的诊断特征及其评价指标体系[J]. 长江流域资源与环境, 8: 215-220.

周健民. 2015. 浅谈我国土壤质量变化与可持续利用[J]. 中国科学院院刊, 30: 28-36.

周静, 胡芹远, 章力干, 等. 2017. 从供给侧改革思考我国肥料和土壤调理剂产业现状、问题与发展对策[J]. 中国科学院院刊, 32: 1103-1110.

周培. 2017. 都市现代农业发展的战略价值与科技支撑[J]. 中国科学院院刊, 32: 1118-1124.

朱立志. 2017. 秸秆综合利用与秸秆产业发展[J]. 中国科学院院刊, 32: 1125-1132.

祝英, 熊俊兰, 吕广超, 等. 2015. 丛枝菌根真菌与植物共生对植物水分关系的影响及机理[J]. 生态学报, 35(8): 2419-2427.

Adl S. 2016. Rhizosphere, food security, and climate change: a critical role for plant-soil research[J]. Rhizosphere, 1: 1-3.

Adl SM, Coleman DC, Read F. 2006. Slow recovery of soil biodiversity in sandy loam soils of Georgia after 25 years of no-tillage management[J]. Agriculture Ecosystems and Environment, 114: 323-334.

Agegnehu G, Srivastava AK, Bird MI. 2017. The role of biochar and biochar-compost in improving soil quality and crop performance: a review[J]. Applied Soil Ecology, 119: 156-170.

Ahkami AH, White III RA, Handakumbura PP, et al. 2017. Rhizosphere engineering: enhancing sustainable plant ecosystem productivity in a challenging climate[J]. Rhizosphere, 3: 233-243.

Alves BJR, Boddey RM, Urquiaga S. 2003. The success of BNF in soybean in Brazil[J]. Plant and Soil, 252: 1-9.

Andriuzzi WS, Pulleman MM, Schmidt O, et al. 2015. Anecic earthworms (*Lumbricus terrestris*) alleviate negative effects of extreme rainfall events on soil and plants in field mesocosms[J]. Plant and Soil, 397: 103-113.

Ashworth AJ, Allen FL, Tyler DD, et al. 2017. Earthworm populations are affected from long-term crop sequences and bio-covers under no-tillage[J]. Pedobiologia, 60: 27-33.

Asmelash F, Bekele T, Birhane E. 2016. The potential role of arbuscular mycorrhizal fungi in the restoration of degraded lands[J]. Frontiers in Microbiology, 7: 1095.

Athey KJ, Dreyer J, Kowles KA, et al. 2016. Spring forward: molecular detection of early season predation in agroecosystems[J]. Food Webs, 9: 25-31.

Batra SW. 1982. Biological control in agroecosystems[J]. Science, 215: 134-139.

Bedano JC, Domínguez A. 2016. Large-scale agricultural management and soil meso- and macrofauna conservation in the Argentine Pampas[J]. Sustainability, 8: 653.

Birkhofer K, Bezemer M, Hedlund K, et al. 2013. Community Composition of Soil Organisms under Different Wheat Farming Systems[M]. *In*: Cheeke TE, Coleman DC, Wall DH. Microbial Ecology in Sustainable Agroecosystems. Boca Raton: CRC Press: 89-111.

Birkhofer K, Bezemer TM, Bloem J, et al. 2008. Long-term organic farming fosters below and aboveground biota: implications for soil quality, biological control and productivity[J]. Soil Biology and Biochemistry, 40: 2297-2308.

Blouin M, Hodson ME, Delgado EA, et al. 2013. A review of earthworm impact on soil function and ecosystem services[J]. European Journal of Soil Science, 64: 161-182.

Blum JD, Klaue A, Nezat CA, et al. 2002. Mycorrhizal weathering of apatite as an important calcium source in base-poor forest ecosystems[J]. Nature, 417: 729-731.

Bohlen PJ, Scheu S, Hale CM, et al. 2004. Non-native invasive earthworms as agents of change in northern temperate forests[J]. Frontiers in Ecology and the Environment, 2: 427-435.

Bonachela JA, Pringle RM, Sheffer E, et al. 2015. Ecological feedbacks. Termite mounds can increase the robustness of dry land ecosystems to climatic change[J]. Science, 347: 651-655.

Bonell M, Coventry RJ, Holt JA. 1986. Erosion of termite mounds under natural rainfall in semi-arid tropical Northeastern Australia[J]. Catena, 13: 11-28.

Bongers TH, Ferris H. 1999. Nematode community structure as a bioindicator in environmental monitoring[J]. Trends in Ecology and Evolution, 14: 224-228.

Boopathy R. 2000. Factors limiting bioremediation technologies[J]. Bioresource Technology, 74: 63-67.

Bowen JJ, Hembree DI. 2014. Neoichnology of two spirobolid millipedes: improving the understanding of the burrows of soil detritivores[J]. Palaeontologia Electronica, 17: 1-48.

Briones MJI, Schmidt O. 2017. Conventional tillage decreases the abundance and biomass of earthworms and alters their community structure in a global meta-analysis[J]. Global Change Biology, 23: 4396-4419.

Brown DH, Ferris H, Fu S, et al. 2004. Modeling direct positive feedback between predator and prey[J]. Theoretical Population Biology, 65: 143-152.

Brundrett MC. 2002. Coevolution of roots and mycorrhizas of land plants[J]. New Phytologist, 154: 275-304.

Brussaard L, Kooistra MJ. 1993. Soil Structure/Soil Biota Interrelationships: International Workshop on Methods of Research on Soil Structure/Soil Biota Interrelationships[M]. Amsterdam: Elsevier Science Publishers.

Callaham Jr MA, Richter Jr DD, Coleman DC, et al. 2006. Long-term land-use effects on soil invertebrate communities in Southern Piedmont soils, USA[J]. European Journal of Soil Biology, 42: S150-S156.

Chalk PM, de Souza R F, Urquiaga S, et al. 2006. The role of arbuscular mycorrhiza in legume symbiotic performance[J]. Soil Biology and Biochemistry, 38: 2944-2951.

Chaoui HI, Zibilske LM, Ohno T. 2003. Effects of earthworm casts and compost on soil microbial activity and plant nutrient availability[J]. Soil Biology and Biochemistry, 35: 295-302.

Cheeke TE, Coleman DC, Wall DH. 2012. Microbial Ecology in Sustainable Agroecosystems[M]. Boca Raton: CRC Press.

Chen CF, Liu WJ, Wu JE, et al. 2018. Spatio-temporal variations of nutrients in biogenic structures of two fungus-growing termites (*M. annandalei* and *O. yunnanensis*) in the Xishuangbanna region[J]. Soil Biology and Biochemistry, 117: 125-134.

Chen D, Zhang C, Wu J, et al. 2011. Subtropical plantations are large carbon sinks: evidence from two monoculture plantations in South China[J]. Agricultural and Forest Meteorology, 151: 1214-1225.

Coleman DC, Fu S, Hendrix P, et al. 2002. Soil foodwebs in agroecosystems: impacts of herbivory and tillage management[J]. European Journal of Soil Biology, 38: 21-28.

Coleman DC, Wall DH. 2015. Soil Fauna: Occurrence, Biodiversity, and Roles in Ecosystem Function[M]. *In*: Paul E. Soil Microbiology, Ecology and Biochemistry. Burlington: Academic Press: 111-149.

Coleman DC, Gupta VVSR, Moore JC. 2013. Soil Ecology and Agroecosystem Studies: A Dynamic and Diverse World[M]. *In*: Cheeke TE, Coleman DC, Wall DH. Microbial Ecology in Sustainable Agroecosystems. Boca Raton: CRC Press: 1-22

Coulibaly SFM, Coudrain V, Hedde M, et al. 2017. Effect of different crop management practices on soil collembola assemblages: a 4-year follow-up[J]. Applied Soil Ecology, 119: 354-366.

Cui H, Zhou Y, Gu Z, et al. 2015. The combined effects of cover crops and symbiotic microbes on phosphatase gene and organic phosphorus hydrolysis in subtropical orchard soils[J]. Soil Biology and Biochemistry, 82: 119-126.

Culman SW, Dupont ST, Glover JD, et al. 2010. Long-term impacts of high-input annual cropping and unfertilized perennial grass production on soil properties and belowground food webs in Kansas, USA[J]. Agriculture Ecosystems and Environment, 137: 13-24.

Cunha L, Brown GG, Stanton DWG, et al. 2016. Soil animals and pedogenesis: the role of earthworms in anthropogenic soils[J]. Soil Science, 181: 110-125.

da Silva Souza T, Christofoletti CA, Bozzatto V, et al. 2014. The use of diplopods in soil ecotoxicology–A review[J]. Ecotoxicology and Environmental Safety, 103: 68-73.

da Silva VM, Antoniolli ZI, Jacques RJS, et al. 2017. Influence of the tropical millipede, *Glyphiulus granulatus* (Gervais, 1847), on aggregation, enzymatic activity, and phosphorus fractions in the soil[J]. Geoderma, 289: 135-141.

Darwin C. 1881. The Formation of Vegetable Mould Through the Action of Worms, with Observations on Their Habits[M]. London: John Murray.

de Bruyn LAL, Conacher AJ. 1990. The role of termites and ants in soil modification: a review[J]. Australian Journal of Soil Research, 28: 55-93.

de Deyn GB, Shiel RS, Ostle NJ, et al. 2011. Additional carbon sequestration benefits of grassland diversity restoration[J]. Journal of Applied Ecology, 48: 600-608.

Decaëns T, Jiménez JJ, Gioia C, et al. 2006. The values of soil animals for conservation biology[J]. European Journal of Soil Biology, 42: S23-S38.

Devine S, Markewitz D, Hendrix P, et al. 2011. Soil carbon change through two 2 meters during forest succession alongside a 30-year agroecosystem experiment[J]. Forest Science, 57: 36-50.

Douds DD, Millner P. 1999. Biodiversity of arbuscular mycorrhizal fungi in agroecosystems[J]. Agriculture Ecosystems and Environment, 74: 77-93.

Drinkwater LE, Wagoner P, Sarrantonio M. 1998. Legume-based cropping systems have reduced carbon and nitrogen losses[J]. Nature, 396: 262-265.

Ebelhar SA, Hart CD, Wyciskalla TD. 2011. Tillage and lime rate effects on soil acidity and grain yields of a ten-year corn-soybean rotation[J]. Communications in Soil Science and Plant Analysis, 42: 1415-1421.

Elkins NZ, Sabol GV, Ward TJ, et al. 1986. The influence of subterranean termites on the hydrological characteristics of a Chihuahuan desert ecosystem[J]. Oecologia, 68: 521-528.

FAO. 2006. World Reference Base for Soil Resources 2006[M].World Soil Resources Report 103, Rome: FAO.

Fierer N, Jackson RB. 2006. The diversity and biogeography of soil bacterial communities[J]. Proceedings of the National Academy of Sciences of the United States of America, 103: 626-631.

Fonte SJ, Six J. 2010. Earthworms and litter management contributions to ecosystem services in a tropical agroforestry system[J]. Ecological Applications, 20: 1061-1073.

Fornara DA, Tilman D. 2008. Plant functional composition influences rates of soil carbon and nitrogen accumulation[J]. Journal of Ecology, 96: 314-322.

Fragoso C, Brown GG, Patrón JC, et al. 1997. Agricultural intensification, soil biodiversity and agroecosystem function in the tropics: the role of earthworms[J]. Applied Soil Ecology, 6: 17-35.

Freckman DW, Ettema CH. 1993. Assessing nematode communities in agroecosystems of varying human intervention[J]. Agriculture, Ecosystems and Environment, 45: 239-261.

Frelich LE, Hale CM, Scheu S, et al. 2006. Earthworm invasion into previously earthworm-free temperate and boreal forests[J]. Biological Invasions, 8: 1235-1245.

Frostegård Å, Bååth E, Tunlio A. 1993. Shifts in the structure of soil microbial communities in limed forests as revealed by phospholipid fatty acid analysis[J]. Soil Biology and Biochemistry, 25: 723-730.

Frouz J, Pižl V, Tajovskỳ K. 2007. The effect of earthworms and other saprophagous macrofauna on soil microstructure in reclaimed and un-reclaimed post-mining sites in Central Europe[J]. European Journal of Soil Biology, 43: S184-S189.

Fu S, Ferris H, Brown D, et al. 2005. Does the positive feedback effect of nematodes on the biomass and activity of their bacterial prey vary with nematode species and population size[J]? Soil Biology and Biochemistry, 37: 1979-1987.

Fujimaki R, Sato Y, Okai N, et al. 2010. The train millipede (*Parafontaria laminata*) mediates soil aggregation and N dynamics in a Japanese larch forest[J]. Geoderma, 159: 216-220.

Gadhave KR, Hourston JE, Gange AC. 2016. Developing soil microbial inoculants for pest management: can one have too much of a good thing[J]? Journal of Chemical Ecology, 42: 348-356.

Gao D, Wang X, Fu S, et al. 2017. Legume plants enhance the resistance of soil to ecosystem disturbance[J]. Frontiers in Plant Science, 8: 1295.

Gastine A, Scherer-Lorenzen M, Leadley PW. 2003. No consistent effects of plant diversity on root biomass, soil biota and soil abiotic conditions in temperate grassland communities[J]. Applied Soil Ecology, 24: 101-111.

Gomes AR, Justino C, Rocha-Ssantos T, et al. 2017. Review of the ecotoxicological effects of emerging contaminants to soil biota[J]. Journal of Environmental Science and Health. Part A, Toxic/hazardous Substances and Environmental Engineering, 52: 992-1007.

Gomiero T. 2018. Food quality assessment in organic vs. conventional agricultural produce: findings and issues[J]. Applied Soil Ecology, 123: 714-728.

Grelle C, Fabre MC, Leprêtre A, et al. 2000. Myriapod and isopod communities in soils contaminated by heavy metals in northern France[J]. European Journal of Soil Science, 51: 425-433.

Groffman PM, Fahey TJ, Fisk MC, et al. 2015. Earthworms increase soil microbial biomass carrying capacity and nitrogen retention in northern hardwood forests[J]. Soil Biology and Biochemistry, 87: 51-58.

Guei MA, Okoth P, Tondoh JE. 2011. Maize growth and production as influenced by earthworm-based integrated soil fertility management in tropical agroecosystems[J]. Journal of Applied Biosciences, 41: 2808-2819.

Guo L, Wu G, Li Y, et al. 2016. Effects of cattle manure compost combined with chemical fertilizer on topsoil organic matter, bulk density and earthworm activity in a wheat-maize rotation system in Eastern China[J]. Soil and Tillage Research, 156: 140-147.

Guo YJ, Ni Y, Raman H, et al. 2012. Arbuscular mycorrhizal fungal diversity in perennial pastures: responses to long-term lime application[J]. Plant and Soil, 351: 389-403.

Haimi J. 2000. Decomposer animals and bioremediation of soils[J]. Environmental Pollution, 107: 233-238.

Harley JL. 1989. The significance of mycorrhiza[J]. Mycological Research, 92: 129-139.

Haynes RJ, Naidu R. 1998. Influence of lime, fertilizer and manure applications on soil organic matter content and soil physical conditions: a review[J]. Nutrient Cycling in Agroecosystems, 51: 123-137.

He X, Chen Y, Liu S, et al. 2018. Cooperation of earthworm and arbuscular mycorrhizae enhanced plant N uptake by balancing absorption and supply of ammonia[J]. Soil Biology and Biochemistry, 116: 351-359.

He X, Critchley C, Bledsoe C. 2003. Nitrogen transfer within and between plants through common mycorrhizal networks (CMNs) [J]. Critical Reviews in Plant Sciences, 22: 531-567.

Hendrix PF, Parmelee RW, Crossley DA, et al. 1986. Detritus food webs in conventional and no-tillage agroecosystems[J]. Bioscience, 36: 374-380.

Hobbelen PHF, van den Brink PJ, Hobbelen JF, et al. 2006. Effects of heavy metals on the structure and functioning of detritivore communities in a contaminated floodplain area[J]. Soil Biology and Biochemistry, 38: 1596-1607.

Hobbs RJ, Norton DA. 1996. Towards a conceptual framework for restoration ecology. Restoration ecology: repairing the earth's ecosystems in a new millennium[J]. Restoration Ecology, 9: 239-246.

Høgh-Jensen H, Schjoerring JK. 2000. Below-ground nitrogen transfer between different grassland species: direct quantification by ^{15}N leaf feeding compared with indirect dilution of soil ^{15}N[J]. Plant and Soil, 227: 171-183.

Holland JE, Bennett AE, Newton AC, et al. 2017. Liming impacts on soils, crops and biodiversity in the UK: a review[J]. Science of the Total Environment, 610-611: 316-332.

Huang J, Zhang W, Liu M, et al. 2015. Different impacts of native and exotic earthworms on rhizodeposit carbon sequestration in a subtropical soil[J]. Soil Biology and Biochemistry, 90: 152-160.

Huston MA, Aarssen LW, Austin MP, et al. 2000. No consistent effect of plant diversity on productivity[J]. Science, 289: 1255.

IPCC. 2013. Climate Change 2013: the Physical Science Basis[M]. Cambridge: Cambridge University Press.

Jaafar NM, Clode PL, Abbott LK. 2015. Soil microbial responses to biochars varying in particle size, surface and pore properties[J]. Pedosphere, 25: 770-780.

Jakobsen I, Rosendahl L. 1990. Carbon flow into soil and external hyphae from roots of mycorrhizal cucumber roots[J]. New Phytologist, 115: 77-83.

Jakobsen I, Smith SE, Smith FA. 2002. Function and diversity of arbuscular mycorrhizae in carbon and mineral nutrition[J]. Mycorrhizal Ecology, 157: 75-92.

Kamprath EJ, Foy CD. 1985. Lime-Fertilizer-Plant Interactions in Acid Soils[M]. *In*: Engelstad O P. Fertilizer technology and use. Madison: Soil Science Society of America: 91-151.

Kanianska R, Jaďuďová J, Makovníková J, et al. 2016. Assessment of relationships between earthworms and soil abiotic and biotic factors as a tool in sustainable agricultural[J]. Sustainability, 8: 906.

Kay FR, Sobhy HM, Whitford WG. 1999. Soil microarthropods as indicators of exposure to environmental stress in Chihuahuan desert rangelands[J]. Biology and Fertility of Soils, 28: 121-128.

Kennedy AC, Smith KL. 1995. Soil microbial diversity and the sustainability of agricultural soils[J]. Plant and Soil, 170: 75-86.

Kennedy AC, Stubbs TL, Schillinger WF. 2004. Soil and Crop Management Effects on Soil Microbiology[M]. *In*: Magdoff F, Weil RR. Soil Organic Matter in Sustainable Agriculture. New York: CRC Press: 295-326.

Kim YN, Robinson B, Lee KA, et al. 2016. Interactions between earthworm burrowing, growth of a leguminous shrub and nitrogen cycling in a former agricultural soil[J]. Applied Soil Ecology, 110: 79-87.

Kuzyakov Y, Xu X. 2013. Competition between roots and microorganisms for nitrogen: mechanisms and ecological relevance[J]. New Phytologist, 198: 656-669.

Ladygina N, Rineau F. 2013. Biochar and Soil Biota[M]. Boca Raton: CRC Press.

Lavelle P. 1997. Faunal activities and soil processes: adaptive strategies that determine ecosystem function[J]. Advances in Ecological Research, 27: 93-132.

Lavelle P, Barois I, Martin A, et al. 1989. Management of Earthworm Populations in Agroecosystems: A Possible Way to Maintain Soil Quality[M]? In: Clarholm M, Bergström L. Ecology of Arable Land-Perspectives and Challenges. Berlin: Springer Netherlands: 109-122.

Lawrence B, Fisk MC, Fahey TJ, et al. 2003. Influence of nonnative earthworms on mycorrhizal colonization of sugar maple (*Acer saccharum*) [J]. New Phytologist, 157: 145-153.

Lehmann A, Zheng W, Rillig MC. 2017. Soil biota contributions to soil aggregation[J]. Nature Ecology and Evolution, 1: 1828-1835.

Lehmann J, Rillig MC, Thies J, et al. 2011. Biochar effects on soil biota—A review[J]. Soil Biology and Biochemistry, 43: 1812-1836.

Lemtiri A, Colinet G, Alabi T, et al. 2014. Impacts of earthworms on soil components and dynamics: a review[J]. Biotechnology, Agronomy and Society and Environment, 18: 121-133.

Lewis WJ, Lenteren JCV, Phatak SC, et al. 1997. A total system approach to sustainable pest management[J]. Proceedings of the National Academy of Sciences of the United States of America, 94: 12243-12248.

Li W, Li J, Lu J, et al. 2010. Legume-grass species influence plant productivity and soil nitrogen during grassland succession in the eastern Tibet Plateau[J]. Applied Soil Ecology, 44: 164-169.

Liang W, Lou Y, Li Q, et al. 2009. Nematode faunal response to long-term application of nitrogen fertilizer and organic manure in Northeast China[J]. Soil Biology and Biochemistry, 41: 883-890.

Liu T, Chen X, Hu F, et al. 2016. Carbon-rich organic fertilizers to increase soil biodiversity: evidence from a meta-analysis of nematode communities[J]. Agriculture, Ecosystems and Environment, 232: 199-207.

Liu ZF, Lin YB, Lu HF, et al. 2013. Maintenance of a living understory enhances soil carbon sequestration in subtropical orchards[J]. PLoS One, 8: e76950.

Longcore T. 2003. Terrestrial arthropods as indicators of ecological restoration success in coastal Sage scrub[J]. Restoration Ecology, 11: 397-409.

Lovelock CE, Wright SF, Nichols KA. 2004. Using glomalin as an indicator for arbuscular mycorrhizal hyphal growth: an example from a tropical rain forest soil[J]. Soil Biology and Biochemistry, 36: 1009-1012.

Lu Y, Wu K, Jiang Y, et al. 2012. Widespread adoption of Bt cotton and insecticide decrease promotes biocontrol services[J]. Nature, 487: 362-365.

Luo SM, Gliessman SR. 2016. Agroecology in China: Science, Practice, and Sustainable Management[M]. Boca Raton: CRC Press: 448.

Lv M, Shao Y, Lin Y, et al. 2016. Plants modify the effects of earthworms on the soil microbial community and its activity in a subtropical ecosystem[J]. Soil Biology and Biochemistry, 103: 446-451.

Ma Y, Dickinson N, Wong M. 2002. Toxicity of Pb/Zn mine tailings to the earthworm Pheretima and the effects of burrowing on metal availability[J]. Biology and Fertility of Soils, 36: 79-86.

Mäder P, Fliessbach A, Dubois D, et al. 2002. Soil fertility and biodiversity in organic farming[J]. Science, 296: 1694-1697.

Magdoff F, Weil RR. 2004. Soil Organic Matter in Sustainable Agriculture[M]. Boca Raton: CRC Press.

Marinissen JC. 1995. Earthworms, soil-aggregates and organic matter decomposition in agro-ecosystems in the Netherlands[D]. PhD Dissertation, Wageningen: Wageningen University.

Miethling-Graff R, Dockhorn S, Tebbe CC. 2010. Release of the recombinant Cry3Bb1 protein of Bt maize MON88017 into field soil and detection of effects on the diversity of rhizosphere bacteria[J]. European Journal of Soil Biology, 46: 41-48.

Minoshima H, Jackson LE, Cavagnaro TR, et al. 2007. Soil food webs and carbon dynamics in response to conservation tillage in California[J]. Soil Science Society of America Journal, 71: 952-963.

Moore JC, de Ruiter PC. 2012. Soil Food Webs in Agricultural Ecosystems[M]. In: Cheeke TE, Coleman DC,

Wall DH. Microbial Ecology in Sustainable Agroecosystems. Boca Raton: CRC Press: 63-88.

Nakamura K, Taira J, Higa Y. 2005. Internal elements of the millipede, *Chamberlinius hualienensis* Wang (Polydesmida: Paradoxosomatidae)[J]. Applied Entomology and Zoology, 40: 283-288.

National Research Council. 2010. Toward Sustainable Agricultural Systems in the 21st Century[M]. Washington D.C.: The National Academies Press.

Orgiazzi A, Bardgett R D, Barrios E, et al. 2016. Global Soil Biodiversity Atlas[M]. Luxembourg: Publications Office of the European Union.

Parsa S, Morse S, Bonifacio A, et al. 2014. Obstacles to integrated pest management adoption in developing countries[J]. Proc Natl Acad Sci USA, 111: 3889-3894.

Pausch J, Hofmann S, Scharroba A, et al. 2016. Fluxes of root-derived carbon into the nematode micro-food web of an arable soil[J]. Food Webs, 9: 32-38.

Peoples M, Herridge D, Ladha J. 1995. Biological nitrogen fixation: an efficient source of nitrogen for sustainable agricultural production[J]? Plant and Soil, 174: 3-28.

Pérez-García A, Romero D, de Vicente A. 2011. Plant protection and growth stimulation by microorganisms: biotechnological applications of Bacilli in agriculture[J]. Current Opinion in Biotechnology, 22: 187-193.

Pirozynski KA, Malloch DW. 1975. The origin of land plants: a matter of mycotropism[J]. Biosystems, 6: 153-164.

Platt RB. 1977. Conference Summary[M]. *In*: Carins Jr KL, Dickson KL, Herricks EE. Recovery and restoration of damaged ecosystems. Charlottesville: University Press of Virginia: 526-531.

Puga-Freitas R, Barot S, Taconnat L, et al. 2012. Signal molecules mediate the impact of the earthworm *Aporrectodea caliginosa* on growth, development and defence of the plant *Arabidopsis thaliana*[J]. PLoS One, 7: e49504.

Reganold JP, Wachter JM. 2016. Organic agriculture in the twenty-first century[J]. Nature Plants, 2: 15221.

Romantschuk M, Sarand I, Petanen T, et al. 2000. Means to improve the effect of *in situ* bioremediation of contaminated soil: an overview of novel approaches[J]. Environmental Pollution, 107: 179-185.

Rothe A, Cromack K, Resh SC, et al. 2002. Soil carbon and nitrogen changes under Douglas-fir with and without red alder[J]. Soil Science Society of America Journal, 66: 1988-1995.

Ruess L, Schutz K, Miggekleian S, et al. 2007. Lipid composition of collembola and their food resources in deciduous forest stands—Implications for feeding strategies[J]. Soil Biology and Biochemistry, 39: 1990-2000.

Rusek J. 1985. Soil microstructures—Contributions on specific soil organisms[J]. Quaestiones Entomologicae, 21: 497-514.

Rusek J. 1989. Ecology of Collembola[M]. *In*: 3rd International Seminar on Apterygota. Siena: University Siena Press: 271-281.

Rusek J. 1998. Biodiversity of collembola and their functional role in the ecosystem[J]. Biodiversity and Conservation, 7: 1207-1219.

Sánchez-Moreno S, Ferris H. 2007. Suppressive service of the soil food web: effects of environmental management[J]. Agriculture Ecosystems and Environment, 119: 75-87.

Saxena D, Stotzky G. 2001. *Bacillus thuringiensis* (Bt) toxin released from root exudates and biomass of Bt corn has no apparent effect on earthworms, nematodes, protozoa, bacteria, and fungi in soil[J]. Soil Biology and Biochemistry, 33: 1225-1230.

Semhi K, Chaudhuri S, Clauer N, et al. 2008. Impact of termite activity on soil environment: a perspective from their soluble chemical components[J]. International Journal of Environmental Science and Technology, 5: 431-444.

Shao Y, Wang X, Zhao J, et al. 2016. Subordinate plants sustain the complexity and stability of soil micro-food webs in natural bamboo forest ecosystems[J]. Journal of Applied Ecology, 53: 130-139.

Shao Y, Zhang W, Eisenhauer N, et al. 2017. Nitrogen deposition cancels out exotic earthworm effects on plant-feeding nematode communities[J]. Journal of Animal Ecology, 86: 708.

Shapiroilan DI, Han R, Dolinksi C. 2012. Entomopathogenic nematode production and application technology[J]. Journal of Nematology, 44: 206-217.

Shi RY, Hong ZN, Li JY, et al. 2017. Mechanisms for increasing the pH buffering capacity of an acidic ultisol by crop residue-derived biochars[J]. Journal of Agricultural and Food Chemistry, 65: 8111-8119.

Simmons BL, Coleman DC. 2008. Microbial community response to transition from conventional to conservation tillage in cotton fields[J]. Applied Soil Ecology, 40: 518-528.

Six J, Paustian K. 2014. Aggregate-associated soil organic matter as an ecosystem property and a measurement tool[J]. Soil Biology and Biochemistry, 68: A4-A9.

Smith SE, Read DJ. 2008. Mycorrhizal Symbiosis[M]. London: Academic Press.

Snapp SS, Swinton SM, Labarta R, et al. 2005. Evaluating cover crops for benefits, costs and performance within cropping system niches[J]. Agronomy Journal, 97: 322-332.

Snyder BA, Hendrix PF. 2008. Current and potential roles of soil macroinvertebrates (earthworms, millipedes, and isopods) in ecological restoration[J]. Restoration Ecology, 16: 629-636.

Song X, Liu M, Wu D, et al. 2015. Interaction matters: synergy between vermicompost and PGPR agents improves soil quality, crop quality and crop yield in the field[J]. Applied Soil Ecology, 89: 25-34.

Spehn EM, Scherer-Lorenzen M, Schmid B, et al. 2002. The role of legumes as a component of biodiversity in a cross-European study of grassland biomass nitrogen[J]. Oikos, 98: 205-218.

Stephan A, Meyer AH, Schmid B. 2000. Plant diversity affects culturable soil bacteria in experimental grassland communities[J]. Journal of Ecology, 88: 988-998.

Stoscheck LM, Sherman RE, Suarez ER, et al. 2012. Exotic earthworm distributions did not expand over a decade in a hardwood forest in New York state[J]. Applied Soil Ecology, 62: 124-130.

Suárez ER, Pelletier DM, Fahey TJ, et al. 2004. Effects of exotic earthworms on soil phosphorus cycling in two broadleaf temperate forests[J]. Ecosystems, 7: 28-44.

Sumner M, Shahandeh H, Bouton J, et al. 1986. Amelioration of an acid soil profile through deep liming and surface application of gypsum[J]. Soil Science Society of America Journal, 50: 1254-1258.

Takuya A, David EB, Masahiko H. 2002. Termites: Evolution, Sociality, Symbioses, Ecology[M]. Berlin: Springer: 53-75.

Teng SK, Aziz NAA, Mustafa M, et al. 2016. Potential role of endogeic earthworm *Pontoscolex corethrurus*, in remediating banana blood disease: a preliminary observation[J]. European Journal of Plant Pathology, 145: 321-330.

Tomati U, Grappelli A, Galli E. 1988. The hormone-like effect of earthworm casts on plant growth[J]. Biology and Fertility of Soils, 5: 288-294.

Treseder KK. 2008. Nitrogen additions and microbial biomass: a meta-analysis of ecosystem studies[J]. Ecology Letters, 11: 1111-1120.

Underwood T, McCullum-Gomez C, Harmon A, et al. 2011. Organic agriculture supports biodiversity and sustainable food production[J]. Journal of Hunger and Environmental Nutrition, 6: 398-423.

van Groenigen JW, Lubbers IM, Vos HMJ, et al. 2014. Earthworms increase plant production: a meta-analysis[J]. Scientific Reports, 4: 6365.

Viketoft M, Bengtsson J, Sohlenius B, et al. 2009. Long-term effects of plant diversity and composition on soil nematode communities in model grasslands[J]. Ecology, 90: 90-99.

Viketoft M, Palmborg C, Sohlenius B, et al. 2005. Plant species effects on soil nematode communities in experimental grasslands[J]. Applied Soil Ecology, 30: 90-103.

Vitousek PM, Naylor R, Crews T, et al. 2009. Nutrient imbalances in agricultural development[J]. Science, 324(5934): 1519-1520.

Wall DH. 2012. Leaving scientific footprints[J]. Frontiers in Ecology and the Environment, 10(9): 502-503.

Wall DH, Nielsen UN, Six J. 2015. Soil Biodiversity and human health[J]. Nature, 528: 69-76.

Wardle DA, Bardgett RD, Klironomos JN, et al. 2004. Ecological linkages between aboveground and belowground biota[J]. Science, 304(5677): 1629-1633.

Weyers SL, Spokas KA. 2011. Impact of biochar on earthworm populations: a review[J]. Applied and Environmental Soil Science, 2011: 541592.

Willer H, Lernoud J. 2018. The World of Organic Agriculture: Statistics and Emerging Trends 2018[M]. Bonn: FiBL-IFOAM.

Yadav GS, Lal R, Meena RS, et al. 2017. Conservation tillage and nutrient management effects on productivity and soil carbon sequestration under double cropping of rice in north eastern region of India[J]. Ecological Indicators, DOI.org/10.1016/j.ecolind.2017.08.071.

Yan X, Han RC, Moens M, et al. 2013. Field evaluation of entomopathogenic nematodes for biological control of striped flea beetle, *Phyllotreta striolata* (Coleoptera: Chrysomelidae) [J]. BioControl, 58: 247-256.

Yan X, Wang X, Han R, et al. 2014. Utilisation of entomopathogenic nematodes, *Heterorhabditis* spp. and *Steinernema* spp., for the control of *Agrotis ipsilon* (Lepidoptera, Noctuidae) in China[J]. Nematology, 16: 31-40.

Yang B, Chen H, Liu X, et al. 2014. Bt cotton planting does not affect the community characteristics of rhizosphere soil nematodes[J]. Applied Soil Ecology, 73: 156-164.

Yasin S, Asghar HN, Ahmad F, et al. 2016. Impact of Bt-cotton on soil microbiological and biochemical attributes[J]. Plant Production Science, 19: 458-467.

Zelles L, Bai QY, Beck T, et al. 1992. Signature fatty acids in phospholipids and lipopolysaccharidies as indicators of microbial biomass and community structure in agricultural soils[J]. Soil Biology and Biochemistry, 24: 317-323.

Zhang D, Hui D, Luo Y, et al. 2008. Rates of litter decomposition in terrestrial ecosystems: global patterns and controlling factors[J]. Journal of Plant Ecology, 1(2): 85-93.

Zhang WX, Hendrix PF, Dame LE, et al. 2013b. Earthworms facilitate carbon sequestration through unequal amplification of carbon stabilization compared with mineralization[J]. Nature Communications, 4: 2576.

Zhang X, Li Q, Liang W, et al. 2013. Soil nematode response to biochar addition in a Chinese wheat field[J]. Pedosphere, 23: 98-103.

Zhao J, Neher D, Fu S, et al. 2013a. Non-target effects of herbicides on soil nematode assemblages[J]. Pest Management Science, 69: 679-684.

Zhao J, Shao Y, Wang X, et al. 2013b. Sentinel soil invertebrate taxa as bioindicators for forest management practices[J]. Ecological Indicators, 24: 236-239.

Zhao J, Wang X, Wang X, et al. 2014a. Legume-soil interactions: legume addition enhances the complexity of the soil food web[J]. Plant and Soil, 385: 273-286.

Zhao J, Zeng Z, He X, et al. 2015a. Effects of monoculture and mixed culture of grass and legume forage species on soil microbial community structure under different levels of nitrogen fertilization[J]. European Journal of Soil Biology, 68: 61-68.

Zhao J, Zhang W, Wang K, et al. 2014b. Responses of the soil nematode community to management of hybrid napier grass: the trade-off between positive and negative effects[J]. Applied Soil Ecology, 74: 134-144.

Zhao J, Zhao C, Wan S, et al. 2015b. Soil nematode assemblages in an acid soil as affected by lime application[J]. Nematology, 17: 179-191.

Zwart KB, Brussaard L. 1991. Soil Fauna and Cereal Crops[M]. *In*: Firbank LG, Carter N, Darbyshire JF, et al. The ecology of temperate cereal fields. London: Blackwell: 139-168.

第六章 土壤生态学研究新视角

第一节 新领域：土壤生态地理学

一、生态地理学的概念

生态地理学的发展经历了漫长的过程，它是在生态学和地理学的思想、理论及方法不断融合的过程中而形成的生态学与地理学的交叉学科。最早的生态学和地理学的结合被认为发生在18世纪中叶，林奈将物候学、生态学和地理学结合用于描述环境对动植物的影响；英国博物学家达尔文在《物种起源》一书中提出生物进化的自然选择学说也融合着生态地理学的思想（Darwin，1964）。1979年法国地貌学家特里卡尔和土壤学家基利安（Tricart and Killian，1979）合著 *Eco-geographie et L'aménagement Du Milieu Naturel* 一书，被认为是最早的生态地理学著作（鲁芬等，2014）。20世纪80年代，国内学者开始探讨生态地理学的学科体系，但是很多学者的理解都欠准确。最主要的问题是没有区分生态地理学和生物地理学以及相关学科的差别。我国著名人口地理学家胡焕庸先生于1982年在《经济地理》第3期发表了《生态地理学简介》，同年在《生态学杂志》第4期发表《新兴的生态地理学》，首次对生态地理学进行了介绍（胡焕庸，1982a，1982b）。胡焕庸没有直接给出生态地理学的定义，认为它和景观（生态）学联系紧密，其最基本、最普遍的规律是景观各个组成部分都是互相依赖、互相作用的，这些作用并非是静态的而是动态的，是随着时间和条件的不同而发展的。胡焕庸认为生态地理学的研究内容包括生物生态系统、非生物生态系统、人类生态系统等，忽略了对生态过程的时空分异规律的阐述。遗憾的是，我国至今还没有一本正式的"生态地理学"教科书，其内涵和范畴有待进一步界定。鲁芬等（2014）对生态地理学发展历程及其在中国的研究与展望做了系统的阐述，认为我国生态地理学的发展较多侧重于生物属性与地理属性的融合，而较少关注生态属性和地理属性及其相互作用的研究。

根据《中华人民共和国学科分类与代码简表国家标准》（GB/T 13745——2009），生态地理学是生态学和地理学的交叉学科，隶属于自然地理学下面的一个分支。秦养民（2016）在《科教文汇》上发表的《生态地理学教学改革探索：问题与途径》中提出：生态地理学主要研究各类生态系统的空间分布、结构、功能及演替规律与地理环境的协调平衡机制，这与"百度百科"给出的学科定义是一致的；但是我们认为这个定义中关于"生态系统结构及其与地理环境的协调平衡机制"更多的属于生物地理学的范畴，而"生态系统的空间分布及其与地理环境的协调平衡机制"与生态系统生态学和植被生态学等在内容上有较多重叠；另外该定义忽略了对生态系统过程以及生态系统各组分之间联系的阐述。综上所述，我们认为："生态地理学是研究生态系统各组分关系和生态过程的地理空间分布格局、时间演变规律及其与地理环境耦合机制的学科"。

二、生态地理学与相关学科的区别

生态地理学不关注生态系统中生物属性本身的时空变化，而是关注与生物属性有关的生态过程和地理环境要素耦合的时空分异规律及机制。要准确地理解生态地理学，就必须把生态地理学与生物地理学两个概念严格区分开。特别强调，生物地理学是生物学和地理学的交叉学科，主要研究生物属性（种群、群落、多样性等）的时空分布格局及其成因（陈宜瑜和刘焕章，1995；冷疏影等，2009）。近年来，随着分子生物学的迅猛发展，科学家可以通过DNA分析对不同地理空间分布的不同生物类群之间的亲缘关系进行细致研究，产生了亲缘地理学。亲缘地理学与生物地理学关系十分密切，但更多关注种下或近缘种内基因谱系的空间格局及其形成过程（白伟宁和张大勇，2014）。无论是生物地理学还是亲缘地理学，它们关注的是生物本身的地理空间分布或亲缘关系，不关注生态过程的地理空间分布及其机制。

生态地理学与生态地理区划也是不同的概念。生态地理区划是叠加了地理学、宏观生态学、系统科学的交叉研究领域。生态地理区划是按照自然界的地理分异规律，通过对系统内生物和非生物要素的地理相关性进行比较研究及综合分析，找出其相似性和差异性，根据不同目的划分成不同等级区域系统（刘晔等，2008；郑度等，2008）。郑度等（2008）发表的专著《中国生态地理区域系统研究》中阐述的是生态地理区域系统的研究内容，主要探讨地域系统的生态地理特征、发生、发展及分布规律；与生态地理学的内涵和外延都有明显差异。生态地理区划是通过认识、应用自然地理整体性和地域分异规律，利用自然地理区划的原理和方法并从生态学的角度对某一区域进行系统分类和规划，其目的是科学认识区划对象，进行生态环境问题的成因分析，为区域可持续发展战略决策的制定和生物多样性变化研究等提供科学依据。例如，郑度等（2005）采用数理统计与地理信息系统（GIS）结合的空间表达方法构建了中国生态地理区划模型。韩锦涛等（2008）利用山西省119个县、市的多年气候和植被的统计指标，将山西省分成7个农业气候区并分别提出了综合开发利用建议。程叶青和张平宇（2006）指出，在生态学界和地理学界，存在与生态地理区划接近的概念，如生态功能区划是依据区域生态系统类型、生态系统受胁迫过程、生态环境敏感性及生态系统服务进行的地理空间分区，目的是明确区域生态安全的必要性（韩书成和濮励杰，2008）。生态经济区划要求从区域生态和社会经济的功能分析入手，划分融合生态和经济要素的地域单元（王传胜等，2005）。自然地理区划是自然地域系统研究的重要方法论，是自然地理学的传统工作和核心研究内容之一（张素芳和马礼，2013）。我们认为生态地理学和生态地理区划存在如下两点区别：①从学科归属来看，生态地理学是地理学和生态学的交叉学科，而生态地理区划是应用地理学和生态学相关理论进行区域系统划分的一个研究领域。虽然国内外生态地理区划发展迅速，从研究尺度和内容、区划原则、指标体系、区划方法等方面都有了较为系统的理论（张素芳和马礼，2013），但目前仍未形成一个学科门类。生态地理区划有时被归为生态地理学研究内容之一（Lu et al., 2014），但还未得到一致认同。②从研究内容来看，生态地理学所包含的内容更为广泛。生态地理学不仅关注生态系统中生态过程和功能的地理空间分布格局以及时间上的演变规律，还将以上地理空间分布特征与地理环境间的耦合关系作为研究重点，用于揭示其内在联系和成因；而生态地理区划的研究集中在采用自然地理区划的原理和方法并从生态学的角度对某一区域进行系统分类和规划，虽然也关注生态现象与地理环境的联系，但仅将其作为区域系统划分的依据。

宏生态学与生态地理学的联系十分紧密，表面上其概念容易使人产生混淆。宏生态学（macroecology）是生态学的分支，是宏观生物学与生态学、生物地理学、系统学等许多领域相互交叉的结果，是在物种多样性大空间尺度分布格局研究下产生的（Brown and Maurer, 1986; Brown, 1995; Gaston, 2000; 胡慧建等, 2003）。宏生态学注重在大的时空尺度上来研究生物个体、种群和物种变量的统计分布模式，因此它需要大量数据资料的积累和统计学的应用，强调归纳和推论。宏生态学的空间尺度可以从区域到全球范围，时间尺度可以从几十年到百万年。我们认为，宏生态学应属于生态地理学的一个特例；侧重研究有机体与环境关系中那些反映及阐释多度、分布和多样性的统计格局和规律。

三、土壤生态地理学的研究现状与发展方向

土壤生态地理学是生态地理学的一个分支，是土壤生态学与地理学的交叉学科，主要研究土壤生态过程的时空分异规律及其与地理环境的耦合机制。土壤生态过程主要包括有机质分解作用、土壤碳稳定化过程、土壤生物固碳、固氮作用、硝化和反硝化作用等。至今为止，国内外学者对土壤生态地理学的研究多为零散状态，还没有把它当作一个重要领域进行系统的研究；因此，土壤生态地理学领域的研究具有很好的前景。

Olson（1963）发表在 *Ecology* 上的 "Energy storage and the balance of producers and decomposers in ecological systems" 研究，通过文献综合分析表明（图 6-1）：从热带到温

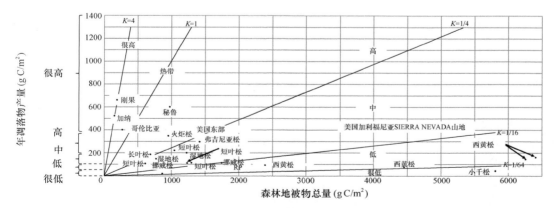

图 6-1 不同气候带森林地表凋落物分解常数（改自 Olson, 1963）

带再到寒温带，森林凋落物分解常数 K 值由 4 降低至 1/64（Olson，1963）。该研究阐述了森林凋落物分解常数 K 值在不同气候带的空间差异及其成因，虽然很少提到土壤或者土壤生物，但凋落物分解与土壤生物或地表生物活动密切相关，因此该研究既是生态地理学也是土壤生态地理学研究的范例。

另一个土壤生态地理学研究范例是全球凋落物无脊椎动物分解实验项目（Global Litter Invertebrate Decomposition Experiment，GLIDE），由美国科罗拉多州立大学 Dianna Wall 教授领衔。GLIDE 项目在全球 30 个地点布置了同样的凋落物分解实验。该实验的样点涵盖了热带、亚热带、温带、寒带和寒温带等气候带，纬度由 43°S 一直延伸至 68°N，横跨 6 个大洲。每个样点的实验都包括保留或驱除无脊椎动物处理两个部分。实验的主要目的是区分土壤动物和气候等非生物因素在凋落物分解过程中的相对重要性。结果发现，在温带和热带湿润地区，土壤动物将加速分解作用；但当温度和湿度限制生物活动时，则观测不到这种作用（图 6-2）。该实验表明：①土壤动物对凋落物的影响取决于区域盛行的气候条件；②区域或者群系尺度的模型中考虑土壤动物的作用可以提高模型的预测功能；③全球尺度模型中，凋落物分解速率与气候的关系比与土壤动物丰度和多样性的关系更密切（Wall et al.，2008）。

图 6-2　不同气候带下无脊椎动物对凋落物分解的影响（引自 Wall et al.，2008）
红色显示的是温带和热带湿润地区，无脊椎动物显著提高了凋落物分解速率，灰色显示其他地区这种效应不明显

国际地圈生物圈计划在全球共启动了 15 条全球变化陆地样带，其中 2 条在中国，即中国东北样带（NECT）和中国南北样带（NSTEC）（张新时和杨奠安，1995）（图 6-3）。这 2 条样带的经纬度分别是：中国东北样带，沿着 43°30′N 设置，位于 42°N～46°N，112E～130°30′E。中国南北样带，位于 108°E～118°E，沿经线由海南岛北上至 40°N，然后向东错位 8°，再由东部 118°E～128°E 往北至国界。国家重点基础研究发展计划 "全球变化影响下我国主要陆地生态系统的脆弱性与适应性研究"就是围绕这个样带开展工作（周广胜和何奇瑾，2012）。该项目主要研究内容包括植物碳氮代谢、生物多样性、生态

系统功能与碳收支及样带生态系统的变化趋势等，属于生态地理学研究范畴；而王淑平等（2002）的中国东北样带土壤碳、氮、磷的梯度分布及其与气候因子的关系则属于土壤生态地理学范畴。王淑平等（2002）以中国东北样带为依托，基于沿样带的野外观测和土壤实测数据，分析了样带的土壤碳、氮、磷的空间分布格局及其与年降水、年均温之间的关系。结果表明，样带内土壤有机碳、土壤全氮、土壤有效氮、土壤全磷、土壤有效磷沿经度均呈现出东高西低的分布趋势（图6-4）；并解析了降水量和温度对土壤碳、氮、磷的作用强度；建立了土壤有机碳、全氮、有效氮等与年降水、年均温之间的多项式回归方程。该研究关注的都是大尺度下土壤生态过程的时空格局及其影响机制，是典型的土壤生态地理学研究案例。

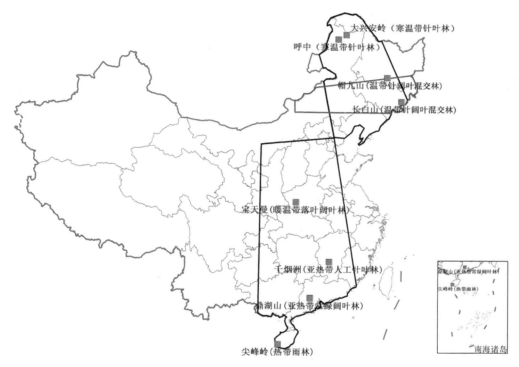

图 6-3　中国东北样带（NECT）和南北样带（NSTEC）示意图
红色方块所示为其中几个代表性样地

中国科学院战略性先导科技专项"应对气候变化的碳收支认证及相关问题"包含各个陆地生态系统碳收支的研究。这个专项在全国尺度上评估了森林、灌丛、草地和农田生态系统的固碳现状、速率和潜力，科学评估了中国重大生态工程的固碳效应，并发展了兼顾社会经济和固碳效应需求的区域可持续发展新模式。土壤碳收支是该专项的一个重要研究内容，土壤样品来源于全国 16 000 个样地，采样于 0~1 m 的土壤剖面。研究表明，中国陆地生态系统 0~1 m 土壤有机碳和无机碳分别为 93.9 Pg 和 61.2 Pg（注：1 Pg = 10 亿 t），土壤呼吸速率约为每年 3.95 Pg 碳。从土壤碳收支的角度看，该专项的子课题是我国至今为止最大规模的土壤生态地理学研究范例（方精云等，2015）。

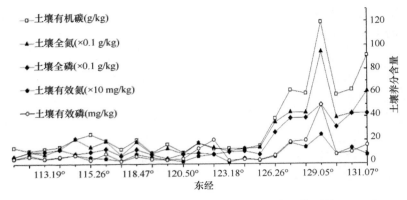

图 6-4 中国东北样带土壤养分的梯度分布（引自王淑平等，2002）

在中国生态系统研究网络的基础上，中国科学院牵头，联合了各个行业部门的野外台站，于 2005 年建立了国家生态系统野外科学观测研究站网络，布置了很多森林、农田生态系统联网研究，是生态地理学和土壤生态地理学的重要研究平台。国家生态系统野外科学观测研究站网络要求所有陆地生态系统的研究站点必须开展关键土壤生态过程如土壤呼吸作用、氮矿化等的长期观测与研究。这些数据的整合分析结果将有助于揭示这些关键土壤生态过程的地理空间分布格局及其影响机制，相关成果已有很好的积累并将继续总结发表（孙鸿烈，2006；傅伯杰和刘宇，2014；苏文等，2016）。

2010 年，由中国科学院植物研究所和北京大学合作开展氮沉降对不同地带性植被和土壤生物区系以及生态系统过程影响的联网研究。通过"林下模拟氮沉降"野外控制实验的研究，我们对氮沉降如何影响森林生态系统结构和功能有了一定的认识（Jing et al.，2017）。2012 年，中国科学院华南植物园与河南大学合作，先后在河南省鸡公山国家级自然保护区和广东省英德石门台国家级自然保护区分别选择 2 个气候过渡带的地带性植被落叶阔叶混交林和常绿阔叶林作为研究对象，建成了"林冠模拟氮沉降野外控制实验"平台，主要研究植物群落结构、功能性状、森林冠层生物区系、土壤生物区系及其生态过程对氮沉降的响应与适应（Zhang et al.，2015；Shi et al.，2016）。选择不同的地带性植被生态系统作为响应氮沉降变化的研究对象，目的是阐明生态系统地上、地下结构和过程响应氮沉降的普适性规律。

中国科学院沈阳应用生态研究所和植物研究所于 2012 年 7 月联合发起了中国北方草地样带调查。多变量密集取样结合区域样方调查数据和长期控制实验，是研究生态地理学极为有效的方法，为研究动物、植物和土壤生物分布格局和驱动因素提供了非常理想的平台。该样带西起新疆哈密，东至内蒙古自治区通辽市科尔沁左翼后旗，途经新疆、甘肃、内蒙古、吉林和辽宁 5 个省（自治区）。整个样带从 83°27′E 到 120°21′E 横跨 17 个经度（图 6-5），依次分布着高山草甸草原、荒漠草原、典型草原、草甸草原 4 个主要草地类型。样带总长度约为 4000 km，每隔 60 km 左右确定一个采样点（共 64 个采样点），在每个采样点设置 2 个间隔为 1 km 的大样方（50 m×50 m），在每个大样方的四角及中心位置分别设置 1 m×1 m 的小样方（五点采样法）。每个样点内共计 10 个小样方，即 10 次重复（图 6-5）。在这个样带上，进行了植物群落分布、植物生理特性、土壤生态过程和微生物多样性的空间格局等研究，阐明了温度和降水对植物资源地上、地下分配的相对作用关系，完善了中性、碱性土壤酸化过程理论，提出了干旱半干旱地区植物-土壤养分非同步性发展模型及土壤碳、氮、磷、硫循环对气候变化响应的非线性模型，发现了土壤微生物多样性分布格局、物种互作关系及其驱动机制在不同空间尺度和生境类型下的差异性（Wang et al., 2014, 2017a, 2017b; Liu et al., 2017a; Qian et al., 2017）。

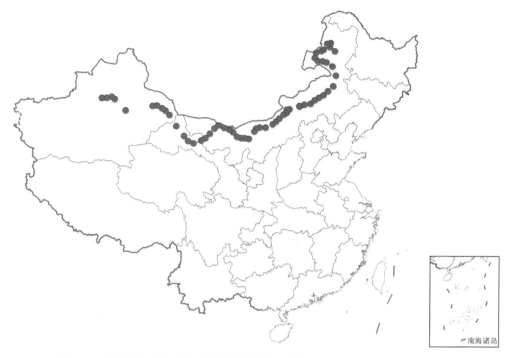

图 6-5 中国北方草地生态系统采样样带示意图（改自 Wang et al., 2017a）

2016 年，河南大学土壤生态学研究团队选择了常绿阔叶林、暖温带落叶阔叶林和寒温带落叶红松林，开展了"资源输入改变对土壤生态过程影响"的研究，主要研究林下灌草、地表凋落物、根系资源的输入对土壤食物网和土壤生态过程影响的相对贡献。实验地点分别在鼎湖山国家级自然保护区、宝天曼国家级自然保护区和长白山国家级自然保护区，目的是揭示资源输入改变影响土壤生态过程的普适性规律，研究成果将陆续报道（实验布置请见本章第三节）。

整合分析（meta-analysis）显然是生态地理学和土壤生态地理学研究的重要方法之一。Li 等（2016a）通过整合分析研究了养分添加（氮、磷单独添加或复合添加）对生态系统地上和地下生物量、植物和土壤磷含量等的影响，发现生态系统磷的限制作用在氮沉降增加背景下将更加显著，而且这种磷的限制作用对热带森林的影响大于对草原、湿地和冻原的影响，随磷添加形态、速率和时间不同而异。Peng 等（2009）利用整合分析的方法对中国生态系统的 161 个野外测定数据库进行分析，绘制了中国主要森林土壤呼吸温度敏感性（Q_{10} 值，表土 5 cm 处）的空间分布图。研究发现，土壤呼吸 Q_{10} 值的敏感性首先取决于土壤呼吸采样深度；在同一采样深度 5 cm 处，高山草甸和冻原地带

的 Q_{10} 值为 3.05±1.06，而常绿阔叶林的值仅为 1.81±0.43。森林生态系统的 Q_{10} 值与年平均温度及年平均降水量显著负相关（图 6-6）（Peng et al.，2009）。

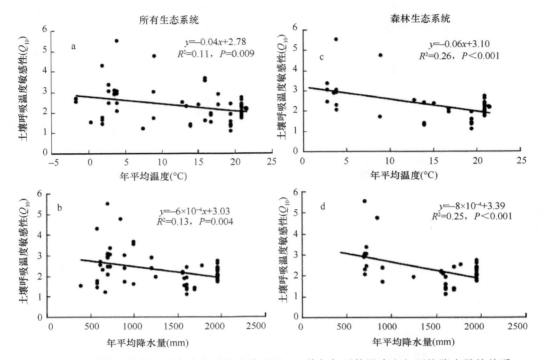

图 6-6　中国主要森林及所有生态系统土壤呼吸 Q_{10} 值与年平均温度和年平均降水量的关系
（引自 Peng et al.，2009）

第二节　新技术：同位素与生物化学和分子生物学等技术的应用

一、同位素技术在土壤生态学研究中的应用

土壤生物作为土壤生态系统中不可分割的组成部分，它们在分解残体、改变土壤理化性质、土壤形成与发育、土壤物质迁移与能量转化等方面有重要的作用，同时与土壤质量也息息相关，已成为土壤质量评价的一个重要指标（邵元虎等，2015）。但是由于土壤生物个体较小，种类丰富，而且其所处的环境比较特殊，因此许多生态学过程很难在原地进行研究，例如，氮和其他必需元素的矿化、真菌的功能复杂性、土壤动物之间的营养关系等（Ponsard and Arditi，2000；Tiunov，2007）。同位素技术的引入为这些研究提供了可能性。

已有许多研究证明稳定同位素技术在确定水生和陆生生态系统的营养关系中起了很大的作用（Minagawa and Wada，1984；Wada et al.，1991；Kwak and Zedler，1997；Tayasu et al.，1997）。但是由于土壤食物网的特殊性和复杂性，对土壤食物网的认识并不清晰。稳定同位素技术最早用于研究白蚁在土壤食物网中的营养级位置（Boutton et al.，1983；Tayasu et al.，1997），之后又被应用于蚂蚁和蚯蚓的研究中（Martin et al.，1992；

Blüthgen et al.，2003）。到 2004 年，稳定同位素技术开始应用于描述甲螨在土壤食物网中的营养级位置（Schneider et al.，2004），其后该技术被用于研究跳虫的食性及其在土壤食物网中的营养级位置（Chahartaghi et al.，2005；Endlweber et al.，2009）。到目前为止，稳定同位素技术已成为研究土壤生物营养关系最主要的方法之一，但是由于稳定同位素检测的灵敏度较低，在土壤生物周转研究中更多地采用放射性同位素技术。

（一）稳定同位素技术在土壤食物网营养级及其生态过程中的应用

早在 1981 年，DeNiro 等在研究动物体内同位素组成和食物同位素组成时发现，两者之间的碳同位素比值相差非常小，并且发现同一种动物在摄食同位素值相差较大的食物时，其体内的同位素值不同，但是不同动物在摄食同一种食物时，其体内的同位素值却非常相似（DeNiro and Epstein，1981）。所以可以利用这些同位素比值的差异来研究土壤动物食性及其在食物网中的营养位置。例如，利用 $\delta^{15}N$ 和 $\delta^{13}C$ 同位素自然丰度测定土壤动物体内及其可能食物的同位素组成，不仅可以确定土壤动物所喜好的食物及其食物来源，还能计算出每种食物在整体食物中的比例（Chahartaghi et al.，2005；Pollierer et al.，2009；Zhang et al.，2010；Heiner et al.，2011；Heethoff and Scheu，2016）。例如，跳虫的食物来源有两种，每种食物所占的比例可以用两源混合模型来表示（Gearing，1991）：K_1（%）= $[(^{13}C_{mix} - ^{13}C_{K_2}) / (^{13}C_{K_1} - ^{13}C_{K_2})] \times 100$。式中，$K_1$ 指食物 1 所占的比例；$^{13}C_{mix}$ 指跳虫体内 ^{13}C 含量；$^{13}C_{K_1}$ 指食物 1 的 ^{13}C 含量；$^{13}C_{K_2}$ 指食物 2 的 ^{13}C 含量。但是在利用稳定同位素分析跳虫食物来源时，需要大量样品。例如，McNabb 等（2001）利用稳定碳、氮同位素分析节肢动物在土壤食物网中的营养级时至少需要 500 个跳虫个体才能进行同位素分析。而且，同位素在不同动物组织内的分馏速率可能不同，因此仅仅利用动物整体的同位素比率来分析其食性，可能存在一些偏差（Chamberlain et al.，2004）。近年来，除了应用传统的同位素比率来研究跳虫的食性外，许多学者开始尝试将同位素和一些特定化合物结合起来分析土壤动物食性（Ruess et al.，2004，2005a，2007；Ngosong et al.，2011）。由于某些特定化合物在动物体中可能存在于不同的组织，而同一元素在不同组织中可能有不同的变化过程，因此需要对不同的成分进行分析综合，才能得到更客观的结果，其中应用较多的是磷脂脂肪酸，因为该特定化合物只需要很少的样品量就能满足同位素分析。

根据稳定同位素自然丰度的测定，可以反映食物网中生物所处的营养级，从而划分复杂食物网及群落结构等。在食物网的营养级研究中，$\delta^{15}N$ 和 $\delta^{13}C$ 是最常用的（Post，2002；Bocherens and Drucker，2003；Zhang et al.，2010；Roeder and Kaspari，2017）。很多研究表明，消费者组织中的 $\delta^{15}N$ 比它们食物中的 $\delta^{15}N$ 要高，每一营养级之间增加了 3‰~5‰，相反，$\delta^{13}C$ 在食物链中的变化很小，每一营养级之间只增加 0~1.1‰（Peterson and Fry，1987；France and Peters，1997；Post，2002；Stéphane et al.，2009），所以 $\delta^{13}C$ 主要用于研究土壤碳循环和土壤动物的营养关系（Staddon，2004），$\delta^{15}N$ 主要用于指示动物营养级位置或者消费者之间的取食关系（McNabb et al.，2001；Heethoff and Scheu，2016；Lehmitz and Maraun，2016）。

若测得已知相邻营养级动物组织中的 $\delta^{15}N$ 值便可确定动物的营养级相对位置。分析次级消费者营养级位置最简单的模型是：营养级位置=λ+($\delta^{15}N_{secondary\ consumer}-\delta^{15}N_{base}$)/$\Delta_n$（式 1）。式中，$\delta^{15}N_{base}$ 指基础营养级的 $\delta^{15}N$；λ 指基础营养级所处的位置（如 $\lambda=1$，是初级生产者）；$\delta^{15}N_{secondary\ consumer}$ 指次级消费者的 $\delta^{15}N$；可以直接测定；Δ_n 指相邻营养级同位素的分馏值。当消费者获得的 N 有两个来源时，营养级位置的计算如下：营养位置=λ+($\delta^{15}N_{secondary\ consumer}-[\delta^{15}N_{base1}\times\alpha+\delta^{15}N_{base2}\times(1-\alpha)])/\Delta_n$（式 2）。式中，$\lambda$ 和 $\delta^{15}N_{secondary\ consumer}$ 同式 1；$\delta^{15}N_{base1}$ 指其中一个基础营养级的 $\delta^{15}N$；$\delta^{15}N_{base2}$ 指另外一个基础营养级的 $\delta^{15}N$；α 是消费者从一个食物网中的基础营养级上所获得 N 的比例。当 N 和 C 在食物网中的移动规律相似时，α 能用碳稳定同位素估计，α=($\delta^{13}C_{secondary\ consumer}-\delta^{13}C_{base2}$)/($\delta^{13}C_{base1}-\delta^{13}C_{base2}$)（Post，2002）。上面两式中最易变化的是 $\delta^{15}N_{base}$，所以运用以上两种模型最关键的环节是获得同位素基线（Zanden and Rasmussen，2001）。

虽然 $\delta^{13}C$ 在食物链中的变化并不明显，但是在分析动物的营养级位置时，为了使结果更加准确，许多学者将 $\delta^{15}N$ 和 $\delta^{13}C$ 结合起来，即利用双同位素法来分析动物的营养级位置。Pollierer 等（2009）利用 $\delta^{15}N$ 和 $\delta^{13}C$ 划分了土壤食物网中的不同土壤动物功能群。作者假设每个营养级之间 $\delta^{15}N$ 的变化为 3.4‰（Post，2002；Bocherens and Drucker，2003；Roeder and Kaspari，2017）。通过调查，将土壤动物大致划分为 5 个不同的组：①低 $\delta^{13}C$ 和低 $\delta^{15}N$，主要是典型的分解者类群，如倍足类（diplopod）、等足类（isopod）和一些螨虫；②低 $\delta^{13}C$ 和高 $\delta^{15}N$，主要是捕食者，如唇足亚纲（Chilopoda）；③高 $\delta^{13}C$ 和高 $\delta^{15}N$，基本上也是捕食者；④高 $\delta^{13}C$ 和中 $\delta^{15}N$，包括了调查的所有蚯蚓（earthworm）；⑤中 $\delta^{13}C$ 和中 $\delta^{15}N$ 的一些种类未被包括在内，还有一些跳虫因为 $\delta^{15}N$ 太低也未包括。Schmidt 等（2004）同样利用上述方法研究了土壤无脊椎动物蚯蚓和蛞蝓的营养级关系，根据 C、N 稳定同位素比率将其分成很明显的两个功能群：重同位素富集较少的植食者和食凋落物者以及重同位素富集较多的食土者。Abd El-Wakeil（2009）利用 C、N 稳定同位素研究了日本两个森林大型和中型土壤无脊椎动物的营养结构。结果表明，两地的物种丰富度有显著差异。根据两地所测得的 $\delta^{13}C$ 和 $\delta^{15}N$，土壤无脊椎动物能形成两个明显的功能群。依据 $\delta^{13}C$ 的范围，能将其分为重同位素富集较少的功能群和重同位素富集较多的功能群，而依据 $\delta^{15}N$ 的范围来划分，这些无脊椎动物的营养级则超过 2 个。^{15}N 在无脊椎动物体内的不断富集可能表明杂食性在土壤食物网中占有一定的优势。

此外，稳定同位素自然丰度的数据还可以反映生物所利用氮来自于生物固氮过程的比例、植物的光合和水分利用效率，以及有机质分解程度等。若植物大量利用生物固氮来源的氮，则植物的 ^{15}N 自然丰度相对较低；反之，若植物大量利用土壤有机质矿化来源的氮，则植物的 ^{15}N 自然丰度相对较高，通过两者的比例变化，可以大致估算该系统中生物固氮的相对重要性（Boddey et al.，2000；Andrews et al.，2011）。随着有机质分解的进行，其 ^{15}N 自然丰度也往往升高（Kramer et al.，2003），这也是土壤有机质矿化所得的氮具有较高 ^{15}N 丰度的重要原因。最后，若将 ^{13}C、D 和 ^{18}O 自然丰度的数据结合，则可能揭示植物光合固碳的途径（C3、C4 途径）和效率，以及水分来源和利用效率等（孙双峰等，2005）。

综上所述，稳定同位素可以从本质上揭示土壤动物与食物之间的关系，反映土壤动物的食物来源及其在食物网中所处的营养级位置，能够更好地揭示土壤动物多样性之谜。与传统方法相比，稳定同位素的优点有：①稳定同位素技术的效率更快、更省时；②稳定同位素技术能连续地测出土壤动物的营养级位置，反映了土壤动物在食物网中的真实位置及作用；③稳定同位素能整合长时间以来的捕食信息，反映的是土壤动物与食物之间的长期作用关系，而非偶然现象。虽然稳定同位素技术的发展为土壤动物的研究提供了重要技术手段，而且取得了很大的进步，但是在运用同位素技术研究土壤动物的食性及其在食物网中的营养级位置时，还有许多需要注意的问题：①调查动物的食物来源和不同食物在其中所占的比例时，不同食物的同位素组成必须有明显的差异；②要注意"同位素印记现象"（Bearhop et al.，2002），也就是同位素组成不同的食物在进入动物组织时，并不是先进行充分混合，然后平均分配到动物的不同组织或组织的不同组分中，而是不同食物直接进入动物的特定组织或部位，动物组织中的同位素并不能反映动物整体的食物来源，使得研究变得更为复杂；③用上述营养级模型来研究土壤动物的营养级位置时，一定要选择合适的同位素基线。因为土壤动物所处的环境不同，食物的 $\delta^{13}C_{base}$ 和 $\delta^{15}N_{base}$ 差别很大，没有合适的同位素基线，单靠土壤动物体内的同位素值无法确定其营养级位置；④注意同位素分馏的问题，室内实验证明同位素分馏大体一致，但是在野外，同位素分馏都表现出了一定的差异（Semenina and Tiunov，2011）。除此之外，食物性质、饥饿状况和土壤动物所处的不同生命阶段都对其同位素分馏有一定影响（Haubert et al.，2005）。

目前同位素标记中应用最为广泛的是稳定同位素探针（stable isotope probing，SIP）技术，它与微生物标记物的联用为揭示土壤微生物活性提供了一种有效的方法，而且可以将微生物群落结构多样性分析与功能多样性分析结合。SIP 技术与 PLFA 技术相结合（PLFA-SIP），有利于对已标记成分的代谢周转过程与机制进行深入分析，并用于估计磷脂的代谢速率。稳定同位素标记物安全可靠，气相色谱-燃烧-同位素比质谱（GC-C-IRMS）、气相色谱-质谱联用（GC-MS）、核磁共振（NMR）等分析方法灵敏且完善，极大地拓展了 PLFA-SIP 的应用前景（Neufeld et al.，2007）。SIP 技术与核酸结合（DNA-SIP、RNA-SIP），采用密度梯度离心可以分离重的 DNA 或 RNA，作为 PCR 的模板，采用一般引物即可扩增大多数已知微生物的 rRNA 或 rDNA 基因。同 PLFA-SIP 相比，DNA-SIP 和 RNA-SIP 含有更丰富的信息（Radajewski et al.，2003）。SIP 是一项具有重要应用前景的技术，因其在微生物组成和功能之间建立了直接的联系，已在根际微生物学、环境微生物学、甲烷氧化菌研究等领域得到应用，将来会在宏基因组学、环境微生物生态学及土壤食物网研究等方面得到更广阔的应用（Neufeld et al.，2007；Whiteley et al.，2007）。

（二）利用稳定同位素技术量化硝化和反硝化作用速率

氮是陆地生态系统最重要的养分元素之一。化石燃料的燃烧和现代农业活动使得人类向大气中排放的含氮化合物急剧上升，大气氮沉降在全球迅速增加（Galloway et al.，2004；Gruber and Galloway，2008）。过量的氮沉降会对森林生态系统产生一系列影响，如生物多样性降低、土壤酸化及水体的富营养化甚至森林衰退（Vitousek and Farrington，

1997）。因此研究森林生态系统氮循环过程速率和氮收支平衡及其对氮沉降的响应具有十分重要的意义。然而，由于氮循环的空间异质性和季节变异性，如何准确量化森林生态系统尺度上硝化作用和反硝化作用速率面临很大的挑战。Fang 等（2015）建立了利用硝酸盐氮氧同位素自然丰度法量化森林生态系统尺度上的理论体系并运用在我国南方和日本中部的森林生态系统研究中，成果于 2015 年发表在《美国科学院院刊》上。由于涉及稳定同位素相关理论，对于初学者有一定难度，因此在此详细介绍该技术体系的原理及其在几个森林生态系统中的应用实例，以便读者更深入理解该理论体系并运用在实际研究中。

硝化作用是指土壤中铵态氮（NH_4^+）转化为硝态氮（NO_3^-）的过程。硝化过程为森林生态系统的植物和微生物提供了可利用的氮（NH_4^+ 和 NO_3^-），从而影响森林生态系统的生产力。与此同时，产生的硝态氮可能会淋失到水体，影响水质。硝态氮还可能通过反硝化过程产生 N_2O，这种温室气体会对气候变化产生一定的反馈作用（Gruber and Galloway，2008）。森林生态系统反硝化过程是土壤微生物利用硝态氮（NO_3^-）最终转化为氮气（N_2）的过程，目前对该过程生态系统尺度的速率研究其少。这主要是由于：①生态系统的时空异质性导致其在时间和空间尺度上的变异大。②反硝化作用最终的产物是氮气（N_2）；而氮气的大气背景值很高，使其难以被测定（Groffman et al.，2006）。因此，对于反硝化作用的研究最大的挑战是反硝化作用速率的量化。传统估算反硝化作用速率的方法受到土壤类型的空间异质性和空间尺度的限制，如乙炔抑制法、^{15}N 稀释法和直接测定氮气排放速率等方法不能应用到生态系统和区域尺度上（Knowles，1990；Groffman et al.，2006），使得评估森林生态系统尺度上氮收支平衡依然是一个难题。Fang 等（2015）建立的硝酸盐氮氧同位素自然丰度法对于量化生态系统尺度上的氮收支有显著的优势，该方法利用氮氧同位素在森林生态系统氮循环过程的示踪作用来评估和量化氮转化过程。硝酸盐氮氧同位素自然丰度法的原理如下。

首先，把森林生态系统的土壤硝态氮库视为一个开放而持续的氮库。在一段时间（如一年）的尺度上，生态系统的硝态氮库可以视为处于一个稳态。土壤硝酸盐库主要有两个来源，即大气硝态氮沉降和土壤硝化作用，同时主要有 3 个去向，即植物和微生物的吸收利用、反硝化过程使硝酸盐转化为氮气（N_2），以及硝酸盐随水体淋失。土壤硝酸盐的周转很快（2 天左右），因此依据质量守恒建立公式：

$$F_A + F_N = F_U + F_D + F_L \tag{6-1}$$

式中，F_A、F_N、F_U、F_D、F_L 分别代表不同的硝酸盐通量 [kg N/（hm²·a）]，依次是大气沉降、硝化作用、植物和微生物利用、反硝化作用及水体淋失。其中大气硝酸盐沉降和硝酸盐淋失的通量可以通过监测计算得出，但是评估生态系统尺度上的硝化作用速率仍然是一个挑战。传统上估算总硝化作用速率的方法是 ^{15}N 氮稀释法，但是仅限于土柱尺度；由于时空的异质性，对于更大尺度上总硝化作用速率估算不适用。利用硝酸盐的 ^{17}O 自然丰度技术（$\Delta^{17}O$）则可以解决该难题。其中：

$$\Delta^{17}O = [\ln(1 + \delta^{17}O/1000) - 0.5247 \times \ln(1 + \delta^{18}O/1000)] \times 1000 \tag{6-2}$$

过去的研究表明，大气硝酸盐的 $\Delta^{17}O$ 为 15‰～35‰（Michalski et al.，2003），这是来自臭氧在大气硝酸盐形成过程的贡献。而硝化作用产生的硝酸盐主要来自氧气和水，硝化作用产生的硝酸盐$\Delta^{17}O$为0。土壤的硝化作用与反硝化作用、植物和微生物吸收利用均为质量依赖的瑞利分馏（Raleigh fractionation）过程，而不改变其$\Delta^{17}O$。因此可以用$\Delta^{17}O$来区别大气硝酸盐和硝化作用产生的硝酸盐。利用同位素混合模型建立如下公式：

$$F_A \times \Delta^{17}O_A + F_N \times \Delta^{17}O_N = \Delta^{17}O_{\text{soil NO}_3^-} \tag{6-3}$$

式中，$\Delta^{17}O_A$、$\Delta^{17}O_N$、$\Delta^{17}O_{\text{soil NO}_3^-}$分别是大气硝酸盐、硝化作用、土壤硝态氮库的硝酸盐$\Delta^{17}O$的平均值。土壤硝态氮淋失到溪水中，在该过程中反硝化过程和植物、微生物吸收利用不会影响土壤硝酸盐$\Delta^{17}O$。由于硝化作用产生的$\Delta^{17}O$为0，因此由公式（6-3）计算出土壤总硝化作用速率：

$$F_N = F_A \times (\Delta^{17}O_A - \Delta^{17}O_L) / \Delta^{17}O_L \tag{6-4}$$

上述方法可以用来量化生态系统尺度下土壤总硝化作用速率（F_N）。需要大气沉降的硝酸盐通量（F_A）及其^{17}O的变量（$\Delta^{17}O_A$），以及溪水中硝酸盐^{17}O的变量（$\Delta^{17}O_L$）这3个参数。以上是土壤硝态氮库"源"的量化，而土壤硝酸盐主要有3个去向，即淋失到溪水、反硝化作用及植物、微生物的吸收利用。在此可以用硝酸盐氮同位素（$\delta^{15}N$）来量化土壤硝酸盐不同汇的贡献。由质量守恒定律可得

$$\delta^{15}N_{\text{NO}_3^- \text{input}} = f_D \times (\delta^{15}N_{\text{soil NO}_3^-} - \varepsilon_D) + f_U \times (\delta^{15}N_{\text{soil NO}_3^-} - \varepsilon_U) + f_L \times \delta^{15}N_{\text{soil NO}_3^-} \tag{6-5}$$

$$f_D + f_U + f_L = (F_D + F_U + F_L) / (F_A + F_N) = 1 \tag{6-6}$$

式中，$\delta^{15}N_{\text{soil NO}_3^-}$是指整个土壤硝酸盐氮同位素丰度；$\delta^{15}N_{\text{NO}_3^- \text{input}}$是指土壤硝酸盐源即大气沉降和硝化作用输入的硝酸盐的$\delta^{15}N$。而ε_D、ε_U分别代表反硝化作用、植物和微生物吸收利用的氮同位素分馏系数。f_D、f_U、f_L分别代表反硝化作用、植物和微生物吸收利用、淋失途径的贡献。结合公式（6-4）～公式（6-6），从而得出总反硝化作用速率：

$$F_D = [(F_A + F_N) \times (\delta^{15}N_{\text{soil NO}_3^-} - \delta^{15}N_{\text{input}} - \varepsilon_U) + F_L \times \varepsilon_D] / (\varepsilon_D - \varepsilon_U) \tag{6-7}$$

量化生态系统尺度上的反硝化作用速率，需要大气沉降的硝酸盐通量（F_A）、硝化作用的硝酸盐通量（F_N）、溪水淋失的硝酸盐通量（F_L）、硝酸盐输入和土壤硝酸盐氮同位素丰度（$\delta^{15}N_{\text{input}}$、$\delta^{15}N_{\text{soil NO}_3^-}$）以及反硝化作用、植物和微生物吸收利用过程中的氮同位素分馏系数（ε_D、ε_U）。以下是硝酸盐氮氧同位素方法应用的实例。

利用硝酸盐氮氧同位素方法，Fang等（2015）已经在我国南方3个热带森林和日本中部3个温带森林评估了不同气候条件下森林生态系统的土壤硝化作用速率和反硝化作用速率。实验测定了土壤剖面的总氮及硝态氮的浓度及氮同位素（图6-7），土壤剖面的总氮及硝态氮同位素从上到下的总体趋势是增加的，而浓度的趋势是下降的，表明土壤反硝化作用的发生。同时测定了不同研究站点的溪水硝酸盐氮同位素及土壤剖面的硝酸盐氮同位素（图6-8）。结合以上测定数据，运用以上量化硝化作用和反硝化作用的模型，计算出土壤硝态氮库的源与汇的通量。生态系统尺度上总硝化作用速率为43～119 kg N/（hm²·a），而生态系统尺度上总反硝化作用速率为5.6～30.1 kg N/（hm²·a）。研究发现反硝化作用是森林生态系统氮损失的重要途径，其速率在有些森林是通过溪水氮流失速率的6倍。研究也发现传统的简单估算方法大大低估了反硝化作用速率。该研究方法达到国际领先水平，实验操

作简便易行,综合了时空异质性对量化硝化速率、反硝化速率的影响,为大尺度、大范围估算森林生态系统气态氮损失,进而计算氮收支平衡提供了一种新的思路和方法。

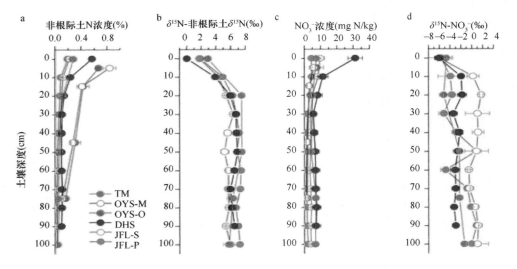

图 6-7 土壤剖面的总氮和硝态氮浓度及氮同位素丰度(mean ± SE)

TM. 位于日本 Tamakyuryo 的温带森林;OYS-M. 位于日本 Ohyasan 的非成熟林;OYS-O. 位于日本 Ohyasan 的成熟林;DHS. 鼎湖山森林;JFL-S. 尖峰岭次生林;JFL-P. 尖峰岭原生林

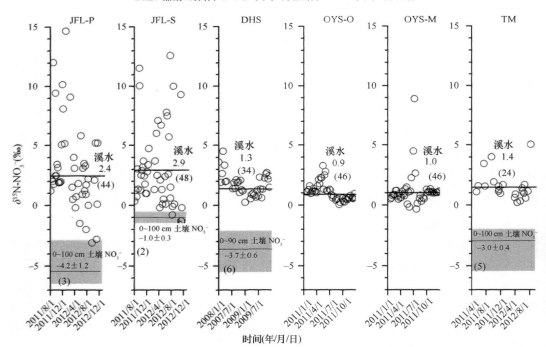

图 6-8 溪水硝酸盐氮同位素及土壤硝酸盐的质量加权氮同位素

JFL-P. 尖峰岭原生林;JFL-S. 尖峰岭次生林;DHS. 鼎湖山森林;OYS-O. 位于日本 Ohyasan 的成熟林;OYS-M. 位于日本 Ohyasan 的非成熟林;TM. 位于日本 Tamakyuryo 的温带森林

图中数字为平均值,括号内数字为样本数

（三）放射性同位素技术在土壤微生物周转方面的应用

土壤微生物数量巨大、种类繁多，在陆地生态系统中有机物质的分解、转化和供应，以及调控土壤食物网的结构和功能等方面发挥着重要的作用。虽然在指定时间微生物的结构和状态已有较多研究，但是微生物生长迅速，微生物的繁殖和死亡时刻发生，不同种类微生物生长速度不一致，世代周期长短不一，微生物的生长速率很难测定；并且微生物在不同水热环境、不同有机质含量、不同的土壤质地表现不一致，具有很大的不确定性，给土壤微生物功能的研究带来巨大挑战。由于放射性同位素检测的灵敏度较高，在环境中只需添加痕量的放射性同位素标记的大分子前体物质，经短时间培养后测定微生物体内相应的大分子物质的放射性活度，就可以反映微生物的生长速率（microbial growth rate）。碳和氢放射性同位素的应用是解决这些科学问题的关键技术，可以用氚标记胸苷掺入DNA法和^{14}C标记亮氨酸掺入蛋白质法测定细菌生长速率（Bååth，1992，1994），用^{14}C标记乙酸掺入麦角固醇法测定真菌生长速率（Bååth，2001）。胸苷是DNA合成的4种碱基之一，将放射性同位素^{3}H标记的胸腺嘧啶核苷（^{3}H-TdR）加入土壤溶液中，当土壤中的异养细菌增殖时，^{3}H-TdR就会掺入细菌DNA中，通过结束时测定掺入的^{3}H含量可以计算细菌的生长速率（图6-9）（赵灿灿和王伟，2014）。亮氨酸是蛋白质合成的前体之一，环境中绝大多数微生物都能直接利用胞外亮氨酸，其测定结果与前

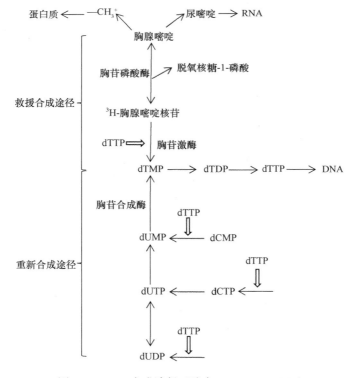

图6-9 DNA合成途径（改自Moriarty，1990）

dTTP. 脱氧胸苷三磷酸；dTMP. 脱氧胸苷酸；dTDP. 脱氧胸苷二磷酸；dUMP. 脱氧尿苷酸；dCMP. 脱氧胞苷酸；dUTP. 脱氧尿苷三磷酸；dCTP. 脱氧胞苷三磷酸；dUDP. 脱氧尿苷二磷酸

一方法基本一致。乙酸是真菌麦角固醇合成的前体物质，尽管并不是只有真菌才利用乙酸，但麦角固醇是真菌特有的细胞膜的重要组分，通过测定麦角固醇的放射性活度可知真菌生长速率（车荣晓等，2016）。以上微生物生长速率的研究方法在水生生态系统中应用很普遍，在陆地生态系统中的应用也逐渐增多。细菌和真菌生长速率如何响应环境变化，如温度（Rousk et al., 2012; Birgander et al., 2013）、水分或干湿交替（Goeransson et al., 2013; Meisner et al., 2013）、土壤 pH 变化（Arao, 1999; Bengtson et al., 2012），以及细菌和真菌生长速率如何响应底物的供给（Jones et al., 2012; Quilliam et al., 2012）、植物的根际分泌（Aira et al., 2010; Ford et al., 2013）和对有毒物质的敏感性（Brandt et al., 2009; Rousk et al., 2011）均有深入报道。

微生物除了上述自身的生长和世代周转外，也同时伴随着微生物生物量不断变化的物质代谢过程。微生物一方面同化土壤的有机物质合成微生物生物量，另一方面其自身不断进行新陈代谢，将部分生物量经降解转化为代谢产物或矿化为 CO_2，完成土壤微生物生物量的周转。土壤微生物生物量完成其自身所有物质更新所需的时间称为土壤微生物的周转期，单位时间内土壤微生物自身物质更新的次数称为周转速率（turnover rate），是反映土壤微生物同化-矿化活性的重要指标，对于理解土壤养分供应和养分有效性（如 N、P、S）有非常重要的意义（周脚根和黄道友，2006）。最初测定微生物生物量周转速率的方法是采用土壤有机碳模型预测（Jenkinson and Parry, 1989）或者土壤微生物生物量的季节变化来估计（McGill et al., 1986），但是很可能微生物生物量没有较大的季节波动，微生物的生长状况与环境条件的改变不一致，另外还受到种植制度、施肥方式、土壤性质、取样次数等因素的影响，因此该方法在估测微生物生物量周转方面存在很大缺陷。Chaussod 等（1988）按照第一动力学方程，采用 ^{14}C 标记底物（葡萄糖等）进行培养，熏蒸提取测定 ^{14}C 标记的微生物生物量 C 的减少来估计周转时间，是微生物生物量 C 周转测定的重大突破。吴金水和肖和艾（2004）对该方法进行了大量改进，解决了第一动力学方程和 ^{14}C 标记底物相结合研究微生物生物量 C 周转面临的主要问题。关于土壤微生物量 N、P 周转的研究还不成熟，通常先测出微生物生物量 C 周转量，再利用微生物 C/N 和 C/P 值来估算微生物量 N、P 的周转量。但由于影响 C/N 和 C/P 的因素很多，结果具有较大的不确定性。近年来科学家用 ^{15}N 标记硫酸铵和 ^{32}P 标记磷酸二氢钾测定微生物量 N、P 的周转量（Kouno et al., 2002; Perelo et al., 2006），结果虽然理想，但因 ^{32}P 放射性太强而限制了该方法在微生物生物量 P 周转研究中的广泛应用。

二、生物化学和分子生物学技术在土壤生态学研究中的应用

土壤生物作为陆地生态系统的重要组成部分，是很多生态过程的驱动者，在地球化学物质循环、能量转换和环境修复等许多方面都发挥着重要作用，包括分解有机质、生物固氮、土壤物质迁移和降解复杂有机物等。尽管土壤生物的研究已有较长的时间，但是在 21 世纪以前仍然依赖传统的纯培养方法研究微生物或者利用显微镜分类鉴定土壤动物，既耗时又不准确；土壤多样性和食物网组成的研究仍处于初期阶段。土壤生境中到底存在多少物种，起什么作用，如何发挥其功能，传统生物学方法已经无法全面解答。

生物化学（磷脂脂肪酸及中性脂肪酸）和分子生物学（DNA 宏条形码技术、功能基因组学、宏转录组学、宏蛋白质组学、宏代谢组学等）技术在土壤生物学研究中的应用无疑大大推动了土壤生态学的发展。

（一）生物化学技术在土壤生态学研究中的应用

脂肪酸是生物体内不可缺少的能量和营养物质，是构成生物膜的重要物质，与细胞识别、种族特异性和细胞免疫等密切相关，具有较高的结构多样性和生物学特异性。不同的微生物具有不同的脂肪酸种类，一些脂肪酸只特异地存在于某类微生物中，可作为有效的生物标志物（White et al., 1979）。磷脂脂肪酸（phospholipid fatty acid, PLFA）因其是活体细胞膜的重要组分，而且其特征图谱具有高度专一性，在微生物学研究方面已发挥了重要的作用（Hill et al., 1993），主要体现在以下几个方面：①目前已知的微生物物种还不到总和的 1%，PLFA 图谱分析加快了微生物物种鉴定的发展（Noble et al., 2000；Oka et al., 2000；Mosca et al., 2007）；②因总 PLFA 法与底物诱导法（substrate induced respiration, SIR）、直接计数法、总腺嘌呤核苷酸法及 ATP（adenosine triphosphate）法所得的结果之间有很好的相关性，可估算活体微生物生物量和代谢转化能力（Zelles, 1999；Rousk et al., 2010）；③生物多样性是国际上共同关注的科学问题，PLFA 分析对于检测微生物多样性和群落组成变化发挥着重要作用（Kaur et al., 2005；Subramaniam et al., 2010；Frostegard et al., 2011）；④随着稳定性同位素技术的快速发展，^{13}C-PLFA 分析将微生物种类与功能联系起来，在深入探索土壤有机质分解的激发效应、甲烷氧化、有机污染物降解、微生物对碳源的利用等科学问题的过程中有长足的进步（Chen et al., 2008；Dungait et al., 2011；Yuan et al., 2016）。

除土壤微生物之外，脂肪酸也广泛存在于土壤动物活体细胞中，其中 PLFA 是细胞膜的重要结构单元，而中性脂肪酸（neutral fatty acid, NLFA）是脂肪酸中的优势组分，与土壤生物的营养供应和能量存储密切相关。由于土壤生物本身个体微小、生境隐蔽及食性的复杂性，科学家通过实验或观测方法了解土壤动物食性策略和营养级关系十分有限。因此利用脂肪酸作为土壤食物网的生物指示标记是探索营养级关系的重要方法（Ruess et al., 2002；Menzel et al., 2017）。脂肪酸作为土壤生物指示标记有以下几方面的优势：①作为食物在食物网中具有独特性，可以清晰判断食物来源；②在消费者体内稳定存在，不会发生合成或代谢反应；③在食物网营养级有一定的含量，可通过仪器检测（Ruess and Chamberlain, 2010）。脂肪酸种类与其生物来源的对应关系见表 6-1。

表 6-1　脂肪酸与其生物来源的对应关系（改自 Ruess and Chamberlain, 2010）

脂肪酸名称	脂肪酸类型	主要来源	参考文献
22:0, 24:0	PLFA, NLFA	植物根系	Zelles, 1999；Ruess et al., 2007
i, a C14-C18	PLFA	革兰氏阳性菌	Zelles, 1997, 1999
10ME C15-C18	PLFA	硫酸盐还原菌	Dowling et al., 1986；Kerger et al., 1986
cy17:0, cy19:0	PLFA	革兰氏阴性菌	Zelles, 1997, 1999
OH C10-C18	PLFA	革兰氏阴性菌	Wakeham et al., 2003；Lee et al., 2004
OH C10-C18	PLFA	放线菌	Mirza et al., 1991
16:1ω5	PLFA	丛枝菌根真菌	Olsson et al., 1995；Sakamoto et al., 2004

续表

脂肪酸名称	脂肪酸类型	主要来源	参考文献
16:1ω5	PLFA	细菌	Nichols et al., 1986; Zelles, 1997
16:1ω5	NLFA	丛枝菌根真菌	Olsson et al., 1995, 2003; Madan et al., 2002
16:1ω7	PLFA	细菌	Guckert et al., 1991; Zelles, 1999
18:1ω7	PLFA	细菌	Zelles, 1999
18:1ω7	PLFA	丛枝菌根真菌	Olsson, 1999
18:1ω7	NLFA	丛枝菌根真菌	Olsson, 1999
18:1ω8	PLFA	甲烷氧化细菌	Ringelberg et al., 1989
18:1ω9	PLFA	真菌	Bååth, 2003; Vestal and White, 1989
18:1ω9	PLFA	革兰氏阳性菌	Zelles, 1999
18:1ω9	PLFA, NLFA	植物根系	Ruess et al., 2007
18:1ω9	NLFA	线虫	Chen et al., 2001
20:1ω9	PLFA	丛枝菌根真菌	Sakamoto et al., 2004
18:2ω6, 9	PLFA	真菌	Frostegard and Bååth, 1996; Zelles, 1999
18:2ω6, 9	NLFA	土壤动物	Ruess et al., 2000, 2005b; Haubert et al., 2006
18:3ω6, 9, 12	PLFA, NLFA	植物根系	Millar et al., 2000; Ruess et al., 2007
18:3ω6, 9, 12	PLFA	接合菌	van der Westhuizen et al., 1994
20:4ω6, 9, 12, 15	PLFA, NLFA	土壤动物	Lechevalier and Lechevalier, 1988; Chen et al., 2001
18:3ω3, 9, 12	PLFA	高等真菌	van der Westhuizen et al., 1994
18:3ω3, 9, 12	PLFA, NLFA	植物根系	Weete, 1980; Moore, 1993
20:5ω3, 6, 9, 12, 15	PLFA	藻类	Lechevalier and Lechevalier, 1988; Dunstan et al., 1994
20:5ω3, 6, 9, 12, 15	PLFA, NLFA	跳虫	Chamberlain and Black, 2005

在研究跳虫与食物的关系方面，脂肪酸的应用起了重要作用。通常被捕食者的脂肪酸通过食物链营养级传递被保存和转化到消费者 NFLA 中。研究通过设置不同的食物让跳虫捕食，脂肪酸中硬脂酸（ω7 族）表示跳虫以细菌为食物，甲基支链及环状脂肪酸分别表示跳虫以革兰氏阳性菌和革兰氏阴性菌为食物，以真菌为食物的跳虫通常含有较多的亚油酸（18:2ω6, 9），而以植物为食物的跳虫通常含有较多的油酸（18:1ω9），脂肪酸 20:1ω9 仅出现在以线虫为食物的跳虫中（Ruess et al., 2005b; Haubert et al., 2006）；跳虫体内的 18:1ω9/18:2ω6, 9 值甚至可以用来判断跳虫取食植物凋落物和真菌的相对量（Ruess et al., 2007）。Haubert 等（2004）利用脂肪酸指示法研究了跳虫对于食物质量和饥饿的响应。实验用不同氮浓度的琼脂培养基培养真菌，使得真菌具有不同的 C/N 值，构成不同质量的食物，通过测定 NLFA 组成发现，不同质量的食物并不影响跳虫的 NLFA，可能归因于跳虫的调节补偿机制。饥饿使得跳虫的总 NLFA 下降，但不影响脂肪酸的相对含量组成，表明在饥饿过程中 NLFA 降解。

土壤线虫与食物关系的研究主要集中在食真菌线虫与真菌关系上，在食真菌线虫 *Aphelenchus avenae* 和 *Aphelenchoides composticola* 中检测到了 PLFA 中的 16:0、18:0、18:1ω7、18:1ω9、18:2、20:0、20:1、20:2、20:3、20:4 及 NLFA。在真菌 *Rhizoctonia solani*、*Fusarium oxysporum*、*Trichoderma* sp.中 18∶2ω6 是主要成分，而没有 C20 脂肪酸。尽管 C20 脂肪酸仅特异性地出现在线虫中，但是只有当线虫种群大于 22 条/g 干土时 C20 才能被检测出来，目前的检测技术也在一定程度上限制了脂肪酸作为生物指示剂的应用。当将线虫从食物培养基中移除后，C20 PLFA 含量降低的速度要大大慢于 C16 和 C18 PLFA，反映了线虫肠道摄入了真菌细胞的细胞质（Chen et al.，2001；Ruess et al.，2002）。

随着稳定同位素技术的快速发展，将稳定同位素标记技术与脂肪酸生物标志物（fatty acids biomarker）相结合，大大提高了人们对土壤食物网的理解和认识。对于微生物研究来说，^{13}C PLFA-SIP 技术已经相当成熟，且科研人员做了大量的研究工作（Williams et al.，2007；Lemanski and Scheu，2014；Yao et al.，2015），但在土壤食物网的研究中该方法的应用还不广泛。目前为止科研工作者利用 ^{13}C、^{15}N 或两者联用结合脂肪酸方法已经开展了一些食物网方面的研究工作。Ruess 等（2005b）将 ^{13}C 标记的果糖作为培养基培养真菌，并接种食真菌线虫和跳虫，通过测定不同脂肪酸的 ^{13}C/^{12}C，揭示了沿着真菌—食真菌线虫—跳虫这条食物链的食物传递过程。Elfstrand 等（2008）用 ^{13}C 分别标记了苜蓿有机肥和韭葱植物活体，研究土壤微生物、节肢动物、线蚓、蚯蚓对这些底物的利用情况，发现放线菌和革兰氏阳性菌与有机肥来源的碳关系更紧密，而丛枝菌根真菌与生长中植物来源的碳关系更紧密。大多数土壤动物主要直接或间接利用有机肥来源的碳，而活体植物来源的碳处于次要地位。Menzel 等（2017）利用 ^{13}C16∶0 作为示踪剂，研究了两种跳虫的脂肪酸代谢、转移途径。Ruess 等（2004）利用 ^{15}N 与脂肪酸方法相结合，探讨了土壤真菌—线虫食物链和土壤真菌—线虫—跳虫食物链各营养级的关系。Stromberger 等（2012）将 ^{13}C 和 ^{15}N 结合起来标记植物残体，揭示了植物残体在原生动物、线虫、跳虫、蚯蚓等土壤动物中的分配格局。同位素示踪与脂肪酸组成分析相结合在未来土壤食物网的研究中还将继续发挥重要的作用。

（二）分子生物学技术在土壤生态学研究中的应用

新一代高通量测序、组学技术的突破为土壤微生物学的发展提供了机遇，极大地扩展了对微生物群落结构和功能的认识。宏基因组学是指对生境中所有微生物的总基因组 DNA 进行研究，避开传统培养方法的局限性，使得研究者可以对生境中微生物种群组成、分布格局及功能特征进行全面研究。DNA 宏条形码（DNA metabarcoding）技术和功能基因组学是土壤生态学中常用的两种方法。采用 DNA 宏条形码技术提取环境样品或者生物混合样品中的总 DNA，使用特异性引物扩增，利用高通量测序技术实现大规模测序，从而对环境样本中所有物种（或高级分类单元）同时进行快速鉴定。功能基因组学（functional genomics）又称为后基因组学，通过在基因组或系统水平上全面分析基因的功能，使得生物学研究从对单一基因的研究转向对多个基因同时进行系统研究。结合宏转录组学（metatranscriptomics）及表征生物功能的宏蛋白质组学（metaproteomics），可以系统地解释相应环境下微生物群落组成结构及其功能，全面分析其组成结构、协同进化关系、功能及其对环境变化的响应与反馈机制。

1. DNA 宏条形码技术在土壤生物物种鉴定和多样性研究中的应用

土壤生物包括土壤微生物、土壤动物和土壤低等植物三部分，其数量巨大、种类丰富，在养分循环、土壤团聚体的形成以及污染物的降解等方面发挥着重要作用。要实现对土壤生物功能的全面认识及有效的保护与管理，首先要对物种组成和分布特征有明确的认识，这需要建立准确、快速的物种检测方法。基于形态特征的传统鉴定手段很难在短时间内集中进行大规模生物标本鉴定，这对全面开展土壤生物多样性评估及相关研究造成了很大的障碍。近年来，基于高通量测序的 DNA 宏条形码技术可以实现对环境样品中所有物种的有效检测（Beng et al., 2016；Boyer et al., 2016），在土壤生物物种组成及多样性研究等方面都有很好的应用前景。

DNA 宏条形码技术的设计思路最初起源于环境微生物的研究。由于土壤微生物可培养率不到 1%，只能直接提取混合样品中的 DNA 并通过高通量测序获取物种信息（陈炼等，2016）。DNA 宏条形码技术通过提取生物混合样品或环境样品中的总 DNA，使用特异性引物进行扩增，并利用高通量测序技术实现大规模快速测序，通过与数据库物种分类信息中的 DNA 参照序列进行比对，从而达到对环境样本中所有物种（或高级分类单元）同时鉴定的目的（Taberlet et al., 2012a, 2012b）。例如，细菌的鉴定通常使用核糖体 16S rRNA 基因序列（Sogin et al., 2006）；而真菌的鉴定则使用 18S rRNA 和 ITS 基因序列（Lahaye et al., 2008）。这些基因序列为相应同类微生物所共有，具有一定的保守性，同时还存在由进化造成的不同物种间序列差异的可变区域。因此，通过对这些序列可变区域的测定和比对，可以获得土壤中的微生物物种和多样性信息。在 2009 年，Lauber 等（2009）利用 DNA 宏条形码技术对美国从北到南土壤细菌物种组成进行研究，结果表明土壤细菌的数量和多样性远远多于先前的认识，其中稀有种细菌占据了土壤细菌数量的大部分。随着高通量测序的广泛应用，实现了大尺度空间上土壤微生物物种组成和分布特征的研究。Tedersoo 等（2014）通过对全球 365 个样地土壤真菌样品进行测定，发现气候因子是影响土壤真菌物种丰富度和群落组成的关键因子，并且可以间接通过影响土壤和植物等因素的变化来影响土壤真菌多样性。

DNA 宏条形码技术已普遍应用于微生物群落的研究，目前也正越来越多地应用到土壤动物多样性研究中（Coissac et al., 2012）。土壤生物学的研究已有较长时间，但是土壤动物多样性研究仍处于初期阶段（时雷雷和傅声雷，2014）。传统的土壤动物鉴定方法存在耗时长、鉴定准确率低等缺陷，难以实现对土壤动物群落的快速鉴定。DNA 宏条形码技术通过对土壤动物提取 DNA，混合成"DNA 池"，然后采用通用的线粒体细胞色素 c 氧化酶Ⅰ基因（COⅠ）片段（*cox1*）进行扩增，并利用高通量测序对土壤动物群落进行分类鉴定（Coissac et al., 2012）。此外，环境 DNA 还允许从脱落的动物毛发、细胞及粪便的土壤等样品中进行非损伤性取样，从而利用 DNA 宏条形码技术进行检测。Darby 等（2013）的研究表明只要序列数据库可用和 rRNA 基因拷贝数变异可控，DNA 宏条形码技术是准确鉴定土壤线虫群落的有效方法。

DNA 宏条形码技术在土壤生物研究中的应用，实现了对土壤生物群落多个物种基因的直接测序，促进了土壤生物物种鉴定和多样性研究的迅猛发展。该技术的优势是成本低和通量高，最大的局限性在于数据库的完善度及 PCR 的扩增偏向性，导致解析度和普适性水平较低（Coissac et al.，2012）。因此，构建完善的物种 DNA 序列的标准数据库及物种信息库共享平台是实现 DNA 宏条形码技术准确、快速鉴定物种的关键。在气候变化、物种灭绝加速的大背景下，应加强生物分类学、生物信息学、生态学和计算机学交叉学科的研究，开发更加准确、稳健的评估方法，形成普遍可以接受的利用 DNA 序列鉴定物种的分析标准，从而为土壤生物多样性在大尺度上的研究和生物多样性保护提供更加科学的依据。

2. 功能基因组学在土壤生物潜在功能研究中的应用

土壤微生物在地球化学物质循环、能量转换和环境修复等方面发挥着重要作用。土壤微生物最显著的成效就是分解有机质，释放出营养元素供植物利用。土壤微生物的代谢产物还可以分解矿物质从而促进土壤中难溶性物质的溶解。土壤微生物还具有固氮作用，将空气中的氮气转化为植物能够利用的固定态氮化物。此外，土壤微生物含有大量未知种群，具有许多不为科学家所知的强大功能，因此，土壤微生物多样性及其功能常被比作"黑箱"（Jansson and Prosser，2013）。随着分子生物学技术的进步，尤其是功能基因组学技术的革命性突破，使得对完整的微生物基因组信息开发成为可能，不仅可以全面了解微生物的各种功能，更能认识其重要的代谢和调控机制。

功能基因组学又称为后基因组学，其研究内容包括基因功能发现、基因表达分析及突变检测。高通量测序技术和基因芯片技术作为宏基因组学最为成熟的关键技术，其全面性、准确性及信息深度都远胜过传统技术。宏基因组测序通过直接从环境样品中提取全部生物的 DNA 来构建宏基因组文库，利用焦磷酸测序对样品中全部遗传物质（包括物种组成、进化及功能基因信息）进行测定。目前应用最为广泛的是 454 测序技术和 Illumina 测序技术，其中，llumina 测序因读取片段长、错误率低、通量高和成本低更占优势。基因芯片是一种小型化的 DNA 阵列，它通过在固体基质的表面固定大量 DNA 探针，形成二维 DNA 探针阵列；将荧光标记后的目标物与之杂交，通过检测杂交信号对生物样品进行高效检测及分析（He et al.，2007）。功能基因芯片 GeoChip 可以对微生物群落的功能基因进行测定，用于对原位微生物群落功能结构和代谢功能的研究（van Nostrand et al.，2009）。最新的 GeoChip 5.0 版本涵盖超过 70 000 种探针，靶向与基础生物地球化学循环、能量代谢及抗性等热点研究主题密切相关的 2400 多种功能基因家族中的 260 000 余种编码基因（Wang et al.，2017c）。两种技术各具特色和优势。高通量测序准确度高，对环境微生物群落的主要物种和功能基因的识别真实、可靠，并且可以发现新基因；但其分析方法复杂，并且由于通量的限制，信息深度、定量性还不够好，不易发现群落中丰度较低的微生物。基因芯片则在定量性、对环境污染的抗性、准确性、微生物基因检验的深度和效率上更具有优势，但不能发现新基因。

功能基因组作为土壤微生物学的前沿研究，为土壤生态学研究提供了全新的视角，并取得了相当大的进展。Zhou 等（2011）基于功能基因芯片对长期增温下土壤微生物的功能基因进行研究，发现增温提高了分解易降解碳的基因丰度，但没有改变分解难降解碳的基因（图 6-10）。Yang 等（2013）对中国青藏高原高寒草甸生态系统土壤微生物群落的研究发现，放牧实验导致毒素降解基因、抗环境压力基因和抗生素抗性基因的丰度增加，但抑制了碳循环过程的相关基因。Mackelprang 等（2011）基于 454 测序技术的研究，发现当永久冻土随气温升高而融化时，显著改变了参与碳氮循环的微生物功能基因，而且永久冻土的甲烷释放与基因丰度变化存在相关性。可见，微生物功能基因的变化可以在一定程度上反映其功能的变化，有助于解释微生物调控的生态学过程对环境变化的响应和反馈机制。

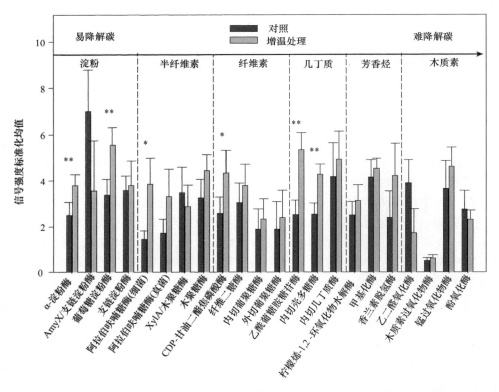

图 6-10　微生物功能基因对增温处理的响应（改自 Zhou et al., 2011）
*和**分别表示成对 t 检验时增温处理和对照间的差异达到显著水平（$P<0.05$）和极显著水平（$P<0.01$）

3. 宏转录组学在微生物群落基因表达与调控中的应用

宏基因组学虽然能够提供微生物群落中遗传物质的总和及潜在功能信息，但仍不能揭示在特定时空生境下微生物功能基因的动态表达与调控，更无法明确微生物对环境变化而做出的响应等问题。而在转录与表达水平上进一步研究则可以解决这一问题。宏转录组学是在宏基因组学之后兴起的一门新学科，研究特定环境、时间下微生物群体在某特定条件下基因转录体的总和（包括 mRNA 和 rRNA）。该技术不仅具有宏基因组技术的优点，还可以针对微生物群落的某种特殊功能进行研究，并且能够将特定条件下的生物群落及其功能联系到一起（Urich et al., 2008）。宏转录组学在具有许多优点的同时，其技术要求也远比宏基因组学更高。首先，由于 mRNA 极易降解，需要将 RNA 反转录为 cDNA。其次，从环境微生物提取的总 RNA 中，具有价值的 mRNA 仅占 1%~5%，这就需要在提取之后剔除核糖体 RNA，并对 mRNA 进行富集（Leininger et al., 2006），这些挑战在一定程度上限制了宏转录组学的广泛应用。尽管如此，在现有技术条件下，宏转录组学在多种生境中的应用仍然带来了很多新发现。

采用宏转录组学的方法研究土壤微生物的各种功能及代谢过程，不仅可以大量发掘微生物资源，还可以为探索微生物群落功能和调控机制奠定基础。Holmes 等（2009）基于宏转录组学的技术成功获得编码碳氮循环中重要功能蛋白的 mRNA，并发现白天和夜晚微生物群落的代谢活性及其基因表达有明显差异。Urich 等（2008）通过对所提取的 mRNA 和 rRNA 同时进行宏转录组学分析获得土壤微生物群落结构和功能信息（图 6-11），并有效地将两者联系起来，同时避免其他方法固有的偏差。Tartar 等（2009）通过对白蚁及其肠道内的共生菌构建 cDNA 文库进行宏转录组学分析，挖掘出 171 个具有编码木质纤维素酶活性的转录子；可见，宏转录组学分析有利于认识微生物群落中的主要降解者与代谢过程。Damon 等（2012）对山毛榉和红杉森林土壤中的宏转录组中真核 cDNA 进行测序，发现大部分碳水化合物活性酶与真菌没有关系，如部分 GH45 内切纤维素酶与软体动物的关系更近，而 GH7 纤维二糖水解酶与甲壳纲动物的关系最近，说明在土壤有机质的降解中非真菌的真核生物可能也起着重要作用。此外，该研究还发现了之前未知的并具有功能性的转录序列。这表明宏转录组学在挖掘潜在新基因方面有巨大潜力。

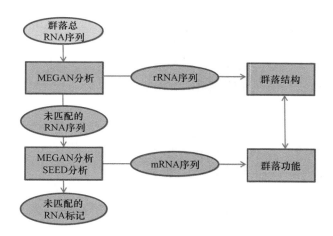

图 6-11 基于宏转录组学同时分析微生物群落结构和功能的流程
（改自 Urich et al., 2008）

虽然已报道的宏转录组学研究还为数不多，但是它在土壤生态学研究中的重要性已经很好地体现出来。宏转录组学能够直接反映实时环境下的表达信息，为微生物资源的开发和利用提供宝贵的信息，具有巨大的生物学和生态学意义。宏转录组学的研究工作目前尚处于初级阶段，仍存在许多问题有待解决。一方面，RNA 半衰期较短且和蛋白质的相关性低，阻碍了宏转录组学的广泛应用及发展；另一方面，开发对宏转录组学中的大量数据进行有效分析的生物信息学软件也是一大难点。

4. 宏蛋白质组学在探索微生态系统功能中的应用

土壤微生物是陆地生态系统中不可或缺的一部分，在自然界各种元素循环中起重要作用，而且它们大多具有许多独特的生物功能，如可以适应高温等极端环境、降解复杂有机化合物，使微生物具有这些独特功能是因为它们具有一些特殊的酶。众所周知，大多数酶的化学本质是蛋白质，因此对不同生态系统中所具有的蛋白质的研究就显得特别重要，宏蛋白质组学就是基于这种研究思路诞生的。由于基因表达的时空特异性、基因重复和蛋白质修饰作用等，相对于宏基因组学和宏转录组学，宏蛋白质组学的研究可以更直观地得到微环境中微生物生物功能及其变化的信息。宏基因组学并不能揭示复杂环境条件下环境微生物基因特异性表达及其功能，而这种信息往往是生态学研究中最关注的部分，宏蛋白质组学则可以直接检测微生境中各种酶的含量，弥补了这个弊端（郝纯等，2008）。

宏蛋白质组学是对特定时间和环境下微生物群落的所有蛋白质组成进行即时大规模的分析技术（Rodríguez-Valera，2004）。宏蛋白质组学的研究策略一般包括环境总蛋白质提取纯化、分离、质谱分析及参照数据库进行蛋白质鉴定（于仁涛等，2009）。环境总蛋白质提取纯化一般是以经典的生物化学、细胞生物学和分子生物学技术为基础，与经典的蛋白质组学研究方法相似，但其研究对象是复杂的生态环境中所有的蛋白质，一些具有重要功能的蛋白质往往是低丰度蛋白质，如何在提取和纯化的过程中不至于丢失这些重要的蛋白质是宏蛋白质组学的研究难点（Kan et al.，2005）。蛋白质分离常采取凝胶的（如双向凝胶电泳）或非凝胶的（如液相色谱）方法。蛋白质鉴定一般采取各种质谱分析方法。对蛋白质组的解读依赖于蛋白质的精确鉴定，是蛋白质组学研究的核心内容，也是目前宏蛋白质组学研究所面临的最大挑战（Liska and Shevchenko，2003）。

宏蛋白质组学研究正式出现于 2004 年，在 Wilmes 等对具有生物除磷功能的活性污泥的研究中首次明确提出了宏蛋白质组学的概念（Wilmes and Bond，2004），展现了宏蛋白质组学技术在探索环境微生物特殊功能方面的巨大作用。Schulze 等（2005）的研究表明可以通过对胁迫环境下宏蛋白质组的研究，得到其相应的蛋白质"指纹"，显示了宏蛋白质组学可以较全面地揭示特殊环境下微生物基因特异性表达及其功能变化特征。Ram 等（2005）通过结合宏蛋白质组学和宏基因组学对极端环境微生物进行研究，并利用其研究成果构建了在这种极端环境下能量和物质的代谢循环模式图，展现了宏组学整合研究的强大力量。可见，虽然现在已经开展的宏蛋白质组学的研究很少，但是在特殊功能蛋白质的开发、极端环境中功能基因表达及生态元素循环等研究领域，宏蛋白质组学已经初步展示了其强大的功能（Herbst et al.，2016）。

宏蛋白组学研究期望能够建立一套对特定环境下蛋白质的组成、丰度、新陈代谢及相互作用等信息有效监控的体系，有助于理解特殊生境下生物群落演变过程和生物学本质。宏蛋白质组学研究正在发挥日益重要的作用，但同时充满了各种挑战，主要表现在难以提取环境中的微量蛋白质、复杂样品蛋白质纯化、高通量蛋白质的鉴定和相应数据分析软件的开发等。这些问题的解决将促使宏蛋白质组学走向成熟，在土壤生态学和环境生态学等的应用方面发挥重要作用。

5. 宏代谢组学在土壤生态过程研究中的应用

代谢物是生物信息传递的终端层次，代谢物组能直观反映生物体、细胞对所处环境的响应。宏代谢组学是继宏基因组学、宏转录组学和宏蛋白质组学之后兴起的系统生物学的一个新的分支，通过考察生物体系受刺激或扰动前后代谢产物图谱及其动态变化，进而研究生物体系代谢网络的一种技术（Fiehn，2002）。宏代谢组学的研究对象主要是相对分子质量 1000 以下的内源性小分子。与转录组学和蛋白质组学等其他组学相比，具有以下优点：①代谢组学的研究不需要进行全基因组测序；②代谢物的种类远少于生物群落的基因和蛋白质数目；③代谢物水平可以放大基因和蛋白质表达的微小变化。通过代谢组学研究既可以发现生物体在受到各种内外环境扰动后的应答反应，也可以区分同一物种不同个体之间的表型差异。

代谢组学以质谱和核磁共振技术为分析平台，以高通量检测和数据处理为手段，以信息建模与系统整合为目标，已成为生态学研究的有力工具（Ram et al.，2005；Geyer，2013）。随着代谢组学与生态学之间学科交叉融合的日益深入，宏代谢组学研究已不再局限于单一生物体代谢物组的生态学响应，而是外延到生态系统中各种生态学过程与功能对环境变化如极端气候、环境胁迫和人为干扰等的响应。例如，代谢组学技术通过分析土壤中小分子及大量大分子代谢物，进而了解微生物种群与植物凋落物组分间的关系（Portais and Delort，2002）。Scullion 等（2003）采用傅里叶变换红外光谱技术，绘制了土壤蚯粪中微生物群落的代谢指纹图谱，开创了土壤微生物群落结构和生态学过程相结合研究的先河。可见，代谢组学技术能够实现环境样本中代谢物组的实时高通量分析，有助于深入研究土壤生物群落调控的生态过程与功能特征随环境变化的内在机制。

宏代谢组学概念的提出使研究者从宏观的视角了解生态系统中生物群落与环境之间各组分动态的结构、数量与功能成为可能（Bundy et al.，2009）。如何利用代谢组学技术实现这一目标，面临诸多挑战。首先，代谢物组分数量庞大，难以在生物生态学功能与代谢响应改变之间建立关联。其次，研究视野局限，主要关注研究对象与代谢物组变化间的关系，缺少从更加宏观的生态学视角设计实验，如将气候变化、土地利用方式等环境因素纳入研究范畴。最后，缺少代谢组学与其他系统生物学组学技术的结合，基因组学和蛋白质组学可以显示微生态系统可能发生什么，而代谢组学则可以反映确实发生了什么。因此，只有组学技术联用，才能够从适应—选择—进化的水平深刻理解生物之间及其与生境间的相互作用。

进入后基因组时代，随着宏组学（宏基因组、宏转录组、宏蛋白质组和宏代谢组）的发展，宏组学之间的联系越来越紧密。宏基因组学可以确定土壤生物群落的物种组成和潜在功能信息；宏转录组学可以用来测定基因表达和推测关键的代谢通路；宏蛋白质组学可以确定某一特殊生境下生物基因特异性表达及其功能等。基于这 3 种方法的整合宏组学从系统生物学视角研究微生物（图 6-12），可以在全局的角度从不同水平对土壤微生物群落结构及功能进行解析，为土壤生态学领域的进一步发展提供新的研究动力。

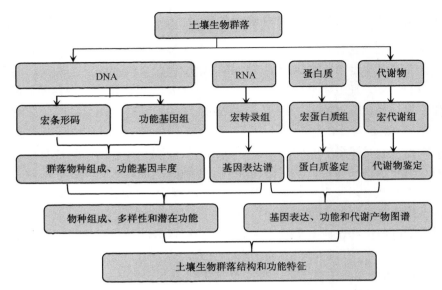

图 6-12 宏组学技术研究土壤生物群落的结构与功能

第三节 新平台：土壤生态学研究野外控制实验平台

一、国际野外控制实验平台

（一）美国凋落物移除和转换野外控制实验平台

除了部分化能和光能营养型的微生物与藻类以外，绝大多数土壤生物赖以生存的能源最终来源于植物的光合作用。植物光合作用合成的有机质主要通过凋落物和根系分泌物的途径进入土壤，供土壤生物利用。凋落物和根系分泌物成为土壤食物网的能源基础，在很大程度上调控土壤食物网的结构和功能。凋落物-土壤界面和根际也成为土壤生态系统中重要的生物活性热点区域。因此，凋落物添加、移除和转移（detritus input，removal and transfer）的野外长期资源控制实验平台，即 DIRT 实验平台，是研究土壤食物网结构和功能调控机制的重要途径。

美国的 DIRT 实验源于 1956 年的威斯康星大学树木园（图 6-13），其设计者 Francis D. Hole 为了了解植物在土壤有机质累积方面的作用而在该植物园的 Wingra 硬木林、Noe 硬木林和 Curtis 草地 3 个生态系统建立了一个控制凋落物和根系输入的实验平台，该实验平台的实验设计包括对照、凋落物去除、凋落物加倍、阻断根系、凋落物去除+阻断根系、减少地被物等 6 个实验处理（Nielsen and Hole，1963），该平台到现在已经运行 60 多年，并且还在继续（Lajtha et al.，2014b）。受到 Hole 实验设计的激发，从 20 世纪 90 年代初开始，Knute J. Nadelhoffer 等基于美国长期生态学研究计划（Long-Term Ecological Research Program）的野外台站，先后在美国哈佛森林（建于 1990 年）（Bowden et al.，1993）、宾夕法尼亚的 Bousson 实验站（1991 年）（Bowden et al.，2014）、俄勒冈州的 H. J. Andrews 森林实验站（1997 年）（Sulzman et al.，2005）和密歇根大学生物实验站（2004 年）等多个研究地点建立了一个大型的 DIRT 实验平台网络，这些 DIRT 实验平台的实验处理更为完善，除了包括 Hole 设置的 5 个处理之外，还添加了表层腐殖质土壤去除处理（Nadelhoffer et al., 2006），可以充分了解植物地上和地下部分资源输入对土壤生态过程的调控作用。

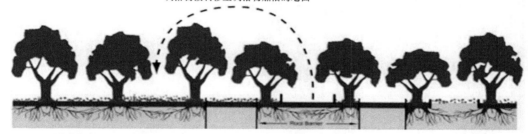

图 6-13　美国威斯康星大学树木园第一个 DIRT 实验样地示意图
CONTROL. 对照；DOUBLE LITTER. 凋落物加倍；NO ROOTS. 阻断根系来源的碳输入；NO LITTER. 凋落物去除；
NO INPUTS. 阻断根系和凋落物来源的碳输入；O/A LESS. 减少 O/A 层凋落物和其他有机质

基于这些 DIRT 野外控制实验平台的研究结果，美国学者在主流生态学和土壤学期刊上发表了一系列重要的学术论文（Brant et al., 2006；Crow et al., 2009；Lajtha et al., 2014a；Rousk and Frey, 2015），对了解地上资源如何调控土壤生物群落结构和关键过程做出了重要贡献，并且为一些经典的土壤生态学理论，如土壤食物网能流通道等概念（Rousk and Frey, 2015），提供了许多新的证据和修订。美国的 DIRT 实验平台设计对其他国家的相关研究也具有重要的促进作用。例如，英国剑桥大学生态学家 E. V. J. Tanner 等在巴拿马巴罗科罗拉多岛（Barro Colorado）建立的凋落物去除/添加实验（Sayer et al., 2011），德国拜罗伊特（Bayreuth）大学 Egbert Matzner 等在德国 Steigerwald 国家森林公园建立的凋落物去除和添加长期控制实验（Kalbitz et al., 2007），以及河南大学在中国多个典型森林建立的资源输入控制实验等，都对理解通过地上和地下植物资源输入调控土壤生物群落结构和生态过程做出了重要贡献。随着新技术，如分子生物学技术和同位素技术等的应用，未来 DIRT 实验平台将会对土壤食物网结构与功能的研究做出更大的贡献。

（二）英国 Sourhope 土壤生物多样性野外实验平台

自 1992 年《生物多样性公约》签订以来，生物多样性成为全球科学界、政府和公众皆关注的议题。其中，土壤生物多样性研究也受到各国学术界的广泛关注。在这个背景下，1997 年英国自然环境研究理事会（UK Natural Environment Research Council）共投入 585 万英镑资助一个大型的土壤生物多样性研究项目（Copley，2000）。该项目在英国 Macaulay 土地利用研究所（Macaulay Land Use Research Institute）Sourhope 实验站（Sourhope Research Station）建立了一个 1 hm^2 的草地控制实验平台（图 6-14），以深入研究土壤各关键生物类群及其驱动的生态过程（Fitter et al.，2005；Usher and Davidson，2006）。

图 6-14　Sourhope 土壤生物多样性实验平台及稳定同位素标记设施

1997～2004 年，在这块 1 hm^2 的草地实验平台上，来自英国多所研究机构的 100 多名土壤生态学研究者一共开展了 27 个与土壤生物有关的科研项目。这个项目在人类历史上首次把一个土壤生态系统几乎所有的土壤生物类群及其驱动的功能进行了深入的研究。该项目充分利用了当时的新技术，如分子生物学技术（Fitter et al.，2005）、稳定同位素标记技术（Staddon et al.，2004）、稳定同位素核酸探针技术（Radajewski et al.，2000）等来揭示土壤生物多样性及其在 C、N 养分循环中的作用。该项目的研究充分展示了局域尺度上土壤生物的高度多样性，并且首次定量揭示了光合作用产生的 C 在土壤食物网中的快速传递和周转（Staddon et al.，2003a，2003b；Johnson et al.，2005）。基于 Sourhope 1 hm^2 的实验平台，土壤生物多样性项目研究团队在 21 世纪初共发表论文 76 篇，其中在 Science 和 Nature 期刊上发表论文 5 篇，并且在 Applied Soil Ecology 上发表了一个专刊，举办了两次大型土壤生物多样性研讨会，大大促进了土壤生态学的发展。除了 Sourhope 土壤生物多样性研究取得的科研成果外，其多团队协作、各种新技术集成应用、小尺度密集型深入研究等理念，对目前和未来土壤生物学实验平台的建设也具有重要的参考价值。

（三）全球无脊椎动物分解凋落物实验平台

在全球尺度上理解土壤生物驱动关键生态过程的普遍规律和格局（Fierer et al.，

2009），是土壤生态地理学研究的核心任务之一，也是当今土壤生态学面临的重要挑战。因此，建立全球尺度的土壤生态学研究平台，并且在这些平台上开展统一的土壤生态过程研究，是深入了解关键土壤生态过程时空变异规律及调控因素的基础，也是促进土壤生态学理论深入发展的重要手段。在 20 世纪和 21 世纪之交，美国著名土壤生态学家 Diana H. Wall 领衔建立的全球凋落物-无脊椎动物分解实验平台（Global Litter Invertebrate Decomposition Experiment，GLIDE）（Wall et al.，2008）是全球尺度土壤生态过程研究的重要代表（图 6-15）。这个全球尺度的实验平台分布在全球 6 个大陆的 36 个研究地点，跨越 43°S 到 68°N，涵盖各个气候区。整个实验统一进行管理，采用同一种分解底物，包括两个处理，即对照和去除土壤动物。该实验的结果于 2008 年发表（Wall et al.，2008），研究发现土壤动物在凋落物分解中的作用存在明确的生态地理分布格局。

Wall 的实验对后续的大尺度土壤生态学实验平台建设有重要的启发作用。之后，法国科学院的 Stephan Hättenschwiler 与其合作者建立了另一个有代表性的、跨越热带到亚北极 5 个气候带的凋落物分解实验（Handa et al.，2014；García-Palacios et al.，2016）。这个实验的设计更为复杂，不但考虑了凋落物本身的功能性状多样性（4 种不同功能性状的凋落物及其组合，一共 15 个处理），还考虑了不同个体大小无脊椎动物类群的作用（设置 3 种网孔：5 mm、1 mm 和 0.25 mm）。这个大尺度凋落物分解研究的结果再一次指出无脊椎分解者在凋落物分解中的重要作用，并且这些分解者动物的群落结构组成越复杂，在凋落物分解和养分周转方面起的作用越大（Handa et al.，2014；García-Palacios et al.，2016）。

这些全球尺度的凋落物分解-土壤动物互作实验平台为后续建立全球尺度的土壤生态学实验平台提供了重要的参考模式。除此之外，借助目前已经建立的各种全球生态学研究网络平台，也是研究关键土壤生态过程及其对全球变化响应和适应地理分布格局的重要途径及机会。例如，目前正在开展的全球草地养分网络（Nutrient Network）（Stokstad，2011；Borer et al.，2014）和全球树木多样性实验网络（TreeDivNet）（Verheyen et al.，2016）可以提供理想的实验平台，用于研究土壤生物及其驱动的关键过程的全球地理分布格局。

（四）美国全球变化多因子交互实验平台

人类活动日益对地球系统造成严重的影响，如大气 CO_2 浓度升高、活性氮素沉降增加、植物多样性减少等。这些因为人类活动加剧引起的全球变化的因子不但会影响地上植被的生产力和多样性，还会对土壤生物群落和关键生态过程造成各种正面和负面的影响。为了更好地理解多个全球变化因子对生态系统结构与功能的影响，1997 年以美国明尼苏达大学 Peter Reich 为首的生态学家在著名的 Cedar Creek 生态科学实验区（Cedar Creek Ecoscience Reserve）建立了一个多因子交互的野外全球变化控制实验平台（图 6-16），该实验包括控制植物多样性、CO_2 浓度、氮沉降及其交互作用，简称 BioCON 实验平台。该野外实验平台为研究植物多样性、氮沉降、CO_2 浓度升高及它们之间的交互作用如何影响土壤食物网结构和功能提供了很好的基础。自该实验平台建立以来，来自多个研究机构的学者在此开展了诸多研究，许多研究成果已经发表在包括 *Nature* 在内的国际著名期

254 | 土壤生态学——土壤食物网及其生态功能

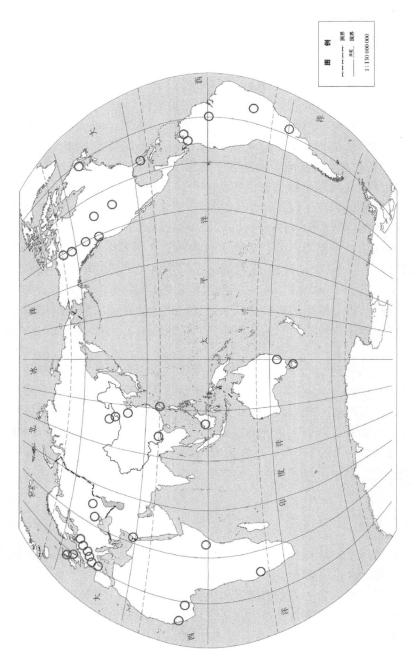

图6-15 全球凋落物-无脊椎动物分解实验平台（改自Wall et al., 2008）
红圈为分布在全球6个大陆16个国家的36个研究地点

图 6-16　BioCON 实验样地俯瞰图

刊上（Reich et al., 2001, 2006; Reich, 2009; Hungate et al., 2017），对全球变化生态学研究有较大的影响。其中 Eisenhauer 等（2012, 2013）在这个平台上研究了土壤食物网结构发生的变化，周集中团队的研究人员在这个平台上研究了土壤微生物及其驱动过程的变化（He et al., 2010）。这些研究为理解土壤食物网结构和功能如何响应和适应多个全球变化因子及其交互作用提供了很好的范例。BioCON 实验平台目前在之前 3 个全球变化因子（植物多样性、CO_2 浓度、氮沉降）的基础上，增设了增温和水分控制实验处理，以理解更为复杂的全球变化多因子交互对生态系统结构和功能的影响，也为未来充分理解更为复杂的全球变化条件下土壤生态系统结构与命运提供了条件，同时为更加复杂、接近现实情况的多因子交互控制实验平台建设提供了有价值的参考。

（五）模拟自然生态系统复杂性的 Ecotron 精密控制实验平台

在全球尺度上了解土壤生物及其驱动的关键过程的生态地理分布格局对于促进土壤生态学理论统一意义重大，深入了解土壤生物之间的相互作用及机制对完善土壤生态学理论同样至关重要（Wall and Moore, 1999; Moore and de Ruiter, 2012）。土壤是地球系统生物多样性最高的生境之一（Bardgett and van der Putten, 2014），这些功能、形态多样的土壤生物相互作用，形成一个复杂的食物网，加之土壤结构本身的复杂性，如何有效地控制和构建特定的土壤食物网结构，从而考察土壤食物网的功能，成为目前土壤生态学研究面临的一个重要挑战。目前，欧洲多个国家正在积极建设的 Ecotron 实验平台，为研究土壤食物网的生态功能提供了重要的基础条件。

Ecotron 本质上就是一个精密可控的生态箱（Lawton et al., 1993），类似于土壤生态学领域传统的微宇宙实验装置。但是 Ecotron 的规模更大，内部环境可以通过计算机系统自动调控（Verdier et al.，2014）。研究者根据需要，可以构建不同复杂程度的生态系统，也可以把野外一定面积内的整个生态系统完整移植过来，通过调控 Ecotron 内部的环境条件，开展各种土壤生态学控制实验。Ecotron 的设计理念来源于早期植物生理学家 Fritz Went 建立的植物控制箱（phytotron）和气候控制室（climatron）。Ecotron 这个词汇也由在 Fritz Went 实验室做访问的法国学者 Frode Eckardt 最早提出，并且最早在法国蒙彼利埃植物园建立了一个 Ecotron 平台。这些早期的 Ecotron 实验平台，主要用于植物生理生态学研究。1992 年，英国著名生态学家 John Hartley Lawton 在伦敦的帝国理工学院建立的 Ecotron 实验平台（Lawton et al.，1993），以及 2010 年 Jacques Roy 在法国蒙彼利埃建立的 Ecotron 实验平台（Mougin et al.，2015），对土壤生态学的发展有重要的价值。在这两个 Ecotron 实验平台成功运行的激发下，欧洲正在建立一个 Ecotron 实验平台网络（Mougin et al.，2015）。目前，除了以上介绍的两个 Ecotron 实验平台之外，巴黎高等师范学院（Verdier et al.，2014）、德国莱比锡的综合生物多样性研究中心（iDiv）和比利时哈塞尔特（Hasselt）大学都已经建立了 Ecotron 实验平台。

Lawton 在伦敦的帝国理工学院建立的 Ecotron 实验平台包括 16 个独立的、由计算机控制内部环境的重复实验单元（图 6-17），每个实验单元为 4 m^2，里面可以同时构建多个小型的生态系统（Lawton et al.，1993；Lawton 1995，1996）。法国蒙彼利埃的 Ecotron 实验平台包括微宇宙（microcosm）、中宇宙（mesocosm）和大宇宙（macrocosm）3 个独立的实验体系，可以开展不同尺度的精密控制实验（图 6-18）。目前基于这两个 Ecotron 实验平台，已经开展了多个土壤生态学实验（Jones et al.，1998；Bradford et al.，2002；Coulis et al.，2015），包括 Bradford 等（2002，2014）关于土壤生物多样性与生态系统功能研究的经典实验。Ecotron 实验平台的设计理念之一是在尽量不破坏自然系统的前提下，精确地控制各种环境和生物因素，最大程度地模拟自然系统本身的运作模式及其对环境变化的响应和适应，这对研究复杂土壤生态系统以及地上-地下生物互作尤为重要。因此，Ecotron 实验平台是目前和未来深入理解土壤食物网及其生态功能的重要手段，Ecotron 实验平台网络的建立将会在土壤生态学的发展中起着重要的作用。

二、国内野外控制实验平台

近年来，在中国科学院和科技部的资助下国内陆续建立了很多野外控制实验平台（贺纪正等，2015），对中国的生态学、地理学及相关学科的发展起了积极的推动作用。虽然这些平台建立的初衷不一，但客观上为土壤生态学的研究建立了很好的野外设施基础。

（一）国家生态系统野外科学观测研究站网络

在中国生态系统研究网络（CERN）的基础上，中国科学院牵头，联合了各个部委的野外台站，于 2005 年建立了国家生态系统观测研究网络（CNERN），该网络包括 51 个野外台站、2 个监测网和 1 个综合研究中心；其中国家农田生态站 18 个、国家森林生

第六章 土壤生态学研究新视角 | 257

图 6-17 英国伦敦帝国理工学院 Ecotron 的内部构造和实验设置
图片来自 http://www3.imperial.ac.uk/cpb/history/theecotron/

图 6-18 法国蒙彼利埃的 Ecotron 实验平台
上图为该 Ecotron 平台的外观，中间为内部的实验设置，下图为控制中心；图片来自 http://ecotron.cnrs.fr/

态站 17 个、国家草地与荒漠生态站 9 个、国家水体与湿地生态站 7 个、国家土壤肥力站网 1 个、国家种质资源圃网 1 个、国家生态系统综合研究中心 1 个（图 6-19）。国家生态系统野外科学观测研究网络是生态学和相关学科的重要研究平台。国家生态系统野外科学观测研究站网络要求所有陆地生态系统的研究站点必须开展土壤微生物生物量及其关键土壤生态过程如土壤呼吸作用、氮矿化等的长期观测与研究，如果增加一些与土壤动物相关的指标如土壤动物多样性、食物网结构动态监测，这个设施全面的野外平台将在土壤生物学和土壤生态学研究中发挥重要作用（贺纪正等，2015）。

图 6-19　国家生态系统野外科学观测研究站分布

（二）国家土壤肥力与肥料效益监测站网络

1987 年，中国农业科学院土壤肥料研究所（简称中国农科院土肥所）牵头，联同吉林省农科院土肥所、新疆农科院土肥所、陕西省农科院土肥所、河南省农科院土肥所、西南农业大学、中国农科院湖南红壤实验站和浙江省农科院土肥所，在我国 8 个主要土壤类型上建设国家级大型土壤肥力与肥料效应长期定位监测实验站网络。2006 年，科技部命名为"国家土壤肥力与肥料效益监测站网（简称肥力网）"，正式进入国家野外台站。肥力网主要研究在我国不同区域、土壤类型和施肥制度条件下肥料利用率以及肥料的农学和生态环境效应；不同水热梯度带农田土壤肥力质量和环境质量演变规律，最佳施肥制度以及集约化养殖废弃物农业利用的环境效应。如果增加一些与土壤生物相关的指标，肥力网将成为土壤生物学和土壤生态学研究的重要野外实验平台（贺纪正等，2015）。

(三)森林土壤动物生态功能研究平台

由于近年来土壤生态学发展迅速,越来越受到科学界的关注,2008 年中国科学院率先启动了"森林土壤动物多样性及其生态功能"重要方向项目,该项目由中国科学院华南植物园、中国科学院西双版纳热带植物园和中国科学院沈阳应用生态研究所合作承担。项目的野外样地设置在依托于 3 个合作单位的野外台站:广东鹤山森林生态系统国家野外科学观测研究站、云南西双版纳森林生态系统国家野外科学观测研究站、湖南会同森林生态系统国家野外科学观测研究站。项目在 3 个野外台站设计了同样的实验,主要实验处理包括土壤动物剔除或保留、氮素添加或不添加、植物种植或不种植,每个处理设置 5 个重复样方,采用随机区组设计(图 6-20)。目的是揭示土壤动物、氮素和植物三方互作如何影响有机质分解、土壤呼吸、氮矿化等土壤生态过程。相关成果已经在 *Soil Biology and Biochemistry* 和 *Journal of Animal Ecology* 等土壤学科和生态学科优秀期刊上发表(Lv et al.,2016;Shao et al.,2017,2018)。

图 6-20 森林土壤动物生态功能研究平台(傅声雷提供)

(四)植被与土壤恢复实验平台

华南地区土壤多为红壤和砖红壤,加上暴雨多且集中,水土流失非常严重,开展植被恢复和土壤恢复的研究尤为重要。2005 年,中国科学院华南植物园在广东鹤山共和镇建立了一个"植被与土壤恢复实验平台",主要针对华南地区水土流失严重问题开展植被和土壤恢复机制与模式应用研究。这个实验平台总面积约为 50 hm^2,设置了包括烧山与不烧山、灌草剔除与保留、纯林与混交林等对比实验处理 14 个,每个实验处理设 3 个重复样方,每个样方面积约为 1 hm^2(图 6-21,图 6-22)。研究内容包括不同处理下的植物群落演变、土壤微生物和土壤动物区系动态、有机质分解与养分循环、水土保持效应等方面。2006年，依托这个实验平台，获得了国家自然科学基金重点项目的资助，项目名称为"华南地区受损丘陵生态系统植被和土壤恢复机制及格局优化研究"。通过该项目的实施，已经获得了丰厚的成果，陆续发表在 Soil Biology and Biochemistry、Functional Ecology、Plant and Soil、Forest Ecology and Management 等优秀期刊上（Zhang and Fu，2009；Wu et al.，2011；Zhao et al.，2011；Wang et al.，2011）。这些成果于2016年获得了"广东省科学技术奖一等奖"。这个实验平台的特点是大规模、多处理、多重复，在国内甚至国际森林生态系统研究中独具特色，最近，中国林业科学研究院、浙江农林大学、江西农业大学等单位分别建立了类似的实验平台（Wang et al.，2010；Li et al.，2013）。

图 6-21　植被与土壤恢复实验平台（恢复前）（傅声雷提供）

图 6-22　植被与土壤恢复实验平台（恢复后）（傅声雷提供）

（五）氮沉降野外控制实验平台

因为人口剧增导致大量化肥的施用和汽车尾气排放剧增，氮沉降已成为威胁生物多样性最严重的三大因素之一，开展森林生态系统对氮沉降的响应研究对于了解全球变化背景下森林生态系统的命运及生态系统服务评估具有重要意义。氮沉降野外实验系统是开展森林生态系统对氮沉降的响应研究的重要平台。

1. 林下模拟氮沉降野外控制实验平台

2002年，中国科学院华南植物园率先在鼎湖山国家级自然保护区内建立了我国第一个"林下模拟氮沉降野外控制实验平台"。随后，不同团队分别在不同区域建立了类似的平台，开展氮沉降对植物群落和土壤生物区系以及生态过程的影响研究。基于这些"林下模拟氮沉降野外控制实验平台"，我们对于氮沉降对森林生态系统的影响有了初步的认识（Mo et al.，2006；Fang et al.，2011；Lu et al.，2015；Jing et al.，2017）。为了更系统地了解氮沉降对我国典型森林生态系统结构与功能的影响，2010年中国科学院植物研究所和北京大学合作，在中国东部从热带雨林到寒温带针叶林等7个典型森林生态系统建立了一个大尺度的中国森林养分增加实验（Nutrient Enrichment Experiments in China's Forests，NEECF）（图6-23）。NEECF实验平台涵盖了中国东部典型的地带性植被，共包括10个林下模拟氮沉降野外控制实验，设置不同的氮添加浓度。该平台目前主要用于监测林下氮添加对植物多样性、生产力以及土壤碳和养分循环的影响（Du et al.，2013）。由于NEECF实验网络在空间上的跨度和实验处理上的一致性，为大尺度上了解林下氮添加如何影响森林土壤食物网结构和功能提供了重要的研究平台。

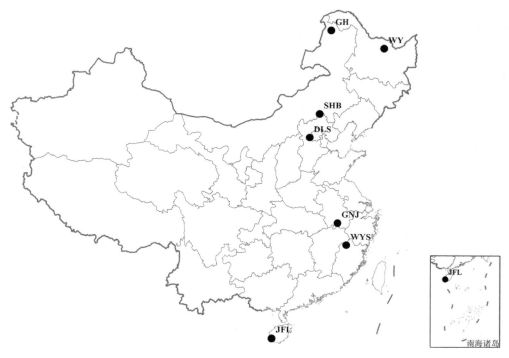

图6-23　林下模拟氮沉降野外控制实验平台（改自 Du et al., 2013）
JFL. 尖峰岭；WYS. 武夷山；GNJ. 牯牛降；DLS. 东灵山；SHB. 塞罕坝；WY. 五营；GH. 根河

2. 林冠模拟氮沉降野外控制实验平台

因为"林下模拟氮沉降野外控制实验平台"主要采用对森林生态系统的林下植被喷施含氮溶液的方法，忽略了氮沉降对森林生态系统植被冠层生物区系（植物、微生物、动物等）及其生态过程的影响，因此建立"林冠模拟氮沉降野外控制实验系统"，可以更真实地模拟氮沉降过程。2012年，中国科学院华南植物园与河南大学合作，先后在河南省鸡公山国家级自然保护区和广东省英德石门台国家级自然保护区，分别选择地带性植被落叶阔叶混交林和常绿阔叶林作为研究对象，建成了"林冠模拟氮沉降野外控制实验平台"（图6-24）。在每个实验点，按照随机区组设计分别设置了以下5种实验处理：①对照；②林冠模拟低浓度氮沉降；③林冠模拟高浓度氮沉降；④林下模拟低浓度氮沉降；⑤林下模拟高浓度氮沉降。每个处理设4个重复圆形样方，半径为17 m，即每个样

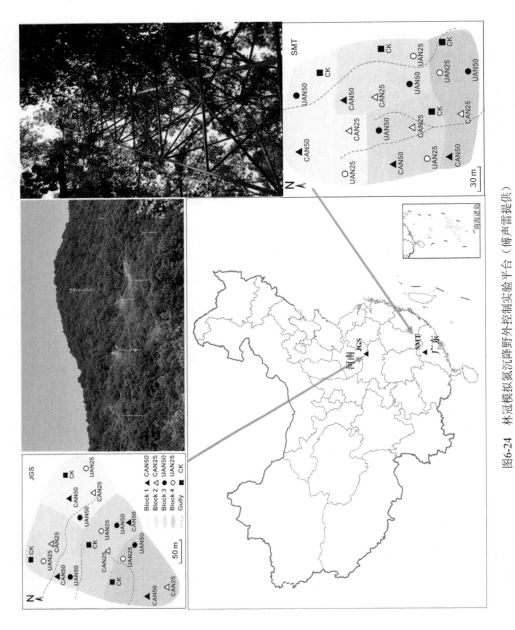

图6-24 林冠模拟氮沉降野外控制实验平台（傅声雷提供）

JGS. 河南鸡公山；SMT. 广东石门台；CK. 不施氮对照样地；UAN. 林下施氮；CAN. 林冠施氮；25和50为两个施氮浓度，单位为kg N/(hm²·a)；Block为实验所设的区组，对应不同的颜色；Gully为溪谷，以虚线表示

方面积约为 907 m²。对于林冠模拟氮沉降的实验处理，建立了一系列的铁塔和喷淋系统（超出森林冠层 5~8 m），定期对森林进行氮沉降模拟处理。依托该实验平台，获得了 12 项国家自然科学基金面上或青年项目。这些项目的研究内容包括植物群落结构、功能性状、森林冠层生物区系、土壤生物区系及其生态过程对氮沉降的响应与适应。该实验平台考虑了森林冠层对氮沉降中不同形态氮的吸附、吸收、转化等过程，是目前世界上第一个采用野外控制实验途径从自然林冠层喷施氮的设施，是全球变化研究领域方法学上的重要突破，系列成果将陆续被报道（Zhang et al., 2015; Shi et al., 2016）。

（六）森林、草地和农田土壤移位实验设施

1. 草地原位土柱移位实验设施

全球变化对植物群落和土壤生物区系造成了严重的影响，但是全球变化因子很多（CO_2 浓度、氮沉降、气温、降水、土地利用方式、生物入侵等）而且相互影响，很难区分各影响因子的相对贡献。不同纬度带对植物群落和土壤生物区系的影响主要受气温、降水和土壤类型等因子驱动，将相同土壤类型的原位土柱埋设在不同的纬度带，通过控制实验手段调控水分输入，使得区分降水和气温的相对贡献成为可能。2008 年，中国科学院华南植物园与中国农业科学院农业资源与农业区划研究所、中国科学院遗传与发育生物学研究所农业资源研究中心、华中农业大学等单位合作，建立了中国第一个"草地原位土柱移位实验"设施（图 6-25）。在内蒙古呼伦贝尔典型草原挖掘 80 个大型原位土柱（直径 30 cm、深 40 cm），然后分别安放在呼伦贝尔（49.14°N，119.43°E，年均气温 −2℃，年均降水量为 351.3 mm）、石家庄（37°53′N，114°41′E，年均气温 12.3℃，年均降水量为 475 mm）、武汉（30.37°N，114.20°E，年均气温 16℃，年均降水量为 1269 mm）、广州（23.10°N、113.18°E、年均气温 22℃，年均降水量为 1982 mm）等 4 个实验点。每个研究地点设置"自然降水"和"遮雨+控制水分输入" 2 个处理，每个处理设 10 个重复。对土壤微生物生物量、代谢活性、群落结构、功能多样性和遗传多样性、植被的物种组成和生物量、土壤养分等指标，结合土壤温度和水分指标都进行定期监测，主要研究温度升高对土壤生物群落结构和功能的影响，揭示土壤生物对温度升高的响应和适应机制。

图 6-25 草原原位土柱移位实验（刘占锋提供）

随后，河南大学在内蒙古东乌旗、多伦县、四子王旗三地挖掘了 54 个大型原位土柱（2.2 m 长×1.5 m 宽×1.2 m 高），统一安置在内蒙古多伦生态实验站。采用拉丁方设计，即 3 种草地类型、每种草地类型设置 3 个区组，共 9 个区组（图 6-26）。草地类型包括典型草原、草甸草原和荒漠草原。每个区组内的实验处理包括：①对照；②增雨 30%（年平均降水量的 30%）；③减雨 30%；④夜间增温 2℃（红外线辐射器增温，6：00 pm～6：00 am）；⑤增温 2℃+增雨 30%；⑥增温 2℃+减雨 30%。实验目的是量化 3 种温带草原植被和土壤对气候变化敏感性的差异、揭示气候变化情景下地上、地下结构和功能的维持及其机制（Qiu，2014）。

2. 森林、农田土壤剖面移位实验设施

2005 年，中国科学院南京土壤研究所与中国科学院东北地理与农业生态研究所合作，沿中国东部南北热量梯度带上选择 3 个国家生态系统野外科学观测研究站，包括海伦站（47°26′N，126°38′E）、封丘站（35°00′N，114°24′E）和鹰潭站（28°15′N，116°55′E），分别代表寒温带、暖温带和中亚热带，年平均温度分别为 1.5℃、13.9℃和 17.6℃（图 6-27）。在海伦站、封丘站和鹰潭站分别选择黑土、潮土和红壤，挖掘土壤剖面（1.4 m 长×1.2 m 宽×1 m 深）相互置换到其他站点。土壤剖面按照剖面顺序挖掘至 1 m 深，每层 20 cm，共 5 层；然后再按照剖面顺序安置。每个实验点每种土壤安置 7 个土壤剖面，即 1 个对照（不施肥、不种玉米）小区，3 个不施肥种植玉米的小区和 3 个施肥种植玉米的小区。土壤互置实验（the soil reciprocal transplant experiment，SRTE）的目的是研究不同气候、种植施肥和土壤条件下微生物群落结构和功能的演变特征及其影响因子，如气温升高或降低对微生物群落演变速率的影响（Liang et al.，2015），以及对有机质分解的影响（Wang et al.，2012）。

中国科学院华南植物园的研究团队在广东鼎湖山国家级自然保护区内，选取位于海拔 600 m 的山地常绿阔叶林、330 m 的针阔叶混交林和 30 m 的季风常绿阔叶林为研究对象。在海拔 600 m、330 m 和 30 m 处分别建立 3 个、6 个和 12 个约 3 m×3 m 的"土壤剖面移位 Macrocosm"样地（图 6-28）。具体设置如下：①海拔 600 m 的 3 个 Macrocosm 填埋来自山地常绿阔叶林的黄壤；②海拔 330 m 的 6 个 Macrocosm 中，3 个填埋来自山地常绿阔叶林的黄壤，另外 3 个 Macrocosm 填埋来自针阔叶混交林的赤红壤；③海拔 30 m 处的 12 个 Macrocosm，其中 3 个填埋来自山地常绿阔叶林的黄壤，3 个 Macrocosm 填埋来自针阔叶混交林的赤红壤，另外 6 个填埋来自季风常绿阔叶林的赤红壤（其中 3 个采用红外辐射装置+箱式增温进行人为辅助增温，增温幅度为（1.5±0.5）℃，模拟气温上升）。所有土壤都按照土壤剖面对应层次进行填埋，即 40～70 cm 土层的土壤填埋在 40～70 cm 土层，20～40 cm 土层的土壤填埋在 20～40 cm 土层，0～20 cm 土层的土壤填埋在 0～20 cm 土层。在不同 Macrocosm 中移栽 6 种相应森林类型的优势植物树苗，这样就在不同海拔模拟构建了山地常绿阔叶林、针阔叶混交林和季风常绿阔叶林生态系统。利用海拔梯度的下降模拟气温上升是本实验采取的主要增温方式，理论上鼎湖山海拔 600 m 的地方比海拔 330 m 处温度下降约 1.5℃，海拔 330 m 处比海拔 30 m 处温度下降约 1.5℃。通过将不同海拔的植物和土壤移位到相对低的海拔，可以实现以温度为

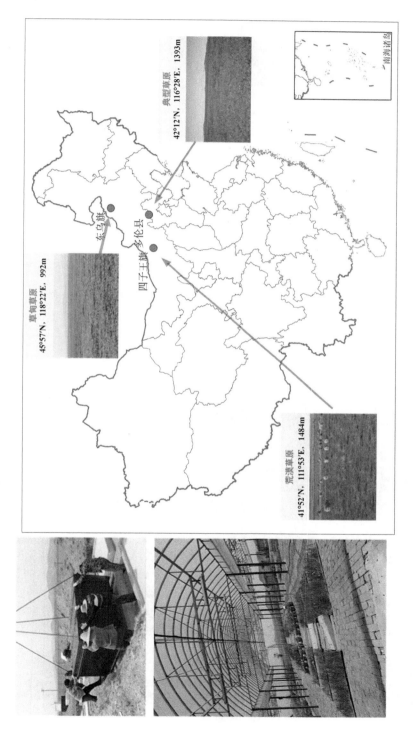

图6-26 草原大型原位土柱移位实验（万师强提供）

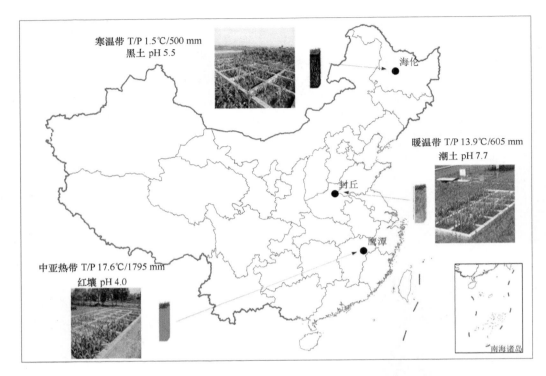

图 6-27　农田土壤剖面分层移位实验（孙波提供）

图 6-28　森林土壤剖面分层移位实验（刘菊秀提供）

主的环境因子的人工改变；同时，可以准确控制森林生态系统的输入和输出，实现对森林生态系统地上、地下结构和功能的定量研究（刘菊秀等，2013；Li et al.，2016b；Fang et al.，2016）。

（七）资源输入改变与土壤生态过程研究平台

森林生态系统林下灌草和凋落物对维持土壤生物群落、物种多样性及土壤食物网结构至关重要，但是林下灌草与地表凋落物在自然状态下同时存在，无法区分两者对土壤生物及其生态过程影响的相对贡献。为了厘清林下灌草和地表凋落物的相对贡献，2016年河南大学土壤生态学研究团队选择了常绿阔叶林、暖温带落叶阔叶林和寒温带落叶红松林，开展了"资源输入改变（resource input alteration，RIA）对土壤生态过程影响"的研究。实验地点分别在鼎湖山国家级自然保护区（23°09′21″N～23°11′30″N，112°30′39″E～112°33′41″E）、宝天曼国家级自然保护区（33°20′N～33°36′N，111°47′E～112°04′E）和长白山国家级自然保护区（41°41′49″N～42°51′18″N，127°42′55″E～128°16′48″E），年平均气温分别为 22.7℃、17.1℃和 1.4℃。在每个实验点设置 4 个实验区组，每个区组包含以下 4 种实验处理：①对照；②剔除灌草；③剔除凋落物；④剔除灌草和凋落物。每种处理的实验样方面积为 100 m²（10 m 长×10 m 宽），每个实验点布置了 16 个实验样方。实验采用多地点随机区组设计，即所有实验处理在每个区组中随机布置（图 6-29）。

图 6-29　资源输入改变与土壤生态过程研究平台（马磊提供）

（八）土壤生物互作与可持续农业实验平台

在广东省鹤山市桃源镇一片番石榴果园内，设置了 5 个一级处理：①清耕对照；②清耕并种植菌根植物（百喜草）；③清耕并种植根瘤植物（柱花草）；④清耕并种植菌根植物和根瘤植物；⑤清耕并施化肥。然后在每一个一级处理下，分别设置以下 3 种二级处理：①不添加对照；②添加蚯蚓；③添加菌剂（仅在百喜草样地实施）。实验为随机区组设计，包括 6 个区组，每个区组都包含 5 个一级处理和 3 个二级处理，共计 30 个约 100 m² 的样地（图 6-30）。以此为主要研究平台，结合室内实验，开展菌根植物、固氮植物和土壤动物三方互作的应用基础研究，目的是阐明不同管理措施下果园的土壤生物群落和土壤肥力变化、物质迁移的变化规律，充分利用土壤生物的土肥调节功能，构建华南地区退化坡地可持续农业发展模式。依托此平台，2012 年获得国家自然科学基金委-广东省政府联合基金资助，项目名称是："华南退化红壤坡地不同恢复模式构建及其养分持留和调控机制"。已有部分研究结果发表在 *Soil Biology and Biochemistry* 等优秀期刊上（Cui et al.，2015；Zhou et al.，2017）。

图 6-30　土壤生物互作与可持续农业实验平台（张卫信提供）

（九）全球变化土壤生态学研究平台

气温上升、降水格局改变被认为是全球变化的主要驱动因子，因此，中国科学院植物研究所、中国科学院沈阳应用生态研究所、中国科学院西北高原生物研究所、中国科学院华南植物园、河南大学、华东师范大学等多家单位建立了"模拟气温增加"和"模拟降水格局改变"等全球变化生态学研究野外实验平台。虽然这些平台依托单位不同、建立时间不同，但是其科学目标基本一致，主要是为了揭示全球变化对生态系统地上、地下结构和功能的影响。模拟"降水格局改变"的野外实验的研究对象包括森林（吉林长白山、广东鼎湖山、广东鹤山、浙江古田山、浙江天童山等）和草地（内蒙古多伦、内蒙古锡林郭勒、青海海北等）生态系统。"模拟气温增加"的野外实验平台主要在草地（内蒙古多伦、内蒙古锡林郭勒、青海海北等）生态系统开展。目前国内还没有在森林生态系统中开展"模拟气温增加"的野外实验（开顶箱设施除外），但是福建师范大学于2014年在福建三明市人工杉木林和格氏栲林建立的"土壤加温实验平台"，弥补了全球变暖对森林生态系统影响野外实验平台建设方面的不足（Liu et al.，2017b）。

第四节 展　　望

1. 加强土壤生态学和地理学的结合，推动土壤生态地理学新领域的发展

这需要我们更加关注长时间尺度的数据积累、大空间尺度的采样分析或者开展多地点的控制实验，以获得土壤生态过程的普适性规律。

2. 利用国家野外科学观测研究网络，加强土壤生态学的联网研究

国家生态系统观测研究网络（CNERN）包括17个森林生态站、18个农田生态站、9个草地与荒漠生态站和7个水体与湿地生态站，为生态学和相关学科的联网实验研究打下了坚实的基础。只有加强野外实验联网研究，才可能产出有较大影响的研究成果。另外，我国不少学者已经在不同生态系统开展了不同全球变化因子（气温、降水、氮沉降等）的野外控制实验，土壤生态过程也是这些实验的重要研究内容；如果能够通过国家基金重大项目或者重点研发计划把不同研究团队及其工作进行整合，将有利于土壤生态学和土壤生态地理学的发展。

3. 应用食物网等生态学原理，构建生物互作实验平台

平台的建设必须同时考虑到土壤微生物、土壤动物、植物及植食性昆虫的相互作用。单个类群的研究无法解析整个土壤食物网的生态功能，只有通过生物之间互作（包括地上、地下植物，动物和微生物）的研究，才能探讨植物多样性对土壤生物多样性的影响以及土壤生物对植物多样性和生长的反馈。

4. 将同位素技术（稳定性和放射性）和其他方法结合起来运用

除C、N同位素外，还可引入O、S等其他同位素，并与磷脂脂肪酸技术和分子技术结合运用。例如，通过同位素标记和示踪技术，可以在短期内快速揭示碳氮循环过程；若与PLFA、DNA高通量、宏基因组分析及微生物残体的氨基糖分析等结合（Radajewski et al, 2003；Neufeld et al., 2007），可以将特定的碳氮循环过程与特定的微生物类群直接联系起来，最终确定主要微生物类群在这些关键生态过程中的贡献。

5. 构建完善的物种 DNA 序列的标准数据库及物种信息库共享平台

该平台的建设是实现利用 DNA 宏条形码技术准确、快速鉴定物种的关键。在气候变化、物种灭绝加速的大背景下，应加强生物分类学、生物信息学、生态学和计算机学交叉学科的研究，开发更加准确、稳健的评估方法，形成普遍可以接受的利用 DNA 序列鉴定物种的分析标准，从而为土壤生物多样性在大尺度上的研究和土壤生物多样性保护提供更加科学的依据。

参 考 文 献

白伟宁, 张大勇. 2014. 植物亲缘地理学的研究现状与发展趋势[J]. 生命科学, 26: 125-137.
车荣晓, 王芳, 王艳芬, 等. 2016. 土壤微生物总活性研究方法进展[J]. 生态学报, 36: 2103-2112.
陈炼, 吴琳, 刘燕, 等. 2016. 环境 DNA metabarcoding 及其在生态学研究中的应用[J]. 生态学报, 36: 4573-4582.
陈宜瑜, 刘焕章. 1995. 生物地理学的新进展[J]. 生物学通报, 30: 1-4.
程叶青, 张平宇. 2006. 生态地理区划研究进展[J]. 生态学报, 26: 3424-3433.
方精云, 于贵瑞, 任小波, 等. 2015. 中国陆地生态系统固碳效应[J]. 中国科学院院刊, 30: 848-857.
傅伯杰, 刘宇. 2014. 国际生态系统观测研究计划及启示[J]. 地理科学进展, 33: 893-902.
韩锦涛, 韩黄英, 李素清. 2008. 山西省生态地理区划[J]. 中国农业资源与区划, 29: 17-21.
韩书成, 濮励杰. 2008. 土地利用分区内容及与其他区划的关系[J]. 国土资源科技管理, 25: 11-16.
郝纯, 刘庆华, 杨俊仕, 等. 2008. 宏蛋白质组学: 探索环境微生态系统的功能[J]. 应用与环境生物学报, 14: 270-275.
贺纪正, 陆雅海, 傅伯杰. 2015. 土壤生物学前沿[M]. 北京: 科学出版社.
胡焕庸. 1982a. 生态地理学简介[J]. 经济地理, 2(3): 186.
胡焕庸. 1982b. 新兴的生态地理学[J]. 生态学杂志, 1(4): 59-60.
胡慧建, 蒋志刚, 王祖望. 2003. 宏生态学(Macroecology)及其研究[J]. 生态学报, 23: 1192-1199.
冷疏影, 李新荣, 李彦, 等. 2009. 我国生物地理学研究进展[J]. 地理学报, 64: 1039-1047.
刘菊秀, 李跃林, 刘世忠, 等. 2013. 气温上升对模拟森林生态系统影响实验的介绍[J]. 植物生态学报, 37: 558-565.
刘晔, 吴绍洪, 郑度, 等. 2008. 中国中温带东部生态地理区划的土壤指标选择[J]. 地理学报, 63: 1169-1178.
鲁芬, 明庆忠, 刘宏芳. 2014. 生态地理学发展历程及在中国的研究与展望[J]. 地球科学期刊, 4: 118-124.
秦养民. 2016. "生态地理学"教学改革探索: 问题与途径[J]. 科教文汇, 372: 53-54.
邵元虎, 张卫信, 刘胜杰, 等. 2015. 土壤动物多样性及其生态功能[J]. 生态学报, 35: 6614-6625.
时雷雷, 傅声雷. 2014. 土壤生物多样性研究: 历史、现状与挑战[J]. 科学通报, 59: 493-509.
苏文, 郭学兵, 何洪林. 2016. 国家生态系统观测研究网络食物资源服务研究[J]. 科学管理研究, 36: 102-106.
孙鸿烈. 2006. 生态系统评估的科学问题与研究方法[J]. 资源科学, 28: 2-3.
孙双峰, 黄建辉, 林光辉, 等. 2005. 稳定同位素技术在植物水分利用研究中的应用[J]. 生态学报, 25: 2362-2371.
王传胜, 范振军, 董锁成, 等. 2005. 生态经济区划研究——以西北 6 省为例[J]. 生态学报, 25: 1804-1810.
王淑平, 周广胜, 吕育财, 等. 2002. 中国东北样带(NECT)土壤碳、氮、磷的梯度分布及其与气候因子的关系[J]. 植物生态学报, 26: 513-517.

吴金水, 肖和艾. 2004. 土壤微生物生物量碳的表观周转时间测定方法[J]. 土壤学报, 41: 401-407.

于仁涛, 高培基, 韩黎, 等. 2009. 宏蛋白质组学研究策略及应用[J]. 生物工程学报, 25: 961-967.

张素芳, 马礼. 2013. 浅谈中国生态地理区划研究进展[J]. 首都师范大学学报(自然科学版), 34: 64-68.

张新时, 杨奠安. 1995. 中国全球变化样带的设置与研究[J]. 第四纪研究, 15(1): 43-52.

赵灿灿, 王伟. 2014. 氚标记胸腺嘧啶掺入法在土壤细菌生长速率研究中的应用[J]. 热带亚热带植物学报, 22: 101-106.

郑度, 葛全胜, 张雪芹, 等. 2005. 中国区划工作的回顾与展望[J]. 地理研究, 24: 330-344.

郑度, 杨勤业, 吴绍洪, 等. 2008. 中国生态地理区域系统研究[M]. 北京: 商务印书馆.

周广胜, 何奇瑾. 2012. 生态系统响应全球变化的陆地样带研究[J]. 地球科学进展, 27: 563-572.

周脚根, 黄道友. 2006. 土壤微生物量碳周转分析方法及其影响因素[J]. 中国生态农业学报, 14: 131-134.

Abd El-Wakeil KF. 2009. Trophic structure of macro- and meso-invertebrates in Japanese coniferous forest: carbon and nitrogen stable isotopes analyses[J]. Biochemical Systematics and Ecology, 37: 317-324.

Aira M, Gomez-Brandon M, Lazcano C, et al. 2010. Plant genotype strongly modifies the structure and growth of maize rhizosphere microbial communities[J]. Soil Biology and Biochemistry, 42: 2276-2281.

Andrews M, James EK, Sprent JI, et al. 2011. Nitrogen fixation in legumes and actinorhizal plants in natural ecosystems: values obtained using ^{15}N natural abundance[J]. Plant Ecology and Diversity, 4: 131-140.

Arao T. 1999. *In situ* detection of changes in soil bacterial and fungal activities by measuring ^{13}C incorporation into soil phospholipid fatty acids from ^{13}C acetate[J]. Soil Biology and Biochemistry, 31: 1015-1020.

Bååth E. 1992. Thymidine incorporation into macromolecules of bacteria extracted from soil by homogenization-centrifugation[J]. Soil Biology and Biochemistry, 24: 1157-1165.

Bååth E. 1994. Measurement of protein synthesis by soil bacterial assemblages with the leucine incorporation technique[J]. Biology and Fertility of Soils, 17: 147-153.

Bååth E. 2001. Estimation of fungal growth rates in soil using ^{14}C-acetate incorporation into ergosterol[J]. Soil Biology and Biochemistry, 33: 2011-2018.

Bååth E. 2003. The use of neutral lipid fatty acids to indicate the physiological conditions of soil fungi[J]. Microbial Ecology, 45: 373-383.

Bardgett RD, van der Putten WH. 2014. Belowground biodiversity and ecosystem functioning[J]. Nature, 515: 505-511.

Bearhop S, Waldron S, Votier SC, et al. 2002. Factors that influence assimilation rates and fractionation of nitrogen and carbon stable isotopes in avian blood and feathers[J]. Physiological and Biochemical Zoology, 75: 451-458.

Beng KC, Tomlinson KW, Shen XH, et al. 2016. The utility of DNA metabarcoding for studying the response of arthropod diversity and composition to land-use change in the tropics[J]. Scientific Reports, 6: 24965.

Bengtson P, Sterngren AE, Rousk J. 2012. Archaeal abundance across a pH gradient in an arable soil and its relationship to bacterial and fungal growth rates[J]. Applied and Environmental Microbiology, 78: 5906-5911.

Birgander J, Reischke S, Jones DL, et al. 2013. Temperature adaptation of bacterial growth and ^{14}C-glucose mineralization in a laboratory study[J]. Soil Biology and Biochemistry, 65: 294-303.

Blüthgen N, Gebauer G, Fiedler K. 2003. Disentangling a rainforest food web using stable isotopes: dietary diversity in a species-rich ant community[J]. Oecologia, 137: 426-435.

Bocherens H, Drucker D. 2003. Trophic level isotopic enrichment of carbon and nitrogen in bone collagen: case studies from recent and ancient terrestrial ecosystems[J]. International Journal of Osteoarchaeology, 13: 46-53.

Boddey RM, Peoples MB, Palmer B, et al. 2000. Use of the ^{15}N natural abundance technique to quantify biological nitrogen fixation by woody perennials[J]. Nutrient Cycling in Agroecosystems, 57: 235-270.

Borer ET, Harpole WS, Adler PB, et al. 2014. Finding generality in ecology: a model for globally distributed experiments[J]. Methods in Ecology and Evolution, 5: 65-73.

Boutton TW, Arshad MA, Tieszen LL. 1983. Stable isotope analysis of termite food habits in East African grasslands[J]. Oecologia, 59: 1-6.

Bowden RD, Deem L, Plante AF, et al. 2014. Litter input controls on soil carbon in a temperate deciduous forest[J]. Soil Science Society of America Journal, 78: S66-S75.

Bowden RD, Nadelhoffer KJ, Boone RD, et al. 1993. Contributions of aboveground litter, belowground litter, and root respiration to total soil respiration in a temperate mixed hardwood forest[J]. Canadian Journal of Forest Research, 23: 1402-1407.

Boyer F, Mercier C, Bonin A, et al. 2016. OBITools: a Unix-inspired software package for DNA metabarcoding[J]. Molecular Ecology Resources, 16: 176-182.

Bradford MA, Jones TH, Bardgett RD, et al. 2002. Impacts of soil faunal community composition on model grassland ecosystems[J]. Science, 298: 615-618.

Bradford MA, Wood SA, Bardgett RD, et al. 2014. Discontinuity in the responses of ecosystem processes and multifunctionality to altered soil community composition[J]. Proceedings of the National Academy of Sciences, 111: 14478-14483.

Brandt KK, Sjoholm OR, Krogh KA, et al. 2009. Increased pollution-induced bacterial community tolerance to sulfadiazine in soil hotspots amended with artificial root exudates[J]. Environmental Science and Technology, 43: 2963-2968.

Brant JB, Myrold DD, Sulzman EW. 2006. Root controls on soil microbial community structure in forest soils[J]. Oecologia, 148: 650-659.

Brown JH, Maurer BA. 1986. Body size, ecological dominance and Cope's rule[J]. Nature, 324: 248-250.

Brown JM. 1995. Macroecology[M]. Chicago: Chicago University Press.

Bundy JG, Davey MP, Viant MR. 2009. Environmental metabolomics: a critical review and future perspectives[J]. Metabolomics, 5: 3-21.

Chahartaghi M, Langel R, Scheu S, et al. 2005. Feeding guilds in Collembola based on nitrogen stable isotope ratios[J]. Soil Biology and Biochemistry, 37: 1718-1725.

Chamberlain PM, Black HIJ. 2005. Fatty acid composition of Collembola: unusually high proportions of C20 polyunsaturated fatty acids in a terrestrial invertebrate[J]. Comparative Biochemistry and Physiology Part B: Biochemistry and Molecular Biology, 140: 299-307.

Chamberlain PM, Bull ID, Black HIJ, et al. 2004. Lipid content and carbon assimilation in Collembola: implications for the use of compound-specific carbon isotope analysis in animal dietary studies[J]. Oecologia, 139: 325-335.

Chaussod R, Houot S, Guiraud D, et al. 1988. Size and Turnover of The Microbial Biomass in Agricultural Soil: Laboratory and Field Measurement[M]. In: Jenkinson DS, Smith KA. Nitrogen Efficiency in Agricultural Soil. London: Elsevier: 312-328.

Chen J, Ferris H, Scow KM, et al. 2001. Fatty acid composition and dynamics of selected fungal-feeding nematodes and fungi[J]. Comparative Biochemistry and Physiology Part B: Biochemistry and Molecular Biology, 130: 135-144.

Chen Y, Dumont MG, McNamara NP, et al. 2008. Diversity of the active methanotrophic community in acidic peatlands as assessed by mRNA and SIP-PLFA analyses[J]. Environmental Microbiology, 10: 446-459.

Coissac E, Riaz T, Puillandre N. 2012. Bioinformatic challenges for DNA metabarcoding of plants and animals[J]. Molecular Ecology, 21: 1834-1847.

Copley J. 2000. Ecology goes underground[J]. Nature, 406: 452-454.

Coulis M, Fromin N, David JF, et al. 2015. Functional dissimilarity across trophic levels as a driver of soil processes in a Mediterranean decomposer system exposed to two moisture levels[J]. Oikos, 124: 1304-1316.

Crow SE, Lajtha K, Filley TR, et al. 2009. Sources of plant-derived carbon and stability of organic matter in soil: implications for global change[J]. Global Change Biology, 15: 2003-2019.

Cui H, Zhou Y, Gu Z, et al. 2015. The combined effects of cover crops and symbiotic microbes on phosphatase gene and organic phosphorus hydrolysis in subtropical orchard soils[J]. Soil Biology and Biochemistry, 82: 119-126.

Damon C, Lehembre F, Oger-Desfeux C, et al. 2012. Metatranscriptomics reveals the diversity of genes expressed by eukaryotes in forest soils[J]. PLoS One, 7: e28967.

Darby BJ, Todd TC, Herman MA. 2013. High-throughput amplicon sequencing of rRNA genes requires a copy number correction to accurately reflect the effects of management practices on soil nematode community structure[J]. Molecular Ecology, 22: 5456-5471.

Darwin C. 1964. The Origin of Species[M]. Reprinted. Cambridge: Harvard University Press.

DeNiro MJ, Epstein S. 1981. Influence of diet on the distribution of carbon isotopes in animals[J]. Geochimica et Cosmochimica Acta, 42: 495-506.

Dowling NJE, Widdel F, White DC. 1986. Phospholipid ester-linked fatty acid biomarkers of acetate-oxidizing sulphate-reducers and other sulphide-forming bacteria[J]. Journal of General Microbiology, 132: 1815-1825.

Du E, Zhou Z, Li P, et al. 2013. NEECF: a project of nutrient enrichment experiments in China's forests[J]. Journal of Plant Ecology, 6: 428-435.

Dungait JAJ, Kemmitt SJ, Michallon L, et al. 2011. Variable responses of the soil microbial biomass to trace concerntrations of ^{13}C-labelled glucose, using ^{13}C-PLFA analysis[J]. European Journal of Soil Science, 62: 117-126.

Dunstan GA, Volkman JK, Barrett SM, et al. 1994. Essential polyunsaturated fatty acids from 14 species of diatom(Bacillariophyceae)[J]. Phytochemistry, 35: 155-161.

Eisenhauer N, Cesarz S, Koller R, et al. 2012. Global change belowground: impacts of elevated CO_2, nitrogen, and summer drought on soil food webs and biodiversity[J]. Global Change Biology, 18: 435-447.

Eisenhauer N, Dobies T, Cesarz S, et al. 2013. Plant diversity effects on soil food webs are stronger than those of elevated CO_2 and N deposition in a long-term grassland experiment[J]. Proceedings of the National Academy of Sciences, 110: 6889-6894.

Elfstrand S, Lagerlof J, Hedlund K, et al. 2008. Carbon routes from decomposing plant residues and living roots into soil food webs assessed with ^{13}C labelling[J]. Soil Biology and Biochemistry, 40: 2530-2539.

Endlweber K, Ruess L, Scheu S. 2009. Collembola switch diet in presence of plant roots thereby functioning as herbivores[J]. Soil Biology and Biochemistry, 41: 1151-1154.

Fang X, Zhou G, Li Y, et al. 2016. Warming effects on biomass and composition of microbial communities and enzyme activities within soil aggregates in subtropical forest[J]. Biology and Fertility of Soils, 52: 353-365.

Fang Y, Koba K, Makabe A, et al. 2015. Microbial denitrification dominates nitrate losses from forest ecosystems[J]. Proceedings of the National Academy of Sciences, 112: 1470-1474.

Fang Y, Yoh M, Koba K, et al. 2011. Nitrogen deposition and forest nitrogen cycling along an urban-rural transect in southern China[J]. Global Change Biology, 17: 872-885.

Fiehn O. 2002. Metabolomics-the link between genotypes and phenotypes[J]. Plant Molecular Biology, 48: 155-171.

Fierer N, Grandy AS, Six J, et al. 2009. Searching for unifying principles in soil ecology[J]. Soil Biology and Biochemistry, 41: 2249-2256.

Fitter AH, Gilligan CA, Hollingworth K, et al. 2005. Biodiversity and ecosystem function in soil[J]. Functional Ecology, 19: 369-377.

Ford H, Rousk J, Garbutt A, et al. 2013. Grazing effects on microbial community composition, growth and nutrient cycling in salt marsh and sand dune grasslands[J]. Biology and Fertility of Soils, 49: 89-98.

France RL, Peters RH. 1997. Ecosystem differences in the trophic enrichment of ^{13}C in aquatic food webs[J]. Canadian Journal of Fisheries and Aquatic Sciences, 54: 1255-1258.

Frostegard A, Bååth E. 1996. The use of phospholipid fatty acid analysis to estimate bacterial and fungal biomass in soil[J]. Biology Fertility of Soils, 22: 59-65.

Frostegard A, Tunlid A, Bååth E. 2011. Use and misuse of PLFA measurements in soils[J]. Soil Biology and

Biochemistry, 43: 1621-1625.

Galloway JN, Dentener FJ, Capone DG, et al. 2004. Nitrogen cycles: past, present, and future[J]. Biogeochemistry, 70: 153-226.

García-Palacios P, McKie BG, Handa IT, et al. 2016. The importance of litter traits and decomposers for litter decomposition: a comparison of aquatic and terrestrial ecosystems within and across biomes[J]. Functional Ecology, 30: 819-829.

Gaston KJ. 2000. Macroecology[M]. Cambridge: Cambridge University Press.

Gearing JN. 1991. The Study of Diet and Trophic Relationships through Natural Abundance ^{13}C[M]. *In*: Coleman DC, Fry B. Carbon Isotope Techniques. San Diego: Academic Press: 201-218.

Geyer T. 2013. Modeling metabolic processes between molecular and systems biology[J]. Current Opinion in Structural Biology, 23: 218-223.

Goeransson H, Godbold DL, Jones DL, et al. 2013. Bacterial growth and respiration responses upon rewetting dry forest soils: impact of drought-legacy[J]. Soil Biology and Biochemistry, 57: 477-486.

Groffman PM, Altabet MA, Böhlke JK, et al. 2006. Methods for measuring denitrification: diverse approaches to a difficult problem[J]. Ecological Applications, 16: 2091-2122.

Gruber N, Galloway JN. 2008. An Earth-system perspective of the global nitrogen cycle[J]. Nature, 451: 293-296.

Guckert JB, Ringelberg DB, White DC, et al. 1991. Membrane fatty acids as phenotypic markers in the polyphasic taxonomy of methylotrophs within the Proteobacteria[J]. The Journal of General Microbiology, 137: 2631-2641.

Handa IT, Aerts R, Berendse F, et al. 2014. Consequences of biodiversity loss for litter decomposition across biomes[J]. Nature, 509: 218-221.

Haubert D, Haggblom MM, Langel R, et al. 2006. Trophic shift of stable isotopes and fatty acids in Collembola on bacterial diets[J]. Soil Biology and Biochemistry, 38: 2004-2007.

Haubert D, Haggblom MM, Scheu S, et al. 2004. Effects of fungal food quality and starvation on the fatty acid composition of *Protaphorura fimata* (Collembola)[J]. Comparative Biochemistry and Physiology Part B: Biochemistry and Molecular Biology, 138: 41-52.

Haubert D, Langel R, Scheu S, et al. 2005. Effects of food quality, starvation and life stage on stable isotope fractionation in Collembola[J]. Pedobiologia, 49: 229-237.

He Z, Gentry TJ, Schadt CW, et al. 2007. GeoChip: a comprehensive microarray for investigating biogeochemical, ecological and environmental processes[J]. The ISME Journal, 1: 67-77.

He Z, Xu M, Deng Y, et al. 2010. Metagenomic analysis reveals a marked divergence in the structure of belowground microbial communities at elevated CO_2[J]. Ecology Letters, 13: 564-575.

Heethoff M, Scheu S. 2016. Reliability of isotopic fractionation (Δ^{15}N, Δ^{13}C) for the delimitation of trophic levels of oribatid mites: diet strongly affects Δ^{13}C but not Δ^{15}N[J]. Soil Biology and Biochemistry, 101: 124-129.

Heiner B, Drapela T, Frank T, et al. 2011. Stable isotope ^{15}N and ^{13}C labelling of different functional groups of earthworms and their casts: a tool for studying trophic links[J]. Pedobiologia, 54: 169-175.

Herbst FA, Lünsmann V, Kjeldal H, et al. 2016. Enhancing Metaproteomics—The value of models and defined environmental microbial systems[J]. Proteomics, 16: 783-798.

Hill TCJ, Mcpherson EF, Harris JA, et al. 1993. Microbial biomass estimated by phospholipid phosphate in soils with diverse microbial communities[J]. The Soil Biology and Biochemistry, 25: 1779-1786.

Holmes DE, O'Neil RA, Chavan MA, et al. 2009. Transcriptome of *Geobacter uraniireducens* growing in uranium-contaminated subsurface sediments[J]. The ISME Journal, 3: 216-230.

Hungate BA, Barbier EB, Ando AW, et al. 2017. The economic value of grassland species for carbon storage[J]. Science Advances, 3: e1601880.

Jansson JK, Prosser JI. 2013. Microbiology: The life beneath our feet[J]. Nature, 494: 40-41.

Jenkinson DS, Parry LC. 1989. The nitrogen cycle in Broadbalk wheat experiment: a model for the turnover of nitrogen through the soil microbial biomass[J]. Soil Biology and Biochemistry, 21: 535-541.

Jing X, Chen X, Tang M, et al. 2017. Nitrogen deposition has minor effect on soil extracellular enzyme activities in six Chinese forests[J]. Science of the Total Environment, 607: 806-815.

Johnson D, Krsek M, Wellington EMH, et al. 2005. Soil invertebrates disrupt carbon flow through fungal networks[J]. Science, 309: 1047.

Jones DL, Rousk J, Edwards-Jones G, et al. 2012. Biochar-mediated changes in soil quality and plant growth in a three year field trial[J]. Soil Biology and Biochemistry, 45: 113-124.

Jones TH, Thompson LJ, Lawton JH, et al. 1998. Impacts of rising atmospheric carbon dioxide on model terrestrial ecosystems[J]. Science, 280: 441-443.

Kalbitz K, Meyer A, Yang R, et al. 2007. Response of dissolved organic matter in the forest floor to long-term manipulation of litter and throughfall inputs[J]. Biogeochemistry, 86: 301-318.

Kan J, Hanson TE, Ginter JM, et al. 2005. Metaproteomic analysis of Chesapeake Bay microbial communities[J]. Saline Systems, 1: 1-13.

Kaur A, Chaudhary A, Kaur A, et al. 2005. Phospholipid fatty acid—a bioindicator of environment monitoring and assessment in soil ecosystem[J]. Current Science, 89: 1103-1112.

Kerger BD, Nichols PD, Antworth CP, et al. 1986. Signature fatty acids in the polar lipids of acid-producing *Thiobacillus* spp.: methoxy, cyclopropyl, alpha-hydroxy-cyclopropyl and branched and normal monoenoic fatty acids[J]. FEMS Microbiology Ecology, 38: 67-77.

Knowles R. 1990. Acetylene inhibition technique: development, advantages, and potential problems[J]. Denitrification in Soil and Sediment, 56: 151-166.

Kouno K, Wu J, Brookes PC. 2002. Turnover of biomass C and P in soil following incorporation of glucose or ryegrass[J]. Soil Biology and Biochemistry, 34: 617-622.

Kramer MG, Sollins P, Sletten RS, et al. 2003. N isotope fractionation and measures of organic matter alteration during decomposition[J]. Ecology, 84: 2021-2025.

Kwak TJ, Zedler JB. 1997. Food web analysis of southern California coastal wetlands using multiple stable isotopes[J]. Oecologia, 110: 262-277.

Lahaye R, van der Bank M, Bogarin D, et al. 2008. DNA barcoding the floras of biodiversity hotspots[J]. Proceedings of the National Academy of Sciences of the United States of America, 105: 2923-2928.

Lajtha K, Bowden RD, Nadelhoffer K. 2014a. Litter and root manipulations provide insights into soil organic matter dynamics and stability[J]. Soil Science Society of America Journal, 78: 261-269.

Lajtha K, Townsend KL, Kramer MG, et al. 2014b. Changes to particulate versus mineral-associated soil carbon after 50 years of litter manipulation in forest and prairie experimental ecosystems[J]. Biogeochemistry, 119: 341-360.

Lauber CL, Hamady M, Knight R, et al. 2009. Pyrosequencing-based assessment of soil pH as a predictor of soil bacterial community structure at the continental scale[J]. Applied and Environmental Microbiology, 75: 5111-5120.

Lawton JH, Naeem S, Woodfin RM, et al. 1993. The Ecotron: a controlled environmental facility for the investigation of population and ecosystem processes[J]. Philosophical Transactions: Biological Sciences, 341: 181-194.

Lawton JH. 1995. Ecological experiments with model systems[J]. Science, 269: 328-331.

Lawton JH. 1996. The Ecotron facility at Silwood park: The value of "big bottle" experiments[J]. Ecology, 77: 665-669.

Lechevalier H, Lechevalier MP. 1988. Chemotaxonomic Use of Lipids—An Overview[M]. *In*: Ratledge C, Wilkinson SG. Microbial Lipids. London: Academic Press.

Lee AKY, Chan CK, Fang M, et al. 2004. The 3-hydroxy fatty acids as biomarkers of quantification and characterization of endotoxins and Gram-negative bacteria in atmospheric aerosols in Hong Kong[J]. Atmospheric Environment, 38: 6307-6317.

Lehmitz R, Maraun M. 2016. Small-scale spatial heterogeneity of stable isotopes signatures (δ^{15}N, δ^{13}C) in *Sphagnum* sp. transfers to all trophic levels in oribatid mites[J]. Soil Biology and Biochemistry, 100: 242-251.

Leininger S, Urich T, Schloter M, et al. 2006. Archaea predominate among ammonia-oxidizing prokaryotes in soils[J]. Nature, 442: 806-809.

Lemanski K, Scheu S. 2014. Incorporation of ^{13}C labelled glucose into soil microorganisms of grassland: effects of fertilizer addition and plant functional group composition[J]. Soil Biology and Biochemistry, 69: 38-45.

Li Y, Niu S, Yu G. 2016a. Aggravated phosphorus limitation on biomass production under increasing nitrogen loading: a meta-analysis[J]. Global Change Biology, 22: 934-943.

Li Y, Zhang J, Chang SX, et al. 2013. Long-term intensive management effects on soil organic carbon pools and chemical composition in *Moso bamboo* (*Phyllostachys pubescens*) forests in subtropical China[J]. Forest Ecology and Management, 303: 121-130.

Li Y, Zhou G, Huang W, et al. 2016b. Potential effects of warming on soil respiration and carbon sequestration in a subtropical forest[J]. Plant and Soil, 409: 247-257.

Liang Y, Jiang Y, Wang F, et al. 2015. Long-term soil transplant simulating climate change with latitude significantly alters microbial temporal turnover[J]. The ISME Journal, 9: 2561-2572.

Liska AJ, Shevchenko A. 2003. Combining mass spectrometry with database interrogation strategies in proteomics[J]. Trends in Analytical Chemistry, 22: 291-298.

Liu M, Wang Z, Li S, et al. 2017a. Changes in specific leaf area of dominant plants in temperate grasslands along a 2500-km transect in northern China[J]. Scientific Reports, 7: 10780.

Liu X, Yang Z, Lin C, et al. 2017b. Will nitrogen deposition mitigate warming-increased soil respiration in a young subtropical plantation[J]? Agricultural and Forest Meteorology, 246: 78-85.

Lu F, Ming Q, Liu H. 2014. Development progress of ecogeography and its research, perspective in China[J]. Scientific Journal of Earth Science, 4: 118-124.

Lu X, Mao Q, Mo J, et al. 2015. Divergent responses of soil buffering capacity to long-term N deposition in three typical tropical forests with different land-use history[J]. Environmental Science and Technology, 49: 4072-4080.

Lv M, Shao Y, Lin Y, et al. 2016. Plants modify the effects of earthworms on the soil microbial community and its activity in a subtropical ecosystem[J]. Soil Biology and Biochemistry, 103: 446-451.

Mackelprang R, Waldrop MP, de Angelis KM, et al. 2011. Metagenomic analysis of a permafrost microbial community reveals a rapid response to thaw[J]. Nature, 480: 368-371.

Madan R, Pankhurst C, Hawke B, et al. 2002. Use of fatty acids for identification of AM fungi and estimation of the biomass of AM spores in soil[J]. Soil Biology and Biochemistry, 34: 125-128.

Martin A, Balesdent J, Mariotti A. 1992. Earthworm diet related to soil organic matter dynamics through ^{13}C measurements[J]. Oecologia, 91: 23-29.

McGill WB, Cannon K, Robertson JA, et al. 1986. Dynamics of soil microbial biomass and water-soluble organic C in Breton L after 50 years cropping to two rotations[J]. Canadian Journal of Soil Science, 66: 1-19.

McNabb DM, Halaj J, Wise DH. 2001. Inferring trophic positions of generalist predators and their linkage to the detrital food web in agroecosystems: a stable isotope analysis[J]. Pedobiologia, 45: 289-297.

Meisner A, Bååth E, Rousk J. 2013. Microbial growth responses upon rewetting soil dried for four days or one year[J]. Soil Biology and Biochemistry, 66: 188-192.

Menzel R, Ngosong C, Ruess L. 2017. Isotopologue profiling enables insights into dietary routing and metabolism of trophic biomarker fatty acids[J]. Chemoecology, 27: 101-114.

Michalski G, Scott Z, Kabiling M, et al. 2003. First measurements and modeling of Δ^{17}O in atmospheric nitrate[J]. Geophysical Research Letters, 30: 1870.

Millar AA, Smith MA, Kunst L. 2000. All fatty acids are not equal: discrimination in plant membrane lipids[J]. Trends in Plant Science, 5: 95-101.

Minagawa M, Wada, E. 1984. Stepwise enrichment of ^{15}N along food chains: Further evidence and the relation between δ^{15}N and animal age[J]. Geochimica et Cosmochimica Acta, 48: 1135-1140.

Mirza MS, Janse JD, Hahn D, et al. 1991. Identification of atypical *Frankia* strains by fatty acid analysis[J]. FEMS Microbiology Letters, 83: 91-98.

Mo J, Brown S, Xue J, et al. 2006. Response of litter decomposition to simulated N deposition in disturbed,

rehabilitated and mature forests in subtropical China[J]. Plant and Soil, 282: 135-151.
Moore JC, de Ruiter PC. 2012. Energetic Food Webs: an Analysis of Real and Model Ecosystems[M]. Oxford: OUP.
Moore TS. 1993. Lipid Metabolism in Plants[M]. Boca Raton: CRC Press.
Moriarty DJW. 1990. Techniques for Estimating Bacterial Growth Rates and Production of Biomass in Aquatic Environments[M]. In: Grigorova R, Norris JR. Methods in Microbiology, vol. 22. New York: Academic Press: 211-234.
Mosca A, Russo F, Miragliotta L. 2007. Utility of gas chromatography for rapid identification of mycobacterial species frequently encountered in clinical laboratory[J]. Journal of Microbiological Methods, 68: 392-395.
Mougin C, Azam D, Caquet T, et al. 2015. A coordinated set of ecosystem research platforms open to international research in ecotoxicology, AnaEE-France[J]. Environmental Science and Pollution Research, 22: 16215-16228.
Nadelhoffer KJ, Boone RD, Bowden RD, et al. 2006. The DIRT Experiment: Litter and Root Influences on Forest Soil Organic Matter Stocks and Function[M]. In: Foster D, Aber J. Forests Intime: the Environmental Consequences of 1000 Years of Change in New England. New Haven: Yale University Press.
Neufeld JD, Vohra J, Dumont MG, et al. 2007. DNA stable-isotope probing[J]. Nature Protocols, 2: 860-866.
Ngosong C, Raupp J, Richnow HH, et al. 2011. Tracking Collembola feeding strategies by the natural ^{13}C signal of fatty acids in an arable soil with different fertilizer regimes[J]. Pedobiologia, 54: 225-233.
Nichols P, Stulp BK, Jones JG, et al. 1986. Comparison of fatty acid content and DNA homology of filamentous gliding bacteria *Vitreoscilla*, *Flexibacter*, *Filibacter*[J]. Archives of Microbiology, 146: 1-6.
Nielsen GA, Hole FD. 1963. A study of the natural processes of incorporation of organic matter into soil in the University of Wisconsin Arboretum[J]. Transaction of the Wisconsin Academy of Sciences, Arts and Letters, 52: 213-227.
Noble PA, Almeida JS, Lovell CR. 2000. Application of neural computing methods for interpreting phospholipid fatty acid profiles of natural microbial communities[J]. Applied and Environmental Microbiology, 66: 694-699.
Oka N, Hartel PG, Finlay-Moore O, et al. 2000. Misidentification of soil bacteria by fatty acid methyl ester (FAME) and Biolog analyses[J]. Biology Fertility of Soils, 32: 256-258.
Olson JS. 1963. Energy storage and the balance of producers and decomposers in ecological systems[J]. Ecology, 44: 322-331.
Olsson PA. 1999. Signature fatty acids provide tools for determination of the distribution and interactions of mycorrhizal fungi in soil[J]. FEMS Microbiology Ecology, 29: 303-310.
Olsson PA, Bååth E, Jakobsen I, et al. 1995. The use of phospholipid and neutral lipid fatty acids to estimate biomass of arbuscular mycorrhizal fungi in soil[J]. Mycological Research, 99: 623-629.
Olsson PA, Larsson L, Bago B, et al. 2003. Ergosterol and fatty acids for biomass estimation of mycorrhizal fungi[J]. New Phytologist, 159: 7-10.
Peng S, Piao S, Wang T, et al. 2009. Temperature sensitivity of soil respiration in different ecosystems in China[J]. Soil Biology and Biochemistry, 41: 1008-1014.
Perelo LW, Jimenez M, Munch JC. 2006. Microbial immobilisation and turnover of ^{15}N labelled substrates in two arable soils under field and laboratory conditions[J]. Soil Biology and Biochemistry, 38: 912-922.
Peterson BJ, Fry B. 1987. Stable isotopes in ecosystem studies[J]. Annual Review of Ecology and Systematics, 18: 293-320.
Pollierer MM, Langel R, Scheu S, et al. 2009. Compartmentalization of the soil animal food web as indicated by dual analysis of stable isotope ratios (^{15}N/^{14}N and ^{13}C/^{12}C)[J]. Soil Biology and Biochemistry, 41: 1221-1226.
Ponnusamy K, Choi JN, Kim J, et al. 2011. Microbial community and metabolomic comparison of irritable bowel syndrome faeces[J]. Journal of Medical Microbiology, 60: 817-827.
Ponsard S, Arditi R. 2000. What can stable isotopes (δ^{15}N and δ^{13}C) tell about the food web of soil

macro-invertebrates[J]? Ecology, 81: 852-864.

Portais JC, Delort AM. 2002. Carbohydrate cycling in micro-organisms: what can ^{13}C-NMR tell us[J]? FEMS Microbiology Reviews, 26: 375-402.

Post DM. 2002. Using stable isotopes to estimate trophic position: models, methods, and assumptions[J]. Ecology, 83: 703-718.

Qian J, Wang Z, Klimesova J, et al. 2017. Differences in below-ground bud bank density and composition along a climatic gradient in the temperate steppe of northern China[J]. Annals of Botany, 120: 755-764.

Qiu J. 2014. Global warming land models put to climate test[J]. Nature, 510: 16-17.

Quilliam RS, Marsden KA, Gertler C, et al. 2012. Nutrient dynamics, microbial growth and weed emergence in biochar amended soil are influenced by time since application and reapplication rate[J]. Agriculture Ecosystems and Environment, 158: 192-199.

Raamsdonk LM, Teusink B, Broadhurst D, et al. 2001. A functional genomics strategy that uses metabolome data to reveal the phenotype of silent mutations[J]. Nature Biotechnology, 19: 45-50.

Radajewski S, Ineson P, Parekh NR, et al. 2000. Stable-isotope probing as a tool in microbial ecology[J]. Nature, 403: 646-649.

Radajewski S, McDonald IR, Murrell JC. 2003. Stable-isotope probing of nucleic acids: a window to the function of uncultured microorganisms[J]. Current Opinion in Biotechnology, 14: 296-302.

Ram RJ, Verberkmoes NC, Thelen MP, et al. 2005. Community proteomics of a natural microbial biofilm[J]. Science, 308: 1915-1920.

Reich PB. 2009. Elevated CO_2 reduces losses of plant diversity caused by nitrogen deposition[J]. Science, 326: 1399-1402.

Reich PB, Hobbie SE, Lee T, et al. 2006. Nitrogen limitation constrains sustainability of ecosystem response to CO_2[J]. Nature, 440: 922-925.

Reich PB, Knops J, Tilman D, et al. 2001. Plant diversity enhances ecosystem responses to elevated CO_2 and nitrogen deposition[J]. Nature, 410: 809-812.

Ringelberg DB, Davis JD, Smith GA, et al. 1989. Validation of signature polarlipid fatty acid biomarkers for alkane-utilizing bacteria in soils and subsurface aquifer materials[J]. FEMS Microbiology Letters, 62: 39-50.

Rodríguez-Valera F. 2004. Environmental genomics, the big picture[J]? FEMS Microbiology Letters, 231: 153-158.

Roeder KA, Kaspari M. 2017. From cryptic herbivore to predator: stable isotopes reveal consistent variability in trophic levels in an ant population[J]. Ecology, 98: 297-303.

Rousk J, Brookes PC, Bååth E. 2010. The microbial PLFA composition as affected by pH in an arable soil[J]. Soil Biology and Biochemistry, 42: 516-520.

Rousk J, Elyaagubi FK, Jones DL, et al. 2011. Bacterial salt tolerance is unrelated to soil salinity across an arid agroecosystem salinity gradient[J]. Soil Biology and Biochemistry, 43: 1881-1887.

Rousk J, Frey SD. 2015. Revisiting the hypothesis that fungal-to-bacterial dominance characterizes turnover of soil organic matter and nutrients[J]. Ecological Monographs, 85: 457-472.

Rousk J, Frey SD, Bååth E. 2012. Temperature adaptation of bacterial communities in experimentally warmed forest soils[J]. Global Change Biology, 18: 3252-3258.

Ruess L, Chamberlain PM. 2010. The fat that matters: soil food web analysis using fatty acids and their carbon stable isotope signature[J]. Soil Biology and Biochemistry, 42: 1898-1910.

Ruess L, Haggblom MM, Langel R, et al. 2004. Nitrogen isotope ratios and fatty acid composition as indicators of animal diets in belowground systems[J]. Oecologia, 139: 336-346.

Ruess L, Haggblom MM, Zapata EJG, et al. 2002. Fatty acids of fungi and nematodes-possible biomarkers in the soil food chain[J]? Soil Biology and Biochemistry, 34: 745-756.

Ruess L, Schutz K, Haubert D, et al. 2005a. Application of lipid analysis to understand trophic interactions in soil[J]. Ecology, 86: 2075-2082.

Ruess L, Schutz K, Miggekleian S, et al. 2007. Lipid composition of Collembola and their food resources in deciduous forest stands—implications for feeding strategies[J]. Soil Biology and Biochemistry, 39:

1990-2000.

Ruess L, Tiunov A, Haubert D, et al. 2005b. Carbon stable isotope fractionation and trophic transfer of fatty acids in fungal based soil food chains[J]. Soil Biology and Biochemistry, 37: 945-953.

Ruess L, Zapata EJG, Dighton J. 2000. Food preferences of a fungal-feeding Aphelenchoides species[J]. Nematology, 2: 223-230.

Sakamoto K, Iijima T, Higuchi R. 2004. Use of specific phospholipid fatty acids for identifying and quantifying the external hyphae of the arbuscular mycorrhizal fungus *Gigaspora rosea*[J]. Soil Biology and Biochemistry, 36: 1827-1834.

Sayer EJ, Heard MS, Grant HK, et al. 2011. Soil carbon release enhanced by increased tropical forest litterfall[J]. Nature Climate Change, 1: 304-307.

Schmidt O, Curry JP, Dyckmans J, et al. 2004. Dual stable isotope analysis (δ^{13}C and δ^{15}N) of soil invertebrates and their food sources[J]. Pedobiologia, 48(2): 171-180.

Schneider K, Migge S, Norton RA, et al. 2004. Trophic niche differentiation in soil microarthropods (Oribatida, Acari): evidence from stable isotope ratios (^{15}N/^{14}N)[J]. Soil Biology and Biochemistry, 36: 1769-1774.

Schulze WX, Gleixner G, Kaiser K, et al. 2005. A proteomic fingerprint of dissolved organic carbon and of soil particles[J]. Oecologia, 142: 335-343.

Scullion J, Elliott GN, Huang WE, et al. 2003. Use of earthworm casts to validate FT-IR spectroscopy as a 'sentinel' technology for high-throughput monitoring of global changes in microbial ecology: the 7th International Symposium on Earthworm Ecology·Cardiff·Wales·2002[J]. Pedobiologia, 47: 440-446.

Semenina EE, Tiunov AV. 2011. Trophic fractionation (Δ^{15}N) in Collembola depends on nutritional status: a laboratory experiment and mini-review[J]. Pedobiologia, 54: 101-109.

Shao Y, Liu T, Eisenhauer N, et al. 2018. Plants mitigate detrimental nitrogen deposition effects on soil biodiversity[J]. Soil Biology and Biochemistry, 127: 178-186.

Shao Y, Zhang W, Eisenhauer N, et al. 2017. Nitrogen deposition cancels out exotic earthworm effects on plant-feeding nematode communities[J]. Journal of Animal Ecology, 86: 708-717.

Shi L, Zhang H, Liu T, et al. 2016. Consistent effects of canopy vs. understory nitrogen addition on the soil exchangeable cations and microbial community in two contrasting forests[J]. Science of the Total Environment, 553: 349-357.

Sogin ML, Morrison HG, Huber JA, et al. 2006. Microbial diversity in the deep sea and the under explored "rare biosphere"[J]. Proceedings of the National Academy of Sciences of the United States of America, 103: 12115-12120.

Staddon PL. 2004. Carbon isotopes in functional soil ecology[J]. Trends in Ecology and Evolution, 19: 148-154.

Staddon PL, O'Stle N, Dawson LA, et al. 2003a. The speed of soil carbon throughput in an upland soil is increased by liming[J]. Journal of Experimental Botany, 54: 1461-1469.

Staddon PL, Ramsey CB, O'Stle N, et al. 2003b. Rapid turnover of hyphae of mycorrhizal fungi determined by AMS microanalysis of ^{14}C[J]. Science, 300: 1138-1140.

Stéphane C, Elena A, Franck C. 2009. Variation in discrimination factors(Δ^{15}N and Δ^{13}C): the effect of diet isotopic values and applications for diet reconstruction[J]. Journal of Applied Ecology, 46: 443-453.

Stokstad E. 2011. Open-source ecology takes root across the world[J]. Science, 334: 308-309.

Stromberger ME, Keith AM, Schmidt O. 2012. Distinct microbial and faunal communities and translocated carbon in *Lumbricus terrestris* drilospheres[J]. Soil Biology and Biochemistry, 46: 155-162.

Subramaniam R, Dufreche S, Zappi M, et al. 2010. Microbial lipids from renewable resources: production and characterization[J]. Journal of Industrial Microbiology and Biotechnology, 37: 1271-1287.

Sulzman EW, Brant JB, Bowden RD, et al. 2005. Contribution of aboveground litter, belowground litter, and rhizosphere respiration to total soil CO_2 efflux in an old growth coniferous forest[J]. Biogeochemistry, 73: 231-256.

Taberlet P, Coissac E, Hajibabaei M, et al. 2012a. Environmental DNA[J]. Molecular Ecology, 21: 1789-1793.

Taberlet P, Coissac E, Pompanon F, et al. 2012b. Towards next-generation biodiversity assessment using DNA metabarcoding[J]. Molecular Ecology, 21: 2045-2050.

Tartar A, Wheeler MM, Zhou X, et al. 2009. Parallel metatranscriptome analyses of host and symbiont gene expression in the gut of the termite *Reticulitermes flavipes*[J]. Biotechnology for Biofuels, 2: 25.

Tayasu I, Abe T, Eggleton P, et al. 1997. Nitrogen and carbon isotope ratios in termites: an indicator of trophic habit along the gradient from wood-feeding to soil-feeding[J]. Ecological Entomology, 22: 343-351.

Tedersoo L, Bahram M, Põlme S, et al. 2014. Global diversity and geography of soil fungi[J]. Science, 346: 1256688.

Tiunov AV. 2007. Stable isotopes of carbon and nitrogen in soil ecological studies[J]. Biology Bulletin, 34: 395-407.

Tricart J, Killian JL. 1979. L'écogeographie et l'amènagement du milieu naturel[M]. Paris: Francois Maspero.

Urich T, Lanzén A, Qi J, et al. 2008. Simultaneous assessment of soil microbial community structure and function through analysis of the meta-transcriptome[J]. PLoS One, 3: e2527.

Usher MB, Davidson DA. 2006. Soil biodiversity in an upland grassland[J]. Applied Soil Ecology, 33: 99-100.

van der Westhuizen JPJ, Kock JLF, Botha A, et al. 1994. The distribution of the ω3 and ω6 series of cellular long-chain fatty acids in fungi[J]. Systematic and Applied Microbiology, 17: 327-345.

van Nostrand JD, Wu WM, Wu L, et al. 2009. GeoChip-based analysis of functional microbial communities during the reoxidation of a bioreduced uranium-contaminated aquifer[J]. Environmental Microbiology, 11: 2611-2626.

Verdier B, Jouanneau I, Simonnet B, et al. 2014. Climate and atmosphere simulator for experiments on ecological systems in changing environments[J]. Environmental Science and Technology, 48: 8744-8753.

Verheyen K, Vanhellemont M, Auge H, et al. 2016. Contributions of a global network of tree diversity experiments to sustainable forest plantations[J]. Ambio, 45: 29-41.

Vestal JR, White DC. 1989. Lipid analysis in microbial ecology-quantitative approaches to the study of microbial communities[J]. Bioscience, 39: 535-541.

Vitousek PM, Farrington H. 1997. Nutrient limitation and soil development: experimental test of a biogeochemical theory[J]. Biogeochemistry, 37: 63-75.

Wada E, Mizutani H, Minagawa M. 1991. The use of stable isotopes for food web analysis[J]. Critical Reviews in Food Science and Nutrition, 30: 361-371.

Wakeham SG, Pease TK, Benner R. 2003. Hydroxy fatty acids in marine dissolved organic matter as indicators of bacterial membrane material[J]. Organic Geochemistry, 34: 857-868.

Wall DH, Bradford MA, St John MG, et al. 2008. Global decomposition experiment shows soil animal impacts on decomposition are climate-dependent[J]. Global Change Biology, 14: 2661-2677.

Wall DH, Moore JC. 1999. Interactions underground: soil biodiversity, mutualism, and ecosystem processes[J]. BioScience, 49: 109-117.

Wang C, Wang X, Liu D, et al. 2014. Aridity threshold in controlling ecosystem nitrogen cycling in arid and semi-arid grasslands[J]. Nature Communications, 5: 4799.

Wang C, Wei H, Liu D, et al. 2017a. Depth profiles of soil carbon isotopes along a semi-arid grassland transect in northern China[J]. Plant and Soil, 417: 43-52.

Wang H, Liu SR, Mo JM, et al. 2010. Soil organic carbon stock and chemical composition in four plantations of indigenous tree species in subtropical China[J]. Ecological Research, 25: 1071-1079.

Wang H, Yu L, Zhang Z, et al. 2017c. Molecular mechanisms of water table lowering and nitrogen deposition in affecting greenhouse gas emissions from a Tibetan alpine wetland[J]. Global Change Biology, 23: 815-829.

Wang X, Sun B, Mao J, et al. 2012. Structural convergence of maize and wheat straw during two-year decomposition under different climate conditions[J]. Environment Science and Technology, 46:

7159-7165.

Wang X, Zhao J, Wu J, et al. 2011. Impacts of understory species removal and/or addition on soil respiration in a mixed forest plantation with native species in southern China[J]. Forest Ecology and Management, 261: 1053-1060.

Wang XB, Lu XT, Yao J, et al. 2017b. Habitat-specific patterns and drivers of bacterial β-diversity in China's drylands[J]. The ISME Journal, 11: 1345-1358.

Weete JD. 1980. Lipid Biochemistry of Fungi and Other Organisms[M]. New York: Plenum Press.

White DC, David WM, Nickels JS, et al. 1979. Determination of the sedimentary microbial biomass by extractible lipid phosphate[J]. Oecologia, 40: 51-62.

Whiteley AS, Thomson B, Lueders T, et al. 2007. RNA stable-isotope probing[J]. Nature Protocols, 2: 838-844.

Williams MA, Myrold DD, Bottomley PJ. 2007. Carbon flow from ^{13}C-labeled clover and ryegrass residues into a residue-associated microbial community under field conditions[J]. Soil Biology and Biochemistry, 39: 819-822.

Wilmes P, Bond PL. 2004. The application of two-dimensional polyacrylamide gel electrophoresis and downstream analyses to a mixed community of prokaryotic microorganisms[J]. Environmental Microbiology, 6: 911-920.

Wu J, Liu Z, Wang X, et al. 2011. Effects of understory removal and tree girdling on soil microbial community composition and litter decomposition in two *Eucalyptus* plantations in South China[J]. Functional Ecology, 25: 921-931.

Yang Y, Wu L, Lin Q, et al. 2013. Responses of the functional structure of soil microbial community to livestock grazing in the Tibetan alpine grassland[J]. Global Change Biology, 19: 637-648.

Yao H, Chapman SJ, Thornton B, et al. 2015. ^{13}C PLFAs: a key to open the soil microbial black box[J]? Plant and Soil, 392: 3-15.

Yuan H, Zhu Z, Liu S, et al. 2016. Microbial utilization of rice root exudates: ^{13}C labeling and PLFA composition[J]. Biology Fertility of Soils, 52: 615-627.

Zanden MJV, Rasmussen JB. 2001. Variation in δ^{15}N and δ^{13}C trophic fractionation: Implications for aquatic food web studies[J]. Limnology and Oceanography, 46: 2061-2066.

Zelles L. 1997. Phospholipid fatty acid profiles in selected members of soil microbial communities[J]. Chemosphere, 35: 275-294.

Zelles L. 1999. Fatty acid patterns of phospholipids and lipopolysaccharides in the characterisation of microbial communities in soil: a review[J]. Biology Fertility of Soils, 29: 111-129.

Zhang C, Fu S. 2009. Allelopathic effects of eucalyptus and the establishment of mixed stands of eucalyptus and native species[J]. Forest Ecology and Management, 258: 1391-1396.

Zhang W, Hendrix PF, Snyder BA, et al. 2010. Dietary flexibility aids Asian earthworm invasion in North American forests[J]. Ecology, 91: 2070-2079.

Zhang W, Shen W, Zhu S, et al. 2015. Can canopy addition of nitrogen better illustrate the effect of atmospheric nitrogen deposition on forest ecosystem[J]? Scientific Reports, 5: 11245.

Zhao J, Wang X, Shao Y, et al. 2011. Effects of vegetation removal on soil properties and decomposer organisms[J]. Soil Biology and Biochemistry, 43: 954-960.

Zhou J, Xue K, Xie J, et al. 2011. Microbial mediation of carbon-cycle feedbacks to climate warming[J]. Nature Climate Change, 2: 106-110.

Zhou Y, Zhu H, Fu S, et al. 2017. Metagenomic evidence of stronger effect of stylo (legume) than bahiagrass (grass) on taxonomic and functional profiles of the soil microbial community[J]. Scientific Reports, 7: 10195.